REPETITORIUM

DER

LINEAREN ALGEBRA

Teil 2

Dr. Michael Holz
Dr. Detlef Wille

Verlag: **Binomi, Am Bergfelde 28, 31832 Springe**
Tel: 05045–528
Fax: 05045–9110160
email: binomi@t–online.de
http://www.binomiverlag.de

Druck: BWH Druck & Kommunikation
Buchdruckwerksttten Hannover GmbH, Beckstraße 10, 30457 Hannover

Zu beziehen beim Verlag oder im Buchhandel

ISBN 3–923 923–42–2

Hannover 10/02

Vorwort

Im vorliegenden Teil 2 des Repetitoriums zur Linearen Algebra wird die Aufgabensammlung des ersten Teils fortgesetzt. Die Themen der ersten beiden Kapitel ergänzen und vertiefen den dort behandelten Stoff. Kapitel 3 bis 6 bringen Aufgaben zu Themen, die üblicherweise im zweiten Teil einer zweisemestrigen Vorlesung zur Linearen Algebra im Mittelpunkt stehen. Insgesamt kann das Repetitorium studienbegleitend zu einem Kurs über Lineare Algebra während der ersten beiden Semester eines Mathematik– bzw. Physikstudiums benutzt werden.
Für Physikstudenten möchten wir folgende Punkte besonders hervorheben:

- die Eigenwerttheorie
- die simultane Diagonalisierbarkeit von Matrizen in Abschnitt 2.6
- die Triangulierung von Matrizen, die JORDAN-CHEVALLEY-Zerlegung bzw. die Berechnung der JORDANschen Normalform von Matrizen als Hilfsmittel bei der Untersuchung von Systemen linearer Differentialgleichungen in den Abschnitten 2.6, 3.2 bzw. in Kapitel 4
- die Hauptachsentransformation von Flächen 2. Ordnung mit Berechnung der zugehörigen affinen Basen in Kapitel 6.

Die Terminologie in diesem Buch schließt sich im wesentlichen an die des ersten Teils an. Auf folgende Besonderheiten möchten wir aber ausdrücklich hinweisen:

1. Vektoren X des K^n sind als Elemente dieser Menge $n-$Tupel der Form $(x_1, \ldots, x_n)$. Da wir Vektoren von rechts an Matrizen heranmultiplizieren, ist es unumgänglich, einen Vektor als Spaltenvektor aufzufassen. Wir identifizieren also das $n-$Tupel $(x_1, \ldots, x_n)$ mit der Spalte $\begin{pmatrix} x_1 \\ \vdots \\ x_n \end{pmatrix}$.
2. Da wir Vektorräume V über beliebigen Körpern K betrachten, haben wir die Bezeichnung des Koordinatenvektors von X bzgl. einer Basis B von V geändert. Wir bezeichnen hier diesen Vektor mit $k_B(X)$.
3. Die kanonische Basis des K^n bezeichnen wir stets mit E.

In der vorliegenden Neuauflage haben wir das Kapitel 3 über die JORDAN-CHEVALLEY-Zerlegung neu eingefügt, in dem ausführlich nilpotente Matrizen und die JORDAN-CHEVALLEY-Zerlegung einer zerfallenden Matrix mit Anwendungen, insbesondere in der Theorie der linearen Differentialgleichungssysteme, behandelt werden.

Hannover, im September 2002

Inhaltsverzeichnis

Kapitel 1

Vektorräume beliebiger Dimension

Dieses Kapitel bringt Ergänzungen und Vertiefungen zu Teil 1 des Repetitoriums. Insbesondere sollen wesentliche Aspekte – wie die Existenz einer Basis, der Austauschsatz von STEINITZ, der Dimensionsbegriff, die Definition von linearen Abbildungen durch die Bilder von Vektoren einer Basis – für Vektorräume beliebiger Dimension behandelt werden. Die beiden ersten Abschnitte befassen sich daher mit den wichtigsten Tatsachen und Techniken, die man beim Umgang mit unendlichen Mengen kennen und beherrschen sollte.

Bei Hinweisen auf Teil 1 des Repetitoriums werden wir stets die Abkürzung REP1 verwenden.

1.1 Unendliche Mengen

Zunächst wiederholen wir eine Definition aus REP1, Abschnitt 1.3:

Mächtigkeit von Mengen

Zwei Mengen M und N heißen **gleichmächtig**, wenn es eine bijektive Funktion $f : M \longrightarrow N$ gibt.
M und N haben dann gleiche **Mächtigkeit** (in Zeichen: $|M| = |N|$).

Wir schreiben $|M| \leq |N|$, falls es eine injektive Funktion von M nach N gibt.
Mit dem Auswahlaxiom (siehe nächste Seite) gilt für $M \neq \emptyset$:
$|M| \leq |N| \iff$ Es gibt eine surjektive Funktion von N auf M.
$|M| < |N|$ bedeutet $|M| \leq |N|$ und $|M| \neq |N|$.

Unendliche Mengen

Eine Menge M heißt **unendlich**, falls $M \neq \emptyset$ und $|M| \neq |\{1, \ldots, n\}|$ für jede natürliche Zahl n gilt.
Andernfalls heißt M **endlich**.

Beim Umgang mit unendlichen Mengen setzen wir stets das **Auswahlaxiom** voraus.

Auswahlaxiom

Ist $(M_i)_{i \in I}$ eine Familie nichtleerer Mengen, so ist das kartesische Produkt $\prod_{i \in I} M_i$ dieser Familie nicht leer
(d. h. es gibt eine Funktion $f : I \longrightarrow \bigcup_{i \in I} M_i$ mit $f(i) \in M_i$ für alle $i \in I$).

Das Auswahlaxiom ist äquivalent zu der Aussage:

Für je zwei Mengen M, N gilt $|M| < |N|$ oder $|M| = |N|$ oder $|N| < |M|$.

Man kann mit Hilfe des Auswahlaxioms das Zeichen $|M|$, das bis jetzt nur in obigen Bezeichnungen sinnvoll gebraucht werden kann, exakt definieren als **Kardinalzahl** oder **Mächtigkeit** der Menge M.[1]
Häufige Bezeichnung: $|\mathbb{N}| =: \aleph_0$.[2]
Für uns hat $|M| = \aleph_0$ die Bedeutung $|M| = |\mathbb{N}|$, d.h. es gibt eine bijektive Funktion von $\mathbb{N}$ auf M.
Summe, Produkt und Potenz von Kardinalzahlen werden wie folgt definiert:

Rechenoperationen für Kardinalzahlen

Sind M und N Mengen und ist $|M| = \mu$ und $|N| = \nu$, so ist

$$\begin{aligned} \mu + \nu &:= |(M \times \{0\}) \cup (N \times \{1\})| \,, \\ \mu \cdot \nu &:= |M \times N| \qquad \text{und} \\ \nu^\mu &:= |N^M| = |\{f \mid f : M \longrightarrow N\}|. \end{aligned}$$

Diese Definition ist sinnvoll, da aus $|M| = |S|$ und $|N| = |T|$ folgt:

$$\begin{aligned} |M \times N| &= |S \times T| \,, \\ |N^M| &= |T^S| \qquad \text{und} \\ |(M \times \{0\}) \cup (N \times \{1\})| &= |(S \times \{0\}) \cup (T \times \{1\})| \,. \end{aligned}$$

[1] Wir werden hier nicht definieren, was eine Kardinalzahl ist. Dennoch ist es zweckmäßig, Kardinalzahlen zu verwenden; ihr Gebrauch läßt sich jedoch stets mit Hilfe der Definitionen von $|M| = |N|$ und $|M| \leq |N|$ eliminieren.

[2] $\aleph$ (sprich: Alef) ist der erste Buchstabe des hebräischen Alphabets. Mit $\aleph_0, \aleph_1, \ldots$ bezeichnet man in aufsteigender Folge die Kardinalzahlen unendlicher Mengen. $\aleph_0$ ist also die kleinste unendliche Kardinalzahl (siehe Aufgabe 2 a)).

Die wesentlichen Hilfsmittel beim Arbeiten mit Mengen unendlicher Mächtigkeit sind die folgenden Regeln:

Sätze über unendliche Mengen

1. **Satz von SCHRÖDER–BERNSTEIN**

   Ist $|M| \leq |N|$ und $|N| \leq |M|$, so ist $|M| = |N|$

   (d. h. gibt es eine Injektion von M nach N und eine Injektion von N nach M, so gibt es eine Bijektion von M auf N).

2. Ist eine der beiden nichtleeren Mengen M und N unendlich, so gilt
   $$|M \times N| = \max\{|M|, |N|\}.$$[3]

   Insbesondere ist $|M^n| = |M|$ für jede unendliche Menge M $(n \in \mathbb{N})$.

3. Ist $|M_i| \leq |M|$ für jedes $i \in I$, so gilt
   $$|\bigcup\{M_i \,|\, i \in I\}| \leq |I| \cdot |M|.$$

4. Sei $\mathcal{P}_{fin}(M) := \{S \subseteq M \,|\, S \text{ ist endlich }\}$ die Menge der endlichen Teilmengen von M. Ist M unendlich, so ist
   $$|M| = |\mathcal{P}_{fin}(M)|.$$

5. Für jede Menge M gilt $|M| < |\mathcal{P}(M)| := |\{S \,|\, S \subseteq M\}|$.

1.1.1

Eine Menge A heißt

abzählbar unendlich, *wenn es eine Bijektion f von $\mathbb{N}$ auf A gibt,*

abzählbar, *wenn sie endlich oder abzählbar unendlich ist.*

Man zeige:

a) *Ist A abzählbar und ist M endlich, so ist $A \cup M$ abzählbar.*

b) *Ist A abzählbar und ist M eine Teilmenge von A, so ist M abzählbar.*

c) $f : \mathbb{N} \times \mathbb{N} \longrightarrow \mathbb{N}$, *definiert durch*
$$f(x,y) := \tfrac{1}{2}(x+y)(x+y+1) + y\,,$$
ist eine Bijektion von $\mathbb{N} \times \mathbb{N}$ auf $\mathbb{N}$ (wobei hier $0 \in \mathbb{N}$ gelten soll).

d) $\mathbb{Z}$ *und* $\mathbb{Q}$ *sind abzählbar unendlich.*

e) *Die Menge* $2^{\mathbb{N}} := \{f \mid f : \mathbb{N} \longrightarrow \{0,1\}\}$ *ist nicht abzählbar.*

f) $\mathbb{R}$ *ist nicht abzählbar.*

a) Da die Vereinigung endlicher Mengen endlich ist, sei o. B. d. A. $|A| = |\mathbb{N}|$. Ferner sei $A \cap M = \emptyset$ (sonst betrachte $M \setminus A$ statt M).

---

[3] Hieraus folgt, falls eine der Mengen M und N unendlich ist: $|M| + |N| = \max\{|M|, |N|\}$.

Der Beweis läßt sich humorvoll beschreiben durch die Geschichte vom Hotel mit den abzählbar unendlich vielen Betten. Wenn es belegt ist und $k = |M|$ neue Gäste ankommen, rücken alle Gäste k Betten weiter, und schon ist wieder Platz genug da.
Sei also $M = \{m_1, \ldots, m_k\}$ (M ist endlich bedeutet nach Definition: Es gibt eine natürliche Zahl k mit $|M| = |\{1, \ldots, k\}|$ – oder $M = \emptyset$, was hier uninteressant ist), und sei $f : \mathbb{N} \longrightarrow A$ eine Bijektion.
Definiere $g(n) := m_n$ für $n \leq k$ und $g(k+n) := f(n)$. g ist eine Bijektion von $\mathbb{N}$ auf $M \cup A$.

b) Jede Teilmenge einer endlichen Menge ist endlich (vollständige Induktion!). Sei also $|A| = |\mathbb{N}|$. Da es eine Bijektion von $\mathbb{N}$ auf A gibt, genügt es, die Behauptung für $A = \mathbb{N}$ zu zeigen. Sei o. B. d. A. M unendlich.
Wir definieren durch *vollständige Induktion* eine Injektion g von $\mathbb{N}$ nach M. Sei $g(1) := \min M$. Sind $g(1), \ldots, g(n)$ bereits definiert, so ist $M \neq \{g(1), \ldots, g(n)\}$, da M unendlich ist. Somit hat $M \setminus \{g(1), \ldots, g(n)\}$ ein kleinstes Element b. Setze $g(n+1) := b$. Nach Konstruktion ist g injektiv, also gilt $|\mathbb{N}| \leq |M|$.
Da $M \subseteq \mathbb{N}$, gilt $|M| \leq |\mathbb{N}|$, und somit folgt $|M| = |\mathbb{N}|$ mit dem Satz von SCHRÖDER–BERNSTEIN.
(Bemerkung: Die oben definierte Funktion g ist sogar bijektiv.)

c) Der Leser mache sich eine Skizze:

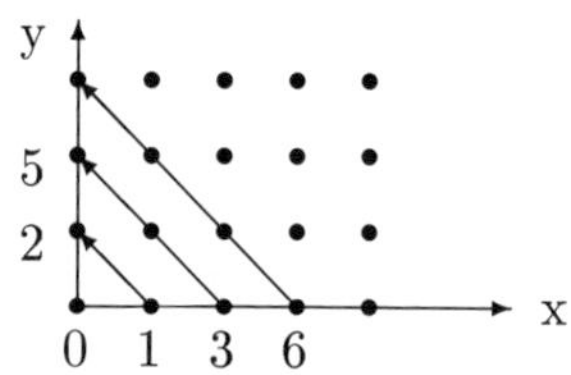

f zählt die Paare natürlicher Zahlen längs der Geraden $y = -x + m$, $m \in \mathbb{N}$, ab, und zwar von unten nach oben. Hat der Punkt $(0, m)$ die Nummer n, so erhält der Punkt $(m+1, 0)$ die Nummer $n+1$.

Diese Vorstellung macht den folgenden Beweis durchsichtig.
Wir zeigen zunächst, daß f injektiv ist.
Sei $(a, b) \neq (x, y)$; o. B. d. A. sei $a + b \leq x + y$.
(i) Ist $a + b = x + y$ und o. B. d. A. $b < y$ (aus $b = y$ folgt $a = x$), so ist

$$\begin{aligned} f(a,b) &= \frac{1}{2}(a+b)(a+b+1) + b = \frac{1}{2}(x+y)(x+y+1) + b \\ &< \frac{1}{2}(x+y)(x+y+1) + y = f(x,y). \end{aligned}$$

(ii) Ist $a + b < x + y$, also $a + b + 1 \leq x + y$, so ist

$$\begin{aligned} f(a,b) &= \frac{1}{2}(a+b)(a+b+1) + b < \frac{1}{2}(a+b)(a+b+1) + a + b + 1 \\ &= \frac{1}{2}(a+b+1)(a+b+2) \leq \frac{1}{2}(x+y)(x+y+1) \\ &\leq f(x,y). \end{aligned}$$

In beiden Fällen ist also $f(a,b) \neq f(x,y)$.
Durch *vollständige Induktion* zeigen wir nun, daß jede natürliche Zahl als Bild unter f auftritt.
Es ist $f(0,0) = 0$. Sei $f(a,b) = n$. Zu zeigen ist, daß es x und y gibt mit $f(x,y) = n+1$. Ist $a = 0$, so ist

$$f(b+1,0) = \frac{1}{2}(b+1)(b+2) = (\frac{1}{2}b(b+1)+b)+1 = f(a,b)+1 = n+1.$$

Ist $a \neq 0$, so ist

$$f(a-1,b+1) = f(a,b)+1 = n+1.$$

d) Wir zeigen zunächst, daß $\mathbb{Q}$ abzählbar unendlich ist. Sei $r \in \mathbb{Q}$, $r > 0$. Dann läßt sich r als Bruch $\frac{p}{q}$ mit teilerfremden $p, q \in \mathbb{N}$ eindeutig darstellen. Die Funktion $f : \mathbb{Q}^+ \longrightarrow \mathbb{N} \times \mathbb{N}$ mit $f(r) = f(\frac{p}{q}) := (p,q)$ ist somit injektiv[4], also gilt nach Teil c) die Abschätzung $|\mathbb{Q}^+| \leq |\mathbb{N} \times \mathbb{N}| = |\mathbb{N}|$. Sicher ist $|\mathbb{N}| \leq |\mathbb{Q}^+|$, also folgt $|\mathbb{Q}^+| = |\mathbb{N}|$.
Ist g eine Bijektion von $\mathbb{N}$ auf $\mathbb{Q}^+$, so erhält man durch

$$0, g(1), -g(1), g(2), -g(2), g(3), -g(3), \ldots$$

alle rationalen Zahlen. Präziser:
Sei $h(2m) := g(m)$, $h(2m+1) := -g(m)$ für $m \in \mathbb{N}$, $m \geq 1$, und sei $h(1) := 0$. Dann ist h eine Bijektion von $\mathbb{N}$ auf $\mathbb{Q}$.
$\mathbb{Z}$ läßt sich entsprechend abzählen gemäß der Aufzählung:

$$0, 1, -1, 2, -2, 3, -3, \ldots$$

Ein anderer Weg zur Einsicht, daß $\mathbb{Z}$ abzählbar ist, ist der folgende:
$\mathbb{Z}$ ist eine unendliche Teilmenge von $\mathbb{Q}$, denn $\mathbb{N} \subseteq \mathbb{Z} \subseteq \mathbb{Q}$. Nach Teil b) und wegen $|\mathbb{Q}| = |\mathbb{N}|$ gilt $|\mathbb{Z}| = |\mathbb{N}|$.

e) Die Behauptung folgt mit $|\mathbb{N}| < |\mathcal{P}(\mathbb{N})| = |2^{\mathbb{N}}|$ sofort aus dem Vorspann (Satz 5 über unendliche Mengen) und der nachfolgenden Aufgabe 2 b).
Wir wollen sie hier aber auf andere Weise zeigen, nämlich durch ein sog. Diagonalargument.
Annahme: $2^{\mathbb{N}}$ ist abzählbar. Zunächst ist $2^{\mathbb{N}}$ nicht endlich, denn für die Menge $\{g_n \mid n \in \mathbb{N}\}$ mit $g_n(k) := 1$ g.d.w. $k = n$ gilt $\{g_n \mid n \in \mathbb{N}\} \subseteq 2^{\mathbb{N}}$.
Also gibt es eine Bijektion $\Phi : \mathbb{N} \longrightarrow 2^{\mathbb{N}}$. Mit der Abkürzung $f_n := \Phi(n)$ ist dann $2^{\mathbb{N}} = \{f_n \mid n \in \mathbb{N}\}$.
Definiere $f : \mathbb{N} \longrightarrow \{0,1\}$ durch $f(n) := 1 - f_n(n)$ für jedes $n \in \mathbb{N}$. Nach Annahme gibt es ein m mit $f = f_m$. Aber es gilt $f(m) = 1 - f_m(m) \neq f_m(m)$ – ein Widerspruch. Somit ist $2^{\mathbb{N}}$ nicht abzählbar.

[4] $\mathbb{Q}^+ := \{r \in \mathbb{Q} \mid r > 0\}$

f) Die Aussage folgt aus $|\mathbb{R}| = |2^{\mathbb{N}}|$ (siehe Aufgabe 2 c)) und Teil e). Der klassische Beweis von G. CANTOR benutzt ein Diagonalargument.
Annahme: $\mathbb{R}$ ist abzählbar. Dann ist auch das Intervall $(0,1)$ nach b) abzählbar. Sicher ist $(0,1)$ unendlich, da $\{\frac{1}{n+1} \mid n \in \mathbb{N}\} \subseteq (0,1)$. Also gibt es eine Bijektion $\Phi : \mathbb{N} \longrightarrow (0,1)$. Mit der Abkürzung $a_n := \Phi(n)$ ist dann

$$\{x \in \mathbb{R} \mid 0 < x < 1\} = \{a_n \mid n \in \mathbb{N}\}.$$

Jedes $x \in (0,1)$ läßt sich eindeutig als nichtabbrechender Dezimalbruch[5] darstellen. Also hat jedes a_n eine Darstellung

$$a_n = \sum_{i=1}^{\infty} a_{ni} \cdot 10^{-i} \qquad \text{mit } a_{ni} \in \{0,1,2,\ldots,9\} \text{ für alle } i.$$

Wir werden nun eine Zahl b mit $0 < b < 1$ angeben, die in $\{a_n \mid n \in \mathbb{N}\}$ nicht vorkommt (im Widerspruch zu unserer Annahme).
Setze $b_i := 1$, falls $a_{ii} \neq 1$, und $b_i := 2$, falls $a_{ii} = 1$.
Es ist $b := \sum_{i=1}^{\infty} b_i \cdot 10^{-i} \in (0,1)$, also gibt es ein m mit $b = a_m$. Aus der Eindeutigkeit der Darstellung als nichtabbrechender Dezimalbruch folgt nun $b_i = a_{mi}$ für alle i, also insbesondere $b_m = a_{mm}$. Aber nach Definition von b_m ist $b_m \neq a_{mm}$. Dieser Widerspruch zeigt, daß das Intervall $(0,1)$ (und damit auch $\mathbb{R}$) nicht abzählbar ist.

1.1.2

Man zeige:

a) *Ist M eine unendliche Menge, so ist $|\mathbb{N}| \leq |M|$.*

b) *Ist $2^M := \{f \mid f$ ist Funktion von M nach $\{0,1\}\}$, so ist $|2^M| = |\mathcal{P}(M)|$.*

c) $|\mathbb{R}| = |2^{\mathbb{N}}| = |\mathcal{P}(\mathbb{N})| = |\mathbb{R}^n| \qquad (n \in \mathbb{N})$.
(Hierher rührt die Aussage $|\mathbb{R}| = 2^{\aleph_0}$, da man mit $2^{\aleph_0}$ die Kardinalzahl von $2^{\mathbb{N}}$ bezeichnet.)[6]

a) Wir konstruieren durch *vollständige Induktion* eine injektive Abbildung von $\mathbb{N}$ nach M.

---

[5] Es gilt z. B. $x = 0,456 = 0,455\overline{9}$. Die eindeutige Darstellung von x als nichtabbrechender Dezimalbruch ist $x = 0,455\overline{9}$.

[6] Da $|\mathbb{N}| < \mathcal{P}(\mathbb{N})$, gilt $|\mathbb{N}| < |\mathbb{R}|$. Die sog. **Kontinuumhypothese** von G. CANTOR lautet: Es gibt keine Menge $M \subseteq \mathbb{R}$ mit $|\mathbb{N}| < |M| < |\mathbb{R}|$. Eine andere Formulierung ist: $2^{\aleph_0} = \aleph_1$, denn $\aleph_1$ ist nach Definition die kleinste unendliche Kardinalzahl $> \aleph_0$.
K. GÖDEL und P.J. COHEN haben gezeigt, daß die Kontinuumhypothese mit Hilfe der üblichen Axiome der Mengenlehre weder beweisbar noch widerlegbar ist.

Da $M \neq \emptyset$, gibt es $m_1 \in M$. Seien $m_1, \ldots, m_n$ schon gewählt mit $m_i \neq m_j$ für $i \neq j$. Da M nicht endlich ist, ist insbesondere $M \neq \{m_1, \ldots, m_n\}$ (wäre $M = \{m_1, \ldots, m_n\}$, so wäre durch $f(i) := m_i$ eine Bijektion von $\{1, \ldots, n\}$ auf M gegeben). Somit existiert ein Element $m_{n+1} \in M \setminus \{m_1, \ldots, m_n\}$. Insbesondere ist $m_{n+1} \neq m_i$ für $i = 1, \ldots, n$. Damit ist eine Injektion $g : \mathbb{N} \longrightarrow M$ durch $g(i) := m_i$ gegeben.
Der aufmerksame Leser wird feststellen, daß wir das Auswahlaxiom gebraucht haben, da wir ohne eine effektive Vorschrift unendlich oft jeweils aus einer Teilmenge von M ein Element ausgewählt haben.

b) Für $S \subseteq M$ sei $\chi_S : M \longrightarrow \{0,1\}$ die sog. **charakteristische Funktion** von S (in M), definiert durch

$$\chi_S(x) := \begin{cases} 1, & \text{falls } x \in S \\ 0, & \text{falls } x \in M \setminus S \end{cases}.$$

Da zwei Funktionen mit demselben Definitionsbereich genau dann gleich sind, wenn sie überall denselben Funktionswert haben, sieht man leicht, daß durch $\Phi(S) := \chi_S$ eine Bijektion $\Phi : \mathcal{P}(M) \longrightarrow 2^M$ gegeben ist.

c) Es reicht der Beweis der ersten Gleichung, da die zweite Gleichung aus b) folgt und $|\mathbb{R}| = |\mathbb{R}^n|$ nach dem Vorspann gilt.
Bekanntlich läßt sich jede reelle Zahl x mit $0 < x < 1$ eindeutig als nichtabbrechender Dualbruch der Form $\sum\limits_{i=1}^{\infty} a_i 2^{-i}$ mit $a_i \in \{0,1\}$ für alle i darstellen.
Somit ist durch $\Phi(x) := (a_i : i \in \mathbb{N})$ eine Injektion Φ von $(0,1)$ nach $2^{\mathbb{N}}$ gegeben. Nach Aufgabe 3 ist $|\mathbb{R}| = |(0,1)|$, also folgt $|\mathbb{R}| \leq |2^{\mathbb{N}}|$.

Wir zeigen nun $|2^{\mathbb{N}}| \leq |\mathbb{R}|$ und erhalten dann insgesamt mit Hilfe des Satzes von SCHRÖDER–BERNSTEIN die Aussage $|\mathbb{R}| = |2^{\mathbb{N}}|$. Dazu konstruieren wir eine injektive Funktion $\Psi : 2^{\mathbb{N}} \longrightarrow \mathbb{R}$.
Sei $2^{\mathbb{N}} = M \cup N$, wobei

$$M := \{f \in 2^{\mathbb{N}} \mid \exists n_0 \forall n \geq n_0\ f(n) = 0\} \text{ und } N := 2^{\mathbb{N}} \setminus M$$

ist. Für $f \in M$ sei $\Psi(f) := -\sum\limits_{i=1}^{\infty} f(i)\, 2^{-i}$, für $f \in N$ sei $\Psi(f) := \sum\limits_{i=1}^{\infty} f(i)\, 2^{-i}$.
Wegen der Eindeutigkeit der Darstellung von Elementen von $(0,1]$ als nichtabbrechender Dualbruch ist $\Psi \restriction N$ injektiv. (Mit $\Psi \restriction N$ bezeichnen wir die **Einschränkung** von Ψ auf N.) Ist $f \in M$, so ist $\Psi(f)$ eine endliche Summe, und bekanntlich ist $\Psi \restriction M$ injektiv. Nun folgt leicht, daß $\Psi : 2^{\mathbb{N}} \longrightarrow \mathbb{R}$ injektiv ist, und es gilt daher $|2^{\mathbb{N}}| \leq |\mathbb{R}|$.

1.1.3
Sind $a, b \in \mathbb{R}$ mit $a < b$, so gilt: $|(a,b)| = |\mathbb{R}| = |[a,b]|$.

Zunächst gilt für $a, b \in \mathbb{R}$ mit $a < b$:

$$|(a,b)| = |(0,1)| \quad \text{und} \quad |[a,b]| = |[0,1]| .$$

Durch $\varphi(t) := tb + (1-t)\,a$ ist nämlich eine Bijektion von $[0,1]$ auf $[a,b]$ definiert.
Dies erkennt man wie folgt: $\varphi(0) = a$, $\varphi(1) = b$.
Ist $t_1 < t_2$, so ist $\varphi(t_2) - \varphi(t_1) = (t_2 - t_1)(b-a) > 0$, also $\varphi(t_1) < \varphi(t_2)$; φ ist injektiv. Ist $a < c < b$ und $t = \frac{c-a}{b-a}$, so ist $\varphi(t) = c$; φ ist surjektiv.
Da $\tan : (-\frac{\pi}{2}, \frac{\pi}{2}) \longrightarrow \mathbb{R}$ bijektiv ist, ist $|\mathbb{R}| = |(-\frac{\pi}{2}, \frac{\pi}{2})| = |(0,1)| = |(a,b)|$ für alle $a, b \in \mathbb{R}$ mit $a < b$.
Mit dem Satz von SCHRÖDER–BERNSTEIN folgt nun auch die Behauptung für die Fälle, in denen bei (a,b) $a = -\infty$ oder $b = \infty$ zugelassen ist.
Es bleibt zu zeigen: $|[a,b]| = |(a,b)|$.
Dies folgt mit den bisherigen Ergebnissen, wenn wir $|(0,1)| = |[0,1]|$ beweisen.
Nach 1 a) gibt es eine Bijektion f von $\{\frac{1}{n+1} \mid n \in \mathbb{N}\} =: M$ auf $M \cup \{0,1\}$.
Nun ist $g : (0,1) \longrightarrow [0,1]$, definiert durch $g(t) := f(t)$ für $t \in M$, $g(t) := t$ für $t \in (0,1) \setminus M$, eine Bijektion.

1.1.4
Es gilt: $|\mathbb{R}^{\mathbb{N}}| = |\mathbb{R}| < |\mathbb{R}^{\mathbb{R}}|$.

Wir zeigen:

$$(*) \qquad |\{0,1\}^{\mathbb{N}\times\mathbb{N}}| = |(\{0,1\}^{\mathbb{N}})^{\mathbb{N}}| .$$

$$\text{Daraus folgt mit 2 c):} \quad |\mathbb{R}| = |\{0,1\}^{\mathbb{N}}| = |\{0,1\}^{\mathbb{N}\times\mathbb{N}}| = |(\{0,1\}^{\mathbb{N}})^{\mathbb{N}}| = |\mathbb{R}^{\mathbb{N}}| .$$

$$\text{Ferner gilt nach 2 b):} \quad |\mathbb{R}| < |\mathcal{P}(\mathbb{R})| = |\{0,1\}^{\mathbb{R}}| \le |\mathbb{R}^{\mathbb{R}}|.$$

$(*)$ zeigen wir allgemeiner:
Für beliebige Mengen A, B, C ist $|A^{B\times C}| = |(A^B)^C|$.
(Dies liefert die Kardinalzahlregel: $a^{b\cdot c} = (a^b)^c$.)
Zum Beweis dieser Aussage geben wir eine Bijektion von $(A^B)^C$ auf $A^{B\times C}$ an.
Sei $f \in (A^B)^C$. Dann ist für jedes $c \in C$ durch $f_c := f(c)$ eine Funktion von B nach A gegeben. $\Phi(f) \in A^{B\times C}$ sei definiert durch $\Phi(f)\,((b,c)) := f_c(b)$.
Man überzeugt sich schnell, daß Φ eine gesuchte Bijektion ist.

1.1.5

Man zeige: Ist V ein Vektorraum endlicher Dimension über dem Körper K, so ist

$$|V| = \begin{cases} |K| & \text{, falls } K \text{ unendlich ist.} \\ m^{\dim V} & \text{, falls } |K| = m \in \mathbb{N}\,. \end{cases}$$

Hat V die Dimension $n \in \mathbb{N}$, so wissen wir (siehe auch Aufgabe 1.3.2), daß V isomorph zum Vektorraum K^n (über K) ist, wobei ein Isomorphismus gegeben ist durch diejenige lineare Abbildung φ, die jedem Vektor seinen Koordinatenvektor bezüglich einer fest vorgegebenen Basis B zuordnet.
Insbesondere ist φ bijektiv, also ist $|V| = |K^n|$.
Ist K unendlich, so folgt nach dem Vorspann $|V| = |K^n| = |K|$.
Ist K endlich und $m = |K|$, so ist bekanntlich $|K^n| = m^n$.

1.1.6

Sei V ein Vektorraum über dem Körper K. Man zeige:

a) *Ist B eine Basis von V, ist $V \neq \{0\}$ und ist K oder B eine unendliche Menge, so ist $|V| = \max\{|K|, |B|\}$.*

b) *Ist S eine unendliche Teilmenge von V, so ist $|L(S)| = \max\{|S|, |K|\}$.*

Teil b) folgt aus Teil a), wenn man eine beliebige Basis $B \subseteq S$ vom Vektorraum $V := L(S)$ wählt (dies ist möglich nach Aufgabe 1.2.3).
Zunächst ist dann nämlich nicht sowohl B als auch K endlich, da sonst $L(S)$ genau $|K|^{|B|}$ Elemente hätte im Widerspruch dazu, daß $S \subseteq L(S)$ und S unendlich ist. Also ist nach a) $|L(S)| = \max\{|K|, |B|\}$. Da wegen $B \subseteq S$

$$\begin{aligned} |L(S)| &= \max\{|K|, |B|\} \leq \max\{|K|, |S|\} \\ &\leq \max\{|K|, |L(S)|\} = |L(S)|\,, \end{aligned}$$

ist auch $|L(S)| = \max\{|K|, |S|\}$.

Wir beweisen nun Teil **a)**.
Sicher ist $|B| \leq |V|$.
Wähle $0 \neq X \in B$. Für $\alpha, \beta \in K$ mit $\alpha \neq \beta$ ist $\alpha X \neq \beta X$, da $X \neq 0$. Somit ist

$$|K| = |\{\alpha X \mid \alpha \in K\}| = |L(X)| \leq |V|.$$

Es folgt $\max\{|K|, |B|\} \leq |V|$.
Zum Beweis der Relation "$\geq$"ordnen wir jedem Vektor $Y \neq 0$ eine endliche Teilmenge

$$\Phi(Y) := \{(\lambda_1, X_1), \ldots, (\lambda_k, X_k)\} \text{ von } K \times B$$

zu, wobei $Y = \sum_{i=1}^{k} \lambda_i X_i$ die eindeutige Darstellung von Y durch $X_1, \ldots, X_k \in B$ mit gewissen $\lambda_1, \ldots, \lambda_k \in K \setminus \{0\}$ ist. Setzt man noch $\Phi(0) = \emptyset$, so ist eine injektive Abbildung Φ von V in $\mathcal{P}_{fin}(K \times B)$ definiert. Da $K \times B$ unendlich ist, ist nach den vorn angeführten Sätzen

$$|\mathcal{P}_{fin}(K \times B)| = |K \times B| = \max\{|K|, |B|\}.$$

Also ist $|V| \leq \max\{|K|, |B|\}$.

1.1.7

Man zeige, daß der Vektorraum $\mathbb{R}$ über dem Körper $\mathbb{Q}$ keine abzählbare Basis besitzt.

Bekanntlich ist $\mathbb{Q}$ abzählbar, $\mathbb{R}$ ist nicht abzählbar (in unserer Sprechweise: $|\mathbb{Q}| = |\mathbb{N}| = \aleph_0 < |\mathbb{R}|$).
Wäre B eine Basis von $\mathbb{R}$ über $\mathbb{Q}$ mit $|B| \leq |\mathbb{N}|$, so wäre nach der vorigen Aufgabe $|\mathbb{R}| = \max\{|B|, |\mathbb{Q}|\} = \aleph_0$ – ein Widerspruch.

1.1.8

Sei V ein Vektorraum über K. Man zeige, daß je zwei Basen B_1 und B_2 von V gleichmächtig sind.
(Dies rechtfertigt die Definition der Dimension von V auch für Vektorräume, die keine endliche Dimension haben – siehe 1.3.)

Falls eine der Basen endlich ist, so ist es auch die andere, und es gilt $|B_1| = |B_2|$ nach dem Austauschsatz von STEINITZ für Vektorräume endlicher Dimension. Seien also beide Basen unendlich. Wir zeigen $|B_2| \leq |B_1|$. Aus Symmetriegründen folgt dann auch $|B_1| \leq |B_2|$, also $|B_1| = |B_2|$ mit dem Satz von SCHRÖDER–BERNSTEIN.
Sei $X \in B_1$. Dann gibt es $X_1, \ldots, X_k \in B_2$, $\lambda_1, \ldots, \lambda_k \in K \setminus \{0\}$ mit

$$X = \sum_{i=1}^{k} \lambda_i X_i\ .$$

Es sei $\Phi(X) := \{X_1, \ldots, X_k\}$. Hierdurch ist eine Abbildung Φ von B_1 nach $\mathcal{P}_{fin}(B_2)$ definiert.
Behauptung: $B_2 = \bigcup\{\Phi(X) \mid X \in B_1\} =: C$.
Sicher ist $C \subseteq B_2$. Wir nehmen an, daß ein Vektor $Y \in B_2 \setminus C$ existiert. Da B_1 eine Basis ist, ist Y eine Linearkombination von gewissen Vektoren $Y_1, \ldots, Y_r \in B_1$. Jedes Y_i ist eine Linearkombination von Elementen von $\Phi(Y_i)$, also ist Y eine Linearkombination von Elementen von $C \subseteq B_2$. Nach Annahme

kommt Y unter diesen nicht vor. Dies widerspricht der linearen Unabhängigkeit von B_2. Somit gilt $C = B_2$, und damit nach unseren Regeln (Regel 3)

$$|B_2| = |\bigcup\{\Phi(X) \mid X \in B_1\}| \leq |\mathbb{N}| \cdot |B_1|,$$

denn $|\Phi(X)| < |\mathbb{N}|$ für jedes $X \in B_1$.
Nun ist $|\mathbb{N}| \cdot |B_1| = \max\{|\mathbb{N}|, |B_1|\} = |B_1|$, da B_1 unendlich ist (Aufgabe 2 a)).
Also folgt insgesamt $|B_2| \leq |B_1|$.

1.1.9
Man zeige, daß die Vektorräume $\mathbb{R}$ und $\mathbb{C}$ als Vektorräume über dem Körper $\mathbb{Q}$ isomorph sind. Insbesondere sind also die Gruppen $(\mathbb{R}, +)$ und $(\mathbb{C}, +)$ isomorph.

1. Lösungsweg:
Wir wissen, daß $|\mathbb{R}| = |\mathbb{R} \times \mathbb{R}| = |\mathbb{C}|$ gilt. Ist B eine Basis von $\mathbb{R}$ über $\mathbb{Q}$, so folgt aus Aufgabe 6: $|\mathbb{R}| = \max\{|B|, |\mathbb{Q}|\}$. Wegen $|\mathbb{Q}| = |\mathbb{N}|$ und $|\mathbb{R}| > |\mathbb{N}|$ ist $|B| = |\mathbb{R}|$. Analog folgt für jede Basis C von $\mathbb{C}$ über $\mathbb{Q}$: $|C| = |\mathbb{C}| = |\mathbb{R}|$. $\mathbb{R}$ und $\mathbb{C}$ haben folglich als Vektorräume über $\mathbb{Q}$ dieselbe Dimension (siehe Vorspann zu 1.3) und sind daher nach Aufgabe 1.3.2 isomorph.

2. Lösungsweg:
Wähle eine Basis B des Vektorraums $\mathbb{R}$ über $\mathbb{Q}$. Da jedes $z \in \mathbb{C}$ die Darstellung $z = x + iy$ für gewisse $x, y \in \mathbb{R}$ hat, rechnet man leicht nach, daß

$$B \cup \{ib \mid b \in B\} =: B \cup iB$$

eine Basis von $\mathbb{C}$ über $\mathbb{Q}$ ist. B ist unendlich, da sonst für $|B| = n \in \mathbb{N}$ der Widerspruch $|\mathbb{R}| = |\mathbb{Q}^n| = |\mathbb{Q}| = |\mathbb{N}|$ folgt. Daher gilt nach den Regeln für das Rechnen mit Kardinalzahlen wegen $B \cap iB = \emptyset$:

$$|B \cup iB| = |B \times \{0, 1\}| = \max\{2, |B|\} = |B|\ .$$

$\mathbb{R}$ und $\mathbb{C}$ haben also als Vektorräume über $\mathbb{Q}$ dieselbe Dimension und sind, wiederum nach Aufgabe 1.3.2, isomorph.

1.2 Das ZORNsche Lemma

Das wichtigste Beweisprinzip für unendliche Mengen ist ein Axiom der Mengenlehre, das unter dem Namen **ZORNsches Lemma** – abgekürzt (ZL) – bekannt ist. Äquivalent zu (ZL) sind u. a. die spezielle Fassung des ZORNschen Lemmas für die Halbordnung $\subseteq$, hier (ZL)* genannt, das **Auswahlaxiom** und der sog. **Wohlordnungssatz**, der hier nicht behandelt werden soll.
Zu den Begriffen **Halbordnung** sowie **Ordnung** bzw. **Kette** sei auf REP1 verwiesen. Statt Ordnung sagt man auch **lineare Ordnung**.
Zur Formulierung von (ZL) werden einige Begriffe benötigt.

$\leq$ sei eine Halbordnung auf der Menge H.

1. Ist $S \subseteq H$, so heißt $h \in H$ eine **obere Schranke** von S, falls $a \leq h$ für alle $a \in S$ gilt.
2. $a \in H$ heißt **maximales Element** von H bzgl. $\leq$, falls kein $b \in H$ mit $a \leq b$ und $a \neq b$ existiert. (Oder äquivalent: Für alle $b \in H$ mit $a \leq b$ gilt $a = b$.)

ZORNsches Lemma (ZL)

Ist H eine nichtleere Menge und $\leq$ eine Halbordnung auf H mit der Eigenschaft, daß jede bzgl. $\leq$ linear geordnete Teilmenge von H eine obere Schranke in H hat, so besitzt H bzgl. $\leq$ ein maximales Element.

ZORNsches Lemma Fassung (ZL)*

Ist M eine nichtleere Menge von Teilmengen einer Menge mit der Eigenschaft, daß für jede bzgl. $\subseteq$ linear geordnete nichtleere Teilmenge M' von M die Menge $\bigcup M'$ ein Element von M ist, so besitzt M (bzgl. $\subseteq$) ein maximales Element.[7]

[7] $\bigcup M' := \{x \mid \text{Es gibt ein } S \in M' \text{ mit } x \in S\}$.

1.2.1

Man beweise: (ZL) $\iff$ (ZL)* .

Sicher impliziert (ZL) die Aussage (ZL)*:
Wählt man nämlich als Halbordnung die Relation $\subseteq$ auf M, so ist $\bigcup M'$ stets eine obere Schranke für Ketten $M' \subseteq M$; die Voraussetzungen von (ZL) sind damit erfüllt.
Gelte nun umgekehrt (ZL)* und sei $(H, \leq)$ eine Halbordnung, die die Voraussetzungen von (ZL) erfüllt. Definiere

$$M := \{S \subseteq H \mid S \text{ ist eine } \leq -\text{Kette in } H\}.$$

Sicher ist $M \neq \emptyset$, da $\{h\} \in M$ für jedes $h \in H$ (oder da $\emptyset \in M$). Ist $M' \subseteq M$ eine nichtleere $\subseteq$ – Kette in M, so zeigen wir, daß $S_0 := \bigcup M'$ eine $\leq$ – Kette ist.
Sind $a, b \in S_0$, so gibt es $S_1, S_2 \in M'$ mit $a \in S_1$ und $b \in S_2$. Da M' eine $\subseteq$ – Kette ist, ist o. B. d. A. $S_1 \subseteq S_2$. Also gilt $a, b \in S_2$, und da S_2 eine $\leq$ – Kette ist, gilt $a \leq b$ oder $b \leq a$.
Somit ist $S_0 \in M$, die Voraussetzungen von (ZL)* sind erfüllt. M besitzt folglich ein (bzgl. $\subseteq$) maximales Element T. Nun erfüllt $(H, \leq)$ die Voraussetzungen von (ZL), also besitzt T in H eine obere Schranke y_0. Wir zeigen, daß y_0 ein maximales Element von H ist.
Sei $z_0 \in H$ mit $y_0 \leq z_0$. Dann ist $T \cup \{z_0\} \in M$. Da T maximal bzgl. $\subseteq$ in M ist, ist $T \cup \{z_0\} = T$, also $z_0 \in T$ und damit $z_0 \leq y_0$, da y_0 obere Schranke von T ist, also insgesamt $z_0 = y_0$. Somit ist y_0 ein maximales Element von H, dessen Existenz nachzuweisen war.

1.2.2

Man beweise:

a) *Jeder Vektorraum besitzt eine Basis.*

b) *Ist S eine linear unabhängige Teilmenge des Vektorraums V über K, so gibt es eine Basis B von V mit $S \subseteq B$.*

Teil a) folgt sofort aus b), wenn man $S = \emptyset$ wählt, denn $\emptyset$ ist für jeden Vektorraum eine linear unabhängige Menge.
Wir beweisen b) mit (ZL)*.
Sei S eine linear unabhängige Teilmenge des Vektorraums V (über K) und sei

$$M := \{T \subseteq V \mid S \subseteq T \text{ und } T \text{ ist linear unabhängig }\}.$$

Sicher ist $M \neq \emptyset$, da $S \in M$. Gegeben sei nun eine nichtleere Kette M' (bzgl. $\subseteq$) in M. Wir setzen $T_0 := \bigcup M'$ und müssen zeigen, daß T_0 linear unabhängig ist, denn sicher gilt $S \subseteq T_0$. Dazu müssen wir nach Definition nachweisen, daß jede endliche Teilmenge von T_0 linear unabhängig ist. Es folgt wieder ein Argument, das für alle Anwendungen von (ZL)* typisch ist.

Sei R eine endliche Teilmenge von T_0; dann hat R die Form $R = \{X_1, \ldots, X_k\}$ mit $X_1, \ldots, X_k \in T_0$. Es existieren $T_1, \ldots, T_k \in M'$ mit $X_i \in T_i$ für $i = 1, \ldots, k$. Nun sind $T_1, \ldots, T_k$ bzgl. $\subseteq$ vergleichbar, also gibt es unter ihnen ein größtes Element. (Jede endliche Teilmenge einer Kette besitzt ein Maximum – dies folgt leicht durch vollständige Induktion.) O. B. d. A. sei dies T_k. Nun gilt $X_1, \ldots, X_k \in T_k$, und da T_k linear unabhängig ist, ist auch R linear unabhängig. M erfüllt somit die Voraussetzungen von (ZL)* und besitzt ein maximales Element B. B ist als maximal linear unabhängige Teilmenge von V eine Basis von V.
(Für die Leser, denen diese Aussage nicht so vertraut ist, wird sie bewiesen: Wir müssen zeigen, daß B den Vektorraum V erzeugt und nehmen dazu an, daß $L(B) \neq V$ gilt. Dann gibt es einen Vektor $X \in V \setminus L(B)$. Nach 1.3.4 ist $B \cup \{X\}$ linear unabhängig im Widerspruch zur Maximalität von B in M.)

1.2.3

Sei V ein Vektorraum über K, sei $A \subseteq V$ und sei $S \subseteq A$ linear unabhängig.

a) *Man zeige: Es gibt eine Teilmenge B von A mit $S \subseteq B$, die eine Basis von $L(A)$ ist.*

b) *Man folgere aus a) den Austauschsatz von* STEINITZ *in der Fassung des Vorspanns von* 1.3.

Der aufmerksame Leser sieht, daß a) die Aussagen in Aufgabe 2 impliziert – setze $A = V$.

a) Setze

$$M := \{T \subseteq A \mid S \subseteq T \text{ und } T \text{ ist linear unabhängig }\} .$$

Man erhält wörtlich wie in Aufgabe 2 ein maximales Element B von M, wenn man dort $T_0 := \bigcup M' \subseteq A$ verwendet. Wir zeigen, daß $L(A)$ von B erzeugt wird.
Annahme: Es gibt einen Vektor $X \in A \setminus L(B)$. Dann ist nach 1.3.4 $B \cup \{X\}$ linear unabhängig, also ein Element von M im Widerspruch zur Maximalität von B in M. Somit ist $A \subseteq L(B)$. Es folgt:

$$L(A) \subseteq L(L(B)) = L(B) \subseteq L(A) ,$$

also $L(B) = L(A)$.

b) Setze $A := B \cup S$. Nach a) gibt es eine Basis C von $L(A) = V$ mit $S \subseteq C \subseteq B \cup S = A$. Es ist $C = S \cup (C \setminus S)$ und $C \setminus S \subseteq B$. Damit erfüllt $T := B \setminus (C \setminus S)$ die Forderungen.

1.2.4

Sei V ein Vektorraum über K und seien U bzw. W Untervektorräume von V mit Basen B bzw. C, so daß $V = U + W$ gilt. Man zeige:

a) *Es gibt eine Teilmenge D von C mit $B \cap D = \emptyset$, so daß $B \cup D$ eine Basis von V ist.*

b) *Es gibt einen Untervektorraum W' von W, so daß $V = U \oplus W'$ gilt.*

Sicher folgt Teil b) aus Teil a), wenn man $W' = L(D)$ setzt: Es ist $L(D)$ ein Untervektorraum von W und $W' \cap U = \{0\}$, da $B \cup D$ linear unabhängig und $B \cap D = \emptyset$ ist. Schließlich ist $V = U + W'$, da $B \cup D$ den Vektorraum erzeugt. Also ist dann $V = U \oplus W'$.

Wir beweisen nun a) mit (ZL)*.
Sei $M := \{S \subseteq C \mid B \cup S$ ist linear unabhängig und $B \cap S = \emptyset\}$. Es ist $M \neq \emptyset$, da $\emptyset \in M$. Ist $M' \subseteq M$ eine nichtleere Kette, so ist $S_0 := \bigcup M' \subseteq C$ und es gilt:

$$B \cup S_0 = B \cup \bigcup\{S \mid S \in M'\} = \bigcup\{B \cup S \mid S \in M'\}.$$

$\{B \cup S \mid S \in M'\}$ ist ebenfalls eine Kette linear unabhängiger Mengen, und nach dem Beweis von Aufgabe 1.2.2 ist die Vereinigung über eine Kette linear unabhängiger Mengen wieder linear unabhängig. Ferner ist $S_0 \cap B = \emptyset$. Folglich ist $S_0 \in M$, M erfüllt die Voraussetzungen von (ZL)*. Sei D ein maximales Element von M. Wir zeigen, daß $B \cup D$ eine Basis von V ist. Dazu bleibt zu zeigen, daß $B \cup D$ den Vektorraum V erzeugt.
Dies zeigen wir durch den Beweis von $B \cup C \subseteq L(B \cup D)$, denn daraus folgt

$$V = U + W = L(B) + L(C) \subseteq L(B \cup C) \subseteq L(L(B \cup D)) = L(B \cup D).$$

Annahme: Es gibt einen Vektor $X \in (B \cup C) \setminus L(B \cup D)$. Dann ist nach 1.3.4 $B \cup D \cup \{X\}$ linear unabhängig. Nun ist $X \notin B \cup D$, aber $X \in B \cup C$, also ist $X \in C \setminus B$. Die Menge $D \cup \{X\}$ ist somit ein Element von M im Widerspruch zur Maximalität von D.
Die Aussage $B \cup C \subseteq L(B \cup D)$ ist damit bewiesen.

1.2.5

Man beweise Teil b) von Aufgabe 1.2.4 *ohne Verwendung von Teil a), indem man (ZL)* auf*

$$M := \{S \subseteq W \mid S \text{ ist Untervektorraum von } W \text{ und } U \cap S = \{0\}\}$$

anwendet.

Wir wollen hier nur die Beweisidee schildern. Es ist $M \neq \emptyset$, da $\{0\} \in M$. Mit dem üblichen Argument zeigt man, daß die Vereinigung S_0 über eine nichtleere Kette von Untervektorräumen aus M wieder ein Untervektorraum von W ist

und daß $U \cap S_0 = \{0\}$ gilt. Somit erfüllt M die Voraussetzungen von (ZL)* und besitzt ein maximales Element W'. Es bleibt zu zeigen, daß $V = U \oplus W'$ gilt. Annahme: Es gibt einen Vektor $X \in V \setminus (U \oplus W')$. Nach Voraussetzung ist $X = Y_1 + Y_2$ mit $Y_1 \in U$ und $Y_2 \in W$. Also ist $Y_2 \notin W'$.
Ferner ist $L(W' \cup \{Y_2\}) \cap U = \{0\}$:

Ist Z Element dieses Durchschnitts, so ist $Z \in U$ und $Z = \sum_{i=1}^{n} \lambda_i X_i + \lambda Y_2$ für gewisse $X_1, \ldots, X_n \in W'$ und $\lambda_1, \ldots, \lambda_n, \lambda \in K$. Ist $\lambda = 0$, so ist $Z \in U \cap W'$, also $Z = 0$ nach Wahl von W'. Also sei $\lambda \neq 0$; damit folgt aber

$$Y_2 = \frac{1}{\lambda} Z - \frac{1}{\lambda} \sum_{i=1}^{n} \lambda_i X_i \in U \oplus W'$$

und somit $X = Y_1 + Y_2 \in U \oplus W'$ im Widerspruch zu unserer Annahme über X. Also ist $Z = 0$.
Damit haben wir gezeigt, daß $L(W' \cup \{Y_2\})$ aus M ist, und dies ist ein Widerspruch zur Maximalität von W', denn $Y_2 \notin W'$.
Insgesamt folgt $V = U \oplus W'$.

1.2.6
Sei R ein kommutativer Ring mit Einselement und sei $I \subseteq R$ ein Ideal mit $I \neq R$. Man zeige, daß es ein maximales Ideal J_0 von R gibt mit $I \subseteq J_0$.

Die Definitionen der Begriffe Ideal und maximales Ideal entnehme man Abschnitt 2.2.
Setze $M := \{J \subseteq R \mid J \text{ ist ein Ideal in } R \text{ mit } I \subseteq J\}$. Es ist $M \neq \emptyset$, da $I \in M$. Ist $M' \subseteq M$ eine nichtleere Kette in M, so ist $I_0 := \bigcup M'$ ein Element von M. Zunächst ist nämlich $I_0 \neq \emptyset$, da ein $J \in M'$ existiert und da $J \neq \emptyset$. Sind $a, b \in I_0$ und ist $\lambda \in R$, so gibt es $I_1, I_2 \in M'$ mit $a \in I_1$ und $b \in I_2$. Da M' eine Kette ist, sei o. B. d. A. $I_1 \subseteq I_2$. Dann sind $a, b \in I_2$, und da I_2 ein Ideal ist, folgt $a - b, \lambda a \in I_2$, also $a - b, \lambda a \in I_0$. Damit ist $I_0 \in M$ und M erfüllt die Voraussetzungen von (ZL)*. Ist J_0 ein maximales Element von M, so ist J_0 nach Definition ein maximales Ideal von R, und es gilt $I \subseteq J_0$.

1.3 Vektorräume

Lineare Unabhängigkeit

V sei ein Vektorraum über dem Körper K.
Eine endliche Teilmenge $\{X_1, \ldots, X_m\}$ von V heißt **linear unabhängig** in V, wenn die Gleichung

$$\lambda_1 X_1 + \ldots + \lambda_m X_m = 0 \tag{1}$$

für $\lambda_1, \ldots, \lambda_m \in K$ nur die Lösung $\lambda_1 = \ldots = \lambda_m = 0$ besitzt.[8]

Eine beliebige Teilmenge S eines Vektorraumes V heißt linear unabhängig, wenn jede endliche Teilmenge von S linear unabhängig ist.

Eine Teilmenge von V heißt **linear abhängig**, wenn sie nicht linear unabhängig ist.

Völlig analog definiert man, daß ein geordnetes m–Tupel $(X_1, \ldots, X_m)$ von Vektoren aus V linear unabhängig (in V) heißt, wenn Gleichung (1) nur die triviale Lösung besitzt.[9]

Linearkombination der Vektoren $X_1, \ldots, X_m$	$\lambda_1 X_1 + \ldots + \lambda_m X_m, \quad \lambda_1, \ldots, \lambda_m \in K$
lineare Hülle von $S \subseteq V$	$L(\emptyset) := \{0\}$ $L(S) := \{\sum_{i=1}^{m} \lambda_i X_i \mid X_i \in S, \lambda_i \in K, m \in \mathbb{N}\}$

Merke: Die lineare Hülle $L(S)$ ist die Menge aller Linearkombinationen von jeweils endlich vielen Vektoren aus S. $L(\{X_1, \ldots, X_m\}) =: L(X_1, \ldots, X_m)$.

Es sei $S \subseteq V$ und U Unterraum von V. S heißt

Erzeugendensystem von U $:\Longleftrightarrow$ $U = L(S)$.

Basis von U $:\Longleftrightarrow$ $U = L(S)$ und S ist linear unabhängig.

Dimension von U $:=$ $|B|$, falls B Basis von U ist.

$B = (B_1, \ldots, B_n)$ heißt **geordnete Basis** von U, falls $U = L(B_1, \ldots, B_n)$ und $(B_1, \ldots, B_n)$ linear unabhängig ist.

Die Definition der Dimension ist sinnvoll, da nach dem folgenden Satz 2 je zwei Basen eines Vektorraums gleichmächtig sind.

---

[8] Formal: $\forall \lambda_1, \ldots, \lambda_m \in K \; (\lambda_1 X_1 + \ldots + \lambda_m X_m = 0 \Longrightarrow \lambda_1 = \ldots = \lambda_m = 0)$

[9] Beachte: Ist $X \neq 0$, so ist (X, X) linear abhängig, aber $\{X, X\} = \{X\}$ ist linear unabhängig.

Wichtige Sätze über Vektorräume

1. Jeder Vektorraum besitzt eine Basis.
2. Je zwei Basen eines Vektorraumes sind gleichmächtig.
3. **Basisergänzungssatz**

   In einem Vektorraum läßt sich jede linear unabhängige Teilmenge zu einer Basis ergänzen.
4. **Austauschsatz** von STEINITZ

   Ist B eine Basis des Vektorraums V und S eine linear unabhängige Teilmenge von V, so gibt es eine Teilmenge $T \subseteq B$ derart, daß die Menge $(B \setminus T) \cup S$ eine Basis von V ist.

Die Beweise entnehme man den Aufgaben 1.2.2, 1.1.8, 1.2.2 und 1.2.3.

1.3.1

Im Vektorraum $\mathbb{R}^{\mathbb{N}}$ der reellen Zahlenfolgen definieren wir eine Teilmenge U durch

$$U := \{X \in \mathbb{R}^{\mathbb{N}} \mid X = (x_n)_{n\in\mathbb{N}} \text{ und die Reihe } \sum_{n=0}^{\infty} x_n^2 \text{ ist konvergent}\}.$$

a) *Man zeige mit Hilfe der* CAUCHY–SCHWARZ*schen Ungleichung (*REP1*, Seite* 33*), daß U ein Untervektorraum ist.*

b) *Sei $E_i := (\delta_{ij})_{j\in\mathbb{N}}$. Sicher ist $E_i \in U$, und $W := L(\{E_i \mid i \in \mathbb{N}\})$ ist ein Untervektorraum von U.*
Man zeige: $W \subsetneqq U$.

c) *Man zeige:* $\dim U = |U| = |\mathbb{R}^{\mathbb{N}}| = 2^{\aleph_0}$
(Hinweis: REP1, *Aufgabe* 3.3.10*).*

(U wird mit $\ell^{(2)}$ bezeichnet und ist ein Standardbeispiel für einen sogenannten HILBERT*–Raum – siehe auch Aufgabe* 5.5.9.*)*

a) Zu zeigen ist: $0 \in U$ und

$$\forall X, Y \in U \ \ \forall \lambda \in \mathbb{R} \ (\lambda X \in U \text{ und } X + Y \in U).$$

Zunächst ist der Nullvektor von $\mathbb{R}^{\mathbb{N}}$, also diejenige Folge, die nur Nullen als Glieder hat, ein Element von U.

Sicher ist $\sum_{n=0}^{\infty} (\lambda x_n)^2$ konvergent, falls $\sum_{n=0}^{\infty} x_n^2$ konvergiert, und somit folgt aus $X \in U$ und $\lambda \in \mathbb{R}$ auch $\lambda X \in U$.

Wir zeigen nun, daß mit $X, Y \in U$ auch $X + Y \in U$ gilt.
Ist $X = (x_n)_{n\in\mathbb{N}}$ und $Y = (y_n)_{n\in\mathbb{N}}$, so ist $X + Y = (x_n + y_n)_{n\in\mathbb{N}}$.

Zu zeigen ist: $\sum_{n=0}^{\infty}(x_n + y_n)^2$ konvergiert.

Da $(x_n + y_n)^2 = x_n^2 + 2x_ny_n + y_n^2$ und $\sum_{n=0}^{\infty} x_n^2$, $\sum_{n=0}^{\infty} y_n^2$ nach Voraussetzung konvergent sind, genügt es, die Konvergenz der Reihe $\sum x_ny_n$ zu beweisen. Wir weisen nach, daß diese Reihe absolut konvergiert (und daher auch konvergiert). In der folgenden Abschätzung gilt $(*)$ nach der CAUCHY–SCHWARZschen Ungleichung für $k \geq 1$:

$$\begin{aligned}\sum_{n=0}^{k} |x_ny_n| &= \sum_{n=0}^{k} |x_n|\,|y_n| \\ &\overset{(*)}{\leq} \left(\sum_{n=0}^{k} x_n^2\right)^{\frac{1}{2}} \cdot \left(\sum_{n=0}^{k} y_n^2\right)^{\frac{1}{2}} \\ &\leq \left(\sum_{n=0}^{\infty} x_n^2\right)^{\frac{1}{2}} \cdot \left(\sum_{n=0}^{\infty} y_n^2\right)^{\frac{1}{2}} =: c\,.\end{aligned}$$

Die Folge der Partialsummen $\left(\sum_{n=0}^{k} |x_ny_n|\right)_{k\in\mathbb{N}}$ ist daher beschränkt.

Da sie auch monoton wachsend ist, konvergiert sie nach dem bekannten Satz, daß jede monotone, beschränkte Folge konvergent ist.
Insgesamt folgt $X + Y \in U$.

b) Jeder Vektor $X \in W$ ist Linearkombination von (endlich vielen) Vektoren $E_{i_1}, \ldots, E_{i_k} \in \{E_j \mid j \in \mathbb{N}\}$. Insbesondere sind alle Komponenten x_n von X mit $n \notin \{i_1, \ldots, i_k\}$ Null.
Die Folge $X_0 := (\frac{1}{n+1})_{n\in\mathbb{N}}$ ist ein Element von U, da $\sum \frac{1}{(n+1)^2}$ bekanntlich konvergiert. Aber $X_0 \notin W$, denn keine Komponente von X_0 ist Null.

c) Nach Abschnitt 1.1 ist $2^{\aleph_0} = |\mathbb{R}^{\mathbb{N}}|$.
Sicher gilt wegen $U \subseteq \mathbb{R}^{\mathbb{N}}$: $\dim U \leq |U| \leq |\mathbb{R}^{\mathbb{N}}|$.
Wenn wir eine linear unabhängige Teilmenge S von U der Mächtigkeit $2^{\aleph_0}$ angeben, so läßt sich diese zu einer Basis B von U ergänzen, und daher folgt

$$2^{\aleph_0} = |S| \leq |B| = \dim U \leq |U| \leq |\mathbb{R}^{\mathbb{N}}| \leq 2^{\aleph_0}.$$

Dies liefert die Behauptung.

Nach dem Hinweis wissen wir, daß die Menge

$$S := \{(a^n)_{n\in\mathbb{N}} \mid 0 < a < 1\}$$

in $\mathbb{R}^{\mathbb{N}}$ linear unabhängig ist. Für $0 < a < 1$ ist $\sum_{n=0}^{\infty}(a^n)^2 = \frac{1}{1-a^2}$ nach der Summenformel für die geometrische Reihe, also ist $(a^n)_{n\in\mathbb{N}} \in U$.
Es gilt somit $S \subseteq U$.
Da nach Aufgabe 1.1.3 $|(0,1)| = |\mathbb{R}|$ gilt, ist $|S| = 2^{\aleph_0}$.

1.3.2
Man zeige: Hat der Vektorraum V über K die Dimension $n \in \mathbb{N}$, $n \geq 1$, so ist V isomorph zum Vektorraum K^n (über K). Insbesondere sind je zwei Vektorräume über K derselben Dimension n isomorph.
Warum gilt dies für zwei beliebige Vektorräume über K gleicher Dimension?

Sei $B = (B_1, \ldots, B_n)$ eine geordnete Basis von V und sei $k_B : V \longrightarrow K^n$ diejenige Abbildung, die jedem $X \in V$ seinen Koordinatenvektor $k_B(X)$ bzgl. B zuordnet.
k_B ist ein Isomorphismus: Die Linearität von k_B rechnet man schnell nach. Die Wohldefiniertheit folgt daraus, daß sich bekanntlich jedes $X \in V$ eindeutig als Linearkombination der Basisvektoren $B_1, \ldots, B_n$ darstellen läßt. Die Injektivität ist klar. Ist schließlich $Y = (\mu_1, \ldots, \mu_n) \in K^n$, so ist $k_B(\sum_{i=1}^{n} \mu_i B_i) = Y$.
k_B ist somit surjektiv und insgesamt ein Isomorphismus.

2. Lösungsmöglichkeit:
Seien $B = (B_1, \ldots, B_n)$ und $C = (C_1, \ldots, C_n)$ Basen der Vektorräume V und W über K. Durch $g(B_i) := C_i$ ist eine Funktion von $\{B_1, \ldots, B_n\}$ nach W gegeben.
Nach Aufgabe 1.4.5 gibt es genau eine lineare Abbildung $\varphi : V \longrightarrow W$ mit $g(B_i) = \varphi(B_i)$ für $i = 1, \ldots, n$, nämlich dasjenige φ mit

$$\varphi(X) := \sum_{i=1}^{n} \lambda_i g(B_i) = \sum_{i=1}^{n} \lambda_i C_i \ ,$$

falls $X = \sum_{i=1}^{n} \lambda_i B_i$. Da C eine Basis ist, ist φ injektiv und, wegen $\varphi(\sum_{i=1}^{n} \mu_i B_i) = Y$ für $Y = \sum_{i=1}^{n} \mu_i C_i$, auch surjektiv.

Diese Argumentation läßt sich sofort auf beliebige Vektorräume verallgemeinern. Sind B bzw. C (ungeordnete) Basen von V bzw. W, so gibt es wegen $|B| = |C|$ eine Bijektion g von B auf C. Nun argumentiert man wie oben:

Setze $\varphi(X) := \sum_{i=1}^{k} \lambda_i g(B_i)$, falls $X = \sum_{i=1}^{k} \lambda_i B_i$ die eindeutige Darstellung von X als Linearkombination von endlich vielen Vektoren $B_1, \ldots, B_k \in B$ ist. Folglich sind zwei beliebige Vektorräume über K gleicher Dimension isomorph.

1.3.3

Ist K ein Körper und A eine Menge, so sei

$$(K^A)_{fin} := \{f \in K^A \mid \{a \in A \mid f(a) \neq 0\} \text{ ist endlich}\}.$$

a) *Man zeige, daß $(K^A)_{fin}$ ein Untervektorraum von K^A ist.*

b) *Sei V ein Vektorraum über K und B eine Basis von V. Man zeige, daß V isomorph zu $(K^B)_{fin}$ ist.*

a) Es ist $0 \in (K^A)_{fin}$. Wegen

$$\{a \in A \mid \lambda f(a) \neq 0\} \subseteq \{a \in A \mid f(a) \neq 0\}$$

ist mit $f \in (K^A)_{fin}$ auch $\lambda f \in (K^A)_{fin}$.
Schließlich gilt für $f, g \in (K^A)_{fin}$:

$$\{a \in A \mid (f+g)(a) = f(a)+g(a) \neq 0\} \subseteq \{a \in A \mid f(a) \neq 0\} \cup \{a \in A \mid g(a) \neq 0\}.$$

Ferner ist die Vereinigung zweier endlicher Mengen endlich.
Somit ist $f + g \in (K^A)_{fin}$.
Insgesamt sind damit die drei Untervektorraumaxiome erfüllt.

b) Ist $X \in V$, $X \neq 0$, so gibt es $B_1, \ldots, B_k \in B$ und $\lambda_1, \ldots, \lambda_k \in K \setminus \{0\}$ mit $X = \sum_{j=1}^{k} \lambda_j B_j$.
Sei $k_B : V \longrightarrow (K^B)_{fin}$ definiert durch $k_B(X) := f$ mit $f(Y) = 0$, falls $Y \notin \{B_1, \ldots, B_k\}$, $f(Y) = \lambda_j$, falls $Y = B_j$ für ein $j \in \{1, \ldots, k\}$. Ist $X = 0$, setze $f = 0$. (f ist wieder der (verallgemeinerte) Koordinatenvektor von X bzgl. B.)
Wie im Falle endlicher Dimension rechnet man leicht nach, daß k_B eine lineare Abbildung und bijektiv ist. Wir führen nur den Beweis von

$$k_B(X + Y) = k_B(X) + k_B(Y)$$

vor, da er etwas schwierig zu formulieren ist:

Seien $X, Y \in V$, $X = \sum_{j=1}^{k} \lambda_j B_j$, $Y = \sum_{j=1}^{r} \mu_j C_j$ mit $B_1, \ldots, B_k, C_1, \ldots, C_r \in B$; $\lambda_1, \ldots, \lambda_k, \mu_1, \ldots, \mu_r \in K$. Sei $\{D_1, \ldots, D_s\} := \{B_1, \ldots, B_k\} \cup \{C_1, \ldots, C_r\}$

und

$$X = \sum_{j=1}^{s} \lambda_j' D_j \quad , \quad Y = \sum_{j=1}^{s} \mu_j' D_j .$$

Dann ist

$$X + Y = \sum_{j=1}^{s} (\lambda_j' + \mu_j')\, D_j ,$$

und es folgt leicht: $k_B(X+Y) = k_B(X) + k_B(Y)$.

1.3.4

Sei V ein Vektorraum über K, $S \subseteq V$ und $X \in V \setminus \{0\}$. Man zeige:

a) *Ist $X \in L(S) \setminus S$, so ist $S \cup \{X\}$ linear abhängig.*

b) *Ist S linear unabhängig und $X \notin L(S)$, so ist $S \cup \{X\}$ linear unabhängig.*

a) Da $X \in L(S)$, gibt es $Y_1, \ldots, Y_k \in S$ und $\lambda_1, \ldots, \lambda_k \in K$ mit

$$X = \sum_{i=1}^{k} \lambda_i Y_i \, .$$

Nach Voraussetzung ist $X \notin \{Y_1, \ldots, Y_k\}$. Da $X - \sum_{i=1}^{k} \lambda_i Y_i = 0$ und 1 der Koeffizient von X in der links stehenden Linearkombination von $\{X, Y_1, \ldots, Y_k\}$ ist, ist $\{X, Y_1, \ldots, Y_k\}$ und damit auch $S \cup \{X\}$ linear abhängig.

b) Sei S' eine endliche Teilmenge von $S \cup \{X\}$. Wir zeigen, daß S' linear unabhängig ist.
Ist $X \notin S'$, sind wir (nach der Voraussetzung über S) fertig.
Sei also $S' = \{X, Y_1, \ldots, Y_k\}$ und sei

$$\lambda X + \sum_{i=1}^{k} \lambda_i Y_i = 0 \quad \text{für } \lambda, \lambda_1, \ldots, \lambda_k \in K \, .$$

Wäre $\lambda \neq 0$, so wäre

$$X = \sum_{i=1}^{k} (-\frac{\lambda_i}{\lambda})\, Y_i \in L(S) \, ,$$

ein Widerspruch. Also ist $\lambda = 0$, und nun folgt $\lambda_1 = \ldots = \lambda_k = 0$, da $\{Y_1, \ldots, Y_k\} \subseteq S$ und S linear unabhängig ist.

1.3.5

Sei V ein Vektorraum über K und sei $B \subseteq V$. Man zeige, daß die folgenden Aussagen äquivalent sind.

(1) *B ist eine Basis von V.*

(2) *B ist ein minimales Erzeugendensystem von V.*

(3) *B ist eine maximal linear unabhängige Teilmenge von V.*

(4) *Für alle Erzeugendensysteme E von V mit $B \subseteq E$ gilt: B ist eine maximal linear unabhängige Teilmenge von E.*

(5) *Es gibt ein Erzeugendensystem E_0 von V mit $B \subseteq E_0$, so daß B eine maximal linear unabhängige Teilmenge von E_0 ist.*

Bevor wir die Äquivalenzen durch einen Ringschluß beweisen, sei an folgendes erinnert:
B ist eine **maximal linear unabhängige Teilmenge** von S, wenn B in der Menge der linear unabhängigen Teilmengen von S bzgl. der Halbordnung $\subseteq$ ein maximales Element ist; d. h.
B ist linear unabhängig und für jede Menge $T \subseteq S$ mit $B \subseteq T$, die linear unabhängig ist, gilt $B = T$; oder äquivalent:
Es gibt keine Menge $T \subseteq S$, so daß T linear unabhängig ist und $B \subsetneqq T$ gilt.
Analog heißt B **minimales Erzeugendensystem** von V, wenn B den Raum V erzeugt und für jedes Erzeugendensystem B' von V mit $B' \subseteq B$ gilt: $B = B'$.

(1) $\Longrightarrow$ (2):
B erzeugt V als Basis von V. Sei $B' \subseteq B$ ein Erzeugendensystem von V.
Annahme: Es gibt ein $X \in B \setminus B'$. Dann ist $X \in V = L(B')$ und $X \notin B'$, also ist $B' \cup \{X\}$ linear abhängig nach Aufgabe 4. Aber es ist $B' \cup \{X\} \subseteq B$ und B ist linear unabhängig – ein Widerspruch.

(2) $\Longrightarrow$ (3):
Sei B ein minimales Erzeugendensystem von V.
Annahme: B ist linear abhängig. Dann gibt es nach Definition eine endliche Teilmenge $B' = \{B_1, \ldots, B_k\}$ von B, die linear abhängig ist. Es gilt also $\sum_{i=1}^{k} \lambda_i B_i = 0$ für gewisse $\lambda_1, \ldots, \lambda_k \in K$, die nicht alle 0 sind.
Sei o. B. d. A. $\lambda_1 \neq 0$. Dann gilt:

$$(*) \qquad B_1 = \sum_{i=2}^{k} (-\frac{\lambda_i}{\lambda_1})\, B_i\,.$$

Hieraus folgt sofort, daß $B \setminus \{B_1\}$ den Vektorraum V erzeugt, im Widerspruch zur Eigenschaft von B, minimales Erzeugendensystem von V zu sein. Ist nämlich $X \in V$, so ist X Linearkombination gewisser Vektoren in B nach

Voraussetzung, und falls B_1 darunter vorkommt, ersetzen wir B_1 mittels $(*)$ und erhalten X als Linearkombination von Elementen von $B \setminus \{B_1\}$.
B ist somit linear unabhängig (und damit schon als Basis von V nachgewiesen).
Sei $B \subseteq B'$, wobei B' linear unabhängig ist. Dann ist B' eine Basis von V, da $V = L(B) \subseteq L(B')$, und damit ein minimales Erzeugendensystem, wie gerade in (1) $\Longrightarrow$ (2) gezeigt wurde. Somit ist $B = B'$.

(3) $\Longrightarrow$ (4):
Da B nach Voraussetzung unter den linear unabhängigen Teilmengen von V bzgl. $\subseteq$ maximal ist, ist B erst recht unter den linear unabhängigen Teilmengen von E maximal.

(4) $\Longrightarrow$ (5):
Wähle $E_0 = V$. Sicher erzeugt E_0 den Vektorraum V und es ist $B \subseteq V$. Mit (4) folgt sofort die Behauptung.

(5) $\Longrightarrow$ (1):
Zunächst ist B nach Voraussetzung linear unabhängig. Wenn wir $E_0 \subseteq L(B)$ zeigen, so folgt

$$L(E_0) = V \subseteq L(L(B)) = L(B) ,$$

und B erzeugt V.
Sei $X \in E_0$. Annahme: $X \notin L(B)$.
Dann ist nach 1.3.4 $B \cup \{X\}$ linear unabhängig, und es ist $B \underset{\neq}{\subset} B \cup \{X\} \subseteq E_0$. Dies widerspricht der Voraussetzung in (5). Folglich ist jedes $X \in E_0$ ein Element von $L(B)$, was zu zeigen war.

1.3.6

Gegeben sei die Teilmenge S des Vektorraums V der stetigen Funktionen von $\mathbb{R}$ nach $\mathbb{R}$. Man bestimme jeweils alle maximal linear unabhängigen Teilmengen von S.

a) $S = \{f_a \mid a \in \mathbb{R}\}$ *mit* $f_a(t) := t + a$ *für alle* $t \in \mathbb{R}$.

b) $S = \{g_a \mid a \in \mathbb{R}\}$ *mit* $g_a(t) := \begin{cases} 0 & \textit{falls } t \leq a \\ (t-a)^2 & \textit{falls } t \geq a \end{cases}$

a) Ist $a \neq b$, so ist $\{f_a, f_b\}$ linear unabhängig:
Sei $\lambda f_a + \mu f_b = 0$ (0 ist die Nullfunktion). Dann gilt für alle $t \in \mathbb{R}$:

$$\begin{aligned} (\lambda\, f_a + \mu\, f_b)\,(t) &= \lambda\, f_a(t) + \mu\, f_b(t) \\ &= \lambda\,(a+t) + \mu\,(b+t) = 0(t) = 0\,. \end{aligned}$$

Für $t = 0$ ergibt sich: $\lambda a + \mu b = 0$, und aus der Gleichung für $t = 1$ folgt hiermit: $\lambda + \mu = 0$. Dieses Gleichungssystem hat wegen

$$\begin{vmatrix} a & b \\ 1 & 1 \end{vmatrix} = a - b \neq 0$$

nur die triviale Lösung. Somit ist $\lambda = \mu = 0$.
Je drei Vektoren in S sind linear abhängig:
Sei $|\{a,b,c\}| = 3$. $\lambda f_a + \mu f_b + \gamma f_c = 0$ führt wie oben zu

$$(\lambda + \mu + \gamma)\, t + \lambda a + \mu b + \gamma c = 0$$

für alle $t \in \mathbb{R}$. Dies ist für $\lambda + \mu + \gamma = 0 = \lambda a + \mu b + \gamma c$ erfüllt. Dieses System hat stets eine nichttriviale Lösung, z. B. $(\frac{c-a}{b-a} - 1, -\frac{c-a}{b-a}, 1)$.
Ergebnis: Alle Teilmengen von S mit genau zwei Elementen sind maximal linear unabhängige Teilmengen von S und damit nach Aufgabe 5 Basen von $L(S)$.

b) Wir zeigen, daß S linear unabhängig ist. Dazu ist nachzuweisen, daß jede endliche Teilmenge S' von S linear unabhängig ist. Wir beweisen dies durch *vollständige Induktion* nach $|S'|$.
Da $g_a \neq 0$ für jedes $a \in \mathbb{R}$, ist der Induktionsanfang klar. Sei $|S'| = n+1$, jede $n-$elementige Teilmenge von S sei linear unabhängig. S' hat die Form $S' = \{g_{a_1}, \ldots, g_{a_{n+1}}\}$ für gewisse $a_1, \ldots, a_{n+1} \in \mathbb{R}$, die paarweise verschieden sind. O. B. d. A. (sonst umbenennen!) sei $a_1 > \ldots > a_{n+1}$.
Sei $\lambda_1 g_{a_1} + \ldots + \lambda_{n+1} g_{a_{n+1}} = 0$. Dann gilt für alle $t \in \mathbb{R}$:

$$\lambda_1 g_{a_1}(t) + \ldots + \lambda_{n+1} g_{a_{n+1}}(t) = 0\,.$$

Wähle t_0 mit $a_{n+1} < t_0 < a_n$. Dann ist $g_{a_i}(t_0) = 0$ für alle $i \leq n$, also $\lambda_{n+1}(t_0 - a_{n+1})^2 = 0$. Somit ist $\lambda_{n+1} = 0$. Da nach Induktionsvoraussetzung $\{g_{a_1}, \ldots, g_{a_n}\}$ linear unabhängig ist, ist $\lambda_1 = \ldots = \lambda_n = 0$.

1.3.7

Sei V der Vektorraum $\mathbb{R}^{\mathbb{R}}$ der Funktionen von $\mathbb{R}$ nach $\mathbb{R}$. Man zeige:

a) *Ist B eine Basis von V, so ist $|B| > |\mathbb{R}|$.*

b) *Ist B eine Basis des Unterraums*

$$U := \{f \in V \mid f \text{ ist stetig}\}$$

von V, so ist $|B| = |\mathbb{R}|$.

Hinweis: Man zeige zunächst $|U| = |\mathbb{R}|$ mit Hilfe der Tatsache, daß jede stetige Funktion $f : \mathbb{R} \longrightarrow \mathbb{R}$ schon durch $f \restriction \mathbb{Q}$ eindeutig bestimmt ist.

a) Nach Aufgabe 1.1.6 und Aufgabe 1.1.4 gilt

$$|\mathbb{R}^{\mathbb{R}}| = \max\{|B|, |\mathbb{R}|\} \quad \text{und} \quad |\mathbb{R}^{\mathbb{R}}| > |\mathbb{R}|\,.$$

Also ist $|B| > |\mathbb{R}|$.

b) Wir beweisen zunächst den Hinweis – dann folgt natürlich $|B| \leq |\mathbb{R}|$.
Sei $f \restriction \mathbb{Q} = g \restriction \mathbb{Q}$ für $f, g \in U$. Ist $x \in \mathbb{R}$, so ist $x = \lim\limits_{n\to\infty} x_n$ für gewisse $x_n \in \mathbb{Q}$, $n \in \mathbb{N}$. Also ist

$$\begin{aligned} f(x) &= f(\lim_{n\to\infty} x_n) = \lim_{n\to\infty} f(x_n) \qquad \text{(da } f \text{ stetig)} \\ &= \lim_{n\to\infty} g(x_n) = g(\lim_{n\to\infty} x_n) = g(x)\,. \end{aligned}$$

Es folgt: $f = g$.
Die Funktion $\Phi : U \longrightarrow \mathbb{R}^{\mathbb{Q}}$, $\Phi(f) = f \restriction \mathbb{Q}$, ist daher injektiv. Somit ist

$$|U| \leq |\mathbb{R}^{\mathbb{Q}}| = |\mathbb{R}^{\mathbb{N}}| = |\mathbb{R}|$$

nach Aufgabe 1.1.4.
Da jede konstante Funktion stetig ist, ist $|\mathbb{R}| \leq |U|$.
Um $|B| = |\mathbb{R}|$ zu zeigen, genügt es, eine linear unabhängige Teilmenge S von U anzugeben mit $|S| = |\mathbb{R}|$. Da man S zu einer Basis C ergänzen kann, für die dann

$$|\mathbb{R}| = |S| \leq |C| \leq |\mathbb{R}|\,,$$

also $|C| = |\mathbb{R}|$ gilt, und da je zwei Basen von U gleiche Mächtigkeit haben (siehe Aufgabe 1.1.8), ist dann $|B| = |\mathbb{R}|$.

Eine solche Teilmenge S findet man in Aufgabe 6, denn jede der dort angegebenen Funktionen g_a, $a \in \mathbb{R}$, ist stetig.

1.4 Matrizen und lineare Abbildungen

In diesem Abschnitt werden zunächst einige Begriffe aus Kapitel 4 von REP1 wiederholt, die Grundlage der folgenden beiden Kapitel sind.
Eine lineare Abbildung φ eines Vektorraumes V über K nach V heißt bekanntlich **Endomorphismus** von V.

Bezeichnungen

End (V)	:	Menge aller Endomorphismen von V
Monomorphismus	:	injektiver Endomorphismus
Automorphismus	:	bijektiver Endomorphismus
$\mathbf{M}_B^A(\varphi)$	:	Matrix von φ bzgl. der **geordneten** Basen A und B von V (siehe REP1, Seite 235 !!)
$\mathbf{M}(\varphi)$	:	Abkürzung für $\mathbf{M}_E^E(\varphi)$, falls $V = K^n$
$\varphi_{\mathbf{A}}$	:	die zu $\mathbf{A} \in \mathcal{M}_{n\times n}(K)$ gehörige lineare Abbildung mit $\varphi_{\mathbf{A}}(X) = \mathbf{A}X$

Sätze über Endomorphismen

Seien $\varphi, \psi \in \text{End}\,(V)$, V habe die endliche Dimension $n \in \mathbb{N}$.

1. **Transformationsformel**

   Sind A, B und C Basen von V, so gilt
   $$\mathbf{M}_C^A(\varphi \circ \psi) = \mathbf{M}_C^B(\varphi) \cdot \mathbf{M}_B^A(\psi)\ .$$
   Speziell gilt: $$\mathbf{M}_B^B(\varphi) = \mathbf{M}_B^A(id) \cdot \mathbf{M}_A^A(\varphi) \cdot \mathbf{M}_A^B(id)\ .$$

2. Für die Abbildungsmatrizen gilt:
   $$\begin{aligned} \mathbf{M}_B^B(\alpha\varphi) &= \alpha\, \mathbf{M}_B^B(\varphi) \\ \mathbf{M}_B^B(\varphi + \psi) &= \mathbf{M}_B^B(\varphi) + \mathbf{M}_B^B(\psi) \\ \mathbf{M}_B^B(\varphi \circ \psi) &= \mathbf{M}_B^B(\varphi) \cdot \mathbf{M}_B^B(\psi)\ . \end{aligned}$$

3. φ ist genau dann ein Automorphismus, wenn es Basen A und B von V gibt, so daß die Matrix $\mathbf{M}_B^A(\varphi)$ invertierbar ist. In diesem Fall gilt für jede solche Matrix:
   $$\left(\mathbf{M}_B^A(\varphi)\right)^{-1} = \mathbf{M}_A^B(\varphi^{-1}).$$
   Speziell ist $\mathbf{E} = \mathbf{M}_B^B(id)$ und $\mathbf{M}_B^A(id) = (\mathbf{M}_A^B(id))^{-1}$.

   ($\mathbf{E}$ ist die $n \times n-$Einheitsmatrix.)

Weitere Eigenschaften von Endomorphismen werden in Aufgabe 1 aufgelistet. Sie bietet dem Leser eine gute Gelegenheit, einige wichtige Tatsachen aus REP1 zu rekapitulieren.

1.4.1
Sei $\mathbf{A} \in \mathcal{M}_{n\times n}(K)$ *und sei* $\varphi_{\mathbf{A}} : K^n \longrightarrow K^n$ *die zu* $\mathbf{A}$ *gehörige lineare Abbildung. Man zeige, daß folgende Aussagen äquivalent sind:*

(i)	$\varphi_{\mathbf{A}}$ *ist ein Automorphismus.*
(ii)	$\varphi_{\mathbf{A}}$ *ist injektiv.*
(iii)	$\operatorname{Kern}\varphi_{\mathbf{A}} = \{0\}$.
(iv)	$\varphi_{\mathbf{A}}$ *ist surjektiv.*
(v)	$\dim \varphi_{\mathbf{A}}(K^n) = n$.
(vi)	$\mathbf{A}$ *ist invertierbar.*
(vii)	*Die Zeilen von* $\mathbf{A}$ *bilden eine Basis des* K^n.
(viii)	*Die Spalten von* $\mathbf{A}$ *bilden eine Basis des* K^n.
(ix)	$\operatorname{Rang}\mathbf{A} = n$.
(x)	$\det \mathbf{A} \neq 0$.
(xi)	*Für alle* $F \in K^n$ *ist das Gleichungssystem* $\mathbf{A}X = F$ *lösbar.*
(xii)	*Für alle* $F \in K^n$ *hat das Gleichungssystem* $\mathbf{A}X = F$ *höchstens eine Lösung.*

Nach Definition von $\varphi_{\mathbf{A}}$ (durch $\varphi_{\mathbf{A}}(X) := \mathbf{A}X$ für alle $X \in K^n$) gilt:

$$(ii) \iff (xii) \quad \text{und} \quad (iv) \iff (xi)\,.$$

Den Beweis der Äquivalenz der Aussagen (i) bis (v) findet man in REP1, Aufgabe 4.2.7.
Die Äquivalenz von (vii), (viii) und (ix) folgt aus der Tatsache:

$$\text{Zeilenrang von } \mathbf{A} = \text{ Spaltenrang von } \mathbf{A} =: \text{ Rang } \mathbf{A}$$

(siehe REP1, Vorspann zu Abschnitt 2.4).
Schließlich entnimmt man dem Vorspann zu 2.6 aus REP1 die Äquivalenz von (vi), (vii), (viii) und (x).

1.4.2
a) *Man zeige: Sind* $\mathbf{A}, \mathbf{B} \in \mathcal{M}_{n\times n}(K)$ *und ist* $\mathbf{AB} = \mathbf{E}$, *so sind* $\mathbf{A}$ *und* $\mathbf{B}$ *invertierbar und es ist* $\mathbf{B} = \mathbf{A}^{-1}$.[10]
b) *Man gebe* $\varphi, \psi \in \operatorname{End}(\mathbb{R}[x])$ *an, so daß weder* φ *noch* ψ *invertierbar sind und* $\varphi \circ \psi = id$ *gilt.*

a) Sei $\varphi_{\mathbf{A}}$ die zu $\mathbf{A}$ und $\varphi_{\mathbf{B}}$ die zu $\mathbf{B}$ gehörige lineare Abbildung von K^n nach K^n.
Aus $\mathbf{AB} = \mathbf{E}$ folgt sofort $\varphi_{\mathbf{A}} \circ \varphi_{\mathbf{B}} = id$, denn

$$(\varphi_{\mathbf{A}} \circ \varphi_{\mathbf{B}})(X) = \varphi_{\mathbf{A}}(\varphi_{\mathbf{B}}(X)) = \mathbf{A}(\mathbf{B}X) = (\mathbf{AB})X = \mathbf{E}X = X = id(X).$$

[10]Beachte: Die Definition der Invertierbarkeit von $\mathbf{A}$ verlangt die Existenz einer Matrix $\mathbf{B}$ mit $\mathbf{AB} = \mathbf{BA} = \mathbf{E}$. In dieser Aufgabe soll gezeigt werden, daß die Bedingung $\mathbf{AB} = \mathbf{E}$ ausreicht. Dies ist in beliebigen nicht–kommutativen Ringen nicht immer richtig (siehe b)).

Somit ist $\varphi_{\mathbf{A}}$ surjektiv (ist $Y \in K^n$, so ist $\varphi_{\mathbf{A}}(Z) = Y$ für $Z = \varphi_{\mathbf{B}}(Y)$) und $\varphi_{\mathbf{B}}$ injektiv (aus $\varphi_{\mathbf{B}}(X) = \varphi_{\mathbf{B}}(Y)$ folgt durch Anwendung von $\varphi_{\mathbf{A}}$: $X = Y$). Nach Aufgabe 1 sind $\mathbf{A}$ und $\mathbf{B}$ invertierbar. Multipliziert man beide Seiten der Gleichung $\mathbf{AB} = \mathbf{E}$ mit $\mathbf{A}^{-1}$, so folgt $\mathbf{B} = \mathbf{A}^{-1}$.

b) Setze $\psi(x^i) := x^{2i}$, $\varphi(x^{2i}) := x^i$, $\varphi(x^{2i+1}) := 0$ $(i \in \mathbb{N})$.
Nach Aufgabe 5 sind φ und ψ durch Angabe der Bilder der Vektoren der Basis $B = \{x^i \mid i \in \mathbb{N}\}$ als Endomorphismen eindeutig definiert.
Da $(\varphi \circ \psi) \restriction B = id \restriction B$, ist $\varphi \circ \psi = id$. Offensichtlich ist ψ nicht surjektiv und φ nicht injektiv.

1.4.3
Seien V, W Vektorräume der Dimension n über K mit Basen A bzw. B. $\varphi : V \longrightarrow W$ sei linear. Man zeige:
a) $\mathbf{M}_A^A(id) = \mathbf{E}$ *(die $n \times n$-Einheitsmatrix).*
b) *φ ist genau dann ein Isomorphismus, wenn $\mathbf{M}_B^A(\varphi)$ invertierbar ist. In diesem Fall ist*

$$\left(\mathbf{M}_B^A(\varphi)\right)^{-1} = \mathbf{M}_A^B(\varphi^{-1}).$$

a) Bekanntlich stehen in den Spalten von $\mathbf{M}_A^A(id)$ die Koordinatenvektoren bzgl. A der Bilder der Vektoren in A unter der Abbildung id. Diese Koordinatenvektoren sind offensichtlich die Vektoren der kanonischen Basis des K^n. Also ist $\mathbf{M}_A^A(id) = \mathbf{E}_n$.

b) Sei $\mathbf{A} = \mathbf{M}_B^A(\varphi)$. Dann ist $\varphi = k_B^{-1} \circ \varphi_{\mathbf{A}} \circ k_A$, also $\varphi_{\mathbf{A}} = k_B \circ \varphi \circ k_A^{-1}$. Da die Hintereinanderausführung von Isomorphismen ein Isomorphismus ist, ist φ genau dann ein Isomorphismus, wenn $\varphi_{\mathbf{A}}$ ein Isomorphismus ist.
Mit Aufgabe 1, Äquivalenz (i) $\Longleftrightarrow$ (vi), ist nun φ ein Isomorphismus.
Nach der Transformationsformel und Teil a) gilt:

$$\mathbf{E} = \mathbf{M}_A^A(id) = \mathbf{M}_A^A(\varphi^{-1} \circ \varphi) = \mathbf{M}_A^B(\varphi^{-1}) \cdot \mathbf{M}_B^A(\varphi)$$

und entsprechend

$$\mathbf{E} = \mathbf{M}_B^B(id) = \mathbf{M}_B^B(\varphi \circ \varphi^{-1}) = \mathbf{M}_B^A(\varphi) \cdot \mathbf{M}_A^B(\varphi^{-1}).$$

Also ist $\left(\mathbf{M}_B^A(\varphi)\right)^{-1} = \mathbf{M}_A^B(\varphi^{-1})$.

1.4.4
Sei $\mathbf{P} \in \mathcal{M}_{n\times n}(K)$. Man zeige, daß $\mathbf{P}$ genau dann invertierbar ist, wenn es eine Basis B des K^n gibt mit $\mathbf{P} = \mathbf{M}_E^B(id)$.

Die Richtung "$\Longleftarrow$" folgt direkt aus Aufgabe 3 b).

Ist $\mathbf{P}$ invertierbar, so bilden die Spalten von $\mathbf{P}$ nach Aufgabe 1 eine Basis B des K^n. Da in den Spalten von $\mathbf{M}_E^B(id)$ die Koordinatenvektoren der Bilder der Vektoren in B unter der Abbildung id stehen und jeder Vektor des K^n identisch ist mit seinem Koordinatenvektor bzgl. E, folgt $\mathbf{P} = \mathbf{M}_E^B(id)$.

1.4.5

Seien V und W Vektorräume über K, und sei B eine Basis von V. Ferner sei $g : B \longrightarrow W$ eine beliebige Funktion (nicht linear!).
Man zeige, daß es genau eine lineare Abbildung φ gibt mit $\varphi \restriction B = g$ (also $\varphi(X) = g(X)$ für alle $X \in B$).

Die Aussage dieser Aufgabe merke man sich in folgenden Teilaussagen:

1. **Ordnet man jedem Element einer Basis von V genau einen Vektor aus W zu, so ist hierdurch bereits eine lineare Abbildung von V nach W eindeutig definiert.**

2. **Jede lineare Abbildung von V nach W ist durch die Bildvektoren einer Basis bereits eindeutig definiert.**

Wenn es ein φ mit den genannten Eigenschaften gibt, dann muß für $Z \in B$ gelten: $\varphi(Z) = g(Z)$. Ist nun $X \in V$ beliebig, so läßt sich X eindeutig darstellen als $X = \sum_{i=1}^{k} \lambda_i X_i$ für gewisse $X_1, \ldots, X_k \in B$, $\lambda_1, \ldots, \lambda_k \in K$. Also ist

$$\varphi(X) = \varphi(\sum \lambda_i X_i) = \sum \lambda_i \, \varphi(X_i) = \sum \lambda_i \, g(X_i).$$

Damit ist die Eindeutigkeit von φ bewiesen und die Definition von φ zwangsläufig vorgegeben.
Es bleibt die Existenz zu zeigen.

Setze dazu für $X \in V$ (nach obiger Argumentation) $\varphi(X) := \sum_{i=1}^{k} \lambda_i \, g(X_i)$, falls $X = \sum_{i=1}^{k} \lambda_i X_i$ die eindeutige Darstellung von X als Linearkombination von Elementen von B ist. φ ist eine Funktion, da die Darstellung von X eindeutig ist und da g eine Funktion ist.
φ ist linear:
Sei $X = \sum_{i=1}^{k} \lambda_i X_i$ und sei $Y = \sum_{j=1}^{s} \mu_j Z_j$ für gewisse $X_1, \ldots, X_k, Z_1, \ldots, Z_s \in B$; $\lambda_1, \ldots, \lambda_k, \mu_1, \ldots, \mu_s \in K$. Durch Auffüllen mit Nullen als Koeffizienten erhalten wir für

$$\{Y_1, \ldots, Y_r\} := \{X_1, \ldots, X_k\} \cup \{Z_1, \ldots, Z_s\} :$$

$$X = \sum_{i=1}^{r} \alpha_i Y_i \quad \text{und} \quad Y = \sum_{i=1}^{r} \beta_i Y_i\,, \text{ also } X + Y = \sum_{i=1}^{r} (\alpha_i + \beta_i) Y_i.$$

Damit ist nach Definition von φ

$$\begin{aligned}
\varphi(X+Y) &= \sum (\alpha_i + \beta_i) g(Y_i) = \sum \alpha_i g(Y_i) + \sum \beta_i g(Y_i) \\
&= \varphi(X) + \varphi(Y) \qquad \text{und} \\
\varphi(\lambda X) &= \varphi(\sum \lambda \alpha_i Y_i) = \sum (\lambda \alpha_i)\, g(Y_i) = \lambda \sum \alpha_i\, g(Y_i) \\
&= \lambda\, \varphi(X).
\end{aligned}$$

Somit ist φ linear.
Ist $X \in B$, so ist $X = 1 \cdot X$ die eindeutige Darstellung von X durch B, also ist $\varphi(X) = 1 \cdot g(X) = g(X)$. Folglich ist $\varphi \restriction B = g$.

1.4.6

a) *Sei* $\varphi : V \longrightarrow W$ *eine lineare Abbildung und sei* S *eine Basis von* $\operatorname{Kern}\varphi$. *Man zeige:*
Ergänzt man S *durch die Menge* T *zu einer Basis* $B := S \cup T$ *von* V, *so ist* $C = \{\varphi(X) \mid X \in T\}$ *eine Basis von* $\operatorname{Bild}\varphi$ *und* $|C| = |T|$.

b) *In a) gelte zusätzlich* $\dim V \in \mathbb{N}$.
Man zeige: $\dim V = \dim \operatorname{Kern}\varphi + \dim \operatorname{Bild}\varphi$.
*(***Kern–Bild–Satz***)*

c) *Sei* $V = \mathbb{R}[x]$. *Man gebe ein* $\varphi \in \operatorname{End}(V)$ *an mit* $\dim V = \dim \operatorname{Kern}\varphi = \dim \operatorname{Bild}\varphi$.

a) C erzeugt $\varphi(V)$:
Ist $Y \in \varphi(V)$, so gibt es ein $X \in V$ mit $Y = \varphi(X)$. Da V von B erzeugt wird, können wir $X_1, \ldots, X_k \in S$ und $Z_1, \ldots, Z_s \in T$ sowie $\lambda_1, \ldots, \lambda_k, \mu_1, \ldots, \mu_s \in K$ finden mit

$$X = \sum_{i=1}^{k} \lambda_i X_i + \sum_{i=1}^{s} \mu_i Z_i.$$

Dann ist

$$\varphi(X) = 0 + \sum_{i=1}^{s} \mu_i\, \varphi(Z_i)\,,$$

da $S \subseteq \operatorname{Kern}\varphi$; also ist $\varphi(X) \in L(C)$.
C ist linear unabhängig:
Zu zeigen ist, daß jede endliche Teilmenge von C linear unabhängig ist. Seien also $Y_1, \ldots, Y_m \in C$ und sei $\sum_{i=1}^{m} \lambda_i Y_i = 0$. Behauptung: $\lambda_1 = \ldots = \lambda_m = 0$.

Zunächst gibt es $Z_1, ..., Z_m \in T$ mit $Y_i = \varphi(Z_i)$ $(i = 1, \ldots, m)$. Aus der Linearität von φ folgt $\varphi(\sum_{i=1}^{m} \lambda_i Z_i) = 0$, also $\sum_{i=1}^{m} \lambda_i Z_i \in \operatorname{Kern} \varphi$. Somit ist

$$\sum_{i=1}^{m} \lambda_i Z_i = \sum_{j=1}^{k} \mu_j X_j$$

für gewisse $X_1, \ldots, X_k \in S$, $\mu_1, \ldots, \mu_k \in K$. Es folgt

$$\sum_{i=1}^{m} \lambda_i Z_i + \sum_{j=1}^{k} (-\mu_j) X_j = 0.$$

Da B linear unabhängig ist, sind alle Koeffizienten in dieser Gleichung 0, insbesondere gilt also $\lambda_1 = \ldots = \lambda_m = 0$.
Insgesamt haben wir gezeigt, daß C eine Basis von $\operatorname{Bild} \varphi$ ist.
Sicher ist $\varphi \restriction T : T \longrightarrow C$ als Funktion surjektiv. Sind $X, Z \in T$ und ist $\varphi(X) = \varphi(Z)$, so ist $X - Z \in \operatorname{Kern} \varphi$, und analog zum Beweis der linearen Unabhängigkeit von C folgert man: $X = Z$. Somit ist $\varphi \restriction T$ eine bijektive Funktion und es ist $|T| = |C|$.

b) Da $S \cap T = \emptyset$, ist nach Teil a):

$$\begin{aligned} \dim V &= |S \cup T| = |S| + |T| = |S| + |C| \\ &= \dim \operatorname{Kern} \varphi + \dim \operatorname{Bild} \varphi\,. \end{aligned}$$

c) Es genügt nach Aufgabe 5, die Bilder unter φ der Vektoren einer Basis B anzugeben.
Wir wählen $B := \{x^i \mid i \in \mathbb{N}\}$ und setzen $\varphi(x^{2i}) := x^{2i+1}$ für $i \in \mathbb{N}$. Sei

$$S := \{x^{2i} \mid i \in \mathbb{N}\} \quad \text{und} \quad T := \{x^{2i+1} \mid i \in \mathbb{N}\}\,.$$

Ist $X = \sum_{i=0}^{n} a_i x^i$ und $\varphi(X) = 0$ (0 ist das Nullpolynom), so ist $\sum_{i=0}^{n} a_i \varphi(x^i) = 0$, also $\sum_{i=0}^{n} a_{2i+1} x^{2i+1} = 0$. Koeffizientenvergleich ergibt $a_{2i+1} = 0$ für alle i, also folgt $X \in L(S)$ und damit $\operatorname{Kern} \varphi \subseteq L(S)$.
Somit ist S eine Basis von $\operatorname{Kern} \varphi$, denn sicher ist $L(S) \subseteq \operatorname{Kern} \varphi$.
Nach Teil a) ist $T = \{\varphi(x^{2i+1}) \mid i \in \mathbb{N}\}$ eine Basis von $\operatorname{Bild} \varphi$.
Durch $f(x^i) := x^{2i}$ bzw. $g(x^i) := x^{2i+1}$ sind Bijektionen von B auf S bzw. auf T definiert. Daher gilt

$$\dim V = |B| = |S| = \dim \operatorname{Kern} \varphi = |T| = \dim \operatorname{Bild} \varphi\,.$$

1.4.7
Sei V ein Vektorraum über K und sei $\varphi \in \mathrm{End}(V)$. Man zeige:
a) $\{0\} \subseteq \mathrm{Kern}\,\varphi \subseteq \mathrm{Kern}\,\varphi^2 \subseteq \ldots \subseteq \mathrm{Kern}\,\varphi^n \subseteq \ldots$
b) $V \supseteq \varphi(V) \supseteq \varphi^2(V) \supseteq \ldots \supseteq \varphi^n(V) \supseteq \ldots$
c) *Ist* $\dim V \in \mathbb{N}$ *und ist* $\mathrm{Kern}\,\varphi^j = \mathrm{Kern}\,\varphi^{j+1}$, *so ist* $\mathrm{Kern}\,\varphi^j = \mathrm{Kern}\,\varphi^{j+k}$, $\varphi^j(V) = \varphi^{j+k}(V)$ *für alle* $k \in \mathbb{N}$ *und es gilt* $V = \mathrm{Kern}\,\varphi^j \oplus \varphi^j(V)$.

a) und **b)** rechnet man sofort nach.
c) Sei $X \in \mathrm{Kern}\,\varphi^{j+k}$ $(k > 0)$. Dann ist $\varphi^{j+k}(X) = \varphi^{j+1}(\varphi^{k-1}(X)) = 0$. Somit ist $\varphi^{k-1}(X) \in \mathrm{Kern}\,\varphi^{j+1} = \mathrm{Kern}\,\varphi^j$. Daher ist

$$\varphi^j(\varphi^{k-1}(X)) = \varphi^{j+k-1}(X) = 0\,,$$

also $X \in \mathrm{Kern}\,\varphi^{j+k-1}$. Nun folgt durch *vollständige Induktion* sofort

$$\mathrm{Kern}\,\varphi^{j+k} \subseteq \mathrm{Kern}\,\varphi^j\,.$$

Die umgekehrte Inklusion steht in a).
Der Kern-Bild-Satz impliziert

$$\dim \varphi^{j+k}(V) = n - \dim \mathrm{Kern}\,\varphi^{j+k} = n - \dim \mathrm{Kern}\,\varphi^j = \dim \varphi^j(V)\,.$$

Wegen $\varphi^{j+k}(V) \subseteq \varphi^j(V)$ ist $\varphi^{j+k}(V)$ ein Untervektorraum von $\varphi(V)$ als Untervektorraum von V. Da er dieselbe Dimension wie $\varphi^j(V)$ hat und $\dim V \in \mathbb{N}$ ist, gilt

$$\varphi^j(V) = \varphi^{j+k}(V)\,.$$

Zeigen wir $\varphi^j(V) \cap \mathrm{Kern}\,\varphi^j = \{0\}$, so hat $\varphi^j(V) + \mathrm{Kern}\,\varphi^j$, wiederum nach dem Kern-Bild-Satz, die Dimension n, ist also gleich V.
Sei $X \in \varphi^j(V) \cap \mathrm{Kern}\,\varphi^j$. Dann ist $X = \varphi^j(Z)$ für ein $Z \in V$. Somit ist $\varphi^j(X) = \varphi^{2j}(Z) = 0$, da $X \in \mathrm{Kern}\,\varphi^j$. Da $Z \in \mathrm{Kern}\,\varphi^{2j}$, ist nach dem soeben Gezeigten $Z \in \mathrm{Kern}\,\varphi^j$, also $0 = \varphi^j(Z) = X$.

1.5 Determinanten

In diesem Abschnitt wiederholen wir die Definition der Determinante und definieren die Determinante eines Endomorphismus. Anschließend behandeln wir theoretische Aufgaben zur Determinantentheorie und berechnen einige n–reihige Determinanten.
Sei $\mathbf{A} = (a_{ij}) \in \mathcal{M}_{n\times n}(K)$ und sei $\mathbf{A}_{ij}$ diejenige Matrix, die durch Streichen von Zeile i und Spalte j aus $\mathbf{A}$ entsteht. Wir definieren $\det \mathbf{A}$ induktiv (durch Entwicklung nach der ersten Zeile).

Definition der Determinante, Entwicklungssatz

$$\det(a) := a \ , \quad \det \mathbf{A} := \sum_{j=1}^{n} (-1)^{1+j} a_{1j} \det \mathbf{A}_{1j}$$

Es gilt:

$$\det \mathbf{A} = \sum_{j=1}^{n} (-1)^{i+j} a_{ij} \det \mathbf{A}_{ij}$$

(Entwicklung nach der i–ten Zeile)

$$\det \mathbf{A} = \sum_{i=1}^{n} (-1)^{i+j} a_{ij} \det \mathbf{A}_{ij}$$

(Entwicklung nach der j–ten Spalte)

$$\det \mathbf{A} = \sum_{\sigma \in \gamma_n} \operatorname{sgn}(\sigma) \cdot a_{1\sigma(1)} \cdot a_{2\sigma(2)} \cdot \ldots \cdot a_{n\sigma(n)}$$

(LEIBNIZ–Formel, siehe REP1, Abschnitt 2.6).

Faßt man det als n–stellige Funktion der Spalten $A^1, \ldots, A^n$ (Zeilen $A_1, \ldots, A_n$) von $\mathbf{A}$ auf, setzt also $\det(A^1, \ldots, A^n) := \det \mathbf{A}$ ($\det(A_1, \ldots, A_n) := \det \mathbf{A}$), so gilt: det ist linear in jedem Argument und alternierend (siehe Aufgabe 5).

Weitere Eigenschaften der Determinante entnehme man REP1, Abschnitt 2.6.

Determinante eines Endomorphismus

Sei V ein Vektorraum endlicher Dimension über K, sei $\varphi \in \operatorname{End}(V)$ und sei B eine Basis von V. Wir definieren

$$\det \varphi = \det \mathbf{M}_B^B(\varphi) \ .$$

Diese Definition ist unabhängig von der Wahl der Basis B – siehe Aufgabe 1.

Eigenschaften von $\det \varphi$

Seien $\varphi, \psi \in \operatorname{End}(V)$, sei $\dim V \in \mathbb{N}$. Dann gilt:

1. $\det(\varphi \circ \psi) = \det \varphi \cdot \det \psi$.
2. $\det(id) = 1$.
3. φ bijektiv $\iff \det \varphi \neq 0$; $\quad \det \varphi \neq 0 \implies \det \varphi^{-1} = \dfrac{1}{\det \varphi}$.

1.5.1

Man zeige, daß die Definition von $\det \varphi$ *für lineare Abbildungen* $\varphi : V \longrightarrow V$ *unabhängig von der Wahl der Basis ist.*

Seien A und B Basen von V und sei $\mathbf{A} = \mathbf{M}^A_A(\varphi)$, $\mathbf{B} = \mathbf{M}^B_B(\varphi)$. Nach der Transformationsformel für lineare Abbildungen (Vorspann zu 1.4) gilt:

$$\mathbf{B} = \mathbf{M}^A_B(id)\,\mathbf{A}\,\mathbf{M}^B_A(id) = (\mathbf{M}^B_A(id))^{-1}\,\mathbf{A}\,\mathbf{M}^B_A(id)\,.$$

Der Multiplikationssatz für Determinanten liefert zusammen mit

$$\det \mathbf{P} \cdot \det \mathbf{P}^{-1} = \det \mathbf{P}\mathbf{P}^{-1} = \det \mathbf{E} = 1$$

die Gleichung $\det \mathbf{B} = \det \mathbf{A}$, die zu zeigen war.

1.5.2

Sei $\varphi \in \operatorname{End}(V)$, $X \in V \setminus \{0\}$, $\lambda \in K$. *Man zeige:*

$$\varphi(X) = \lambda X \iff \det(\varphi - \lambda id) = 0.$$

Es gilt

$$\varphi(X) = \lambda X \iff \varphi(X) - \lambda\, id(X) = 0 \iff (\varphi - \lambda\, id)\,(X) = 0\,.$$

Sei B eine Basis von V, $\mathbf{A} := \mathbf{M}^B_B(\varphi)$. Dann ist

$$\mathbf{M}^B_B(\varphi - \lambda\, id) = \mathbf{M}^B_B(\varphi) - \mathbf{M}^B_B(\lambda\, id) = \mathbf{A} - \lambda \mathbf{E}$$

nach dem Vorspann von 1.4. Also gilt

$$(\varphi - \lambda\, id)\,(X) = 0 \iff (\mathbf{A} - \lambda \mathbf{E})Y = 0\,,$$

wenn $Y := k_B(X)$ ist. Das Gleichungssystem $(\mathbf{A} - \lambda \mathbf{E})Y = 0$ hat genau dann eine nichttriviale Lösung, wenn $\det(\mathbf{A} - \lambda \mathbf{E}) = 0$ gilt. Mit

$$(Y = k_B(X) = 0 \iff X = 0) \quad \text{und} \quad \det(\mathbf{A} - \lambda \mathbf{E}) = \det(\varphi - \lambda\, id)$$

folgt die Behauptung.

Bemerkung: Diese Aufgabe wird im Abschnitt über Eigenwerte und Eigenvektoren eine wesentliche Rolle spielen.

1.5.3
Sei V ein Vektorraum endlicher Dimension über K, seien $\varphi, \psi \in \mathrm{End}(V)$ und sei $\varphi \circ \psi = 0$, $\varphi \neq 0$ und $\psi \neq 0$. Man zeige: $\det \varphi = \det \psi = 0$.

Nach dem Multiplikationssatz für Determinanten ist

$$\det(\varphi \circ \psi) = \det \varphi \cdot \det \psi = 0\,,$$

also $\det \varphi = 0$ oder $\det \psi = 0$. Dies reicht jedoch zum Beweis nicht aus. Wir brauchen eine andere Eigenschaft der Determinante, nämlich:

$$\det \varphi \neq 0 \iff \varphi \text{ ist ein Automorphismus}\,.$$

Annahme: $\det \varphi \neq 0$. Dann ist φ ein Automorphismus; insbesondere ist $\mathrm{Kern}\,\varphi = \{0\}$. Da $\psi \neq 0$, gibt es einen Vektor $X_0 \in V$ mit $\psi(X_0) \neq 0$; also ist $\varphi(\psi(X_0)) \neq 0$ im Widerspruch zu $\varphi \circ \psi = 0$.
Annahme: $\det \psi \neq 0$. Dann ist ψ ein Automorphismus. Wählt man eine Basis $B = (B_1, \ldots, B_n)$ von V, so ist daher $(\psi(B_1), \ldots, \psi(B_n))$ ebenfalls eine Basis von V. Da $\varphi \neq 0$, kann nach Aufgabe 5 nicht $\varphi(\psi(B_i)) = 0$ für alle i gelten. Somit ist $\varphi(\psi(B_j)) \neq 0$ für ein $j \in \{1, \ldots, n\}$ im Widerspruch zu $\varphi \circ \psi = 0$.

1.5.4
Streicht man in der Matrix $\mathbf{A} \in \mathcal{M}_{n\times n}(K)$ $n-k$ Zeilen und $n-k$ Spalten, so heißt die Determinante der entstehenden Matrix eine Unterdeterminante $k-$ter Ordnung von $\mathbf{A}$.
Man zeige: Der Rang von $\mathbf{A}$ ist die größte natürliche Zahl k, für die eine von Null verschiedene Unterdeterminante $k-$ter Ordnung von $\mathbf{A}$ existiert.

Sei $\mathrm{rg}(\mathbf{A}) = r$. Da r die maximale Anzahl linear unabhängiger Zeilen von $\mathbf{A}$ ist, können wir r linear unabhängige Zeilenvektoren von $\mathbf{A}$ auswählen – diese seien $A_{i_1}, \ldots, A_{i_r}$.
Betrachte nun die $r \times n-$Matrix $\mathbf{B}$ mit genau diesen Zeilen. Der Zeilenrang von $\mathbf{B}$ ist gleich dem Spaltenrang von $\mathbf{B}$, daher gibt es Spaltenvektoren $B^{j_1}, \ldots, B^{j_r}$ von $\mathbf{B}$, die linear unabhängig sind. Die $r \times r-$Matrix $\mathbf{C}$ mit genau diesen Spalten ist somit invertierbar, und es ist $\det \mathbf{C} \neq 0$. $\det \mathbf{C}$ ist jedoch eine Unterdeterminante von $\mathbf{A}$, die durch Streichen der Zeilen i mit $i \notin \{i_1, \ldots, i_r\}$ und der Spalten j mit $j \notin \{j_1, \ldots, j_r\}$ entsteht.
Annahme: Es gibt eine $(r+1) \times (r+1)-$Unterdeterminante von $\mathbf{A}$, die $\neq 0$ ist. Sei $\mathbf{A}'$ die zugehörige Matrix. $\mathbf{A}'$ hat $r+1$ linear unabhängige Zeilenvektoren

$A'_{k_1}, \ldots, A'_{k_{r+1}}$, die durch Streichen von $n-r-1$ Spalten aus Zeilenvektoren $A_{k_1}, \ldots, A_{k_{r+1}}$ von $\mathbf{A}$ entstanden sind. Der Ansatz $\sum_{i=1}^{r+1} \lambda_i A_{k_i} = 0$ liefert ein Gleichungssystem, das alle durch

$$\sum_{i=1}^{r+1} \lambda_i A'_{k_i} = 0$$

gegebenen Gleichungen enthält.
Nach Voraussetzung über $\mathbf{A}'$ folgt $\lambda_1 = \ldots = \lambda_{r+1} = 0$. Die lineare Unabhängigkeit von $A_{k_1}, \ldots, A_{k_{r+1}}$ ist aber ein Widerspruch zu $\operatorname{rg} \mathbf{A} = r$.
Also ist r die größte natürliche Zahl k, für die eine von Null verschiedene Unterdeterminante $k-$ter Ordnung von $\mathbf{A}$ existiert.

1.5.5
Sei $\psi : \underbrace{K^n \times \ldots \times K^n}_{n\text{-mal}} \longrightarrow K$ *eine* **alternierende Multilinearform,**
d. h. es gelte für alle $X_1, \ldots, X_n, Y_1, \ldots, Y_n \in K^n$, $\lambda \in K$:

(1) *Ist* $i \neq j$ *und* $X_i = X_j$, *so ist* $\psi(X_1, \ldots, X_n) = 0$
(ψ ist alternierend);

(2) $\psi(\ldots, \lambda(X_i + Y_i), \ldots) = \lambda\,\psi(\ldots, X_i, \ldots) + \lambda\,\psi(\ldots, Y_i, \ldots)$
(ψ ist linear in jedem Argument, also multilinear).[11]

Man zeige:

a) *Ist* $\sigma \in \mathcal{S}_n$ *eine Permutation der Zahlen* $\{1, \ldots, n\}$, *so ist*
$\psi(E_{\sigma(1)}, \ldots, E_{\sigma(n)}) = \operatorname{sign}(\sigma)\, \psi(E_1, \ldots, E_n)$.

b) *Für alle* $X_1, \ldots, X_n \in K^n$ *ist*
$\psi(X_1, \ldots, X_n) = \psi(E_1, \ldots, E_n) \cdot \det(X_1, \ldots, X_n)$.
Ist also $\psi(E_1, \ldots, E_n) = 1$, *so ist* ψ *unsere Determinantenfunktion.*

a) Jedes $\sigma \in \mathcal{S}_n$ ist darstellbar als Produkt von Transpositionen $\tau_i = (j\ k)$, $i = 1, \ldots, m$. Dabei ist (für festes σ) m stets gerade (dann ist $\operatorname{sign}(\sigma) = 1$) oder stets ungerade (dann ist $\operatorname{sign}(\sigma) = -1$). Man erhält also $(E_{\sigma(1)}, \ldots, E_{\sigma(n)})$ aus $(E_1, \ldots, E_n)$ durch sukzessives Vertauschen von zwei Komponenten j und k, wie es die Transposition τ_i in der Darstellung $\sigma = \tau_m \circ \ldots \circ \tau_1$ vorschreibt. Wenn wir zeigen, daß $\psi(X_1, \ldots, X_n)$ beim Vertauschen zweier Argumente das Vorzeichen wechselt, sind wir fertig.
Der Beweis für $n = 2$ läßt sich wörtlich verallgemeinern, aber viel besser aufschreiben: Es ist

$$0 \;=\; \psi(X_1 + X_2, X_1 + X_2)$$

[11] ψ heißt dann auch **Determinantenform**. Oft wird die Determinante auf diese Weise eingeführt. Der Beweis der Existenz erfolgt dann über eine der Definitionen im Vorspann.

$$\begin{aligned} &= \psi(X_1, X_1) + \psi(X_1, X_2) + \psi(X_2, X_1) + \psi(X_2, X_2) \\ &= \psi(X_1, X_2) + \psi(X_2, X_1) . \end{aligned}$$

Also ist $\psi(X_1, X_2) = -\psi(X_2, X_1)$.

b) Für $i \in \{1, \ldots, n\}$ sei $X_i = \sum_{j=1}^{n} \alpha_{ij} E_j$.

Das Problem ist die Berechnung von $\psi(X_1, \ldots, X_n)$ nach Einsetzen dieser Linearkombinationen. Unser Beweis für $n = 3$ läßt sich wieder wörtlich verallgemeinern: Ausrechnen der rechten Seite von

$$(*) \qquad \psi(X_1, X_2, X_3) = \psi\left(\sum_{j=1}^{3} \alpha_{1j} E_j, \sum_{j=1}^{3} \alpha_{2j} E_j, \sum_{j=1}^{3} \alpha_{3j} E_j\right)$$

ergibt unter Ausnutzung der Linearitätseigenschaften von ψ eine Summe von 3^3 Termen der Form $\alpha_{1r}\alpha_{2s}\alpha_{3t}\,\psi(E_r, E_s, E_t)$. Wegen Eigenschaft (1) von ψ sind höchstens diejenigen davon $\neq 0$, für die $|\{r, s, t\}| = 3$ gilt. Es ist

$$\alpha_{1r}\alpha_{2s}\alpha_{3t} = \alpha_{1\sigma(1)}\alpha_{2\sigma(2)}\alpha_{3\sigma(3)} ,$$

wobei $\sigma \in \gamma_3$ definiert ist durch

$$\sigma(1) = r , \quad \sigma(2) = s , \quad \sigma(3) = t .$$

Nach Teil a) ist daher

$$\alpha_{1r}\alpha_{2s}\alpha_{3t}\,\psi(E_r, E_s, E_t) = \operatorname{sign}(\sigma)\,\alpha_{1\sigma(1)}\alpha_{2\sigma(2)}\alpha_{3\sigma(3)}\,\psi(E_1, E_2, E_3) .$$

Umgekehrt kommt auch jeder solche Term vor:
Ist $\sigma \in \gamma_3$ vorgegeben, so ist $\alpha_{i\sigma(i)} E_{\sigma(i)}$ jeweils ein Summand des i-ten Arguments, und wir erhalten beim Ausrechnen von ψ gemäß $(*)$ den Summanden

$$\begin{aligned} &\alpha_{1\sigma(1)}\alpha_{2\sigma(2)}\alpha_{3\sigma(3)}\,\psi(E_{\sigma(1)}, E_{\sigma(2)}, E_{\sigma(3)}) \\ = \; &\operatorname{sign}(\sigma)\,\alpha_{1\sigma(1)}\alpha_{2\sigma(2)}\alpha_{3\sigma(3)}\,\psi(E_1, E_2, E_3) . \end{aligned}$$

Es folgt: $\psi(X_1, X_2, X_3) = \psi(E_1, E_2, E_3) \cdot \sum_{\sigma \in \gamma_3} \operatorname{sign}(\sigma)\,\alpha_{1\sigma(1)}\alpha_{2\sigma(2)}\alpha_{3\sigma(3)}$.

Wegen $X_i = (\alpha_{i1}, \ldots, \alpha_{in})$ ist nach dem Vorspann

$$\det(X_1, \ldots, X_n) = \sum_{\sigma \in \gamma_n} \operatorname{sign}(\sigma) \cdot \alpha_{1\sigma(1)} \cdot \ldots \cdot \alpha_{n\sigma(n)} ,$$

und die Behauptung folgt.

1.5.6

Es seien $a_1, \ldots, a_n \in K$. Man berechne

$$\begin{vmatrix} 0 & 0 & \ldots & 0 & a_1 \\ 0 & 0 & \ldots & a_2 & 0 \\ \vdots & & & & \vdots \\ 0 & a_{n-1} & \ldots & 0 & 0 \\ a_n & 0 & \ldots & 0 & 0 \end{vmatrix} .$$

Sei $\mathbf{A}_n$ die Matrix, deren Determinante berechnet werden soll. Die korrekte Definition von $\mathbf{A}_n = (a_{ij})$ lautet: $a_{ij} = 0$ für $j \neq n - i + 1$, $a_{ij} = a_i$ für $j = n - i + 1$. Zunächst ist:

$$|\mathbf{A}_1| = a_1 \ ; \quad |\mathbf{A}_2| = -a_1 a_2 \ ; \quad |\mathbf{A}_3| = -a_1 a_2 a_3 \ .$$

$$|\mathbf{A}_n| = (-1)^{n+1} a_n \, |\mathbf{A}_{n-1}|$$

folgt sofort durch Entwickeln nach der 1. Spalte. Es ist also $|\mathbf{A}_n| = \epsilon_n \prod_{i=1}^{n} a_i$, wobei $\epsilon_n = -1$, falls $n = 4k+2$ oder $n = 4k+3$ ist, und $\epsilon_n = 1$, falls $n = 4k+1$ oder $n = 4k$ ist ($k \geq 0$; $k \in \mathbb{N}$).

Nach einigen Versuchen erhält man $\epsilon_n = (-1)^{\frac{1}{2} n (n-1)}$ als geschlossene Darstellung für ϵ_n und beweist

$$|\mathbf{A}_n| = \epsilon_n \prod_{i=1}^{n} a_i$$

durch *vollständige Induktion.*

1.5.7

Man zeige für $n \geq 2$:

$$D_n = \begin{vmatrix} 1 & 2 & 2 & \ldots & 2 & 2 \\ -2 & 2 & 2 & & & \cdot \\ -2 & -2 & 3 & & & \cdot \\ \vdots & & & \ddots & & \cdot \\ & & & & n-1 & 2 \\ -2 & \cdot & \cdot & \cdot & -2 & n \end{vmatrix} = \frac{(n+2)!}{4} .$$

Wir beweisen die Behauptung durch *vollständige Induktion* über n.

Für $n = 2$ gilt

$$\begin{vmatrix} 1 & 2 \\ -2 & 2 \end{vmatrix} = 2 + 4 = 6 = \frac{24}{4} = \frac{4!}{4},$$

womit der Induktionsanfang erbracht ist.

Wir addieren in D_n $(n > 2)$ die erste Zeile zur letzten Zeile und entwickeln dann nach der letzten Zeile. Das ergibt die Summe

$$D_n = (-1)\,(-1)^{n+1}\begin{vmatrix} 2 & \dots & 2 \\ 2 & \dots & 2 \\ & & \\ & * & \\ & & \end{vmatrix} + (n+2)\,(-1)^{2n}\begin{vmatrix} 1 & 2 & \dots & 2 \\ -2 & & & \\ \vdots & & & \vdots \\ & & & 2 \\ -2 & & -2 & n-1 \end{vmatrix} .$$

Hierin ist der erste Summand 0 , da die Determinante zwei gleiche Zeilen enthält. Auf die zweite Determinante (das ist D_{n-1}) läßt sich die Induktionsvoraussetzung anwenden, und man erhält wegen $(-1)^{2n} = 1$:

$$D_n = (n+2)\cdot\frac{(n+1)!}{4} = \frac{(n+2)!}{4} .$$

1.5.8
Die Matrix $\mathbf{A}_n = (a_{ij}) \in \mathcal{M}_{n\times n}(K)$ *sei definiert durch* $a_{ij} = y$ *für* $i > j$, $a_{ij} = z$ *für* $i < j$ *und* $a_{ii} = x$ $(i, j \in \{1, \dots, n\})$.
Man stelle eine Rekursionsformel für $\det \mathbf{A}_n$ *auf und berechne damit einen geschlossenen Ausdruck für* $\det \mathbf{A}_n$.

Es ist $|\mathbf{A}_1| = x$ und $|\mathbf{A}_2| = \begin{vmatrix} x & z \\ y & x \end{vmatrix} = x^2 - yz$.
Sei $n \geq 3$. Subtrahieren wir von der ersten Spalte von $\mathbf{A}_n$ die zweite Spalte und entwickeln dann nach der ersten Spalte, so erhalten wir:

$$\begin{aligned}
\begin{vmatrix} x & z & z & \dots & z \\ y & x & z & \dots & z \\ y & y & x & \dots & z \\ \vdots & & & & \vdots \\ y & y & y & \dots & x \end{vmatrix} &= \begin{vmatrix} x-z & z & \dots & z \\ y-x & x & \dots & z \\ 0 & y & \dots & z \\ \vdots & & & \vdots \\ 0 & y & \dots & x \end{vmatrix} \\
&= (x-z)\,|\mathbf{A}_{n-1}| - (y-x)\begin{vmatrix} z & z & \dots & z \\ y & x & \dots & z \\ \vdots & & & \vdots \\ y & y & \dots & x \end{vmatrix} \\
&= (x-z)\,|\mathbf{A}_{n-1}| + z\,(x-y)\,d ,
\end{aligned}$$

$$\text{wobei } d = \begin{vmatrix} 1 & 1 & 1 & \dots & 1 \\ y & x & z & \dots & z \\ y & y & x & \dots & z \\ \vdots & & & & \vdots \\ y & y & y & \dots & x \end{vmatrix} = \begin{vmatrix} 1 & 1 & 1 & \dots & 1 \\ 0 & x-y & z-y & \dots & z-y \\ 0 & 0 & x-y & \dots & z-y \\ \vdots & & & & \vdots \\ 0 & 0 & 0 & \dots & x-y \end{vmatrix}.$$

(Subtrahiere von jeder Zeile das y–fache der ersten Zeile.)
Es folgt:

$$(1) \qquad |\mathbf{A}_n| = (x-z)\,|\mathbf{A}_{n-1}| + z\,(x-y)^{n-1}\,.$$

Dies ist die gesuchte Rekursionsformel, zusammen mit $|\mathbf{A}_1| = x$.
Zur expliziten Berechnung von $|\mathbf{A}_n|$ beachten wir zunächst, daß wegen $|\mathbf{A}_n| = |\mathbf{A}_n^\top|$ (Vertauschung der Rollen von y und z) folgt:

$$(2) \qquad |\mathbf{A}_n| = (x-y)\,|\mathbf{A}_{n-1}| + y\,(x-z)^{n-1}\,.$$

<u>Fall 1:</u> $y \neq z$.
Subtrahiert man (2) von (1), so folgt:

$$0 = (y-z)\,|\mathbf{A}_{n-1}| + z\,(x-y)^{n-1} - y\,(x-z)^{n-1}\,.$$

Damit ist

$$|\mathbf{A}_{n-1}| = \frac{1}{y-z}\left(y\,(x-z)^{n-1} - z\,(x-y)^{n-1}\right)\,.$$

<u>Fall 2:</u> $y = z$.
Setze in (1) für $|\mathbf{A}_{n-1}|$ den Ausdruck ein, der sich durch Anwendung der Rekursionsformel auf $|\mathbf{A}_{n-1}|$ ergibt. Es folgt:

$$\begin{aligned} |\mathbf{A}_n| &= (x-z)\left((x-z)\,|\mathbf{A}_{n-2}| + z\,(x-z)^{n-2}\right) + z\,(x-z)^{n-1} \\ &= 2z\,(x-z)^{n-1} + (x-z)^2\,|\mathbf{A}_{n-2}|\,. \end{aligned}$$

Sukzessives Einsetzen nach demselben Prinzip ergibt die Formel

$$\begin{aligned} |\mathbf{A}_n| &= (x-z)^{n-1}\,|\mathbf{A}_1| + (n-1)\,z\,(x-z)^{n-1} \\ &= (x-z)^{n-1}\,(x+(n-1)z)\,, \end{aligned}$$

die man mit (1) durch *vollständige Induktion* sofort beweisen kann.

1.5.9

Es sei $s_k = x_1^k + \ldots + x_n^k$ $(k \geq 0)$. *Man berechne* $\det \mathbf{A}$ *für*

$$\mathbf{A} := \begin{pmatrix} s_0 & s_1 & \ldots & s_{n-1} & 1 \\ s_1 & s_2 & \ldots & s_n & x \\ s_2 & s_3 & \ldots & s_{n+1} & x^2 \\ \vdots & & & & \vdots \\ s_{n-1} & s_n & \ldots & s_{2n-2} & x^{n-1} \\ s_n & s_{n+1} & \ldots & s_{2n-1} & x^n \end{pmatrix}.$$

Hinweis: Man stelle die Matrix als Produkt zweier geeigneter Matrizen dar.

Aus der Definition der s_i ergibt sich die folgende Produktdarstellung:

$$\mathbf{A} = \begin{pmatrix} 1 & \ldots & 1 & 1 \\ x_1 & \ldots & x_n & x \\ \vdots & & & \vdots \\ x_1^n & \ldots & x_n^n & x^n \end{pmatrix} \cdot \begin{pmatrix} 1 & x_1 & \ldots & x_1^{n-1} & 0 \\ 1 & x_2 & \ldots & x_2^{n-1} & 0 \\ \vdots & & & & \vdots \\ 1 & x_n & \ldots & x_n^{n-1} & 0 \\ 0 & 0 & \ldots & 0 & 1 \end{pmatrix}.$$

Die gegebene Determinante berechnet sich also nach dem Produktsatz als Produkt der beiden Determinanten der rechts stehenden Matrizen. Die erste dieser Matrizen ist die (transponierte) VANDERMONDEsche Matrix (siehe REP1 Aufgabe 2.6.10), die zweite Determinante führt nach der Entwicklung nach der letzten Zeile ebenfalls direkt auf die VANDERMONDEsche Determinante. Also folgt unter Benutzung der zitierten Aufgabe:

$$\begin{vmatrix} s_0 & s_1 & \ldots & s_{n-1} & 1 \\ s_1 & s_2 & \ldots & s_n & x \\ s_2 & s_3 & \ldots & s_{n+1} & x^2 \\ \vdots & & & & \vdots \\ s_{n-1} & s_n & \ldots & s_{2n-2} & x^{n-1} \\ s_n & s_{n+1} & \ldots & s_{2n-1} & x^n \end{vmatrix} = \left(\prod_{i<j} (x_j - x_i) \cdot \prod_{i=1}^{n} (x - x_i) \right) \cdot \prod_{i<j} (x_j - x_i)$$

$$= \prod_{i=1}^{n} (x - x_i) \cdot \prod_{i<j} (x_j - x_i)^2 .$$

1.6 Der Dualraum

Sei V ein Vektorraum über K. Die Menge $\operatorname{Hom}(V, K)$ aller linearen Abbildungen von V in den Vektorraum K (über K) heißt (algebraischer) **Dualraum** von V und wird mit V^* bezeichnet.[12] Die Elemente von V^* heißen auch **Linearformen** oder **lineare Funktionale** auf V.

Begriffe zum Dualraum V^*	
Dualraum V^*:	$\operatorname{Hom}(V, K) = \{f \mid f : V \longrightarrow K \text{ und } f \text{ linear}\}$
Linearform oder **lineares Funktional**:	ein Element von V^*, also eine lineare Abbildung $f : V \longrightarrow K$
Bidualraum von V:	$(V^*)^* =: V^{**}$
duale Basis:	siehe unten

Hat V endliche Dimension und ist $B = (B_1, \ldots, B_n)$ eine Basis von V, so heißt $B^* = (B_1^*, \ldots, B_n^*)$ die zu B **duale Basis** von V^*, wobei B_i^* eindeutig festgelegt ist durch $B_i^*(B_j) = \delta_{ij}$ $(i, j \in \{1, \ldots, n\})$.
B^* ist stets eine Basis von V^* (siehe REP1, Aufgabe 4.1.9).[13]

Die Abbildung

$$\Phi : \left\{ \begin{array}{ccc} V & \longrightarrow & V^{**} \\ X & \longmapsto & \Phi(X) \end{array} \right. \qquad \text{mit } (\Phi(X))(\psi) = \psi(X) \text{ für } \psi \in V^*$$

ist eine injektive lineare Abbildung.
Hat V **endliche Dimension**, so ist Φ sogar ein **Isomorphismus** (den man auch kanonisch nennt, denn seine Definition hängt nicht von der Auswahl irgendwelcher Basen ab).

---

[12]Tragen V und K zusätzlich eine topologische Struktur, so kann man die Teilmenge $\{f \in V^* \mid f \text{ stetig}\}$ von V^* betrachten, die **stetiges Dual** von V heißt und in der Funktionalanalysis eine große Rolle spielt.

[13]Im Falle unendlicher Dimension ist dies falsch – siehe Aufgabe 8.

1.6.1

Sei $V = K^n$. Man zeige:

a) *Jedes $\varphi \in V^*$ hat die Form $\varphi(x_1, \ldots, x_n) = \sum_{i=1}^{n} a_i x_i$ für gewisse $a_1, \ldots, a_n \in K$.*

b) *Es gilt $\varphi(x_1, \ldots, x_n) = \sum_{i=1}^{n} a_i x_i$ für alle $(x_1, \ldots, x_n) \in K^n$ genau dann, wenn $\varphi = \sum_{i=1}^{n} a_i E_i^*$ gilt, wobei $E = (E_1, \ldots, E_n)$ die kanonische Basis des K^n ist.*

c) *E_i^* ist die $i-$te Projektion von K^n auf K (d. h. $E_i^*(x_1, \ldots, x_n) = x_i$).*

a) Jedes Element φ aus $V^* = \operatorname{Hom}(K^n, K)$ wird bzgl. der kanonischen Basis E beschrieben durch eine $1 \times n-$Matrix; also gibt es $a_1, \ldots, a_n \in K$ mit

$$\varphi(X) = \varphi(x_1, \ldots, x_n) = (a_1 \ \ldots \ a_n) \begin{pmatrix} x_1 \\ \vdots \\ x_n \end{pmatrix} = \sum_{i=1}^{n} a_i x_i \,.$$

b) "$\Longrightarrow$" Es ist $\varphi(E_i) = a_i$. Sei $\psi := \sum_{j=1}^{n} a_j E_j^*$. Dann ist

$$\psi(E_i) = \left(\sum_{j=1}^{n} a_j E_j^* \right) (E_i) = \sum_{j=1}^{n} a_j \, E_j^*(E_i) = \sum_{j=1}^{n} a_j \delta_{ji} = a_i \,.$$

Damit stimmen die linearen Abbildungen φ und ψ auf E überein und sind gleich nach Aufgabe 1.4.5.

"$\Longleftarrow$" Sei $X \in K^n$. Dann ist $X = \sum_{j=1}^{n} x_j E_j$, also

$$\begin{aligned} \varphi(X) &= \left(\sum_{i=1}^{n} a_i \, E_i^* \right) \left(\sum_{j=1}^{n} x_j E_j \right) = \sum_{i=1}^{n} a_i \, E_i^* \left(\sum_{j=1}^{n} x_j \, E_j \right) \\ &= \sum_{i=1}^{n} a_i \sum_{j=1}^{n} x_j \, E_i^* \, (E_j) = \sum_{i=1}^{n} a_i x_i \,. \end{aligned}$$

c) Nach b) ist $E_i^*(x_1, \ldots, x_n) = x_i$.

1.6.2
Man gebe jeweils die Elemente φ der zur Basis B des $\mathbb{R}^n$ dualen Basis B^* in der Form $\varphi(x_1,\ldots,x_n)=\sum_{i=1}^{n} a_i x_i$ an:

a) $n=2$, $B=((3,1),(2,1))$

b) $n=3$, $B=((0,3,-2),(1,-1,3),(0,1,-1))$.

a) Sei $B^* =: (\varphi_1,\varphi_2)$. Es ist $\varphi_1(3,1)=1$ und $\varphi_1(2,1)=0$. Jede lineare Abbildung φ von $\mathbb{R}^2$ nach $\mathbb{R}$ wird durch eine 1×2–Matrix bzgl. der kanonischen Basis beschrieben, hat also die Form

$$\varphi(x,y)=(a\ \ b)\begin{pmatrix} x \\ y \end{pmatrix} = ax+by\,.$$

Damit erhalten wir für φ_1:

$$\begin{array}{rcrcrcl} \varphi_1(3,1) & = & a_1\cdot 3 & + & b_1\cdot 1 & = & 1 \\ \varphi_1(2,1) & = & a_1\cdot 2 & + & b_1\cdot 1 & = & 0 \end{array},$$

was sofort zu $a_1=1$, $b_1=-2$ führt. Somit ist

$$\varphi_1(x,y)=x-2y \qquad \text{für alle } (x,y)\in\mathbb{R}^2\,.$$

Entsprechend ist $\varphi_2(3,1)=0$, $\varphi_2(2,1)=1$, also $3a_2+b_2=0$, $2a_2+b_2=1$, woraus $a_2=-1$, $b_2=3$ folgt. Es ist somit

$$\varphi_2(x,y)=-x+3y \qquad \text{für alle } (x,y)\in\mathbb{R}^2\,.$$

(Zu einer systematischen Behandlung siehe Teil b).)

b) Die allgemeine Methode für den K^n findet man in Aufgabe 7 b).
Sei $B^* =: (\varphi_1,\varphi_2,\varphi_3)$. φ_i wird durch eine 1×3–Matrix bzgl. der kanonischen Basis beschrieben; also gibt es a_i, b_i, c_i mit

$$\varphi_i(x,y,z)=a_i x+b_i y+c_i z\,.$$

Die Definition der dualen Basis zeigt (siehe a)), daß sich drei Gleichungssysteme zur Bestimmung von a_i, b_i und c_i ergeben ($i=1,2,3$), die jeweils diejenige Koeffizientenmatrix $\mathbf{A}$ haben, in deren Zeilen die Vektoren aus B stehen. ($\mathbf{A}$ ist invertierbar, da B eine Basis ist, also sind die Gleichungssysteme eindeutig lösbar.) Wir lösen die Gleichungssysteme simultan nach dem Gauss–Verfahren und stellen fest, daß wir auf ein bekanntes Problem stoßen: Formen wir $\mathbf{A}$ mit elementaren Zeilenumformungen zur Einheitsmatrix um und führen an den Zeilen rechts dieselben Umformungen durch, so stehen rechts in den Spalten die Lösungen der Gleichungssysteme, und diese drei Spalten sind die Spalten von $\mathbf{A}^{-1}$.

Man erhält (zum Verfahren siehe REP1, Seite 99):

$$\mathbf{A} = \begin{pmatrix} 0 & 3 & -2 \\ 1 & -1 & 3 \\ 0 & 1 & -1 \end{pmatrix} \quad \text{und} \quad \mathbf{A}^{-1} = \begin{pmatrix} -2 & 1 & 7 \\ 1 & 0 & -2 \\ 1 & 0 & -3 \end{pmatrix},$$

also

$$\left.\begin{array}{rcl} \varphi_1(x,y,z) & = & -2x + y + z \\ \varphi_2(x,y,z) & = & x \\ \varphi_3(x,y,z) & = & 7x - 2y - 3z \end{array}\right\} \quad \text{für alle } (x,y,z) \in \mathbb{R}^3 .$$

1.6.3

Sei V ein Vektorraum über K mit der Basis $B = (B_1, \ldots, B_n)$ und sei $B^* = (\varphi_1, \ldots, \varphi_n)$ die zu B duale Basis ($\varphi_i = B_i^*$ für $i = 1, \ldots, n$). Man zeige:
Für alle $X \in V$ und alle $\varphi \in V^*$ gilt:

$$\begin{array}{rcl} X & = & \varphi_1(X)\, B_1 + \ldots + \varphi_n(X)\, B_n \qquad \textit{und} \\ \varphi & = & \varphi(B_1)\, \varphi_1 + \ldots + \varphi(B_n)\, \varphi_n . \end{array}$$

Zunächst gibt es Elemente $\lambda_1, \ldots, \lambda_n \in K$ mit $X = \sum_{j=1}^{n} \lambda_j B_j$, da B eine Basis von V ist. Da φ_i linear ist, ist

$$\varphi_i(X) = \sum_{j=1}^{n} \lambda_j\, \varphi_i(B_j) = \sum_{j=1}^{n} \lambda_j\, \delta_{ij} = \lambda_i .$$

Einsetzen ergibt die erste Gleichung.

Da B^* eine Basis von V^* ist, gibt es $\mu_1, \ldots, \mu_n \in K$ mit $\varphi = \sum_{j=1}^{n} \mu_j \varphi_j$. Also ist

$$\varphi(B_i) = \left(\sum_{j=1}^{n} \mu_j\, \varphi_j \right) (B_i) \overset{(1)}{=} \sum_{j=1}^{n} \mu_j\, \varphi_j(B_i) = \sum_{j=1}^{n} \mu_j\, \delta_{ji} = \mu_i ,$$

was zu zeigen war. (Gleichung (1) gilt nach Definition von $+$ und $\cdot$ im Vektorraum $V^* = \mathrm{Hom}\,(V, K)$.)

1.6.4

Sei $V = L(1, x, x^2)$ der Vektorraum der reellen Polynome vom Grade ≤ 2. Man zeige:

a) *Die Abbildung $\varphi : V \longrightarrow \mathbb{R}$ mit $\varphi(f) = \int_{-1}^{1} f(t)\,dt$ ist ein Element von V^*.*

b) *Man berechne den Koordinatenvektor von φ bezüglich der zu $B = (1, x, x^2)$ dualen Basis B^*.*

a) Dies folgt sofort aus den Linearitätseigenschaften des Integrals.

b) Es ist

$$\varphi(1) = \int_{-1}^{1} dx = 2 \quad , \quad \varphi(x) = 0 \quad , \quad \varphi(x^2) = [\frac{1}{3}\,x^3]_{-1}^{1} = \frac{2}{3} \,.$$

Nach Aufgabe 3 ist also

$$\begin{aligned} \varphi &= \varphi(1) \cdot 1^* + \varphi(x) \cdot x^* + \varphi(x^2) \cdot (x^2)^* \\ &= 2 \cdot 1^* + \frac{2}{3} \cdot (x^2)^* \,. \end{aligned}$$

Daher ist $(2, 0, \frac{2}{3}) = (\varphi(1), \varphi(x), \varphi(x^2))$ der gesuchte Koordinatenvektor.

Ohne Aufgabe 3 erhält man aus dem Ansatz

$$\varphi = \alpha \cdot 1^* + \beta \cdot x^* + \gamma \cdot (x^2)^*$$

nach Definition von B^* sofort

$$\varphi(1) = \alpha \quad , \quad \varphi(x) = \beta \quad , \quad \varphi(x^2) = \gamma \,,$$

da z. B.

$$\varphi(1) = (\alpha\, 1^* + \beta\, x^* + \gamma\, (x^2)^*)\,(1) = \alpha\, 1^*(1) + \beta\, x^*(1) + \gamma\, (x^2)^*(1) = \alpha \,.$$

1.6.5

Sei V der Vektorraum $\mathcal{M}_{2\times 2}(\mathbb{R})$ über $\mathbb{R}$ mit der Basis

$$B = (\begin{pmatrix} 1 & 1 \\ 0 & 1 \end{pmatrix}, \begin{pmatrix} 0 & 1 \\ 1 & 1 \end{pmatrix}, \begin{pmatrix} 0 & 1 \\ 0 & 1 \end{pmatrix}, \begin{pmatrix} 0 & 0 \\ 0 & 1 \end{pmatrix}).$$

Sei $\varphi(\mathbf{A}) = \mathrm{Spur}\,(\mathbf{A})$ für $\mathbf{A} \in V$.[14]

a) *Man zeige: $\varphi \in V^*$.*

b) *Man berechne den Koordinatenvektor von φ bzgl. B^*.*

---

[14] Ist $\mathbf{A} = (a_{ij}) \in \mathcal{M}_{n\times n}(K)$, so ist $\mathrm{Spur}\,(\mathbf{A}) := \sum_{i=1}^{n} a_{ii}$.

a) $\text{Spur}(\mathbf{A}_1 + \mathbf{A}_2) = \text{Spur}(\mathbf{A}_1) + \text{Spur}(\mathbf{A}_2)$ und $\text{Spur}(\lambda \mathbf{A}_1) = \lambda \text{Spur}(\mathbf{A}_1)$ rechnet man sofort nach (siehe auch REP1, Aufgabe 4.1.6).

b) Sei $\varphi = \sum_{i=1}^{4} \lambda_i B_i^*$, wobei $B =: (B_1, \ldots, B_4)$. Dann ist

$$\varphi(B_k) = \left(\sum_{i=1}^{4} \lambda_i B_i^* \right) (B_k) = \sum_{i=1}^{4} \lambda_i B_i^*(B_k) = \lambda_k \,.$$

Es folgt:

$$k_{B^*}(\varphi) = (\varphi(B_1), \ldots, \varphi(B_4)) = (2, 1, 1, 1)\,.$$

1.6.6

Sei V der Vektorraum der reellen Polynome vom Grad ≤ 1 (über $\mathbb{R}$) und sei $\varphi_i \in V^*$ definiert durch $\varphi_i(f) = \int_0^i f(t)\, dt$ $(i = 1, 2)$.

a) *Man zeige, daß $B^* := (\varphi_1, \varphi_2)$ eine Basis von V^* ist.*

b) *Man bestimme eine Basis B von V, so daß B^* die zu B duale Basis ist.*

Lösen wir Teil b), so ist sicher auch Teil a) gelöst. Die Elemente der gesuchten Basis B haben die Form $g_i = a_i + b_i x$. Ferner muß gelten: $\varphi_i(g_j) = \delta_{ij}$. Damit ergeben sich zwei Gleichungssysteme zur Bestimmung der Koeffizienten von g_1 und g_2.

$$\begin{array}{rclclcrcl} 1 & = & \varphi_1(g_1) & = & \int_0^1 g_1(t)\, dt & = & a_1 & + & \frac{1}{2} b_1 \\ 0 & = & \varphi_2(g_1) & = & \int_0^2 g_1(t)\, dt & = & 2a_1 & + & 2b_1 \end{array}$$

und

$$\begin{array}{rclcrcl} 0 & = & \varphi_1(g_2) & = & a_2 & + & \frac{1}{2} b_2 \\ 1 & = & \varphi_2(g_2) & = & 2a_2 & + & 2b_2 \end{array} .$$

Da die Koeffizientenmatrix jeweils dieselbe ist, lösen wir die Systeme simultan:

$$\left(\begin{array}{cc|cc} 1 & \frac{1}{2} & 1 & 0 \\ 2 & 2 & 0 & 1 \end{array} \right) \rightsquigarrow \left(\begin{array}{cc|cc} 1 & \frac{1}{2} & 1 & 0 \\ 0 & 1 & -2 & 1 \end{array} \right) \rightsquigarrow \left(\begin{array}{cc|cc} 1 & 0 & 2 & -\frac{1}{2} \\ 0 & 1 & -2 & 1 \end{array} \right) .$$

Somit ist $g_1 = 2 - 2x$ und $g_2 = -\frac{1}{2} + x$.

1.6.7
Seien B und C Basen des Vektorraums V der Dimension $n \geq 1$ über K und sei $\mathbf{A} = \mathbf{M}_C^B(id)$. Man zeige:

a) $\mathbf{M}_{C^*}^{B^*}(id) = (\mathbf{A}^{-1})^\top$.

b) *Ist $V = K^n$, ferner C die kanonische Basis E des K^n und*

$$B^* =: (\varphi_1, \ldots, \varphi_n), \text{ so ist } \varphi_i(x_1, \ldots, x_n) = \sum_{j=1}^n b_{ji} x_j,$$

wobei $(b_{1i} \ \ldots \ b_{ni})^\top$ die i–te Spalte von $(\mathbf{A}^{-1})^\top$ ist.

c) *Man löse Aufgabe 6 b) mit Teil a).*

a) Sei $\mathbf{D} = (\mathbf{M}_{C^*}^{B^*}(id))^\top =: (d_{ij})$. Wir zeigen, daß $\mathbf{DA} = \mathbf{E}$ gilt. Dann ist nach Aufgabe 1.4.2 $\mathbf{D} = \mathbf{A}^{-1}$, also $\mathbf{D}^\top = \mathbf{M}_{C^*}^{B^*}(id) = (\mathbf{A}^{-1})^\top$.
Sei D_i die i–te Zeile von $\mathbf{D}$ und A^j die j–te Spalte von $\mathbf{A}$. Nach Definition der Matrix $\mathbf{M}_{C^*}^{B^*}(id)$ ist D_i der Koordinatenvektor des i–ten Elements φ_i von B^* bzgl. C^*. Also ist $\varphi_i = \sum_{k=1}^n d_{ik}\,\psi_k$, falls $C^* =: (\psi_1, \ldots, \psi_n)$. Ferner ist A^j der Koordinatenvektor des j–ten Elements B_j von B bzgl. C, also $B_j = \sum_{s=1}^n a_{sj} C_s$, falls $C =: (C_1, \ldots, C_n)$. Nun gilt nach Definition der dualen Basis:

$$\begin{aligned}
\delta_{ij} &= \varphi_i(B_j) = \left(\sum_{k=1}^n d_{ik}\,\psi_k\right)\left(\sum_{s=1}^n a_{sj}\,C_s\right) \\
&= \sum_{k=1}^n d_{ik}\,\psi_k\left(\sum_{s=1}^n a_{sj}\,C_s\right) = \sum_{k=1}^n d_{ik} \sum_{s=1}^n a_{sj}\,\psi_k(C_s) \\
&= \sum_{k=1}^n d_{ik} a_{kj} = D_i \cdot A^j \qquad (\text{“Zeile} \cdot \text{Spalte”})\,.
\end{aligned}$$

Somit ist $\mathbf{DA} = (D_i \cdot A^j) = (\delta_{ij}) = \mathbf{E}$.

b) Die Matrizendarstellung von E_i^* ist eine $1 \times n$–Matrix, deren Zeilenvektor gerade $E_i^\top$ ist. Somit kann man E^* als kanonische Basis des $(K^n)^*$ auffassen, denn ist $\varphi \in (K^n)^*$, so gilt $\varphi(x_1, \ldots, x_n) = \sum_{i=1}^n a_i x_i$ genau dann, wenn $\varphi = \sum_{i=1}^n a_i\, E_i^*$. Nach Teil a) gilt: $k_{E^*}(\varphi_i)$ ist die i–te Spalte von $(\mathbf{A}^{-1})^\top$.
Damit folgt die Behauptung.

c) B ist gegeben durch die Spalten von $\mathbf{A} = \mathbf{M}_C^B(id)$ mit $C = (1, x)$.

Nach a) ist

$$\mathbf{A}^\top = \left(\mathbf{M}_{C^*}^{B^*}(id)\right)^{-1}.$$

Es ist $k_{C^*}(\varphi_1) = (\varphi_1(1), \varphi_1(x))$ nach Aufgabe 3, also $k_{C^*}(\varphi_1) = (1, \frac{1}{2})$. Analog ist $k_{C^*}(\varphi_2) = (2, 2)$. Also ist

$$\mathbf{A}^\top = \begin{pmatrix} 1 & 2 \\ \frac{1}{2} & 2 \end{pmatrix}^{-1} \quad \text{und damit} \quad \mathbf{A} = \begin{pmatrix} 2 & -\frac{1}{2} \\ -2 & 1 \end{pmatrix}.$$

1.6.8

Sei V ein Vektorraum unendlicher Dimension über K und sei B eine Basis von V. In Analogie zum Fall endlicher Dimension definieren wir eine Teilmenge B^* von V^*: Sei $B^* := \{\varphi_X \mid X \in B\}$, wobei für $X \in B$ die Linearform φ_X eindeutig definiert ist durch die Bilder der Vektoren der Basis B, und zwar durch $\varphi_X(Y) := 0$ für $Y \neq X$ und $\varphi_X(X) = 1$.
Man zeige:
a) *B^* ist linear unabhängig.*
b) *B^* ist keine Basis von V^*.*

a) Wir müssen nachweisen, daß jede endliche Teilmenge von B^* linear unabhängig ist. Seien $\psi_1, \ldots, \psi_m \in B^*$ mit $\psi_i = \varphi_{B_i}$ für $i = 1, \ldots, m$. Sei dann

$$\psi := \lambda_1 \varphi_{B_1} + \ldots + \lambda_m \varphi_{B_m} = 0.$$

Dann ist $\psi(X) = 0$ für alle $X \in V$. Insbesondere für $X = B_k$ gilt:

$$\begin{aligned} 0 &= \psi(X) = \left(\sum_{i=1}^m \lambda_i \varphi_{B_i}\right)(B_k) = \sum_{i=1}^m \lambda_i \varphi_{B_i}(B_k) \\ &= \lambda_k \qquad (k = 1, \ldots, m). \end{aligned}$$

b) Sei $\varphi \in V^*$ definiert durch $\varphi(X) = 1$ für alle $X \in B$.
Annahme: $L(B^*) = V^*$. Dann gibt es $\lambda_1, \ldots, \lambda_m$ und $B_1, \ldots, B_m \in B$ mit $\varphi = \sum_{i=1}^m \lambda_i \varphi_{B_i}$. Wähle $B_0 \in B \setminus \{B_1, \ldots, B_m\}$. Dann ist

$$\begin{aligned} 1 &= \varphi(B_0) = \left(\sum \lambda_i \varphi_{B_i}\right)(B_0) = \sum \lambda_i \varphi_{B_i}(B_0) \\ &= 0 \qquad \text{nach Definition der } \varphi_{B_i}. \end{aligned}$$

Wegen dieses Widerspruchs ist B^* kein Erzeugendensystem und insbesondere keine Basis von V^*.

1.6.9
Sei V ein Vektorraum über K mit der Basis $B = (B_1, \ldots, B_n)$ und sei Φ der kanonische Isomorphismus von V auf V^{**} (siehe Vorspann). Zu $\psi \in V^{**}$ gebe man (mit Hilfe von B^*) ein $X \in V$ an mit $\Phi(X) = \psi$.

ψ ist eindeutig bestimmt durch die Bilder der Vektoren in $B^* = (B_1^*, \ldots, B_n^*)$. Sei $\psi(B_i^*) = \lambda_i$ für $i = 1, \ldots, n$.

Behauptung: Für $X := \sum_{i=1}^{n} \lambda_i B_i$ ist $\Phi(X) = \psi$.

Wiederum genügt es zu zeigen, daß diese beiden linearen Abbildungen auf B^* übereinstimmen. Es ist

$$\begin{aligned} \Phi(X)\,(B_k^*) &= B_k^*\left(\sum_{i=1}^{n} \lambda_i B_i\right) = \sum_{i=1}^{n} \lambda_i B_k^*\,(B_i) = \lambda_k \\ &= \psi(B_k^*) \qquad (k = 1, \ldots, n)\,. \end{aligned}$$

1.6.10
Sei V ein Vektorraum über K. Man zeige:

a) *Ist $X \in V$ und $X \neq 0$, so gibt es ein $\varphi \in V^*$ mit $\varphi(X) \neq 0$.*

b) *Die Abbildung $\Phi : V \longrightarrow V^{**}$, für die $\Phi(X) : V^* \longrightarrow K$ definiert ist durch $\Phi(X)\,(\varphi) := \varphi(X)$, ist linear und injektiv.*

c) *Die lineare Abbildung Φ aus Teil b) ist ein Isomorphismus, wenn V endliche Dimension hat.*

d) *Φ ist nicht surjektiv, falls V unendliche Dimension hat.*

a) Ergänze $\{X\}$ zu einer Basis B von V und definiere $\varphi \in V^*$ durch $\varphi(Y) = 1$ für alle $Y \in B$ – dies ist möglich nach Aufgabe 1.4.5. Es ist $\varphi(X) = 1 \neq 0$.

b) Es ist $\Phi(X) + \Phi(Y) = \Phi(X + Y)$, denn für jedes $\varphi \in V^*$ ist

$$\begin{aligned} (\Phi(X) + \Phi(Y))\,(\varphi) &\overset{(1)}{=} \Phi(X)\,(\varphi) + \Phi(Y)\,(\varphi) \\ &\overset{(2)}{=} \varphi(X) + \varphi(Y) \overset{(3)}{=} \varphi(X + Y) \\ &\overset{(4)}{=} \Phi(X + Y)\,(\varphi)\,. \end{aligned}$$

Dabei gelten (2) und (4) nach Definition von Φ, (1) gilt nach Definition von $+$ in V^{**} und (3) gilt wegen der Linearität von φ. Analog ist

$$\Phi(\lambda X)\,(\varphi) = \varphi(\lambda X) = \lambda\,\varphi(X) = \lambda\,(\Phi(X)\,(\varphi)) = (\lambda\,\Phi(X))\,(\varphi)\,,$$

also $\Phi(\lambda X) = \lambda \Phi(X)$. Somit ist Φ eine lineare Abbildung. Ist $\Phi(X) = 0$, so heißt dies:

$$\Phi(X)\,(\varphi) = \varphi(X) = 0 \quad \text{für alle } \varphi \in V^*\,.$$

Nach Teil a) ist $X = 0$. Da folglich $\operatorname{Kern}\Phi = \{0\}$, ist Φ injektiv.

c) Dies folgt aus Aufgabe 9 oder man argumentiert wie folgt:
Hat V endliche Dimension, so gilt nach b) wegen $\dim V = \dim V^* = \dim V^{**}$, daß Φ auch surjektiv ist.
(Kern–Bild–Satz oder REP1, Aufgabe 4.2.7.)

d) V habe unendliche Dimension, B sei eine Basis von V. Für jedes $B_\bullet \in B$ wird durch Angabe der Bilder der Elemente der Basis B, und zwar durch

$$f_{B_\bullet}(X) = \begin{cases} 1 & \text{falls } X = B_\bullet \\ 0 & \text{sonst} \end{cases},$$

eine lineare Abbildung von V nach K, also ein Element aus V^* eindeutig definiert. Die Menge $\{f_{B_\bullet} \mid B_\bullet \in B\}$ ist linear unabhängig nach Aufgabe 8, läßt sich also zu einer Basis C von V^* ergänzen. Nun definieren wir $\psi \in V^{**}$ durch:

$$\begin{aligned} \psi(f_{B_\bullet}) &= 1 \qquad \text{für alle } B_\bullet \in B\,, \\ \psi(\varphi) &= 0 \qquad \text{für alle } \varphi \in C \setminus \{f_{B_\bullet} \mid B_\bullet \in B\}\,. \end{aligned}$$

Wir zeigen, daß es kein $X \in V$ gibt mit $\Phi(X) = \psi$.
Annahme: $\Phi(Y) = \psi$ für ein $Y \in V$.

Da B eine Basis von V ist, ist $Y = \sum_{i=1}^{k} \lambda_i B_i$ für gewisse $B_1, \ldots, B_k \in B$, $\lambda_1, \ldots, \lambda_k \in K$. Wähle $B_0 \in B \setminus \{B_1, \ldots, B_k\}$. Dann ist

$$1 = \psi(f_{B_0}) = \Phi(Y)\,(f_{B_0}) = f_{B_0}(Y) = f_{B_0}\left(\sum_{i=1}^{k} \lambda_i B_i\right) = \sum_{i=1}^{k} \lambda_i f_{B_0}(B_i) = 0$$

nach Wahl von B_0. Dies ist ein Widerspruch.

Kapitel 2

Eigenwerttheorie

In REP1 wurde das Problem gestellt und gelöst, für eine beliebige lineare Abbildung $\psi : V \longrightarrow W$ (V, W endlich-dimensionale Vektorräume über K) Basen A und B zu finden, so daß $\mathbf{M}_B^A(\psi)$ möglichst einfache Gestalt hat. Es wurde dort gezeigt, daß es stets Basen A bzw. B von V bzw. W gibt, so daß $\mathbf{M}_B^A(\psi)$ die Form $\begin{pmatrix} \mathbf{E}_r & \mathbf{0} \\ \mathbf{0} & \mathbf{0} \end{pmatrix}$ hat, wobei $\mathbf{E}_r$ die $r \times r$-Einheitsmatrix ist. Für die matrizentheoretische Formulierung des Problems bedeutet dies, daß man zu jeder Matrix $\mathbf{A} \in \mathcal{M}_{n \times n}(K)$ in der Klasse zu ihr **äquivalenter** Matrizen einen Repräsentanten der Form $\begin{pmatrix} \mathbf{E}_r & \mathbf{0} \\ \mathbf{0} & \mathbf{0} \end{pmatrix}$ mit $r = \operatorname{rg} \mathbf{A}$ findet.

Als Ausblick auf diesen Band wurde das Problem gestellt, für $\psi \in \operatorname{End}(V)$ eine Basis B zu finden, so daß $\mathbf{M}_B^B(\psi)$ möglichst einfache Gestalt hat.

Bei diesem neuen Problem tritt anstelle der Äquivalenz die **Ähnlichkeit** von Matrizen. Auch hier läßt sich zu jeder Matrix $\mathbf{A} \in \mathcal{M}_{n \times n}(K)$ in der Klasse zu ihr ähnlicher Matrizen ein "relativ einfacher" Repräsentant angeben. Dieses Problem ist jedoch wesentlich schwieriger zu lösen als das entsprechende für die Äquivalenz. Wir werden es in diesem Kapitel für Teilklassen von $\mathcal{M}_{n \times n}(K)$ behandeln, und dann jeweils einfache Repräsentanten der Ähnlichkeitsklassen angeben können, nämlich **Diagonalmatrizen** und Matrizen in **oberer Dreiecksform** (Abschnitt 6). Eine allgemeinere Lösung erfolgt in Kapitel 4.

Abschnitt 1 dieses Kapitels bringt die notwendigen Definitionen und eine Zusammenfassung aller wichtigen Sätze zur Ähnlichkeit von Matrizen. In Abschnitt 4 erfolgt eine Vertiefung und systematische Behandlung der in REP1 begonnenen, überaus wichtigen Eigenwerttheorie (– ihre Kenntnis ist auch zur Lösung des Ähnlichkeitsproblems unerläßlich). Eine besondere Rolle spielen dabei das charakteristische Polynom und das Minimalpolynom einer Matrix bzw. eines Endomorphismus. Wir haben daher einen ausführlichen Abschnitt über Polynome eingefügt (Abschnitt 2), da deren Behandlung in Kursen über Lineare Algebra meist sehr knapp erfolgt, und haben in Abschnitt 3 einige Aufgaben zur Technik des Einsetzens von Matrizen bzw. Endomorphismen in Polynome zusammengestellt.

2.1 Ähnlichkeit von Matrizen

Wir beginnen mit der Definition der Ähnlichkeit von Matrizen.

Ähnlichkeit von Matrizen

Zwei Matrizen $\mathbf{A}, \mathbf{B} \in \mathcal{M}_{n\times n}(K)$ heißen **ähnlich** über dem Körper K, wenn sie bezüglich geeigneter Basen denselben Endomorphismus eines Vektorraumes V über K beschreiben, d. h. wenn es V und $\varphi \in \mathrm{End}\,(V)$ und Basen A und B von V gibt mit $\mathbf{A} = \mathbf{M}_A^A(\varphi)$ und $\mathbf{B} = \mathbf{M}_B^B(\varphi)$.

Obwohl die notwendigen Begriffe erst in den nächsten Abschnitten entwickelt werden, sollen hier alle wichtigen Sätze zur Ähnlichkeit zusammengefaßt werden.

Sätze zur Ähnlichkeit

Seien $\mathbf{A}, \mathbf{B} \in \mathcal{M}_{n\times n}(K)$.

1. Folgende Aussagen sind äquivalent:
   (i) $\mathbf{A}$ ist ähnlich zu $\mathbf{B}$ über K.
   (ii) Es gibt eine invertierbare Matrix $\mathbf{P}$ über K mit $\mathbf{B} = \mathbf{P}^{-1}\mathbf{A}\mathbf{P}$.
   (iii) Es gibt eine Basis B des K^n mit $\mathbf{B} = \mathbf{M}_B^B(\varphi_{\mathbf{A}})$.

2. Sind $\mathbf{A}$ und $\mathbf{B}$ ähnlich, so ist $p_{\mathbf{A}} = p_{\mathbf{B}}$.

   (Ähnliche Matrizen haben dasselbe charakteristische Polynom.)

3. Sind $\mathbf{A}$ und $\mathbf{B}$ ähnlich, so ist $m_{\mathbf{A}} = m_{\mathbf{B}}$.

   (Ähnliche Matrizen haben dasselbe Minimalpolynom.)

4. Ist $\mathbf{A} \in \mathcal{M}_{n\times n}(\mathbb{R})$ symmetrisch, so ist $\mathbf{A}$ ähnlich zu einer reellen Diagonalmatrix.

   (Jede symmetrische Matrix ist diagonalisierbar.)

   Die entsprechende Aussage gilt für hermitesche Matrizen über $\mathbb{C}$.

5. Sind $\mathbf{A}$ und $\mathbf{B}$ über K diagonalisierbar, so ist $\mathbf{A}$ genau dann ähnlich zu $\mathbf{B}$, wenn $p_{\mathbf{A}} = p_{\mathbf{B}}$ gilt.

6. Zerfällt $p_{\mathbf{A}}$ über K in Linearfaktoren, so ist $\mathbf{A}$ (über K) ähnlich zu einer Matrix in JORDANscher Normalform.

7. Zerfallen $p_{\mathbf{A}}$ und $p_{\mathbf{B}}$ in Linearfaktoren, so sind $\mathbf{A}$ und $\mathbf{B}$ genau dann ähnlich über K, wenn sie (bis auf die Reihenfolge der JORDAN–Kästchen) dieselbe JORDANsche Normalform besitzen.

8. Sei L ein Oberkörper von K. Dann sind $\mathbf{A}$ und $\mathbf{B}$ genau dann ähnlich über K, wenn sie ähnlich über L sind.

   Insbesondere folgt, wenn L der algebraische Abschluß von K ist[1] oder ein Körper, in dem $p_{\mathbf{A}}$ und $p_{\mathbf{B}}$ in Linearfaktoren zerfallen:

9. $\mathbf{A}$ und $\mathbf{B}$ sind genau dann ähnlich über K, wenn sie in L dieselbe JORDANsche Normalform haben.

Aus Satz 1, Kriterium (ii), folgt leicht, daß die Ähnlichkeit eine Äquivalenzrelation auf der Menge $\mathcal{M}_{n\times n}(K)$ ist (siehe Aufgabe 1).

[1] Man kann zeigen, daß sich jeder Körper K in einen algebraisch abgeschlossenen Oberkörper L einbetten läßt (also sich als Unterkörper von L auffassen läßt). Stellt man an L die zusätzliche Forderung, daß jedes Element von L Nullstelle eines Polynoms aus $K[x] \setminus \{0\}$ ist, so ist L bis auf Isomorphie eindeutig bestimmt und heißt der **algebraische Abschluß** von K.

2.1.1

Man zeige, daß die Ähnlichkeit eine Äquivalenzrelation auf der Menge $\mathcal{M}_{n\times n}(K)$ ist.

Zunächst ist stets $\mathbf{A}$ ähnlich zu $\mathbf{A}$, da $\mathbf{A} = \mathbf{E}^{-1}\mathbf{A}\mathbf{E}$.
Ist $\mathbf{A}$ ähnlich zu $\mathbf{B}$, also $\mathbf{B} = \mathbf{P}^{-1}\mathbf{A}\mathbf{P}$ für eine invertierbare Matrix $\mathbf{P}$, so ist

$$\mathbf{A} = \mathbf{P}\mathbf{B}\mathbf{P}^{-1} = (\mathbf{P}^{-1})^{-1}\mathbf{B}\mathbf{P}^{-1},$$

da $(\mathbf{P}^{-1})^{-1} = \mathbf{P}$, also ist $\mathbf{B}$ ähnlich zu $\mathbf{A}$.
Somit haben wir *Reflexivität* und *Symmetrie* nachgewiesen.
Zum Beweis der *Transitivität* sei $\mathbf{B} = \mathbf{P}^{-1}\mathbf{A}\mathbf{P}$ und $\mathbf{C} = \mathbf{Q}^{-1}\mathbf{B}\mathbf{Q}$ für invertierbare Matrizen $\mathbf{P}$ und $\mathbf{Q}$. Dann ist $\mathbf{PQ}$ invertierbar, und es gilt nach REP1, Aufgabe 2.5.12 $(\mathbf{PQ})^{-1} = \mathbf{Q}^{-1}\mathbf{P}^{-1}$. Einsetzen liefert

$$\mathbf{C} = \mathbf{Q}^{-1}\mathbf{P}^{-1}\mathbf{A}\mathbf{P}\mathbf{Q} = (\mathbf{PQ})^{-1}\mathbf{A}(\mathbf{PQ}),$$

also ist $\mathbf{A}$ ähnlich zu $\mathbf{C}$.

2.1.2

Seien $\mathbf{A}, \mathbf{B} \in \mathcal{M}_{n\times n}(K)$.

a) *Man zeige: Ist $\mathbf{A}$ ähnlich zu $\mathbf{B}$, so ist $\mathbf{A}$ äquivalent zu $\mathbf{B}$.*

b) *Für $n = 2$ und $K = \mathbb{R}$ widerlege man die Umkehrung der Aussage in a).*

a) Nach REP1, Abschnitt 4.3 ist für die Äquivalenz von $\mathbf{A}$ und $\mathbf{B}$ die Existenz von invertierbaren Matrizen $\mathbf{P}$ und $\mathbf{Q}$ zu zeigen mit $\mathbf{B} = \mathbf{PAQ}$. Da $\mathbf{A}$ ähnlich zu $\mathbf{B}$ ist, gibt es eine invertierbare Matrix $\mathbf{P}$ mit $\mathbf{B} = \mathbf{P}^{-1}\mathbf{A}\mathbf{P}$. Mit $\mathbf{Q} := \mathbf{P}^{-1}$ folgt die Behauptung.

b) Die Matrizen $\mathbf{A} = \begin{pmatrix} 1 & 0 \\ 0 & 0 \end{pmatrix}$ und $\mathbf{B} = \begin{pmatrix} 0 & 1 \\ 0 & 0 \end{pmatrix}$ sind nach REP1, Abschnitt 4.3 äquivalent, da sie denselben Rang haben.
Annahme: $\mathbf{A}$ und $\mathbf{B}$ sind ähnlich.
Dann ist $\mathbf{B} = \mathbf{M}_B^B(\varphi_\mathbf{A})$ für eine Basis B des $\mathbb{R}^2$. Sei $B = (B_1, B_2)$. Dann ist $\varphi_\mathbf{A}(B_1) = 0$ und $\varphi_\mathbf{A}(B_2) = B_1$ nach den Eigenschaften von $\mathbf{M}_B^B(\varphi_\mathbf{A})$.
Sei $B_2 = (x, y)$. Es folgt:

$$B_1 = \varphi_\mathbf{A}(B_2) = \mathbf{A}B_2 = \begin{pmatrix} 1 & 0 \\ 0 & 0 \end{pmatrix}\begin{pmatrix} x \\ y \end{pmatrix} = \begin{pmatrix} x \\ 0 \end{pmatrix}.$$

Also ist $B_1 = xE_1$, und $x \neq 0$, da B eine Basis ist.
Dies widerspricht $\varphi_\mathbf{A}(B_1) = 0$, denn

$$\varphi_\mathbf{A}(B_1) = \mathbf{A}B_1 = \mathbf{A}xE_1 = \begin{pmatrix} 1 & 0 \\ 0 & 0 \end{pmatrix}\begin{pmatrix} x \\ 0 \end{pmatrix} = \begin{pmatrix} x \\ 0 \end{pmatrix} = B_1 .$$

2. Lösungsweg: Wenn **A** und **B** ähnlich sind, gibt es eine invertierbare Matrix **P** mit $\mathbf{B} = \mathbf{P}^{-1}\mathbf{A}\mathbf{P}$.
Sei $\mathbf{P} = \begin{pmatrix} a & b \\ c & d \end{pmatrix}$. Dann ist $\mathbf{P}^{-1} = \frac{1}{\det \mathbf{P}} \begin{pmatrix} d & -b \\ -c & a \end{pmatrix}$. Es folgt:

$$\begin{aligned} \begin{pmatrix} 0 & 1 \\ 0 & 0 \end{pmatrix} &= \frac{1}{\det \mathbf{P}} \begin{pmatrix} d & -b \\ -c & a \end{pmatrix} \begin{pmatrix} 1 & 0 \\ 0 & 0 \end{pmatrix} \begin{pmatrix} a & b \\ c & d \end{pmatrix} \\ &= \frac{1}{\det \mathbf{P}} \begin{pmatrix} da & db \\ -ca & -cb \end{pmatrix}. \end{aligned}$$

Somit ist $0 = da = ca = cb$ und $db = 1$. Insbesondere ist $b \neq 0$ und $d \neq 0$. Also ist $a = c = 0$ im Widerspruch dazu, daß **P** invertierbar ist.

2.1.3
Man zeige, daß die Ähnlichkeitskriterien (i), (ii) und (iii) äquivalent sind.

(iii) $\Longrightarrow$ (i): Es ist $\mathbf{A} = \mathbf{M}_E^E(\varphi_\mathbf{A})$. Ist also $\mathbf{B} = \mathbf{M}_B^B(\varphi_\mathbf{A})$ für eine Basis B des K^n, so sind die Forderungen aus der Definition der Ähnlichkeit erfüllt für $V = K^n$, $\varphi = \varphi_\mathbf{A}$ und die Basen E und B.

(i) $\Longrightarrow$ (ii): V, φ, **A** und **B** seien gemäß der Definition der Ähnlichkeit gegeben mit $\mathbf{A} = \mathbf{M}_A^A(\varphi)$ und $\mathbf{B} = \mathbf{M}_B^B(\varphi)$. Nach dem Vorspann zu 1.4 gilt:

$$\mathbf{M}_B^B(\varphi) = \mathbf{M}_B^A(id)\, \mathbf{M}_A^A(\varphi)\, \mathbf{M}_A^B(id).$$

Aufgabe 1.4.3 impliziert $(\mathbf{M}_B^A(id))^{-1} = \mathbf{M}_A^B(id)$, also gilt für die Matrix $\mathbf{P} := \mathbf{M}_A^B(id)$ die Gleichung $\mathbf{B} = \mathbf{P}^{-1}\mathbf{A}\mathbf{P}$.

(ii) $\Longrightarrow$ (iii): Sei **P** eine invertierbare Matrix mit $\mathbf{B} = \mathbf{P}^{-1}\mathbf{A}\mathbf{P}$. Dann bilden die Spalten von **P** eine Basis B des K^n, und aus den Eigenschaften von $\mathbf{M}_E^B(id)$ folgt sofort: $\mathbf{P} = \mathbf{M}_E^B(id)$.
Mit $\mathbf{P}^{-1} = \mathbf{M}_B^E(id)$ und $\mathbf{A} = \mathbf{M}_E^E(\varphi_\mathbf{A})$ folgt

$$\mathbf{B} = \mathbf{P}^{-1}\mathbf{A}\mathbf{P} = \mathbf{M}_B^E(id)\, \mathbf{M}_E^E(\varphi_\mathbf{A})\, \mathbf{M}_E^B(id) = \mathbf{M}_B^B(\varphi_\mathbf{A}).$$

2.1.4
Man zeige: Sind $\mathbf{A}, \mathbf{B} \in \mathcal{M}_{n\times n}(K)$ *ähnlich, so gilt* $|\mathbf{A}| = |\mathbf{B}|$.

Nach Kriterium (ii) gibt es eine invertierbare Matrix **P** mit $\mathbf{B} = \mathbf{P}^{-1}\mathbf{A}\mathbf{P}$. Der Multiplikationssatz für Determinanten liefert

$$|\mathbf{B}| = |\mathbf{P}^{-1}| \cdot |\mathbf{A}| \cdot |\mathbf{P}| = |\mathbf{A}|\,,$$

da $|\mathbf{P}^{-1}| \cdot |\mathbf{P}| = |\mathbf{P}^{-1}\mathbf{P}| = |\mathbf{E}| = 1$ gilt.

2.2 Polynome über Körpern und Ideale im Polynomring

Man kann ein Polynom offenbar durch die Folge seiner Koeffizienten definieren: Ein **Polynom** über einem Körper K ist eine Folge $(a_n)_{n\in\mathbb{N}}$ von Elementen von K (die mit a_0 beginnt), bei der fast alle Glieder 0 sind. Die Menge aller Polynome über K bezeichnen wir mit $K[x]$. Mit den üblichen Verknüpfungen im Vektorraum $K^{\mathbb{N}}$ (REP1, 3.2.4) ist $K[x]$ ein Vektorraum über K (und ein Untervektorraum von $K^{\mathbb{N}}$).
Algebraisch interessanter ist jedoch der **Ring der Polynome**.

Ring der Polynome

Definiert man wie üblich die Addition und Multiplikation von Polynomen (a_n) und (b_n) durch

$$\begin{aligned}(a_n)+(b_n) &:= (a_n+b_n)\\ (a_n)\cdot(b_n) &:= (\sum_{k+l=n} a_k b_l),\end{aligned}$$

so wird $K[x]$ mit diesen Verknüpfungen zu einem nullteilerfreien kommutativen Ring mit Einselement.
Unter x^i verstehen wir diejenige Folge, deren $i-$tes Glied 1 und deren restliche Glieder 0 sind.
x^0 (=:1) ist das Einselement von $K[x]$.

Vereinbarung:
Ist (a_n) ein Polynom mit $a_n = 0$ für alle $n \geq 1$, so identifizieren wir (a_n) mit dem Körperelement a_0. Mit dieser Konvention ist K eine Teilmenge von $K[x]$.

Bezeichnungen im Polynomring

Der **Grad** eines Polynoms ist die größte Zahl m mit $a_m \neq 0$, falls sie existiert. a_m heißt dann auch höchster Koeffizient oder **Leitkoeffizient** von (a_n).

Ein Polynom heißt **normiert**, falls sein Leitkoeffizient 1 ist.

Das **Nullpolynom** ist das Polynom, das nur Nullen als Koeffizienten hat. Der Grad des Nullpolynoms wird als $-\infty$ definiert.

Ist m der Grad von (a_n), so gilt:

$$(*) \qquad (a_n) = \sum_{i=0}^{m} a_i x^i = \sum_{i=0}^{k} a_i x^i \quad \text{(für alle } k \geq m) \,.$$

Es gilt das Prinzip des Koeffizientenvergleichs:
Zwei Polynome sind (nach Definition) **genau dann gleich, wenn sie dieselben Koeffizienten haben** (siehe auch Aufgabe 2).

Weitere Bezeichnungen im Polynomring

1. Sei $f = \sum_{i=0}^{n} a_i x^i$ ein Polynom über K, sei R ein Ring mit $K \subseteq R$ und sei $\alpha \in R$. α heißt **Nullstelle** von f, falls $\sum_{i=0}^{n} a_i \alpha^i = 0$.

   Wir sagen auch, daß das Ringelement $\sum_{i=0}^{n} a_i \alpha^i$ durch **Einsetzen** von α in das Polynom f entsteht.

2. Sei $\operatorname{Grad} f \geq 1$. f heißt **irreduzibel** (über K), falls für alle $h, g \in K[x]$ aus $f = h \cdot g$ stets folgt: $h \in K \setminus \{0\}$ oder $g \in K \setminus \{0\}$.

   Sonst heißt f **reduzibel.**

3. $g \in K[x]$ heißt **Teiler** von $f \in K[x]$ (in Zeichen $g \mid f$), falls es ein $h \in K[x]$ gibt mit $f = g \cdot h$.

4. Ist $f \neq 0$ oder $g \neq 0$, so heißt das normierte Polynom $h \in K[x]$ mit

   (i) $h|f$ und $h|g$ und
   (ii) für alle $s \in K[x]$ gilt: $s|f$ und $s|g \implies s|h$

   der **größte gemeinsame Teiler** (ggT) der Polynome f und g;

   h ist durch (i) und (ii) als normiertes Polynom eindeutig bestimmt. Wir schreiben $h = \operatorname{ggT}(f, g)$.

   Entsprechend wird $\operatorname{ggT}(f_1, \ldots, f_n)$ für $f_1, \ldots, f_n \in K[x]$ definiert.

5. Ist $f \neq 0$ oder $g \neq 0$, so heißt das normierte Polynom $k \in K[x]$ mit

   (i) $f|k$ und $g|k$ und
   (ii) für alle $s \in K[x]$ gilt: $f|s$ und $g|s \implies k|s$

   das **kleinste gemeinsame Vielfache** (kgV) der Polynome f und g, geschrieben $k = \operatorname{kgV}(f, g)$; k ist wieder durch (i) und (ii) als normiertes Polynom eindeutig bestimmt.

   $\operatorname{kgV}(f_1, \ldots, f_n)$ wird analog definiert. $\operatorname{kgV}(0, 0) := 0$.

6. Der Körper K heißt **algebraisch abgeschlossen**, wenn in K jedes Polynom vom Grad ≥ 1 eine Nullstelle hat.

Es folgen einige Begriffe aus der Theorie der Ideale in Ringen.

Definitionen für Ideale

Ist R ein kommutativer Ring mit 1, so heißt eine Teilmenge I von R ein **Ideal** von R, wenn gilt:

1. $I \neq \emptyset$
2. $\forall a, b \in I \ \ (a - b \in I)$
3. $\forall a \in I \ \forall r \in R \ \ (ra \in I)$.

Sind $a_1, \ldots, a_n \in R$, so ist die Menge

$$(a_1, \ldots, a_n) := \{a_1 y_1 + \ldots + a_n y_n \mid y_1, \ldots, y_n \in R\}$$

ein Ideal von R, **das von $a_1, \ldots, a_n$ erzeugte Ideal**.[2]

Jedes Ideal der Form (a) heißt (das von a erzeugte) **Hauptideal**.

R heißt **Hauptidealring**, falls jedes Ideal von R ein Hauptideal ist.

Ist I ein Ideal von R, so heißt I ein **maximales Ideal**, falls $I \neq R$ und es kein Ideal $J \neq R$ gibt mit $I \subsetneq J$ (d. h. I ist bzgl. der Halbordnung $\subseteq$ ein maximales Element der Menge der von R verschiedenen Ideale).

Sei I ein Ideal von R. Die Relation $\sim$ auf R, definiert durch

$$a \sim b \iff b - a \in I,$$

ist eine Äquivalenzrelation auf R. Sei $a/_I$ (oder auch $\overline{a}$ bzw. $a/_\sim$) die Äquivalenzklasse von $a \in R$. Die Menge

$$R/_I := \{a/_I \mid a \in R\}$$

der Äquivalenzklassen mit den durch

$$a/_I + b/_I := (a+b)/_I \quad \text{und} \quad a/_I \cdot b/_I := ab/_I$$

gegebenen Verknüpfungen (diese Definitionen sind unabhängig von der Auswahl der Repräsentanten) ist wieder ein kommutativer Ring mit dem Einselement $1/_I$ und dem Nullelement $0/_I$. Dieser Ring heißt **Faktorring** von R nach dem Ideal I.

---

[2] Ist $S \subseteq R$, so heißt $(S) := \bigcap\{I \mid S \subseteq I \text{ und } I \text{ ist Ideal von } R\}$ das von S erzeugte Ideal (das kleinste Ideal, das S umfaßt; (S) ist stets ein Ideal, da der Durchschnitt von Idealen wieder ein Ideal ist).

Sätze über Polynome und Ideale

Es seien $f = \sum_{i=0}^{n} a_i x^i$ und $g = \sum_{i=0}^{m} b_i x^i$ Polynome über dem Körper K.

1. **Prinzip des Koeffizientenvergleichs**
   $$f = g \iff a_i = b_i \quad \text{für alle } i \geq 0$$
   $$\iff \operatorname{Grad} f = \operatorname{Grad} g \text{ und } a_i = b_i \text{ für alle } i = 0, \ldots, \operatorname{Grad} f.$$

2. **Gradformel**
   $\operatorname{Grad}(f \cdot g) = \operatorname{Grad} f + \operatorname{Grad} g$.

3. **Lemma von Euklid**
   Ist $g \neq 0$, so gibt es eindeutig bestimmte Polynome q und r in $K[x]$ mit $f = q \cdot g + r$ und $\operatorname{Grad} r < \operatorname{Grad} g$.

4. $R/_I$ ist ein Körper $\iff$ I ist ein maximales Ideal von R.

5. $K[x]$ ist ein Hauptidealring, d. h. jedes Ideal I von $K[x]$ hat die Form $I = (f) = \{h \cdot f \mid h \in K[x]\}$ für ein $f \in K[x]$.

6. $(f_1, \ldots, f_n) = (\operatorname{ggT}(f_1, \ldots, f_n))$, d. h. für $f_1, \ldots, f_n \in K[x]$ wird das von $f_1, \ldots, f_n$ erzeugte Ideal von $\operatorname{ggT}(f_1, \ldots, f_n)$ erzeugt.

7. **Anzahl der Nullstellen von f in K**
   Ist $f \in K[x]$ vom Grad $n \geq 0$, so hat f höchstens n Nullstellen in K.

8. **Satz über die eindeutige Zerlegbarkeit in irreduzible Polynome**
   Ist $f \in K[x] \setminus K$, so läßt sich f eindeutig (bis auf die Reihenfolge) als Produkt von über K irreduziblen Polynomen darstellen.

   Ist insbesondere K algebraisch abgeschlossen, so läßt sich f als Produkt von Linearfaktoren darstellen.

2.2.1

a) *Sei* $(a_n) = (a_0, a_1, \ldots, a_m, 0, 0, \ldots)$. *Man verifiziere* $(a_n) = \sum_{i=0}^{m} a_i x^i$ *unter genauer Beachtung der Definitionen* ($m \geq \operatorname{Grad}(a_n)$).

b) *Man zeige:*

$$\sum_{i=0}^{n} a_i x^i + \sum_{i=0}^{m} b_i x^i = \sum_{i=0}^{k} (a_i + b_i)\, x^i \quad (k = \max\{n, m\})\ ;$$

$$\left(\sum_{i=0}^{n} a_i x^i\right) \cdot \left(\sum_{i=0}^{m} b_i x^i\right) = \sum_{i=0}^{n+m} c_i x^i \quad \textit{mit } c_i = \sum_{j=0}^{i} a_j b_{i-j}\ .$$

a) Zur Veranschaulichung schreiben wir hier $(b_n)_{n \in \mathbb{N}}$ in der Form $(b_0, b_1, b_2, \ldots)$. Nach Vereinbarung ist $a_i = (a_i, 0, 0, 0, \ldots)$ und somit

$$a_i x^i = (a_i, 0, 0, 0, \ldots) \cdot (0, 0, \ldots, \underbrace{1}_{\substack{i\text{-te}\\ \text{Stelle}}}, 0, \ldots) = (0, 0, \ldots, \underbrace{a_i}_{\substack{i\text{-te}\\ \text{Stelle}}}, 0, 0, \ldots)$$

nach Definition der Multiplikation. Summation ergibt

$$\sum_{i=0}^{m} a_i x^i = (a_0, a_1, \ldots, a_m, \ldots) = (a_n)\ .$$

b) Benutzt man a), so folgt:

$$\sum_{i=0}^{n} a_i x^i + \sum_{i=0}^{m} b_i x^i = (a_n) + (b_n) \stackrel{(1)}{=} (a_n + b_n) = \sum_{i=0}^{k} (a_i + b_i)\, x^i$$

Dabei benutzt man bei (1) die Definition der Addition von Folgen, und die Summationsgrenze k in der letzten Summe ist natürlich durch $k = \max\{n, m\}$ gegeben.
Die zweite Gleichung folgt unmittelbar aus der Definition der Multiplikation von Polynomen und Teil a).

2.2.2

Jedem Polynom $f \in K[x]$, $f = \sum_{i=0}^{n} a_i x^i$, ordnen wir eine Funktion $\varphi_f : K \longrightarrow K$ zu durch

$$\varphi_f(\alpha) = \sum_{i=0}^{n} a_i \alpha^i.$$

Man zeige für $f, g \in K[x]$:
Ist K unendlich, so gilt: $(f = g \iff \varphi_f = \varphi_g)$.
Ferner gebe man einen Körper K_0 und Polynome $f_0, g_0 \in K_0[x]$ an mit $\varphi_{f_0} = \varphi_{g_0}$ und $f_0 \neq g_0$.

Seien $f, g \in K[x]$, $f = \sum_{i=0}^{n} a_i x^i$, $g = \sum_{i=0}^{m} b_i x^i$.
Ist $f = g$, so ist $a_i = b_i$ für alle $i \geq 0$, also ist $\varphi_f(\alpha) = \varphi_g(\alpha)$ für alle $\alpha \in K$ und damit $\varphi_f = \varphi_g$.
Sei nun $\varphi_f = \varphi_g$ und $k = \max\{n, m\}$. Dann gilt für alle $\alpha \in K$:

$$\sum_{i=0}^{k} (a_i - b_i)\alpha^i = 0.$$

Das Polynom $\sum_{i=0}^{k} (a_i - b_i)x^i$ hat folglich nach Voraussetzung über K unendlich viele Nullstellen. Daher muß es das Nullpolynom sein, und es ist $a_i = b_i$ für alle i, also $f = g$.

Der gesuchte Körper K_0 muß natürlich endlich sein. Wähle $K_0 = \mathbb{Z}_2$ und setze

$$f_0 = x + x^2 \ , \quad g_0 = 0 \quad (\text{ das Nullpolynom}) \ .$$

Es ist

$$0 = \varphi_{f_0}(0) = \varphi_{f_0}(1) \ ,$$

(denn $1 + 1 = 0$ in $\mathbb{Z}_2$). Somit ist $\varphi_{f_0} = \varphi_{g_0}$ und $f_0 \neq g_0$.

2.2.3

Sei K ein beliebiger Körper. Man zeige, daß $K[x]$ kein Körper ist. Ferner bestimme man alle $f \in K[x]$, die bzgl. der Multiplikation in $K[x]$ ein inverses Element besitzen (die sog. **Einheiten** *des Ringes $K[x]$).*

Sei $f \in K[x]$ eine Einheit in $K[x]$. Dies bedeutet, daß es ein $g \in K[x]$ gibt mit $f \cdot g = 1$. Mit der Gradformel folgt:

$$\operatorname{Grad} f + \operatorname{Grad} g = 0,$$

und dies ist nur möglich für $f \in K \setminus \{0\}$.
Da umgekehrt jedes $a \in K \setminus \{0\}$ eine Einheit ist, sind die Einheiten von $K[x]$ genau die Elemente von $K \setminus \{0\}$.
Insbesondere besitzt das Polynom $x \in K[x]$ kein Inverses bzgl. $\cdot$, also ist $K[x]$ kein Körper.

2.2.4
Man entwickle durch iterierte Anwendung des Lemmas von EUKLID *einen Algorithmus zur Berechnung des* ggT *zweier Polynome* $f, g \in K[x]$, *wobei* $f, g \neq 0$.
Dieser Algorithmus heißt EUKLID*ischer Algorithmus.*

Wende das Lemma von EUKLID zunächst auf f und g an:
Es gibt q_0, r_1 mit:

(1) $$f = q_0 \cdot g + r_1 \quad \text{und} \quad \operatorname{Grad} r_1 < \operatorname{Grad} g\ .$$

Falls $r_1 = 0$, brich das Verfahren ab. Sonst gibt es q_1, r_2 mit:

(2) $$g = q_1 \cdot r_1 + r_2 \quad \text{und} \quad \operatorname{Grad} r_2 < \operatorname{Grad} r_1\ .$$

Sind q_i, r_{i+1} mit

$(i+1)$ $$r_{i-1} = q_i \cdot r_i + r_{i+1} \quad \text{und} \quad \operatorname{Grad} r_{i+1} < \operatorname{Grad} r_i$$

bestimmt, so wende EUKLIDs Lemma auf r_i und r_{i+1} an. Da

$$\operatorname{Grad} g > \operatorname{Grad} r_1 > \ldots > \operatorname{Grad} r_{i+1} > \ldots$$

ist, muß das Verfahren abbrechen mit
(n) $$r_{n-2} = q_{n-1} \cdot r_{n-1} + r_n\ ,$$
$(n+1)$ $$r_{n-1} = q_n \cdot r_n + 0 \qquad (\text{für ein } n \geq 1).$$
Nun zeigen wir, daß r_n (nach Normieren!) der ggT von f und g ist.
O. B. d. A. sei r_n normiert. $r_n | r_{n-1}$ gilt nach Gleichung $(n+1)$, also $r_n | r_{n-2}$ nach Gleichung (n). Teilt r_n sowohl r_i als auch r_{i+1}, so folgt mit Gleichung $(i+1)$ auch $r_n | r_{i-1}$. Also folgt $r_n | g$ aus Gleichung (2), $r_n | f$ aus Gleichung (1), und damit ist r_n ein gemeinsamer Teiler von f und g.
Ist h ein gemeinsamer Teiler von f und g, so folgt mit (1): $h | r_1$, mit (2): $h | r_2$. Teilt h sowohl r_{i-1} als auch r_i, so folgt mit Gleichung $(i+1)$: $h | r_{i+1}$. Somit folgt mit (n): $h | r_n$.
Insgesamt haben wir gezeigt: $r_n = \operatorname{ggT}(f, g)$.

2.2.5

Gegeben seien die Polynome $f, g, h \in K[x]$.
Man zeige, daß es genau dann Polynome h_1 und h_2 mit $h_1 f + h_2 g = h$ gibt, wenn $\operatorname{ggT}(f, g)$ ein Teiler von h ist.
Wie berechnet man h_1 und h_2?

Sei $s = \operatorname{ggT}(f, g)$.
Es gebe zunächst $h_1, h_2 \in K[x]$ mit $h_1 f + h_2 g = h$. Da $s|f$ und $s|g$, gibt es r_1 und r_2 mit $sr_1 = f$ und $sr_2 = g$. Einsetzen liefert $s\,(h_1 r_1 + h_2 r_2) = h$, also $s|h$.

Zum Beweis der Umkehrung sei s ein Teiler von h. Nach Satz 6 des Vorspanns gilt: $(f, g) = (\operatorname{ggT}(f, g))$. Somit gibt es Polynome p_1, p_2 mit $p_1 f + p_2 g = s$. Sei $sr = h$ für ein $r \in K[x]$. Dann ist $p_1 r f + p_2 r g = h$, also erfüllen $h_1 := p_1 r$ und $h_2 := p_2 r$ die Forderung.
Ferner genügt es, zur Berechnung von h_1 und h_2 die Polynome p_1 und p_2 mit $s = p_1 f + p_2 g$ zu berechnen. Die Methode liefert der EUKLIDische Algorithmus (o. B. d. A. sei r_n normiert):
Gleichung (n) ergibt $r_n = r_{n-2} - r_{n-1} q_{n-1}$. Ersetze nun r_{n-1} gemäß Gleichung $(n-1)$, dann r_{n-2} gemäß Gleichung $(n-2)$ usw. . Schließlich erhält man mit den Gleichungen (1) und (2): $s = r_n = p_1 f + p_2 g$.

2.2.6

Man berechne $h = \operatorname{ggT}(f, g)$ für die Polynome

$$f = x^4 + x^3 + 2x^2 - 2x - 8 \quad \textit{und} \quad g = x^4 + 2x^3 + 5x^2 + 4x \quad (f, g \in \mathbb{R}[x]).$$

Ferner bestimme man Polynome $h_1, h_2 \in \mathbb{R}[x]$ mit $h_1 f + h_2 g = h$.

Durch wiederholte Polynomdivision erhält man der Reihe nach:

$$\begin{aligned} f &= 1 \cdot g + (-x^3 - 3x^2 - 6x - 8)\,, \\ g &= (-x + 1)(-x^3 - 3x^2 - 6x - 8) + (2x^2 + 2x + 8)\,, \\ -x^3 - 3x^2 - 6x - 8 &= \frac{1}{2}(-x - 2)(2x^2 + 2x + 8) \,+\, 0\,. \end{aligned}$$

Daher gilt $h = \operatorname{ggT}(f, g) = x^2 + x + 4$.

h_1 und h_2 berechnen wir mit der Methode aus Aufgabe 5. Es ist:

$$\begin{aligned} h &= \frac{1}{2} g + \frac{1}{2}(-x + 1)(x^3 + 3x^2 + 6x + 8) \\ &= \frac{1}{2} g + \frac{1}{2}(1 - x)(g - f) = (\frac{1}{2} x - \frac{1}{2}) f + (-\frac{1}{2} x + 1) g. \end{aligned}$$

Man setzt also $h_1 := \frac{1}{2} x - \frac{1}{2}$ und $h_2 := -\frac{1}{2} x + 1$.

2.2.7

Man berechne ein Polynom $h \in \mathbb{Z}_3[x]$, das das Ideal (f,g) von $\mathbb{Z}_3[x]$ erzeugt:

$$f = x^5 + x^4 + 2x^3 + x^2 + x + 2\,, \qquad g = x^4 + x^3 + x + 2.$$

Ferner bestimme man Polynome $h_1, h_2 \in \mathbb{Z}_3[x]$ mit $h = h_1 f + h_2 g$.

Es gilt: $(f,g) = (\mathrm{ggT}\,(f,g))$.
Sei $h := \mathrm{ggT}\,(f,g)$; wir berechnen h mit dem EUKLIDischen Algorithmus. Es ist

$$\begin{aligned} f &= g \cdot x + (2x^3 + 2x + 2)\,, \\ g &= (2x+2)\,(2x^3 + 2x + 2) + (2x^2 + 2x + 1)\,, \\ 2x^3 + 2x + 2 &= (x+2)\,(2x^2 + 2x + 1)\; + \; 0\,. \end{aligned}$$

(Bei der hier durchgeführten Rechnung beachte man, daß in $\mathbb{Z}_3$ gerechnet wird, also z. B. $-1 = 2$ gilt!)
Die letzte Gleichung liefert $h = 2^{-1}\,(2x^2 + 2x + 1)$ also $h = x^2 + x + 2$, denn in $\mathbb{Z}_3$ gilt $2^{-1} = 2$, da $2 \cdot 2 = 1$.
Rückwärts einsetzen liefert:

$$\begin{aligned} h = x^2 + x + 2 &= 2^{-1} g - (x+1)\,(2x^3 + 2x + 2) \\ &= 2g + (2x+2)\,(2x^3 + 2x + 2) \\ &= 2g + (2x+2)\,(f + 2gx) \\ &= (2x+2)\,f + (x^2 + x + 2)\,g\,. \end{aligned}$$

2.2.8

a) *Sei $f \in K[x]$ und sei* $\mathrm{Grad}\, f \geq 1$. *Man zeige:*
f hat die Nullstelle $\alpha \in K \iff (x - \alpha) \mid f$.

b) *Sei $f \in K[x]$ ein Polynom mit $2 \leq \mathrm{Grad}\, f \leq 3$. Man zeige, daß f genau dann irreduzibel über K ist, wenn f in K keine Nullstelle hat.*

c) *Für jedes $n \geq 4$ gebe man ein Polynom $p_n \in \mathbb{Q}[x]$ vom Grad n an, das in $\mathbb{Q}$ keine Nullstelle hat, aber nicht irreduzibel über $\mathbb{Q}$ ist.*

d) *Läßt sich Teil c) auch lösen, wenn man $\mathbb{Q}$ durch $\mathbb{R}$ (bzw. durch $\mathbb{C}$) ersetzt?*

a) Wenn f in K die Nullstelle α hat, so folgt aus EUKLIDs Lemma:
$f = q\,(x - \alpha) + r$ für gewisse $q, r \in K[x]$ mit $\mathrm{Grad}\, r = 0$ oder $r = 0$.
Einsetzen von α liefert $r(\alpha) = 0$. Also ist $r = 0$.
Die Umkehrung ist klar.

b) Wir zeigen die Behauptung in der Form:

f ist reduzibel $\iff$ f hat eine Nullstelle in K.

f habe die Nullstelle $\alpha \in K$. Es folgt nach a): $f = q\,(x-\alpha)$, f ist also reduzibel. Ist umgekehrt f reduzibel, so gibt es nichtkonstante Polynome g und h mit $f = g \cdot h$. Aus der Gradformel folgt sofort, daß eines der Polynome g und h den Grad 1 haben muß , also die Form $ax + b$ hat mit $a \neq 0$. Man erhält nun mit $-\frac{b}{a}$ eine Nullstelle von f.

c) Die Polynome $x^2 + 2$ und $x^3 - 2$ sind nach b) irreduzibel über $\mathbb{Q}$, denn es gilt $\sqrt[3]{2} \notin \mathbb{Q}$.
Ist $n \geq 4$, $n = 2m$, so setze $p_n = (x^2 + 2)^m$; ist $n = 2m + 1$, so setze $p_n = (x^2+2)^{m-1}(x^3-2)$. Diese Polynome besitzen keine Nullstellen in $\mathbb{Q}$, sind aber reduzibel über $\mathbb{Q}$.

d) Nach dem *Zwischenwertsatz* hat jede ganzrationale reelle Funktion f der Form $f(t) = \sum_{i=0}^{2n+1} a_i t^i$ mit $a_{2n+1} \neq 0$ eine Nullstelle in $\mathbb{R}$. Also hat jedes reelle Polynom von ungeradem Grad eine Nullstelle in $\mathbb{R}$.
Jedes nichtkonstante Polynom über $\mathbb{C}$ hat eine Nullstelle in $\mathbb{C}$ nach dem *Fundamentalsatz der Algebra.*

2.2.9

Sei $f = \sum_{i=0}^{n} a_i x^i \in \mathbb{Q}[x]$, *sei* $a_i \in \mathbb{Z}$ *für* $i = 0, \ldots, n$ *und sei* $a_n \neq 0$.
Man zeige:
Ist $b := \frac{p}{q}$ *eine rationale Nullstelle von* f*, wobei* p *und* q *teilerfremde ganze Zahlen sind, so gilt:* $q|a_n$ *und* $p|a_0$.
Ist insbesondere f *normiert, so ist* $b \in \mathbb{Z}$ *und ein Teiler von* a_0.

Da $f(b) = 0$, ist $\sum_{i=0}^{n} a_i(\frac{p}{q})^i = 0$. Multiplikation mit q^n liefert $\sum_{i=0}^{n} a_i p^i q^{n-i} = 0$.
Somit folgt:

$$a_n p^n = -\sum_{i=0}^{n-1} a_i p^i q^{n-i} = -q \sum_{i=0}^{n-1} a_i p^i q^{n-i-1}$$

und

$$a_0 q^n = -p \sum_{i=1}^{n} a_i p^{i-1} q^{n-i}.$$

Also gilt $q|a_n p^n$ und $p|a_0 q^n$.
Aus $\mathrm{ggT}\,(p,q) = 1$ folgt mit dem Satz über die eindeutige Primfaktorzerlegung ganzer Zahlen sofort $\mathrm{ggT}\,(p,q^n) = \mathrm{ggT}\,(q,p^n) = 1$.
Damit folgt $q|a_n$ aus $q|a_n p^n$ und $p|a_0$ aus $p|a_0 q^n$.

2.2.10

Man bestimme alle irreduziblen Polynome über dem Körper $\mathbb{Z}_2$, die einen Grad ≤ 4 haben.

Nach Aufgabe 8 ist ein Polynom f mit $2 \leq \operatorname{Grad} f \leq 3$ genau dann irreduzibel über $\mathbb{Z}_2$, wenn f keine Nullstelle in $\mathbb{Z}_2$ hat. Hat f keine Nullstelle in $\mathbb{Z}_2$, so muß $f(0) = 1$ gelten und f muß (wegen 1+1=0) eine ungerade Anzahl von Koeffizienten haben, die von Null verschieden sind. Damit kommt man recht schnell zu den folgenden irreduziblen Polynomen:

$x, \quad x+1$ (Grad 1)
x^2+x+1 (Grad 2)
$x^3+x^2+1, \quad x^3+x+1$ (Grad 3).

Reduzible Polynome vom Grad 4, die keine Nullstelle haben, müssen zwei irreduzible Faktoren vom Grad 2 besitzen. Also kommt nur

$$(x^2+x+1)^2 = x^4+x^2+1$$

in Frage. Man erhält mit den Vorbemerkungen als irreduzible Polynome vom Grad 4:

$$x^4+x^3+1, \qquad x^4+x+1, \qquad x^4+x^3+x^2+x+1\,.$$

2.2.11

Man zerlege die folgenden Polynome in ein Produkt von irreduziblen Polynomen:

a) x^3+x^2+x+1 *in* $\mathbb{Z}_2[x]$. **b)** $x^4+x^3-x^2+x+1$ *in* $\mathbb{Z}_3[x]$.
c) x^4+x^2+1 *in* $\mathbb{R}[x]$. **d)** $x^4+x^3+2x^2+x+1$ *in* $\mathbb{C}[x]$.

a) 1 ist Nullstelle des Polynoms, da 1+1=0 in $\mathbb{Z}_2$ gilt. Also läßt sich der Linearfaktor $x+1$ $(= x-1)$ abspalten:

$$x^3+x^2+x+1 = (x+1)\,(x^2+1) = (x+1)\,(x+1)\,(x+1)\,.$$

Hierbei hat man noch $(x+1)\,(x+1) = x^2+2x+1 = x^2+1$ zu beachten, da in $\mathbb{Z}_2$ gerechnet wird.
Linearfaktoren sind irreduzible Polynome, damit ist die Zerlegung in irreduzible Polynome gefunden.

b) Hier läßt sich unter Beachtung der Rechenregeln in $\mathbb{Z}_3$ ebenfalls 1 als Nullstelle raten. (Findet man durch Raten keine Nullstelle, so mache man einen Ansatz wie in c).)

$$x^4 + x^3 - x^2 + x + 1 = (x-1)(x^3 + 2x^2 + x + 2) = (x+2)(x^3 + 2x^2 + x + 2)\,.$$

Man beachte hierbei wieder, daß in $\mathbb{Z}_3$ gerechnet wird!
Nun läßt sich noch einmal 1 als Nullstelle von $x^3 + 2x^2 + x + 2$ raten. Es folgt:

$$x^4 + x^3 - x^2 + x + 1 = (x+2)(x+2)(x^2+1)\,.$$

Dies ist ein Produkt von irreduziblen Polynomen. $x^2 + 1$ ist irreduzibel in $\mathbb{Z}_3$, da es ein quadratisches Polynom ist, welches in $\mathbb{Z}_3$ keine Nullstellen besitzt. (Nachprüfen!)

c) Der Ansatz

$$x^4 + x^2 + 1 = (x^2 + ax + b)(x^2 + cx + d)$$

liefert durch Koeffizientenvergleich bei x^3 und x^0 die Gleichungen $a = -c$ und $b \cdot d = 1$. Beide Gleichungen werden z. B. von $a = b = d = 1,\ c = -1$ erfüllt. Durch Nachrechnen findet man tatsächlich

$$x^4 + x^2 + 1 = (x^2 + x + 1)(x^2 - x + 1).$$

Die beiden Polynome $x^2 + x + 1$ und $x^2 - x + 1$ sind irreduzibel in $\mathbb{R}[x]$, da sie keine reellen Nullstellen besitzen.

d) Hier läßt sich i als Nullstelle raten. Da das Polynom nur reelle Koeffizienten besitzt, ist dann auch $-i$ eine Nullstelle. Das Polynom ist also teilbar durch $(x-i)(x+i) = x^2 + 1$, und man erhält:

$$x^4 + x^3 + 2x^2 + 1 = (x^2 + 1)(x^2 + x + 1)\,.$$

Man bestimmt nun die Lösungen von $x^2 + x + 1 = 0$, und erhält so für das gegebene Polynom die folgende Zerlegung in Linearfaktoren, also in irreduzible Polynome:

$$x^4 + x^3 + 2x^2 + x + 1 = (x-i)(x+i)\left(x - \left(-\frac{1}{2} + \frac{1}{2}\sqrt{3}\,i\right)\right)\left(x - \left(-\frac{1}{2} - \frac{1}{2}\sqrt{3}\,i\right)\right).$$

2.2.12

Seien I und J Ideale im Polynomring $K[x]$. Man zeige:

a) *Ist $a \in (K \setminus \{0\}) \cap I$, so ist $I = K[x]$.*

b) *Ist $I = (f)$ und $J = (g)$, so gilt: $I \subseteq J \iff g$ ist ein Teiler von f.*

c) *Ist $I \neq (0)$ und $h \in I$ mit $\operatorname{Grad} h = \min\{\operatorname{Grad} f \mid f \in I$ und $f \neq 0\}$, so ist $I = (h)$. Insbesondere ist $K[x]$ ein Hauptidealring.*

a) Ist $a \in K \setminus \{0\}$ und $a \in I$, so ist auch $\frac{1}{a} \cdot a = 1 \in I$ nach Definition eines Ideals. Somit ist auch $f \cdot 1 = f \in I$ für jedes $f \in K[x]$.

b) Sei $I \subseteq J$. Da $f = 1 \cdot f \in I$, ist dann $f \in J = (g)$. Es gibt daher ein $k \in K[x]$ mit $f = k \cdot g$, d. h. g ist ein Teiler von f.
Ist umgekehrt g ein Teiler von f, so ist jedes Vielfache von f ein Vielfaches von g. Daher gilt $I \subseteq J$.

c) Wir zeigen hier insbesondere, daß $K[x]$ ein Hauptidealring ist.
Sei h wie oben gegeben und sei $f \in I$. Nach EUKLIDs Lemma gibt es $q, r \in K[x]$ mit $f = q \cdot h + r$ und $\operatorname{Grad} r < \operatorname{Grad} h$. Da $f \in I$ und mit $h \in I$ auch $q \cdot h \in I$ gilt, ist $f - q \cdot h = r \in I$. Nach Wahl von h ist $r = 0$, da $\operatorname{Grad} r < \operatorname{Grad} h$. Somit ist $f = q \cdot h$, und es folgt $I \subseteq (h)$.
Sicher ist mit $h \in I$ auch $g \cdot h \in I$ für jedes $g \in K[x]$; also gilt $(h) \subseteq I$.
Insgesamt folgt $I = (h)$.

2.2.13

Sei $I \subseteq K[x]$ ein Ideal in $K[x]$. Man zeige:
I ist genau dann ein maximales Ideal, wenn I von einem irreduziblen Polynom erzeugt wird.

Sei I ein maximales Ideal in $K[x]$. Da $K[x]$ ein Hauptidealring ist, gibt es ein Polynom $f \in K[x]$ mit $I = (f)$. Sicher ist $f \neq 0$, denn (0) ist wegen

$$(0) \subsetneqq (x) \subsetneqq K[x]$$

nicht maximal. Sei $f = f_1 \cdot f_2$ für $f_1, f_2 \in K[x]$. Dann ist $I \subseteq (f_1)$, da $f \in (f_1)$. Da I maximal ist, ist $I = (f_1)$. Somit ist $f_1 = t \cdot f = t \cdot f_1 \cdot f_2$, also

$$\operatorname{Grad} f_1 = \operatorname{Grad} t + \operatorname{Grad} f_1 + \operatorname{Grad} f_2.$$

Da $f_1 \neq 0$, ist dies nur möglich für $\operatorname{Grad} t = \operatorname{Grad} f_2 = 0$, also für $f_2 \in K \setminus \{0\}$; f ist irreduzibel.
Sei nun umgekehrt f irreduzibel und $I = (f)$. Ist $J \supseteq I$ und $J \neq K[x]$, so gibt es $g \in K[x]$ mit $J = (g)$. Also ist $f \in (g)$ und folglich $f = h \cdot g$ für ein $h \in K[x]$. Nach Voraussetzung ist $h \in K \setminus \{0\}$ oder $g \in K \setminus \{0\}$. Da $J \neq K[x]$, ist $g \notin K \setminus \{0\}$ nach Aufgabe 12. Somit ist $h \in K \setminus \{0\}$ und $g = \frac{1}{h} f \in (f)$. Es folgt $J = I$, was zu zeigen war.

2.2.14

Sei $f \in K[x]$ ein Polynom vom Grad $n \geq 1$, *sei* $I := (f)$ *und sei* $R = K[x]/_I$ *der Faktorring des Ringes* $K[x]$ *nach dem Ideal* I.[3] *Man zeige:*

a) $R = \{\overline{g} \mid g \in K[x]$ *und* $\operatorname{Grad} g < n\}$.

b) *Ist K endlich, so hat R genau $|K|^n$ Elemente.*

c) *f hat in R die Nullstelle $\overline{x}$.*

d) *Ist f irreduzibel, so ist R ein Körper.*

a) Ist $\overline{h} \in R$ ($h \in K[x]$), so gibt es nach EUKLIDs Lemma Polynome q und r mit $\operatorname{Grad} r < \operatorname{Grad} f$ und $h = q \cdot f + r$. Mit den Definitionen von $+$ und $\cdot$ in R folgt:

$$\overline{h} = \overline{q \cdot f + r} = \overline{q} \cdot \overline{f} + \overline{r}.$$

Nun ist $\overline{f} = \overline{0}$, da $f \in I$, also ist $\overline{h} = \overline{r}$, und es folgt

$$R = \{\overline{g} \mid g \in K[x] \text{ und } \operatorname{Grad} g < n\}.$$

b) Wir zeigen zunächst, daß zu jedem $f \in K[x]$ genau ein $h \in K[x]$ vom Grad $< n$ existiert mit $\overline{f} = \overline{h}$.
Ist nämlich $\overline{h_1} = \overline{h_2}$ und sind h_1, h_2 vom Grad $< n$, so ist $h_2 - h_1 \in I = (f)$; also gibt es $g \in K[x]$ mit $g \cdot f = h_2 - h_1$. Die Gradformel zeigt, daß dies nur für $h_2 - h_1 = 0$ gelten kann, also für $h_1 = h_2$.
Ist nun K endlich, so gibt es genau $|K|^n$ $n-$Tupel $(a_0, \ldots, a_{n-1})$, also genau $|K|^n$ Polynome in $K[x]$ vom Grad $< n$. Die Menge $\{\overline{g} \mid g \in K[x]$ und $\operatorname{Grad} g < n\}$ hat somit nach der Vorbemerkung genau $|K|^n$ Elemente.

c) Sei $f = \sum_{i=0}^{n} a_i x^i$. Dann ist

$$0 = \overline{0} = \overline{f} = \overline{\sum_{i=0}^{n} a_i x^i} = \sum_{i=0}^{n} \overline{a_i x^i} = \sum_{i=0}^{n} \overline{a_i}\,\overline{x}^{\,i} = \sum_{i=0}^{n} a_i \overline{x}^{\,i},$$

da wir die Restklassen $\overline{a_i}$ mit den Körperelementen a_i identifizieren. Das Polynom hat also im Ring $R/_I$ ($\supseteq K$) die Nullstelle $\overline{x}$.

d) Dies folgt sofort aus Aufgabe 13 und dem vorn angegebenen Satz 4:

$$K[x]/_I \text{ ist Körper} \iff I \text{ ist maximales Ideal von } K[x]$$

Wir wollen einen weiteren Beweis angeben.
Da $K[x]/_I$ ein kommutativer Ring mit Einselement ist, bleibt zu zeigen, daß jedes Element $\overline{g} \neq \overline{0}$ in $R = K[x]/_I$ ein Inverses bzgl. der Multiplikation hat.
Ist $g \in K$, so ist dies $\overline{g^{-1}}$.

[3] Sind $a, b \in K$ mit $a \neq b$, so ist $a - b \notin I$. Die Abbildung $\varphi(a) = \overline{a}$ ($a \in K$) definiert einen injektiven Ringhomomorphismus. Wir können daher K als Teilmenge von R auffassen.

Sei $g \notin K$, also $\operatorname{Grad} g \geq 1$. Da $\overline{g} \neq \overline{0}$ also $g \notin (f)$ ist, und da f irreduzibel ist, ist $\operatorname{ggT}(f,g) = 1$. Wegen $\underline{(f,g)} = \underline{(\operatorname{ggT}(f,g))}$ gibt es Polynome h und h_1 mit $h_1 \cdot f + h \cdot g = 1$. Also ist $\overline{1} = \overline{h_1} \cdot \overline{f} + \overline{h} \cdot \overline{g} = \overline{h} \cdot \overline{g} = \overline{g} \cdot \overline{h}$, da $\overline{f} = \overline{0}$.
$\overline{h}$ ist das Inverse zu $\overline{g}$.

2.2.15

Man bestimme einen Körper K mit 8 Elementen und charakterisiere die Verknüpfungstafeln für $+$ und $\cdot$.

Nach Aufgabe 14 b) hat der Körper $K := \mathbb{Z}_2[x]/_{(f)}$ acht Elemente, wenn f ein über $\mathbb{Z}_2$ irreduzibles Polynom vom Grad 3 ist. Mit Aufgabe 10 wählen wir $f = x^3 + x + 1$. Die Elemente von K haben die Form $\overline{r}$, wobei $r \in \mathbb{Z}_2[x]$, $\operatorname{Grad} r \leq 2$. Somit ist

$$K = \{0, 1, \overline{r_1}, \overline{r_2}, \overline{r_3}, \overline{r_4}, \overline{r_5}, \overline{r_6}\}$$

mit

$$r_1 = x + 1\,, \qquad r_2 = x^2 + 1\,, \qquad r_3 = x^2\,,$$
$$r_4 = x^2 + x + 1\,, \qquad r_5 = x\,, \qquad r_6 = x^2 + x\,.$$

(Beachte: $\mathbb{Z}_2 \subseteq K$ gilt nach unserer Konvention!)
Addiert wird "modulo 2", also

$$r_1 + r_1 = 0, \quad r_1 + r_2 = x^2 + x = r_6, \quad r_1 + r_3 = x^2 + x + 1 = r_4 \quad \text{usw.}\,.$$

Dies führt zu folgender Additionstabelle

	1	$\overline{r_1}$	$\overline{r_2}$	$\overline{r_3}$	$\overline{r_4}$	$\overline{r_5}$	$\overline{r_6}$
1	0	$\overline{r_5}$	$\overline{r_3}$	$\overline{r_2}$	$\overline{r_6}$	$\overline{r_1}$	$\overline{r_4}$
$\overline{r_1}$		0	$\overline{r_6}$	$\overline{r_4}$	$\overline{r_3}$	1	$\overline{r_2}$
$\overline{r_2}$			0	1	$\overline{r_5}$	$\overline{r_4}$	$\overline{r_1}$
$\overline{r_3}$				0	$\overline{r_1}$	$\overline{r_6}$	$\overline{r_5}$
$\overline{r_4}$					0	$\overline{r_2}$	1
$\overline{r_5}$						0	$\overline{r_3}$
$\overline{r_6}$							0

,

die gemäß der Kommutativität symmetrisch ergänzt werden muß .
Zur Aufstellung einer Verknüpfungstafel für $\cdot$ suchen wir für $\overline{r_i} \cdot \overline{r_j}$ einen Repräsentanten vom Grad ≤ 2. Diesen kennt man, wenn man die Repräsentanten für $\overline{x^i}$ kennt $(i \geq 3)$. Nun ist $\overline{f} = \overline{0} = 0$, also

$$\overline{x^3 + x + 1} = 0\,, \qquad \overline{x^3} = -\overline{x+1} = \overline{x+1}.$$

Also ist

$$\overline{x^4} = \overline{x} \cdot \overline{x^3} = \overline{x^2 + x}.$$

Damit berechnet man leicht die angegebene Verknüpfungstafel für $\cdot$, bei der aus Schreibgründen die 1 weggelassen wurde. Als Beispiel sei vorgerechnet:

$$\begin{aligned}\overline{r_2}\cdot\overline{r_6} &= \overline{x^2+1}\cdot\overline{x^2+x} = \overline{x^4+x^3+x^2+x}\\ &= \overline{x^2+x+x+1+x^2+x} = \overline{x+1} = \overline{r_1}\,.\end{aligned}$$

	$\overline{r_1}$	$\overline{r_2}$	$\overline{r_3}$	$\overline{r_4}$	$\overline{r_5}$	$\overline{r_6}$
$\overline{r_1}$	$\overline{r_2}$	$\overline{r_3}$	$\overline{r_4}$	$\overline{r_5}$	$\overline{r_6}$	1
$\overline{r_2}$	$\overline{r_3}$	$\overline{r_4}$	$\overline{r_5}$	$\overline{r_6}$	1	$\overline{r_1}$
$\overline{r_3}$	$\overline{r_4}$	$\overline{r_5}$	$\overline{r_6}$	1	$\overline{r_1}$	$\overline{r_2}$
$\overline{r_4}$	$\overline{r_5}$	$\overline{r_6}$	1	$\overline{r_1}$	$\overline{r_2}$	$\overline{r_3}$
$\overline{r_5}$	$\overline{r_6}$	1	$\overline{r_1}$	$\overline{r_2}$	$\overline{r_3}$	$\overline{r_4}$
$\overline{r_6}$	1	$\overline{r_1}$	$\overline{r_2}$	$\overline{r_3}$	$\overline{r_4}$	$\overline{r_5}$

Bemerkung: Die Multiplikationstabelle liefert eine Motivation für die vorn gewählten Bezeichnungen für r_1 bis r_6. Sie wurden so gewählt, daß $\overline{r_1}$ erzeugendes Element der zyklischen Gruppe $(K\setminus\{0\}\,,\,\cdot)$ ist.[4]

Es gilt allgemein: Die multiplikative Gruppe eines endlichen Körpers ist zyklisch.

2.2.16

Im Körper $K = \mathbb{Z}_2[x]/_{(x^4+x+1)}$ *gebe man zu* $\overline{(x^2+1)}^{-1}$ *einen Repräsentanten vom* Grad ≤ 3 *an.*

Zunächst ist nach Aufgabe 10 das Polynom $f = x^4+x+1$ irreduzibel über $\mathbb{Z}_2$, und damit ist K ein Körper nach Aufgabe 14 d). Wir folgen dem Beweis in dieser Aufgabe und berechnen Polynome h und h_1 mit $h_1 f + h\,(x^2+1) = 1$. Dann folgt:

$$\overline{1} = \overline{h_1 f + h\,(x^2+1)} = \overline{h}\;\overline{(x^2+1)}\,,$$

da $\overline{f} = \overline{0}$. Somit ist $\overline{(x^2+1)}^{-1} = \overline{h}$.

h und h_1 erhält man wie in Aufgabe 6; daher brauchen wir die Gleichungen zur Berechnung von $\mathrm{ggT}\,(f, x^2+1)$, der 1 ist, da f irreduzibel ist. Es gilt:

$$\begin{aligned} x^4+x+1 &= (x^2+1)\,(x^2+1)+x\\ x^2+1 &= x\cdot x+1\,.\\ \text{Also ist}\quad 1 &= x\cdot x+x^2+1\\ &= x\,((x^4+x+1)+(x^2+1)\,(x^2+1))+x^2+1\\ &= x\,(x^4+x+1)+(x^3+x+1)\,(x^2+1)\,.\end{aligned}$$

Somit ist x^3+x+1 das gesuchte Polynom.

---

[4]Eine Gruppe $(G,\circ)$ heißt **zyklisch**, wenn es ein $a\in G$ gibt mit $G = \{a^m \mid m\in\mathbb{Z}\}$. Dabei ist $a^{-n} := (a^{-1})^n$ für $n\in\mathbb{N}$. a heißt ein **erzeugendes Element** von G. Ist G zyklisch, $|G| = k\in\mathbb{N}$ und wird G von a erzeugt, so ist $G = \{e, a, \ldots, a^{k-1}\}$.

2.3 Einsetzen von Matrizen und Endomorphismen in Polynome

Es sei stets K ein Körper, V ein Vektorraum endlicher Dimension n über K, $\varphi \in \operatorname{End}(V)$ und $\mathbf{A} \in \mathcal{M}_{n\times n}(K)$.
Wir definieren für $m \in \mathbb{N}$ (id bezeichnet stets die Identität)

$$\begin{array}{rclcrcll} \varphi^0 & := & id & , & \varphi^{m+1} & := & \varphi^m \circ \varphi & \text{und} \\ \mathbf{A}^0 & := & \mathbf{E} & , & \mathbf{A}^{m+1} & := & \mathbf{A}^m \cdot \mathbf{A}\,. & \end{array}$$

Für $m \geq 1$ ist also φ^m derjenige Endomorphismus von V, der durch m–fache Hintereinanderausführung von φ entsteht, und $\mathbf{A}^m$ ist das m–fache Produkt von $\mathbf{A}$ mit sich selbst.

Einsetzen

Ist $f \in K[x]$ ein Polynom, $f = \sum\limits_{i=0}^{k} a_i x^i$, so sei

$$f(\varphi) := \sum_{i=0}^{k} a_i \varphi^i \qquad \text{und} \qquad f(\mathbf{A}) := \sum_{i=0}^{k} a_i \mathbf{A}^i.$$

Da sowohl die Menge $\operatorname{End}(V)$, als auch $\mathcal{M}_{n\times n}(K)$, versehen mit den üblichen Verknüpfungen, ein Vektorraum über K ist (siehe REP1, Aufgaben 4.1.9 und 3.2.11), gilt $f(\varphi) \in \operatorname{End}(V)$ und $f(\mathbf{A}) \in \mathcal{M}_{n\times n}(K)$.
Ist $f(\varphi) = 0$ bzw. $f(\mathbf{A}) = \mathbf{0}$, so nennen wir φ bzw. $\mathbf{A}$ auch eine **Nullstelle** von f.
Beachte: Einsetzen von φ bzw. $\mathbf{A}$ in $a_0 = a_0 x^0$ ergibt $a_0\, id$ bzw. $a_0\mathbf{E}$.
Wir wissen nach REP1, Aufgabe 3.1.9, daß die Menge $\mathcal{M}_{n\times n}(K)$, versehen mit der Matrizenaddition und Matrizenmultiplikation, ein Ring mit Einselement ist, und analog gilt dies für $\operatorname{End}(V)$, versehen mit $+$ und $\circ$. Das Einsetzen einer festen linearen Abbildung bzw. einer festen Matrix in Polynome ist sowohl eine lineare Abbildung (vom Vektorraum $K[x]$ nach $\operatorname{End}(V)$ bzw. $\mathcal{M}_{n\times n}(K)$) als auch eine Abbildung des Ringes $K[x]$ nach dem Ring $\operatorname{End}(V)$ bzw. $\mathcal{M}_{n\times n}(K)$, die mit den Ringoperationen verträglich ist (eine solche Abbildung heißt **Ringhomomorphismus**). Dies besagen die folgenden Rechenregeln (1) – (3):

Rechenregeln für das Einsetzen

Es seien $f, g \in K[x]$, $\alpha \in K$ und $\varphi \in \operatorname{End}(V)$. Dann gilt:

$$\begin{array}{lrcl} (1) & (\alpha f)(\varphi) & = & \alpha f(\varphi) \\ (2) & (f+g)(\varphi) & = & f(\varphi) + g(\varphi) \\ (3) & (f\cdot g)(\varphi) & = & f(\varphi)\circ g(\varphi) \\ (4) & f(\varphi)\circ g(\varphi) & = & g(\varphi)\circ f(\varphi) \\ (5) & f(\mathbf{M}_B^B(\varphi)) & = & \mathbf{M}_B^B(f(\varphi)). \end{array}$$

Beachte: (1) – (4) gelten völlig analog, wenn man φ durch $\mathbf{A}$ ersetzt und $\circ$ durch die Matrizenmultiplikation.
(4) folgt direkt aus (3), da der Ring $K[x]$ kommutativ ist. Wir kennen dadurch eine Klasse von Endomorphismen, deren Elemente sich bzgl. der Hintereinanderausführung von Abbildungen miteinander vertauschen lassen, nämlich für jedes φ die Klasse $\{f(\varphi) \mid f \in K[x]\}$.

Die algebraische Struktur $K[\mathbf{A}]$

Es sei $\mathbf{A} \in \mathcal{M}_{n\times n}(K)$.
$K[\mathbf{A}] := L(\{\mathbf{A}^n \mid n \in \mathbb{N}\}) = \{f(\mathbf{A}) \mid f \in K[x]\}$
$K[\mathbf{A}]$ ist ein Untervektorraum von $\mathcal{M}_{n\times n}(K)$, also $\dim K[\mathbf{A}] \leq n^2$.
$K[\mathbf{A}]$ ist für $\mathbf{A} \neq \mathbf{0}$ ein kommutativer Ring mit Einselement.

2.3.1

Sei $f : \mathbb{R}^2 \longrightarrow \mathbb{R}^2$ gegeben durch

$$\mathbf{A} = \mathbf{M}(\varphi) = \begin{pmatrix} -2 & 4 \\ 1 & -1 \end{pmatrix},$$

und sei $f = x^3 - 4x + 7 \in \mathbb{R}[x]$. Man berechne $f(\varphi)$ und $\mathbf{M}(f(\varphi))$.

Nach Definition ist $f(\varphi) = \varphi^3 - 4\varphi + 7id$. Nach Rechenregel (5) gilt $\mathbf{M}(f(\varphi)) = f(\mathbf{M}(\varphi)) = f(\mathbf{A})$.
Mit $\mathbf{A}^2 = \begin{pmatrix} 8 & -12 \\ -3 & 5 \end{pmatrix}$ und $\mathbf{A}^3 = \begin{pmatrix} -28 & 44 \\ 11 & -17 \end{pmatrix}$ folgt:

$$\mathbf{M}(f(\varphi)) = \mathbf{A}^3 - 4\mathbf{A} + 7\mathbf{E} = \begin{pmatrix} -13 & 28 \\ 7 & -6 \end{pmatrix}.$$

2.3.2

Sei $V := L(\sin, \cos) \subseteq \mathbb{R}^{\mathbb{R}}$, die lineare Abbildung $\varphi : V \longrightarrow V$ sei definiert durch $\varphi(h) = h'$ (die Ableitung von h). Man gebe ein Polynom $f \in \mathbb{R}[x]$ an mit $f(\varphi) = 0$.

Es ist $\varphi(\sin) = \cos$, $\varphi^2(\sin) = -\sin$ und $\varphi(\cos) = -\sin$, $\varphi^2(\cos) = -\cos$. Somit ist $\varphi^2 = -id$, also $\varphi^2 + id = 0$.
$f := x^2 + 1$ ist also ein Polynom mit $f(\varphi) = 0$.

Bemerkung: Wir werden in Abschnitt 2.4 eine Methode kennenlernen, im Falle $\dim V = n$ zu gegebenem $\varphi \in \mathrm{End}\,(V)$ ein Polynom g vom Grade n zu finden mit $g(\varphi) = 0$.

2.3.3

Man beweise die folgenden Aussagen:

a) *Zu jeder quadratischen Matrix* $\mathbf{A}$ *über einem Körper* K *gibt es ein Polynom* $f \in K[x] \setminus \{0\}$ *so, daß* $f(\mathbf{A})$ *die Nullmatrix ist.*

b) *Zu jeder* $2 \times 2-$*Matrix gibt es ein solches Polynom sogar vom Grade 2. Man drücke in diesem Falle die Koeffizienten von* f *allgemein durch die Elemente der Matrix* $\mathbf{A}$ *aus.*

a) Der Vektorraum $\mathcal{M}_{n\times n}(K)$ der $n \times n-$Matrizen über K hat die Dimension n^2. Also sind je n^2+1 Matrizen darin linear abhängig. Setzt man $m := n^2$, so gibt es daher zu gegebenem $\mathbf{A} \in \mathcal{M}_{n\times n}(K)$ Elemente $a_m, a_{m-1}, \ldots, a_1, a_0 \in K$, die nicht alle 0 sind, mit

$$a_m\mathbf{A}^m + a_{m-1}\mathbf{A}^{m-1} + \ldots + a_1\mathbf{A} + a_0\mathbf{E} = \mathbf{0},$$

d. h. das Polynom $f = \sum_{i=0}^{m} a_i x^i \neq 0$ hat die Matrix $\mathbf{A}$ als Nullstelle.

b) Der Grad eines Polynoms, das $\mathbf{A}$ als Nullstelle hat, kann erheblich kleiner sein als n^2.
Sei $f = x^2 + \alpha x + \beta$ ein Polynom, das die Matrix $\mathbf{A} = \begin{pmatrix} a & b \\ c & d \end{pmatrix}$ als Nullstelle besitzt. Dann ist

$$\mathbf{0} = f(\mathbf{A}) = \begin{pmatrix} a^2 + bc + \alpha a + \beta & ab + bd + \alpha b \\ ca + dc + \alpha c & cb + d^2 + \alpha d + \beta \end{pmatrix}.$$

Löst man das entsprechende lineare Gleichungssystem für α und β, so folgt für $b \neq 0$:

$$\begin{aligned} \alpha &= -(a+d) \\ \beta &= -cb - d^2 - \alpha d = ad - bc\,. \end{aligned}$$

Dasselbe Ergebnis ergibt sich für $b = 0$ und $a \neq d$.
Für $a = d$ und $b = c = 0$ wähle $\alpha = -2a = -(a+d)$. Dann ist $\beta = a^2 = ad - bc$. Also erfüllt das Polynom $x^2 - (a+d)x + (ad - bc)$ unsere Forderung.

Bemerkung: f ist gerade das charakteristische Polynom von $\mathbf{A}$ (siehe Abschnitt 2.4).

2.3.4

Man beweise die Rechenregel (5) *für das Einsetzen:*

$$f(\mathbf{M}_B^B(\varphi)) = \mathbf{M}_B^B(f(\varphi))\,.$$

Diese Regel ergibt sich aus den Rechenregeln für $\mathbf{M}_B^B(\varphi)$ (siehe Abschnitt 1.4).

Wegen $\mathbf{M}_B^B(\varphi \circ \psi) = \mathbf{M}_B^B(\varphi) \cdot \mathbf{M}_B^B(\psi)$ ist $\mathbf{M}_B^B(\varphi^i) = (\mathbf{M}_B^B(\varphi))^i$. Nun folgt die Behauptung mit

$$\begin{aligned}\mathbf{M}_B^B(\alpha\psi) &= \alpha\,\mathbf{M}_B^B(\psi) \qquad \text{und} \\ \mathbf{M}_B^B(\psi_1 + \psi_2) &= \mathbf{M}_B^B(\psi_1) + \mathbf{M}_B^B(\psi_2)\,.\end{aligned}$$

2.3.5
Sei $\varphi \in \mathrm{End}(V)$, $\lambda \in K$ Eigenwert von φ zum Eigenvektor $X \in V$, und $f \in K[x]$. Man zeige:
$f(\lambda)$ ist ein Eigenwert von $f(\varphi)$ zum Eigenvektor X.

Hinweis: *Die Aufgabe gehört inhaltlich in diesen Abschnitt, die Begriffe Eigenwert und Eigenvektor schlage man gegebenenfalls im nächsten Abschnitt nach!*

Sei $f = \sum_{i=0}^{k} a_i x^i$. Dann ist $f(\lambda) = \sum a_i \lambda^i$ und $f(\varphi) = \sum a_i \varphi^i$. Nach Voraussetzung ist $\varphi(X) = \lambda X$. Somit ist

$$\begin{aligned}\varphi^2(X) &= \varphi(\varphi(X)) = \varphi(\lambda X) = \lambda\,\varphi(X) \\ &= \lambda^2 X,\end{aligned}$$

und durch *vollständige Induktion* folgt für jedes i: $\varphi^i(X) = \lambda^i X$. Multipliziert man mit a_i, so folgt

$$(a_i \varphi^i)\,(X) = a_i\,\varphi^i(X) = (a_i \lambda^i) X.$$

Addition (für $i = 0, 1, \ldots, k$) liefert

$$(\sum a_i \varphi^i)\,(X) = \sum (a_i \varphi^i)\,(X) = \sum (a_i \lambda^i) X = (\sum a_i \lambda^i) X,$$

was zu zeigen war.

2.3.6
Seien $\mathbf{A}, \mathbf{B} \in \mathcal{M}_{n\times n}(K)$, sei $f \in K[x]$. Man zeige: Ist $f(\mathbf{A}) = \mathbf{0}$ und ist $\mathbf{B}$ ähnlich zu $\mathbf{A}$, so ist $f(\mathbf{B}) = \mathbf{0}$.

Sei $f = \sum_{i=0}^{k} a_i x^i$. Es ist $\sum_{i=0}^{k} a_i \mathbf{A}^i \overset{(*)}{=} \mathbf{0}$. Nach Voraussetzung gibt es eine invertierbare Matrix $\mathbf{P}$ mit $\mathbf{P}^{-1}\mathbf{A}\mathbf{P} = \mathbf{B}$. Es folgt:

$$\mathbf{B}^i = (\mathbf{P}^{-1}\mathbf{A}\mathbf{P})^i = \mathbf{P}^{-1}\mathbf{A}^i\mathbf{P}\,.$$

Multipliziert man daher (∗) von links mit $\mathbf{P}^{-1}$ und von rechts mit $\mathbf{P}$, so folgt:

$$\mathbf{0} = \mathbf{P}^{-1}\left(\sum_{i=0}^{k} a_i\mathbf{A}^i\right)\mathbf{P} = \sum_{i=0}^{k} a_i\mathbf{P}^{-1}\mathbf{A}^i\mathbf{P} = \sum_{i=0}^{k} a_i\mathbf{B}^i \,.$$

2.3.7

Man zeige, daß $K[\mathbf{A}]$ für $\mathbf{A} \neq \mathbf{0}$ ein kommutativer Ring mit Einselement ist.

Da $K[\mathbf{A}]$ ein Vektorraum ist, ist $(K[\mathbf{A}], +)$ eine kommutative Gruppe. Wegen $\mathbf{A} \neq \mathbf{0}$ ist $\mathbf{A}^0 = \mathbf{E} \in K[\mathbf{A}]$, also besitzt die Struktur ein Einselement. Es bleibt die Kommutativität der Multiplikation zu zeigen, da die Distributivgesetze für Matrizenaddition und Matrizenmultiplikation gelten.
Sind $\mathbf{M}, \mathbf{N} \in K[\mathbf{A}]$, so gibt es Polynome $f, g \in K[x]$ mit $\mathbf{M} = f(\mathbf{A})$ und $\mathbf{N} = g(\mathbf{A})$. Nun gilt aber nach dem Vorspann $f(\mathbf{A})g(\mathbf{A}) = g(\mathbf{A})f(\mathbf{A})$, also gilt $\mathbf{MN} = \mathbf{NM}$.

2.3.8

Man zeige:
Ist $f \in K[x] \setminus \{0\}$ mit $f(\mathbf{A}) = \mathbf{0}$, so ist $\dim K[\mathbf{A}] \leq \operatorname{Grad} f$.

Wir zeigen: Ist $f \in K[x] \setminus \{0\}$ ein Polynom vom Grad k mit $f(\mathbf{A}) = \mathbf{0}$, so gilt $K[\mathbf{A}] = L(\{\mathbf{E}, \mathbf{A}, \ldots, \mathbf{A}^{k-1}\})$.
Daraus ergibt sich direkt die Aussage der Aufgabenstellung.
Sei $g(\mathbf{A}) \in K[\mathbf{A}]$ beliebig. Division mit Rest ergibt $g = q \cdot f + r$ für gewisse $q, r \in K[x]$ mit $\operatorname{Grad} r < \operatorname{Grad} f$. Dann ist nach Vorspann

$$g(\mathbf{A}) = q(\mathbf{A}) \cdot f(\mathbf{A}) + r(\mathbf{A}) = r(\mathbf{A}) \,,$$

da $f(\mathbf{A}) = \mathbf{0}$. Wegen $\operatorname{Grad} r < k$ folgt $r(\mathbf{A}) = g(\mathbf{A}) \in L(\{\mathbf{E}, \mathbf{A}, \ldots, \mathbf{A}^{k-1}\})$. Damit ist $K[\mathbf{A}] = L(\{\mathbf{E}, \mathbf{A}, \ldots, \mathbf{A}^{k-1}\})$ gezeigt.

2.3.9

Ist $\mathbf{A}$ invertierbar, so ist auch $\mathbf{A}^{-1} \in K[\mathbf{A}]$.

Es sei $p \neq 0$ ein Polynom kleinsten Grades mit $p(\mathbf{A}) = \mathbf{0}$. Solch ein Polynom existiert, da $\dim K[\mathbf{A}] \leq n^2$. Ist $p = a_0 + a_1x + \ldots + a_kx^k$, so gilt also

$$a_0\mathbf{E} + a_1\mathbf{A} + \ldots + a_k\mathbf{A}^k = \mathbf{0} \,.$$

Wäre $a_0 = 0$, so wäre $\mathbf{A}(a_1\mathbf{E} + \ldots + a_k\mathbf{A}^{k-1}) = \mathbf{0}$. Da $\mathbf{A}$ invertierbar ist, wäre dann die Matrix in der Klammer die Nullmatrix, ein Widerspruch zur Minimalität von k. Also können wir $a_0 \neq 0$ folgern.

Dann ist aber

$$\mathbf{A}(a_1\mathbf{E} + \ldots + a_k\mathbf{A}^{k-1}) = -a_0\mathbf{E}\,,$$

also $\mathbf{A}(-\frac{a_1}{a_0}\mathbf{E} - \ldots - \frac{a_k}{a_0}\mathbf{A}^{k-1}) = \mathbf{E}$, d.h. $-\frac{a_1}{a_0}\mathbf{E} - \ldots - \frac{a_k}{a_0}\mathbf{A}^{k-1} = \mathbf{A}^{-1} \in K[\mathbf{A}]$.

2.3.10

Es seien $\mathbf{A}_1 = \mathbf{E}$ *und* $\mathbf{A}_2 = \begin{pmatrix} 1 & 1 \\ 1 & 1 \end{pmatrix}$ *reelle Matrizen. Man bestimme* $K[\mathbf{A}_i]$ *für* $i = 1, 2$.

Es ist $\mathbf{E}^r = \mathbf{E}$ für alle $r \geq 1$, also ist $K[\mathbf{E}] = L(\{\mathbf{E}\}) = \{\alpha\mathbf{E} \,|\, \alpha \in K\}$. Die Dimension von $K[\mathbf{E}]$ ist 1.
Für $\mathbf{A}_2$ gilt $\mathbf{A}_2^2 = 2\mathbf{A}_2$, also $\mathbf{A}_2^2 - 2\mathbf{A}_2 = \mathbf{0}$. Daher ist $\dim K[\mathbf{A}_2] \leq 2$. Da ferner $\mathbf{E}$ und $\mathbf{A}_2$ linear unabhängig sind, ist $\dim K[\mathbf{A}_2] = 2$ und

$$K[\mathbf{A}_2] = L(\{\mathbf{E}, \mathbf{A}_2\}) = \{\alpha\mathbf{E} + \beta\mathbf{A}_2 \,|\, \alpha, \beta \in K\}\,.$$

Bemerkung: Aus den Aufgaben 3 und 8 folgt, dass stets $\dim K[\mathbf{A}] \leq 2$ gilt für $\mathbf{A} \in \mathcal{M}_{2\times 2}(K)$.

2.4 Eigenwerte und Eigenvektoren, charakteristisches Polynom

Eigenwerte und Eigenvektoren werden für Endomorphismen φ eines n−dimensionalen Vektorraumes V über einem Körper K definiert. Daraus ergibt sich auch die Definition für Eigenwert und Eigenvektor einer Matrix $\mathbf{A} \in \mathcal{M}_{n\times n}(K)$.

Eigenwert und **Eigenvektor**

1. Es sei V ein Vektorraum über K mit $\dim V = n$ und $\varphi : V \longrightarrow V$ ein Endomorphismus.

   $\lambda \in K$ heißt **Eigenwert** von φ, falls es ein $X \in V$ gibt mit $X \neq 0$ und $\varphi(X) = \lambda X$.

   Jeder Vektor $X \neq 0$ mit $\varphi(X) = \lambda X$ heißt **Eigenvektor** von φ zum Eigenwert λ.

2. Ist $\mathbf{A} \in \mathcal{M}_{n\times n}(K)$, so heißt $\lambda \in K$ **Eigenwert** von $\mathbf{A}$, falls λ Eigenwert des zu $\mathbf{A}$ gehörigen Endomorphismus $\varphi_{\mathbf{A}}$ ist, d. h. also falls es ein $X \in V$ mit $X \neq 0$ und $\mathbf{A}X = \lambda X$ gibt.

   Jeder Vektor $X \neq 0$ mit $\varphi_{\mathbf{A}}(X) = \mathbf{A}X = \lambda X$ heißt **Eigenvektor** von $\mathbf{A}$ zum Eigenwert λ.

Die Eigenvektoren von φ zu einem Eigenwert λ von φ zusammen mit dem Nullvektor 0 bilden einen Untervektorraum von V, den sog. **Eigenraum** von φ zum Eigenwert λ.
Bezeichnung: $V_\lambda(\varphi)$ bzw. $V_\lambda(\mathbf{A})$ für $V_\lambda(\varphi_{\mathbf{A}})$.
Zur Berechnung der Eigenwerte eines Endomorphismus bzw. einer Matrix benutzt man i. a. das charakteristische Polynom:

Charakteristisches Polynom

Sei φ ein Endomorphismus von V und sei $\dim V \in \mathbb{N}$. Dann heißt $\det(\varphi - x \cdot id) =: p_\varphi$ **charakteristisches Polynom** von φ.
Ist $\mathbf{A} \in \mathcal{M}_{n\times n}(K)$, so heißt $|\mathbf{A} - x\mathbf{E}| =: p_{\mathbf{A}}$ **charakteristisches Polynom** von $\mathbf{A}$.[5]
$\mathbf{A}$ heißt **zerfallend** über K, wenn $p_{\mathbf{A}}$ über K in Linearfaktoren zerfällt.

[5] Der aufmerksame Leser wird einwenden, daß wir die Determinantenfunktion nicht für Matrizen definiert haben, deren Koeffizienten Polynome sind. Dieser Einwand erfolgt zu Recht, läßt sich aber schnell entkräften.

1. Möglichkeit: Unsere Definition der Determinante ist auch sinnvoll für Matrizen, deren Koeffizienten Elemente eines kommutativen Ringes mit Einselement sind. Damit ist $|\mathbf{A} - x\mathbf{E}|$ ein eindeutig bestimmtes Element von $K[x]$.

2. Möglichkeit: Ebenso wie von $\mathbb{Z}$ zu $\mathbb{Q}$ kommt man vom Ring $K[x]$ zum Körper $K(x) := \{\frac{f}{g} \mid f, g \in K[x],\ g \neq 0\}$, dem sog. **Körper der rationalen Funktionen**. Wegen der Identifizierung von f mit $\frac{f}{1}$ läßt sich $K[x]$ als Teilmenge des Körpers $K(x)$ auffassen.

Ist B eine Basis von V und ist $\mathbf{A} = \mathbf{M}_B^B(\varphi)$, so gilt $\mathbf{M}_B^B(\varphi - x \cdot id) = \mathbf{A} - x\mathbf{E}$, also $\det(\varphi - xid) = |\mathbf{A} - x\mathbf{E}|$ nach Definition der Determinante eines Endomorphismus. Daher werden im folgenden die Aussagen über das charakteristische Polynom nur für Matrizen formuliert und übertragen sich entsprechend auf Endomorphismen.

Wichtige Sätze

Es sei stets $\mathbf{A} \in \mathcal{M}_{n\times n}(K)$.

1. $\lambda \in K$ ist Eigenwert von $\mathbf{A}$ genau dann, wenn $p_{\mathbf{A}}(\lambda) = 0$ gilt.
   (Die Eigenwerte einer Matrix sind die Nullstellen ihres charakteristischen Polynoms.)

2. Eigenvektoren zu verschiedenen Eigenwerten von $\mathbf{A}$ sind linear unabhängig. (siehe Aufgabe 7)

3. Satz von CAYLEY–HAMILTON: $p_{\mathbf{A}}(\mathbf{A}) = \mathbf{0}$
   (Jede quadratische Matrix ist Nullstelle ihres charakteristischen Polynoms.)

4. Ähnliche Matrizen haben dasselbe charakteristische Polynom.

Ist speziell $\mathbf{A} \in \mathcal{M}_{n\times n}(\mathbb{R})$ **symmetrisch**, so gilt zusätzlich
(siehe Kapitel 5):

5. $p_{\mathbf{A}}$ zerfällt in reelle Linearfaktoren, d. h. insbesondere:
   $\mathbf{A}$ besitzt nur reelle Eigenwerte.

6. Eigenvektoren zu verschiedenen Eigenwerten stehen senkrecht aufeinander.

7. Es gibt eine Basis des $\mathbb{R}^n$, die aus Eigenvektoren von $\mathbf{A}$ besteht.

2.4.1
Man zeige: Ist λ ein Eigenwert von φ, so gilt $V_\lambda(\varphi) = \text{Kern}\,(\varphi - \lambda\, id)$.

Es gilt:

$$X \in \text{Kern}\,(\varphi - \lambda\, id) \iff (\varphi - \lambda\, id)\,(X) = 0 \iff \varphi(X) = \lambda\, X\,.$$

$\varphi(X) = \lambda X$ gilt genau für $X = 0$ und für alle Eigenvektoren von φ zum Eigenwert λ. Damit folgt die Behauptung.

2.4.2
Man beweise:
a) *λ ist Eigenwert von $\mathbf{A} \iff p_{\mathbf{A}}(\lambda) = 0$.*
b) *$V_\lambda(\mathbf{A})$ ist der Lösungsraum des Gleichungssystems $(\mathbf{A} - \lambda\mathbf{E})X = 0$.*

a)

$$\begin{aligned} \lambda \text{ ist Eigenwert von } \mathbf{A} &\iff \exists X \neq 0: \ \mathbf{A}X = \lambda X \\ &\iff \exists X \neq 0: \ (\mathbf{A} - \lambda\mathbf{E})X = 0 \\ &\iff \det\,(\mathbf{A} - \lambda\mathbf{E}) = 0 \\ &\iff p_{\mathbf{A}}(\lambda) = 0\,. \end{aligned}$$

b) Dies folgt sofort aus: $\mathbf{A}X = \lambda X \iff (\mathbf{A} - \lambda\mathbf{E})X = 0$.

2.4.3
Man zeige, daß jede $n \times n$–Matrix $\mathbf{A}$, in der alle Zeilensummen gleich s sind, den Eigenwert s und den Eigenvektor $X = (1, 1, \ldots, 1)$ besitzt.

Es sei $\mathbf{A} = (a_{ij})$. Dann gilt

$$\mathbf{A}\begin{pmatrix} 1 \\ \vdots \\ 1 \end{pmatrix} = \begin{pmatrix} a_{11} + a_{12} + \ldots + a_{1n} \\ \vdots \\ a_{n1} + a_{n2} + \ldots + a_{nn} \end{pmatrix} = \begin{pmatrix} s \\ \vdots \\ s \end{pmatrix} = s\begin{pmatrix} 1 \\ \vdots \\ 1 \end{pmatrix},$$

da alle Zeilensummen von $\mathbf{A}$ gleich s sind. Damit ist $X = (1, \ldots, 1)$ ein Eigenvektor von $\mathbf{A}$ zum Eigenwert s.

2.4.4
Man bestimme alle Eigenwerte und Eigenvektoren von $\mathbf{A}$ über K:
a) $\mathbf{A} = \begin{pmatrix} 2 & -1 \\ 1 & 4 \end{pmatrix}$, $K = \mathbb{R}$; **b)** $\mathbf{A} = \begin{pmatrix} 1 & -3i \\ i & -1 \end{pmatrix}$, $K = \mathbb{C}$.

Das Verfahren zur Berechnung von Eigenwerten und Eigenvektoren kann in drei Schritte zerlegt werden:

1. Berechne $p_{\mathbf{A}}$ gemäß der Definition von $p_{\mathbf{A}}$.

2. Berechne die Nullstellen von $p_{\mathbf{A}}$.

3. Löse für jede Nullstelle λ von $p_{\mathbf{A}}$ das homogene LGS $(\mathbf{A} - \lambda\mathbf{E})X = 0$.

a)

$$p_{\mathbf{A}} = \begin{vmatrix} 2-x & -1 \\ 1 & 4-x \end{vmatrix} = (2-x)(4-x) + 1 = x^2 - 6x + 9 = (x-3)^2 \,.$$

Damit ist auch der oben angeführte 2. Schritt schon erledigt, denn $\lambda = 3$ liest man als einzige Nullstelle von $p_{\mathbf{A}}$ ab.
Eigenvektoren von $\mathbf{A}$ zum Eigenwert 3 sind die nichttrivialen Lösungen von $\begin{pmatrix} -1 & -1 \\ 1 & 1 \end{pmatrix} X = \begin{pmatrix} 0 \\ 0 \end{pmatrix}$, also die Vektoren $\alpha \begin{pmatrix} 1 \\ -1 \end{pmatrix}$ mit $\alpha \in \mathbb{R} \setminus \{0\}$.

b)

$$p_{\mathbf{A}} = \begin{vmatrix} 1-x & -3i \\ i & -1-x \end{vmatrix} = (1-x)(-1-x) - 3 = x^2 - 4 \,.$$

Eigenwerte von $\mathbf{A}$ sind $\lambda_1 = 2$ und $\lambda_2 = -2$.
Eigenvektoren von $\mathbf{A}$ zu $\lambda_1 = 2$:

$$\begin{pmatrix} -1 & -3i \\ i & -3 \end{pmatrix} \begin{pmatrix} x \\ y \end{pmatrix} = \begin{pmatrix} 0 \\ 0 \end{pmatrix} \iff \begin{pmatrix} x \\ y \end{pmatrix} = \alpha \begin{pmatrix} -3i \\ 1 \end{pmatrix} .$$

Eigenvektoren sind die Vektoren dieser Form mit $\alpha \in \mathbb{C} \setminus \{0\}$.

Eigenvektoren von $\mathbf{A}$ zu $\lambda_2 = -2$:

$$\begin{pmatrix} 3 & -3i \\ i & 1 \end{pmatrix} \begin{pmatrix} x \\ y \end{pmatrix} = \begin{pmatrix} 0 \\ 0 \end{pmatrix} \iff \begin{pmatrix} x \\ y \end{pmatrix} = \alpha \begin{pmatrix} i \\ 1 \end{pmatrix} .$$

Eigenvektoren sind die Vektoren dieser Form mit $\alpha \in \mathbb{C} \setminus \{0\}$.

2.4.5

Man bestimme alle Eigenwerte und Eigenvektoren von $\mathbf{A}$ *über* K*:*

a) $\mathbf{A} = \begin{pmatrix} 3 & 1 & 1 \\ 2 & 4 & 2 \\ 1 & 1 & 3 \end{pmatrix}$, $K = \mathbb{R}$;

b) $\mathbf{A} = \begin{pmatrix} 2-i & 0 & 0 \\ i & -3 & 1-i \\ 1 & 0 & 2+i \end{pmatrix}$, $K = \mathbb{C}$;

c) $\mathbf{A} = \begin{pmatrix} 1 & -2 & 1 \\ 0 & 1 & 3 \\ 0 & -1 & -2 \end{pmatrix}$, *α)* $K = \mathbb{R}$ *β)* $K = \mathbb{C}$.

a)

$$\begin{aligned}\begin{vmatrix} 3-x & 1 & 1 \\ 2 & 4-x & 2 \\ 1 & 1 & 3-x \end{vmatrix} &= \begin{vmatrix} 0 & x-2 & (x-3)(3-x)+1 \\ 0 & 2-x & 2x-4 \\ 1 & 1 & 3-x \end{vmatrix} \\ &= (x-2)\begin{vmatrix} 1 & -x^2+6x-8 \\ -1 & 2x-4 \end{vmatrix} \\ &= (x-2)(2x-4-x^2+6x-8) \\ &= -(x-2)^2(x-6)\,.\end{aligned}$$

Eigenwerte von **A** sind daher $\lambda_1 = 2$ und $\lambda_2 = 6$.
Eigenvektoren von **A** zu $\lambda_1 = 2$:

$$\begin{pmatrix} 1 & 1 & 1 \\ 2 & 2 & 2 \\ 1 & 1 & 1 \end{pmatrix}\begin{pmatrix} x_1 \\ x_2 \\ x_3 \end{pmatrix} = \begin{pmatrix} 0 \\ 0 \\ 0 \end{pmatrix} \Longleftrightarrow \begin{pmatrix} x_1 \\ x_2 \\ x_3 \end{pmatrix} = \alpha\begin{pmatrix} 1 \\ -1 \\ 0 \end{pmatrix} + \beta\begin{pmatrix} 1 \\ 0 \\ -1 \end{pmatrix}.$$

Eigenvektoren sind die vom Nullvektor verschiedenen Vektoren dieser Form ($\alpha, \beta \in \mathbb{R}$).

Eigenvektoren von **A** zu $\lambda_2 = 6$:

$$\begin{pmatrix} -3 & 1 & 1 \\ 2 & -2 & 2 \\ 1 & 1 & -3 \end{pmatrix}\begin{pmatrix} x_1 \\ x_2 \\ x_3 \end{pmatrix} = \begin{pmatrix} 0 \\ 0 \\ 0 \end{pmatrix} \Longleftrightarrow \begin{pmatrix} x_1 \\ x_2 \\ x_3 \end{pmatrix} = \alpha\begin{pmatrix} 1 \\ 2 \\ 1 \end{pmatrix}.$$

Eigenvektoren sind die Vektoren dieser Form mit $\alpha \in \mathbb{R} \setminus \{0\}$.

b) Das charakteristische Polynom ergibt sich sofort durch sukzessive Entwicklung der folgenden Determinante:

$$\begin{vmatrix} 2-i-x & 0 & 0 \\ i & -3-x & 1-i \\ 1 & 0 & 2+i-x \end{vmatrix} = (2-i-x)(-3-x)(2+i-x)\,.$$

Nullstellen des charakteristischen Polynoms sind also -3, $2-i$ und $2+i$.
Berechnung der Eigenvektoren von **A** zu $\lambda = -3$:

$$\begin{pmatrix} -1-i & 0 & 0 \\ i & 0 & 1-i \\ 1 & 0 & -1+i \end{pmatrix}\begin{pmatrix} x_1 \\ x_2 \\ x_3 \end{pmatrix} = \begin{pmatrix} 0 \\ 0 \\ 0 \end{pmatrix} \Longleftrightarrow \begin{pmatrix} x_1 \\ x_2 \\ x_3 \end{pmatrix} = \alpha\begin{pmatrix} 0 \\ 1 \\ 0 \end{pmatrix}.$$

Eigenvektoren sind die Vektoren dieser Form mit $\alpha \in \mathbb{C} \setminus \{0\}$.

Berechnung der Eigenvektoren von $\mathbf{A}$ zu $\lambda = 2 - i$:
Zu lösen ist das LGS

$$\begin{pmatrix} 0 & 0 & 0 \\ i & -5+i & 1-i \\ 1 & 0 & 2i \end{pmatrix} \begin{pmatrix} x_1 \\ x_2 \\ x_3 \end{pmatrix} = \begin{pmatrix} 0 \\ 0 \\ 0 \end{pmatrix}.$$

Setzt man z. B. $x_1 = 2i$, so folgt $x_3 = -1$. Mit diesen Werten erhält man $x_2 = \dfrac{3-i}{-5+i} = \dfrac{1}{26}(-16+2i)$, also die Eigenvektoren:

$$\begin{pmatrix} x_1 \\ x_2 \\ x_3 \end{pmatrix} = \alpha \begin{pmatrix} 2i \\ \frac{1}{13}(-8+i) \\ -1 \end{pmatrix}, \quad \alpha \in \mathbb{C} \setminus \{0\}.$$

Berechnung der Eigenvektoren von $\mathbf{A}$ zu $\lambda = 2 + i$:

$$\begin{pmatrix} -2i & 0 & 0 \\ i & -5-i & 1-i \\ 1 & 0 & 0 \end{pmatrix} \begin{pmatrix} x_1 \\ x_2 \\ x_3 \end{pmatrix} = \begin{pmatrix} 0 \\ 0 \\ 0 \end{pmatrix} \quad \Longleftrightarrow \quad \begin{pmatrix} x_1 \\ x_2 \\ x_3 \end{pmatrix} = \alpha \begin{pmatrix} 0 \\ 1-i \\ 5+i \end{pmatrix}$$

Eigenvektoren sind die Vektoren dieser Form mit $\alpha \in \mathbb{C} \setminus \{0\}$.

c) Hier läßt sich das charakteristische Polynom besonders leicht bestimmen:

$$\begin{aligned} p_{\mathbf{A}}(x) &= \begin{vmatrix} 1-x & -2 & 1 \\ 0 & 1-x & 3 \\ 0 & -1 & -2-x \end{vmatrix} = (1-x) \begin{vmatrix} 1-x & 3 \\ -1 & -2-x \end{vmatrix} \\ &= (1-x)(x^2+x+1). \end{aligned}$$

In $\mathbb{R}$ besitzt dieses Polynom nur die Nullstelle $\lambda = 1$, die damit einziger reeller Eigenwert von $\mathbf{A}$ ist. Die Eigenvektoren von $\mathbf{A}$ zum Eigenwert 1 sind

$$\begin{pmatrix} x_1 \\ x_2 \\ x_3 \end{pmatrix} = \alpha \begin{pmatrix} 1 \\ 0 \\ 0 \end{pmatrix}, \quad \alpha \in \mathbb{R} \setminus \{0\},$$

wie man sofort sieht.

In $\mathbb{C}$ besitzt aber $x^2 + x + 1 = 0$ die Lösungen

$$x_{1,2} = -\frac{1}{2} \pm \sqrt{-\frac{3}{4}} = -\frac{1}{2} \pm \frac{1}{2}\sqrt{3}\, i,$$

also besitzt $\mathbf{A}$ in $\mathbb{C}$ drei Eigenwerte. Es bleiben die Eigenvektoren für die Eigenwerte $\lambda_2 = -\frac{1}{2} + \frac{1}{2}\sqrt{3}\, i$ und $\lambda_3 = -\frac{1}{2} - \frac{1}{2}\sqrt{3}\, i$ zu berechnen.

Eigenvektoren zu $\lambda_2 = -\frac{1}{2} + \frac{1}{2}\sqrt{3}\,i$:
Zu lösen ist das lineare Gleichungssystem

$$\begin{pmatrix} \frac{3}{2} - \frac{1}{2}\sqrt{3}\,i & -2 & 1 \\ 0 & \frac{3}{2} - \frac{1}{2}\sqrt{3}\,i & 3 \\ 0 & -1 & -\frac{3}{2} - \frac{1}{2}\sqrt{3}\,i \end{pmatrix} \cdot \begin{pmatrix} x_1 \\ x_2 \\ x_3 \end{pmatrix} = \begin{pmatrix} 0 \\ 0 \\ 0 \end{pmatrix}.$$

Da die Matrix höchstens den Rang 2 hat, müssen wegen der Form der Zeilen von $\mathbf{A}$ die beiden letzten Zeilen der Matrix linear abhängig sein. Folglich erhält man mit $x_3 = -1$ sowie $x_2 = \frac{3}{2} + \frac{1}{2}\sqrt{3}\,i$ eine Lösung der beiden zugehörigen Gleichungen. (Bitte nachrechnen!) Es ergibt sich dann aus der ersten Gleichung

$$x_1 = (1 + 3 + \sqrt{3}\,i) : (\frac{3}{2} - \frac{1}{2}\sqrt{3}\,i) = \frac{3}{2} + \frac{7}{6}\sqrt{3}\,i.$$

Also lauten die Eigenvektoren von $\mathbf{A}$ zu $\lambda_2 = -\frac{1}{2} + \frac{1}{2}\sqrt{3}\,i$:

$$\begin{pmatrix} x_1 \\ x_2 \\ x_3 \end{pmatrix} = \alpha \begin{pmatrix} 9 + 7\sqrt{3}\,i \\ 9 + 3\sqrt{3}\,i \\ -6 \end{pmatrix}, \quad \alpha \in \mathbb{C} \setminus \{0\}.$$

Auf die gleiche Weise erhält man als Eigenvektoren zu $\lambda_3 = -\frac{1}{2} - \frac{1}{2}\sqrt{3}\,i$:

$$\begin{pmatrix} x_1 \\ x_2 \\ x_3 \end{pmatrix} = \beta \begin{pmatrix} 9 - 7\sqrt{3}\,i \\ 9 - 3\sqrt{3}\,i \\ -6 \end{pmatrix}, \quad \beta \in \mathbb{C} \setminus \{0\}.$$

Bemerkung: Da $\mathbf{A}$ eine reelle Matrix ist, kann man die Eigenvektoren zu λ_3 ($= \overline{\lambda_2}$) nach Aufgabe 6 sofort durch Konjugieren der Komponenten der Eigenvektoren zu λ_2 erhalten.
Teil b) zeigt, daß dies für komplexes $\mathbf{A}$ falsch ist.

2.4.6

Man zeige: Ist $\mathbf{A}$ *eine reelle* $n \times n$*-Matrix, die die konjugiert komplexen Eigenwerte* $\lambda_{1,2} = a \pm bi$ *besitzt, und ist* $X = \begin{pmatrix} z_1 \\ \vdots \\ z_n \end{pmatrix}$ *ein Eigenvektor von* $\mathbf{A}$ *zu* λ_1*, so ist* $\overline{X} = \begin{pmatrix} \overline{z_1} \\ \vdots \\ \overline{z_n} \end{pmatrix}$ *ein Eigenvektor von* $\mathbf{A}$ *zu* λ_2 $(= \overline{\lambda_1})$.

Nach den Rechenregeln für das Konjugieren in $\mathbb{C}$ folgt einerseits

$$\overline{\mathbf{A}X} = \overline{\mathbf{A}}\,\overline{X} = \mathbf{A}\,\overline{X}\,,$$

da $\overline{\mathbf{A}} = \mathbf{A}$ für jede reelle Matrix gilt, und andererseits

$$\overline{\lambda_1 X} = \overline{\lambda_1}\,\overline{X} = \lambda_2\,\overline{X}\,.$$

Da $\mathbf{A}X = \lambda_1 X$ nach Voraussetzung gilt, ist $\mathbf{A}\overline{X} = \lambda_2\overline{X}$.

2.4.7
Es sei V ein Vektorraum über K, $\varphi \in \operatorname{End}(V)$ und $\dim V = n$.
Ist X_i Eigenvektor von φ zum Eigenwert $\lambda_i \in K$ für $i = 1, \ldots, m$ und sind $\lambda_1, \ldots, \lambda_m$ paarweise verschieden, so sind $X_1, \ldots, X_m$ linear unabhängig.

Der Beweis wird durch vollständige Induktion über m geführt.
Für $m = 1$ ist alles klar, da jeder Eigenvektor vom Nullvektor verschieden ist und jeder vom Nullvektor verschiedene Vektor linear unabhängig ist.
Sei nun $m > 1$ und die Behauptung für $m - 1$ bewiesen.
Es seien $X_1, \ldots, X_m$ wie oben gegeben, und es sei

(1) $$\alpha_1 X_1 + \ldots + \alpha_m X_m = 0.$$

Wir wenden hierauf den Endomorphismus φ an und erhalten unter Benutzung der Linearität von φ:

$$\alpha_1\,\varphi(X_1) + \alpha_2\,\varphi(X_2) + \ldots + \alpha_m\,\varphi(X_m) = \varphi(0) = 0\,.$$

Nach Voraussetzung gilt $\varphi(X_i) = \lambda_i X_i$, also:

(2) $$\alpha_1\lambda_1 X_1 + \ldots + \alpha_m\lambda_m X_m = 0\,.$$

Multipliziert man nun Gleichung (1) mit λ_m und subtrahiert davon dann (2), so folgt:

$$\alpha_1\,(\lambda_1 - \lambda_m)X_1 + \ldots + \alpha_{m-1}\,(\lambda_{m-1} - \lambda_m)X_{m-1} = 0\,.$$

Nach Induktionsvoraussetzung sind hierin alle Koeffizienten 0. Da die λ_i paarweise verschieden sind, folgt $\lambda_i - \lambda_m \neq 0$ für $i \neq m$, also gilt

$$\alpha_1 = \alpha_2 = \ldots = \alpha_{m-1} = 0.$$

Einsetzen in Gleichung (1) liefert dann auch noch $\alpha_m = 0$. Die Vektoren $X_1, \ldots, X_m$ sind daher linear unabhängig.

2.4.8
Man zeige: Sind $\mathbf{A}, \mathbf{B} \in \mathcal{M}_{n\times n}(K)$ ähnlich, so haben $\mathbf{A}$ und $\mathbf{B}$ dasselbe charakteristische Polynom.

Da **A** und **B** ähnlich sind, gibt es eine invertierbare Matrix **P** mit $\mathbf{A} = \mathbf{P}^{-1}\mathbf{B}\mathbf{P}$. Dann ist

$$\begin{aligned} p_{\mathbf{A}} &= \det(\mathbf{A} - x\mathbf{E}) = \det(\mathbf{P}^{-1}\mathbf{B}\mathbf{P} - x\mathbf{P}^{-1}\mathbf{P}) \\ &= \det(\mathbf{P}^{-1}(\mathbf{B} - x\mathbf{E})\mathbf{P}) \\ &= \det(\mathbf{P}^{-1}) \cdot \det(\mathbf{B} - x\mathbf{E}) \cdot \det \mathbf{P} = \det(\mathbf{B} - x\mathbf{E}) \\ &= p_{\mathbf{B}}, \end{aligned}$$

wobei der Multiplikationssatz für Determinanten und ein Korollar hierzu, nämlich

$$\det \mathbf{P} \cdot \det \mathbf{P}^{-1} = 1,$$

benutzt wurden.

2.4.9
Sei V ein Vektorraum endlicher Dimension über K und sei $\varphi \in \operatorname{End}(V)$. Man zeige, daß folgende Aussagen äquivalent sind:

(i) *φ ist ein Isomorphismus.*
(ii) *0 ist kein Eigenwert von φ.*
(iii) *Der Koeffizient vor x^0 in p_φ ist nicht Null.*

Wie lauten die entsprechenden Aussagen für $\mathbf{A} \in \mathcal{M}_{n\times n}(K)$?

$$\begin{aligned} \varphi \text{ ist ein Isomorphismus} &\overset{(1)}{\Longleftrightarrow} \varphi \text{ ist injektiv} \\ &\overset{(2)}{\Longleftrightarrow} \operatorname{Kern}\varphi = \{0\} \\ &\overset{(3)}{\Longleftrightarrow} 0 \text{ ist kein Eigenwert von } \varphi \\ &\overset{(4)}{\Longleftrightarrow} p_\varphi(0) \neq 0\,. \end{aligned}$$

(1) und (2) gelten dabei nach REP1 Aufgabe 4.2.7, (3) folgt direkt aus der Definition eines Eigenvektors und (4) gilt nach den Sätzen des Vorspanns zu diesem Abschnitt.
Ist $\mathbf{A} \in \mathcal{M}_{n\times n}(K)$, so ist (i) zu ersetzen durch: (i) **A** ist invertierbar.
In (iii) schreibt man natürlich $p_{\mathbf{A}}$.
Der Beweis für die Äquivalenz der entsprechenden Aussagen ist einfach, wenn man $\varphi := \varphi_{\mathbf{A}}$ wählt und sich erinnert (siehe Aufgabe 1.4.1):
A ist invertierbar genau dann, wenn $\varphi_{\mathbf{A}} : K^n \longrightarrow K^n$ ein Isomorphismus ist.

2.4.10
Sei V ein Vektorraum über K, $\varphi \in \operatorname{End}(V)$ und $\mathbf{A} = \mathbf{M}_B^B(\varphi)$ für eine Basis B von V. Man zeige:
X ist Eigenvektor von φ zum Eigenwert λ genau dann, wenn der Koordinatenvektor $k_B(X)$ von X bzgl. B ein Eigenvektor von $\mathbf{A}$ zum Eigenwert λ ist.

Es gilt:

$$(*) \qquad \mathbf{A} \cdot k_B(X) = k_B(\varphi(X))$$

nach den Eigenschaften der Matrix $\mathbf{M}_B^B(\varphi)$ (siehe REP1, 4.3). Ferner ist k_B ein Isomorphismus, insbesondere ist also $X \neq 0$ gdw. $k_B(X) \neq 0$.
Ist $\varphi(X) = \lambda X$, so folgt mit $(*)$: $\mathbf{A} \cdot k_B(X) = \lambda \cdot k_B(X)$.
Gilt umgekehrt diese Gleichung, so folgt mit $(*)$: $k_B(\varphi(X)) = k_B(\lambda X)$, also $\varphi(X) = \lambda X$.

2.4.11

Sei $\mathbf{A} = (a_{ij}) \in \mathcal{M}_{n\times n}(K)$ *und sei* $p_\mathbf{A} = \sum_{i=0}^{n} a_i x^i$.

Bekanntlich ist $a_n = (-1)^n$. *Man zeige:*

a) $a_{n-1} = (-1)^{n-1}\mathrm{Spur}\,(\mathbf{A}) = (-1)^{n-1}\sum_{i=1}^{n} a_{ii}$.

b) $a_0 = \det \mathbf{A}$.[6]

a) Es ist

$$\det(\mathbf{A} - x\mathbf{E}) \overset{(*)}{=} \sum_{\sigma\in\mathcal{Y}_n} \mathrm{sign}\,(\sigma) \cdot b_{1\sigma(1)} \cdot \ldots \cdot b_{n\sigma(n)}\,,$$

falls $(b_{ij}) := (a_{ij} - x\delta_{ij})$. Ist $\sigma(i) \neq i$ für ein i, so gibt es $j \neq i$ mit $\sigma(j) \neq j$, da σ bijektiv ist. Somit enthält der Term $b_{1\sigma(1)} \cdot \ldots \cdot b_{n\sigma(n)}$ für $\sigma \neq id$ höchstens $n-2$ Faktoren aus der Hauptdiagonalen von $\mathbf{A} - x\mathbf{E}$, hat also höchstens den Grad $n-2$. Folglich ergibt sich a_{n-1} als Koeffizient vor x^{n-1} in dem Term

$$(a_{11} - x) \cdot \ldots \cdot (a_{nn} - x) =: g\,,$$

der für $\sigma = id$ als Summand in $(*)$ auftritt. Ausrechnen von g ergibt Terme mit dem Grad $n-1$ genau bei den Produkten, in denen ein Faktor a_{ii} und die anderen $(n-1)$ Faktoren alle $-x$ sind $(i = 1, \ldots, n)$. Es folgt die Behauptung.

b) $a_0 = p_\mathbf{A}(0) = |\mathbf{A} - 0\mathbf{E}| = |\mathbf{A}|$.

[6] Man kann alle Koeffizienten von $p_\mathbf{A}$ als Summe von gewissen Unterdeterminanten von $\mathbf{A}$ darstellen – siehe Abschnitt 6.4.

2.5 Das Minimalpolynom

Zur Charakterisierung von Ähnlichkeitsklassen von Matrizen ist es nützlich, jeder quadratischen Matrix neben $p_{\mathbf{A}}$ ein weiteres Polynom zuzuordnen.

Minimalpolynom

Es sei $\mathbf{A} \in \mathcal{M}_{n\times n}(K)$. Dann heißt $m_{\mathbf{A}} \in K[x]$ **Minimalpolynom** von $\mathbf{A}$, falls gilt:

1. $m_{\mathbf{A}}(\mathbf{A}) = \mathbf{0}$,
2. $m_{\mathbf{A}}$ ist das vom Grade kleinste Polynom $f \neq 0$ mit $f(\mathbf{A}) = \mathbf{0}$ und
3. $m_{\mathbf{A}}$ ist normiert.

Völlig analog definiert man das Minimalpolynom $m_\varphi \in K[x]$ eines Endomorphismus φ von V, wobei V endliche Dimension hat.

Wichtige Sätze über das Minimalpolynom

Es sei stets $\mathbf{A} \in \mathcal{M}_{n\times n}(K)$.

1. $\lambda \in K$ ist Eigenwert von $\mathbf{A}$ genau dann, wenn $m_{\mathbf{A}}(\lambda) = 0$ gilt.
2. Ist $f \in K[x]$, Grad $f \geq 1$ und $f(\mathbf{A}) = \mathbf{0}$, so gilt $m_{\mathbf{A}} \mid f$.
   Insbesondere gilt $m_{\mathbf{A}} \mid p_{\mathbf{A}}$.
3. $p_{\mathbf{A}}$ und $m_{\mathbf{A}}$ besitzen dieselben irreduziblen Teiler in $K[x]$.
4. Ähnliche Matrizen haben dasselbe Minimalpolynom.
5. Ist $\varphi \in \mathrm{End}\,(V)$ und $\mathbf{A} = \mathbf{M}_B^B(\varphi)$, wobei B eine beliebige Basis von V ist, so ist $m_\varphi = m_{\mathbf{A}}$.
6. Die Dimension von $K[\mathbf{A}]$ ist gleich dem Grad von $m_{\mathbf{A}}$.

Ist $\dim V$ endlich und $\varphi \in \mathrm{End}\,(V)$, so gelten 1. – 3. entsprechend für φ.
Bemerkung:
Weitere Eigenschaften des Minimalpolynoms und ein allgemeines Verfahren zu seiner Berechnung findet man in Abschnitt 4.2.

2.5.1

Man bestimme die Minimalpolynome der folgenden Matrizen:

$$\mathbf{A} = \begin{pmatrix} 1 & 2 & 3 \\ 2 & 1 & 3 \\ 3 & 3 & 6 \end{pmatrix}, \qquad \mathbf{B} = \begin{pmatrix} 2 & 1 & 0 & 0 \\ 0 & 2 & 0 & 0 \\ 0 & 0 & 1 & 1 \\ 0 & 0 & -2 & 4 \end{pmatrix}.$$

Zunächst wird jeweils das charakteristische Polynom bestimmt. Für die Matrix **A** erhält man:

$$p_{\mathbf{A}} = \begin{vmatrix} 1-x & 2 & 3 \\ 2 & 1-x & 3 \\ 3 & 3 & 6-x \end{vmatrix} = -x\,(x+1)\,(x-9)\,.$$

Da das charakteristische Polynom in lauter paarweise verschiedene Linearfaktoren zerfällt, folgt für das Minimalpolynom nach Satz 3 des Vorspanns:

$$m_{\mathbf{A}} = -p_{\mathbf{A}} = x\,(x+1)\,(x-9)\,.$$

(Beachte dabei, daß das Minimalpolynom laut Definition *normiert* ist.)

Für die Matrix **B** folgt unter Benutzung von Aufgabe 2.6.5 aus REP1:

$$\begin{aligned} p_{\mathbf{B}} &= \begin{vmatrix} 2-x & 1 & 0 & 0 \\ 0 & 2-x & 0 & 0 \\ 0 & 0 & 1-x & 1 \\ 0 & 0 & -2 & 4-x \end{vmatrix} \\ &= \begin{vmatrix} 2-x & 1 \\ 0 & 2-x \end{vmatrix} \cdot \begin{vmatrix} 1-x & 1 \\ -2 & 4-x \end{vmatrix} \\ &= (x-2)^3\,(x-3)\,. \end{aligned}$$

Das Minimalpolynom $m_{\mathbf{B}}$ hat dieselben irreduziblen Teiler wie $p_{\mathbf{B}}$. Daher verbleiben die folgenden drei Möglichkeiten f_i für $m_{\mathbf{B}}$:

$$f_1 = (x-2)\,(x-3)\,, \quad f_2 = (x-2)^2\,(x-3)\,, \quad f_3 = p_{\mathbf{B}}\,.$$

$m_{\mathbf{B}}$ ist definiert als dasjenige normierte Polynom kleinsten Grades, für das $m_{\mathbf{B}}(\mathbf{B}) = \mathbf{0}$ gilt. Einsetzen liefert hier $f_1(\mathbf{B}) \neq \mathbf{0}$ und $f_2(\mathbf{B}) = \mathbf{0}$. Also ist

$$m_{\mathbf{B}} = (x-2)^2\,(x-3)\,.$$

2.5.2

*Man zeige, daß die Teilmenge $I := \{g \in K[x] \mid g(\mathbf{A}) = \mathbf{0}\}$ von $K[x]$ ein Ideal von $K[x]$ ist, das vom Minimalpolynom von **A** erzeugt wird.*
Insbesondere gilt also:
Ist $g \in K[x]$ und $g(\mathbf{A}) = \mathbf{0}$, so ist $m_{\mathbf{A}}$ ein Teiler von g.

Zeigen wir $I = \{h \cdot m_{\mathbf{A}} \mid h \in K[x]\} =: (m_{\mathbf{A}})$, so ist I das von $m_{\mathbf{A}}$ erzeugte Ideal.
Sei $g \in I \setminus \{0\}$. Dann gibt es Polynome q und r in $K[x]$ mit $g = q \cdot m_{\mathbf{A}} + r$ und $\operatorname{Grad} r < \operatorname{Grad} m_{\mathbf{A}}$. Die Regeln in 2.3 für das Einsetzen ergeben:

$$\begin{aligned} \mathbf{0} &= g(\mathbf{A}) = (q \cdot m_{\mathbf{A}} + r)(\mathbf{A}) = (q \cdot m_{\mathbf{A}})(\mathbf{A}) + r(\mathbf{A}) \\ &= q(\mathbf{A}) \cdot m_{\mathbf{A}}(\mathbf{A}) + r(\mathbf{A}) = r(\mathbf{A}) \,, \end{aligned}$$

da $m_{\mathbf{A}}(\mathbf{A}) = \mathbf{0}$. Da $\operatorname{Grad} r < \operatorname{Grad} m_{\mathbf{A}}$, ist $r = 0$, also $g = q \cdot m_{\mathbf{A}}$.
Gilt umgekehrt $g = h \cdot m_{\mathbf{A}}$, so folgt durch Einsetzen wie oben: $g(\mathbf{A}) = \mathbf{0}$.

Ist $g \in K[x]$ und $g(\mathbf{A}) = \mathbf{0}$, so ist $g \in I = (m_{\mathbf{A}})$, also ist $m_{\mathbf{A}}$ ein Teiler von g.

Bemerkung: Ein analoger Beweis ergibt sich durch Nachrechnen der Idealeigenschaften von I und Anwendung von Aufgabe 2.2.12.

2.5.3

Man zeige: Sind $\mathbf{A}, \mathbf{B} \in \mathcal{M}_{n \times n}(K)$ *ähnlich, so haben* $\mathbf{A}$ *und* $\mathbf{B}$ *dasselbe Minimalpolynom.*

Für das Minimalpolynom $m_{\mathbf{B}}$ von $\mathbf{B}$ gilt $m_{\mathbf{B}}(\mathbf{B}) = \mathbf{0}$.
Da $\mathbf{A}$ und $\mathbf{B}$ ähnlich sind, folgt nach Aufgabe 2.3.6 $m_{\mathbf{B}}(\mathbf{A}) = \mathbf{0}$.
Mit Aufgabe 2 folgt: $m_{\mathbf{A}} \mid m_{\mathbf{B}}$.
Aus Symmetriegründen gilt dann auch $m_{\mathbf{B}} \mid m_{\mathbf{A}}$.
Da beide Polynome normiert sind, ist $m_{\mathbf{A}} = m_{\mathbf{B}}$.

2.5.4

Man gebe zwei reelle $3 \times 3-$*Matrizen an, die dasselbe Minimalpolynom haben, aber nicht ähnlich sind.*
Hinweis: Man sorge dafür, daß die charakteristischen Polynome verschieden sind.

Da man für obere Dreiecksmatrizen das charakteristische Polynom sofort angeben kann, versuchen wir es mit solchen Matrizen $\mathbf{A}$ und $\mathbf{B}$. Drei verschiedene Linearfaktoren dürfen in $p_{\mathbf{A}}$ nicht auftreten, da dann $p_{\mathbf{A}} = -m_{\mathbf{A}}$ gilt (siehe Vorspann: $p_{\mathbf{A}}$ und $m_{\mathbf{A}}$ haben dieselben irreduziblen Teiler). Wir wählen zwei Matrizen mit Eigenwerten 1 und 2. Bei $\mathbf{A}$ sorgen wir dafür, daß $rg\,(\mathbf{A} - \mathbf{E}) = 1$, bei $\mathbf{B}$ dafür, daß $rg\,(\mathbf{B} - 2\mathbf{E}) = 1$ ist.[7] Wir setzen also

$$\mathbf{A} = \begin{pmatrix} 1 & 3 & 0 \\ 0 & 2 & 0 \\ 0 & 0 & 1 \end{pmatrix} \quad \text{und} \quad \mathbf{B} = \begin{pmatrix} 2 & 0 & 0 \\ 0 & 2 & 5 \\ 0 & 0 & 1 \end{pmatrix}.$$

[7] Eine Motivation für dieses Vorgehen liefert erst Abschnitt 2.6.

Es gilt $p_{\mathbf{A}} \neq p_{\mathbf{B}}$, also sind $\mathbf{A}$ und $\mathbf{B}$ nicht ähnlich.
Für die Minimalpolynome erhält man aber wegen

$$(\mathbf{A} - 2\mathbf{E})\,(\mathbf{A} - \mathbf{E}) = (\mathbf{B} - 2\mathbf{E})\,(\mathbf{B} - \mathbf{E}) = \mathbf{0}$$

(nachrechnen!), daß $m_{\mathbf{A}} = m_{\mathbf{B}} = (x-2)\,(x-1)$ gilt.

2.5.5

Die quadratische Matrix $\mathbf{A}$ *habe die Form* $\mathbf{A} = \begin{pmatrix} \mathbf{B} & \mathbf{0} \\ \mathbf{0} & \mathbf{C} \end{pmatrix}$ *mit* $\mathbf{B} \in \mathcal{M}_{k\times k}(K)$ *und* $\mathbf{C} \in \mathcal{M}_{m\times m}(K)$. *Man zeige:*

$$m_{\mathbf{A}} = \operatorname{kgV}(m_{\mathbf{B}}, m_{\mathbf{C}})\,.$$

Zunächst rechnet man leicht nach:

$$\mathbf{A}^i = \begin{pmatrix} \mathbf{B}^i & \mathbf{0} \\ \mathbf{0} & \mathbf{C}^i \end{pmatrix} \qquad \text{für jedes } i \geq 0.$$

Für jedes $f \in K[x]$, $f = \sum_{i=0}^{k} a_i x^i$ folgt damit:

$$f(\mathbf{A}) = \sum_{i=0}^{k} a_i \mathbf{A}^i = \sum_{i=0}^{k} a_i \begin{pmatrix} \mathbf{B}^i & \mathbf{0} \\ \mathbf{0} & \mathbf{C}^i \end{pmatrix} = \sum_{i=0}^{k} \begin{pmatrix} a_i\mathbf{B}^i & \mathbf{0} \\ \mathbf{0} & a_i\mathbf{C}^i \end{pmatrix}$$

$$= \begin{pmatrix} \sum_{i=0}^{k} a_i\mathbf{B}^i & \mathbf{0} \\ \mathbf{0} & \sum_{i=0}^{k} a_i\mathbf{C}^i \end{pmatrix} = \begin{pmatrix} f(\mathbf{B}) & \mathbf{0} \\ \mathbf{0} & f(\mathbf{C}) \end{pmatrix}.$$

Nun ist

$$m_{\mathbf{A}}(\mathbf{A}) = \mathbf{0} = \begin{pmatrix} m_{\mathbf{A}}(\mathbf{B}) & \mathbf{0} \\ \mathbf{0} & m_{\mathbf{A}}(\mathbf{C}) \end{pmatrix}.$$

Daher gilt $\mathbf{0} = m_{\mathbf{A}}(\mathbf{B}) = m_{\mathbf{A}}(\mathbf{C})$, und nach Aufgabe 2 folgt $m_{\mathbf{B}} \mid m_{\mathbf{A}}$ und $m_{\mathbf{C}} \mid m_{\mathbf{A}}$, d. h. $m_{\mathbf{A}}$ ist ein gemeinsames Vielfaches von $m_{\mathbf{B}}$ und $m_{\mathbf{C}}$.
Sei h ein Vielfaches von $m_{\mathbf{B}}$ und von $m_{\mathbf{C}}$. Wir müssen zeigen: $m_{\mathbf{A}} \mid h$.
Aus $m_{\mathbf{B}} \mid h$ folgt $h(\mathbf{B}) = \mathbf{0}$, denn ist $g \cdot m_{\mathbf{B}} = h$, so ist nach Abschnitt 2.3

$$h(\mathbf{B}) = (g \cdot m_{\mathbf{B}})(\mathbf{B} = g(\mathbf{B}) \cdot m_{\mathbf{B}}(\mathbf{B}) = g(\mathbf{B}) \cdot \mathbf{0} = \mathbf{0}\,.$$

Aus $m_{\mathbf{C}} \mid h$ folgt analog $h(\mathbf{C}) = \mathbf{0}$. Somit ist

$$h(\mathbf{A}) = \begin{pmatrix} h(\mathbf{B}) & \mathbf{0} \\ \mathbf{0} & h(\mathbf{C}) \end{pmatrix} = \begin{pmatrix} \mathbf{0} & \mathbf{0} \\ \mathbf{0} & \mathbf{0} \end{pmatrix} = \mathbf{0},$$

und wieder nach Aufgabe 2 folgt $m_{\mathbf{A}} \mid h$.

2.5.6

Man berechne das Minimalpolynom der reellen Matrix

$$\mathbf{A} = \begin{pmatrix} 0 & 1 & 0 & 1 & & & \\ 0 & 1 & 0 & 1 & & \mathbf{0} & \\ 3 & 2 & 2 & 3 & & & \\ 0 & 1 & 0 & 1 & & & \\ & & & & 1 & 2 & 3 \\ & \mathbf{0} & & & 2 & 1 & 3 \\ & & & & 3 & 3 & 6 \end{pmatrix}.$$

Wir wenden Aufgabe 5 an.
Setzt man $\mathbf{A} =: \begin{pmatrix} \mathbf{B} & \mathbf{0} \\ \mathbf{0} & \mathbf{C} \end{pmatrix}$, so gilt nach Aufgabe 2.6.5 REP1

$$\det(\mathbf{A} - x\mathbf{E}) = \det(\mathbf{B} - x\mathbf{E}) \cdot \det(\mathbf{C} - x\mathbf{E}).$$

Durch sukzessives Entwickeln von $\mathbf{B} - x\mathbf{E}$ nach geeigneten Spalten (zuerst nach der dritten, anschließend nach der ersten Spalte) folgt:

$$\det(\mathbf{B} - x\mathbf{E}) = (2 - x)(-x)((1 - x)^2 - 2) = x^2(x - 2)^2 .$$

Für $m_{\mathbf{B}}$ gibt es daher die folgenden Möglichkeiten:

$$x(x - 2), \quad x^2(x - 2), \quad x(x - 2)^2, \quad x^2(x - 2)^2 = p_{\mathbf{B}} .$$

Durch Einsetzen von **B** findet man

$$\mathbf{B}(\mathbf{B} - 2\mathbf{E}) \neq \mathbf{0}, \ \mathbf{B}^2(\mathbf{B} - 2\mathbf{E}) \neq \mathbf{0} \quad \text{und} \quad \mathbf{B}(\mathbf{B} - 2\mathbf{E})^2 \neq \mathbf{0}.$$

Es bleibt: $m_{\mathbf{B}} = x^2(x - 2)^2$.
$m_{\mathbf{C}}$ wurde in Aufgabe 1 als $x(x + 1)(x - 9)$ berechnet. Also ist

$$m_{\mathbf{A}} = \text{kgV}(m_{\mathbf{B}}, m_{\mathbf{C}}) = x^2(x - 2)^2(x + 1)(x - 9).$$

2.5.7

Sei $f \in K[x]$ ein normiertes Polynom mit $n = \operatorname{Grad} f \geq 1$, $f = \sum_{i=0}^{n} a_i x^i$.

Unter der **Begleitmatrix** *von f versteht man die Matrix*

$$\mathbf{A} = \mathbf{A}(f) = \begin{pmatrix} 0 & 0 & \dots & 0 & 0 & -a_0 \\ 1 & 0 & \dots & 0 & 0 & -a_1 \\ 0 & 1 & \dots & & & \\ \vdots & & \ddots & & \vdots & \vdots \\ & & & 1 & 0 & -a_{n-2} \\ 0 & 0 & \dots & 0 & 1 & -a_{n-1} \end{pmatrix}.$$

(Die Begleitmatrix von $x - a$ ist (a)).
Man zeige:

a) $f = (-1)^n p_{\mathbf{A}}$.

b) *Es gibt kein Polynom $h \neq 0$ mit $\operatorname{Grad} h < n$, das $\mathbf{A}$ als Nullstelle hat.*

c) $f = m_{\mathbf{A}}$.

a) Die Aussage $f = (-1)^n p_{\mathbf{A}}$ wird durch vollständige Induktion bewiesen. Für $n = 1$ ist $f = x + a_0$, also $\mathbf{A} = (-a_0)$ und $p_{\mathbf{A}} = -a_0 - x$. Es folgt $f = (-1)^1\, p_{\mathbf{A}}$.

Die Behauptung gelte für jedes Polynom vom Grad n, f habe den Grad $n+1$. Entwickelt man $|\mathbf{A} - x\mathbf{E}|$ nach der ersten Zeile, so erhält man:

$$|\mathbf{A}-x\mathbf{E}| = (-x)\begin{vmatrix} -x & 0 & \dots & 0 & -a_1 \\ 1 & -x & & 0 & -a_2 \\ 0 & 1 & & & \\ \vdots & & \ddots & \vdots & \vdots \\ & & & -x & -a_{n-1} \\ 0 & & \dots & 1 & -a_n - x \end{vmatrix} + (-1)^{n+2}(-a_0)\begin{vmatrix} 1 & & \\ & \ddots & \\ & & 1 \end{vmatrix}.$$

Die erste Determinante ist gerade $|\mathbf{A}(g) - x\mathbf{E}|$ mit $g = \sum_{i=0}^{n} a_{i+1} x^i$. Also gilt nach Induktionsvoraussetzung $|\mathbf{A}(g) - x\mathbf{E}| = (-1)^n g$. Somit folgt:

$$\begin{aligned} |\mathbf{A} - x\mathbf{E}| &= (-x)\,(-1)^n g + (-1)^{n+1} a_0 \\ &= (-1)^{n+1}\Big(\sum_{i=0}^{n} a_{i+1} x^{i+1} + a_0\Big) = (-1)^{n+1} f, \end{aligned}$$

was zu zeigen war.

b) Wegen der einfachen Form von $\mathbf{A}$ ist es praktisch, auf die durch $\mathbf{A}$ definierte lineare Abbildung $\varphi_{\mathbf{A}} =: \varphi$ zurückzugreifen. Da $\mathbf{A}$ die Abbildung φ bezüglich der kanonischen Basis beschreibt, stehen in den Spalten von $\mathbf{A}$ die Bilder von $E_1, \ldots, E_n$ unter φ.

Sei nun $h = \sum\limits_{i=0}^{k} b_i x^i$ mit $k < n$ und $h(\varphi) = 0$. Wir zeigen $h = 0$.

Es ist $h(\varphi) = 0 = \sum\limits_{i=0}^{k} b_i \varphi^i$. Nun ist

$$\varphi(E_1) = E_2\ , \quad \varphi(E_2) = E_3\ , \quad \ldots \quad , \varphi(E_{n-1}) = E_n,$$

also gilt auch

$$E_2 = \varphi(E_1)\ , \quad E_3 = \varphi^2(E_1)\ , \quad \ldots \quad , E_n = \varphi^{n-1}(E_1).$$

Es folgt wegen $h(\varphi) = 0$:

$$0 = h(\varphi)\,(E_1) = (\sum_{i=0}^{k} b_i \varphi^i)\,(E_1) = \sum_{i=0}^{k} b_i \varphi^i(E_1) = \sum_{i=0}^{k} b_i E_{i+1}\ .$$

(Beachte hierbei noch $\varphi^0(E_1) = id\,(E_1) = E_1$.)
Somit ist $b_i = 0$ für $i = 1, \ldots, k$, und h ist das Nullpolynom.

c) Da $m_{\mathbf{A}}(\mathbf{A}) = \mathbf{0}$ und $m_{\mathbf{A}} \neq 0$ gilt, folgt aus Teil b): $\operatorname{Grad} m_{\mathbf{A}} \geq n$. Nun ist $m_{\mathbf{A}}$ ein Teiler von $p_{\mathbf{A}}$ und damit von f nach Teil a). Sei t ein Polynom mit $t \cdot m_{\mathbf{A}} = f$. Aus der Gradformel folgt $t \in K \setminus \{0\}$, und da sowohl f als auch $m_{\mathbf{A}}$ normiert sind, muß $t = 1$ gelten.

2.5.8
Man zeige: $\quad \dim K[\mathbf{A}] = \operatorname{Grad} m_{\mathbf{A}}$.

Da $m_{\mathbf{A}}$ ein Polynom kleinsten Grades ist mit $m_{\mathbf{A}}(\mathbf{A}) = \mathbf{0}$, folgt die Behauptung aus Aufgabe 2.3.8.
Wäre nämlich $\dim K[\mathbf{A}] = r < \operatorname{Grad} m_{\mathbf{A}}$, so wären die Matrizen $\mathbf{E}, \mathbf{A}, \ldots, \mathbf{A}^r$ linear abhängig; es gäbe also ein Polynom $f = a_0 + a_1 x + \ldots + a_r x^r \neq 0$ mit $f(\mathbf{A}) = \mathbf{0}$, ein Widerspruch zur Definition von $m_{\mathbf{A}}$.

2.5.9
Es sei $\mathbf{A} \in \mathcal{M}_{n\times n}(K)$ und das Minimalpolynom $m_{\mathbf{A}}$ sei irreduzibel. Dann ist $K[\mathbf{A}]$, versehen mit der Addition und Multiplikation von Matrizen, ein Körper.

Zu zeigen bleibt nach Aufgabe 2.3.7:
Ist g ein Polynom mit $g(\mathbf{A}) \neq \mathbf{0}$, so existiert ein $\mathbf{B} \in K[\mathbf{A}]$ mit $g(\mathbf{A})\mathbf{B} = \mathbf{E}$, also ein Polynom h mit $g(\mathbf{A})h(\mathbf{A}) = \mathbf{E}$.
Es ist $m_\mathbf{A}$ kein Teiler von g, da sonst $g = m_\mathbf{A}h$, d.h. $g(\mathbf{A}) = m_\mathbf{A}(\mathbf{A})h(\mathbf{A}) = \mathbf{0}$, im Widerspruch zu $g(\mathbf{A}) \neq \mathbf{0}$. Da $m_\mathbf{A}$ nach Voraussetzung keine echten Teiler besitzt, gilt $\mathrm{ggT}(m_\mathbf{A}, g) = 1$. Nach Aufgabe 2.2.5 gibt es also Polynome h_1 und h_2 mit $1 = gh_1 + m_\mathbf{A}h_2$. Wir setzen $\mathbf{A}$ ein und erhalten:

$$1(\mathbf{A}) = \mathbf{E} = (gh_1 + m_\mathbf{A}h_2)(\mathbf{A}) = g(\mathbf{A})h_1(\mathbf{A}) + m_\mathbf{A}(\mathbf{A})h_2(\mathbf{A}) = g(\mathbf{A})h_1(\mathbf{A}),$$

da $m_\mathbf{A}(\mathbf{A}) = \mathbf{0}$. $h_1(\mathbf{A})$ ist also invers zu $g(\mathbf{A})$.

2.5.10

Man berechne für $\mathbf{A} = \begin{pmatrix} 0 & 0 & -2 \\ 1 & 0 & 0 \\ 0 & 1 & -5 \end{pmatrix}$ *und* $g(x) = x^4 + 6x^3 + 6x^2 + x$ *ein Polynom* $h \in \mathbb{Q}[x]$ *mit* $g(\mathbf{A})h(\mathbf{A}) = \mathbf{E}$.

Man berechnet $p_\mathbf{A}(x) = -(x^3 + 5x^2 + 2)$. $p_\mathbf{A}$ ist als Polynom vom Grad 3 irreduzibel über $\mathbb{Q}$, da $p_\mathbf{A}$ keine Nullstellen besitzt (mögliche Nullstellen sind $1, -1, 2, -2$). Also gilt $m_\mathbf{A} = -p_\mathbf{A}$, da $m_\mathbf{A}$ ein Teiler von $p_\mathbf{A}$ ist. Wir bestimmen wie üblich den $\mathrm{ggT}(g, m_\mathbf{A})$, wobei $g := x^4 + 6x^3 + 6x^2 + x$.
Die vorige Aufgabe hilft weiter, falls der ggT gleich 1 ist, was aus $g(\mathbf{A}) \neq \mathbf{0}$ und der Irreduzibilität vom $m_\mathbf{A}$ folgt. Den Test auf $g(\mathbf{A}) \neq \mathbf{0}$ können wir uns aber schenken, da wir zur Angabe eines gesuchten h die Rechnung des Euklidischen Algorithmus zur ggT-Bestimmung sowieso benötigen.

$$\begin{aligned} g(x) = x^4 + 6x^3 + 6x^2 + x &= (x+1)(x^3 + 5x^2 + 2) + x^2 - x - 2 \\ m_\mathbf{A}(x) = x^3 + 5x^2 + 2 &= (x+6)(x^2 - x - 2) + 8x + 14 \\ x^2 - x - 2 &= (\frac{1}{8}x - \frac{11}{32})(8x + 14) + \frac{45}{16} \end{aligned}$$

Also

$$\begin{aligned} 1 &= \frac{16}{45}((x^2 - x - 2) - (\frac{1}{8}x - \frac{11}{32})(8x + 14)) \\ &= \frac{16}{45}(-(\frac{1}{8}x - \frac{11}{32})m_\mathbf{A} + (\frac{1}{8}x^2 + \frac{13}{32}x - \frac{17}{16})(x^2 - x - 2)) \\ &= (\frac{2}{45}x^2 + \frac{13}{90}x - \frac{17}{45})g + m_\mathbf{A}f \end{aligned}$$

Nach der vorigen Aufgabe gilt für $h := \frac{1}{45}(2x^2 + \frac{13}{2}x - 17)$ dann $h(\mathbf{A})g(\mathbf{A}) = \mathbf{E}$.

2.6 Diagonalisierbarkeit und Triangulierbarkeit

Wir beginnen mit den Definitionen für **diagonalisierbar** und **triangulierbar**. V sei stets ein Vektorraum endlicher Dimension über einem Körper K.

$\mathbf{A} \in \mathcal{M}_{n\times n}(K)$ **diagonalisierbar** (über K)	$\Longleftrightarrow$	$\mathbf{A}$ ist über K ähnlich zu einer Diagonalmatrix.
$\mathbf{A} \in \mathcal{M}_{n\times n}(K)$ **triangulierbar** (über K)	$\Longleftrightarrow$	$\mathbf{A}$ ist über K ähnlich zu einer oberen Dreiecksmatrix.
$\varphi \in \mathrm{End}\,(V)$ **diagonalisierbar** (über K)	$\Longleftrightarrow$	es gibt eine Basis B von V, so daß $\mathbf{M}_B^B(\varphi)$ Diagonalmatrix ist.
$\varphi \in \mathrm{End}\,(V)$ **triangulierbar** (über K)	$\Longleftrightarrow$	es gibt eine Basis B von V, so daß $\mathbf{M}_B^B(\varphi)$ obere Dreiecksmatrix ist.

Diagonalmatrizen sind Spezialfälle der Matrizen in JORDANscher Normalform, die wir im nächsten Kapitel behandeln. Ferner ist jede Matrix in JORDANscher Normalform eine obere Dreiecksmatrix. Dennoch stellt sich heraus, daß die Klasse der über K triangulierbaren Matrizen dieselbe ist wie die Klasse der Matrizen, die über K zu einer Matrix in JORDANscher Normalform ähnlich sind. Nur verlangt für eine gegebene Matrix $\mathbf{A}$ das Auffinden einer zu $\mathbf{A}$ ähnlichen oberen Dreiecksmatrix wesentlich weniger theoretische Vorbereitungen als das Auffinden der JORDANschen Normalform von $\mathbf{A}$.
Die Klasse der über K diagonalisierbaren Matrizen ist hingegen eine echte Teilklasse der Klasse der Matrizen, die über K eine JORDANsche Normalform besitzen.
Für die folgenden Sätze benötigen wir noch eine Definition:

Algebraische und geometrische Vielfachheit

Sei $\mathbf{A} \in \mathcal{M}_{n\times n}(K)$ (bzw. $\varphi \in \mathrm{End}\,(V)$) und λ ein Eigenwert von $\mathbf{A}$ (von φ). Gilt $(x-\lambda)^k \mid p_{\mathbf{A}}$ und $(x-\lambda)^{k+1} \nmid p_{\mathbf{A}}$, so heißt k **algebraische Vielfachheit** von λ (analog für p_φ).
Die **geometrische Vielfachheit** von λ ist die Dimension des Eigenraumes $V_\lambda(\mathbf{A})$.
(Es ist $\dim V_\lambda(\mathbf{A}) = n - \mathrm{rg}\,(\mathbf{A} - \lambda\mathbf{E})$.)

Es folgt eine Zusammenstellung aller wichtigen Fakten über diagonalisierbare Matrizen (Endomorphismen).

Diagonalisierbarkeit

Sei $\mathbf{A} \in \mathcal{M}_{n\times n}(K)$.

1. **Bedeutung** der Diagonalisierbarkeit

   Die Diagonalisierbarkeit von $\mathbf{A}$ ist unmittelbar äquivalent zu folgenden Aussagen:

   - Es gibt eine invertierbare Matrix $\mathbf{P}$ und eine Diagonalmatrix $\mathbf{D}$ mit
   $$\mathbf{P}^{-1}\mathbf{A}\mathbf{P} = \mathbf{D} = \begin{pmatrix} \lambda_1 & & \mathbf{0} \\ & \ddots & \\ \mathbf{0} & & \lambda_n \end{pmatrix}.$$
   Dabei sind die Diagonalelemente λ_i von $\mathbf{D}$ die Eigenwerte von $\mathbf{A}$ und die Spalten P_i von $\mathbf{P}$ Eigenvektoren von $\mathbf{A}$ zum Eigenwert λ_i.
   - Es gibt eine Basis $B = (B_1, \ldots, B_n)$ des K^n, bzgl. der die durch $\varphi(X) = \mathbf{A}X$ definierte lineare Abbildung eine Diagonalmatrix, nämlich obige Matrix $\mathbf{D}$, als Abbildungsmatrix besitzt:
   $$\mathbf{M}_B^B(\varphi) = \mathbf{D} = \begin{pmatrix} \lambda_1 & & \mathbf{0} \\ & \ddots & \\ \mathbf{0} & & \lambda_n \end{pmatrix}.$$

2. **Kriterien** zur Diagonalisierbarkeit

   Folgende Aussagen sind äquivalent als Kriterien zur Diagonalisierbarkeit:

   (1) $\mathbf{A}$ ist über K diagonalisierbar.

   (2) Der K^n besitzt eine Basis aus Eigenvektoren von $\mathbf{A}$.

   (3) $p_{\mathbf{A}}$ zerfällt über K in Linearfaktoren und für jeden Eigenwert λ von $\mathbf{A}$ ist seine algebraische Vielfachheit gleich seiner geometrischen Vielfachheit.

   (4) $m_{\mathbf{A}}$ zerfällt über K in paarweise verschiedene Linearfaktoren.

   (5) Der K^n ist direkte Summe der Eigenräume von $\mathbf{A}$, d. h. sind $\mu_1, \ldots, \mu_k$ die (paarweise verschiedenen) Eigenwerte von $\mathbf{A}$, so ist
   $$K^n = V_{\mu_1}(\mathbf{A}) \oplus V_{\mu_2}(\mathbf{A}) \oplus \ldots \oplus V_{\mu_k}(\mathbf{A}).$$

3. **Spezielle diagonalisierbare Matrizen:**

   (1) Jede reelle symmetrische Matrix ist über $\mathbb{R}$ diagonalisierbar.

   (2) Jede hermitesche Matrix ist über $\mathbb{C}$ diagonalisierbar (siehe Abschnitt 5.6).

Die Kriterien in 2. gelten für $\varphi \in \mathbf{End}(V)$, wenn man A durch φ und K^n durch V ersetzt.

Triangulierbarkeit

Sei $\mathbf{A} \in \mathcal{M}_{n\times n}(K)$.

1. **Bedeutung** der Triangulierbarkeit

   Die Triangulierbarkeit von $\mathbf{A}$ ist unmittelbar äquivalent zu folgenden Aussagen:

   - Es gibt eine invertierbare Matrix $\mathbf{P}$ und eine obere Dreiecksmatrix $\mathbf{C}$ mit
     $$\mathbf{P}^{-1}\mathbf{A}\mathbf{P} = \mathbf{C} = \begin{pmatrix} \lambda_1 & & * \\ & \ddots & \\ 0 & & \lambda_n \end{pmatrix}.$$
     Dabei sind die Diagonalelemente λ_i von $\mathbf{C}$ die Eigenwerte von $\mathbf{A}$.
   - Es gibt eine Basis $B = (B_1, \ldots, B_n)$ des K^n, bzgl. der die durch $\varphi(X) = \mathbf{A}X$ definierte lineare Abbildung eine obere Dreiecksmatrix, nämlich obige Matrix $\mathbf{C}$, als Abbildungsmatrix besitzt:
     $$\mathbf{M}_B^B(\varphi) = \mathbf{C} = \begin{pmatrix} \lambda_1 & & * \\ & \ddots & \\ 0 & & \lambda_n \end{pmatrix}.$$

2. **Kriterien** zur Triangulierbarkeit

   Folgende Aussagen sind äquivalent als Kriterien zur Triangulierbarkeit:

   (1) $\mathbf{A}$ ist über K triangulierbar.

   (2) $p_{\mathbf{A}}$ zerfällt über K in Linearfaktoren.

   (3) $m_{\mathbf{A}}$ zerfällt über K in Linearfaktoren.

   (4) Es gibt eine Basis $B = (B_1, \ldots, B_n)$ derart, daß $\varphi(L(B_1, \ldots, B_k)) \subseteq L(B_1, \ldots, B_k)$ für $k = 1, \ldots, n$. $B = (B_1, \ldots, B_n)$ heißt dann **Fahnenbasis**.

2.6.1
Sei V ein Vektorraum über K, $\varphi \in \mathrm{End}(V)$ und B eine beliebige Basis von V. Man zeige:
φ ist diagonalisierbar (triangulierbar) $\Longleftrightarrow$ $\mathbf{M}_B^B(\varphi)$ ist diagonalisierbar (triangulierbar).

Der Beweis folgt im wesentlichen aus der Transformationsformel für lineare Abbildungen. Ist φ diagonalisierbar, so gibt es eine Basis B' von V, so daß $\mathbf{M}_{B'}^{B'}(\varphi)$ eine Diagonalmatrix ist. Da $\mathbf{M}_B^B(\varphi)$ als Abbildungsmatrix desselben Endomorphismus φ ähnlich zu $\mathbf{M}_{B'}^{B'}(\varphi)$ ist, ist $\mathbf{M}_B^B(\varphi)$ diagonalisierbar.
Sei nun umgekehrt $\mathbf{M}_B^B(\varphi)$ diagonalisierbar, also $\mathbf{D} = \mathbf{P}^{-1}\mathbf{M}_B^B(\varphi)\mathbf{P}$ für eine invertierbare Matrix $\mathbf{P}$ und eine Diagonalmatrix $\mathbf{D}$. Gesucht ist eine Basis B' von V, so daß $\mathbf{M}_{B'}^{B'}(\varphi)$ eine Diagonalmatrix ist. Nun ist

$$\mathbf{D} = \mathbf{P}^{-1}\,\mathbf{M}_B^B(\varphi)\,\mathbf{P} = \mathbf{M}_{B'}^B(id)\mathbf{M}_B^B(\varphi)\mathbf{M}_B^{B'}(id) = \mathbf{M}_{B'}^{B'}(\varphi),$$

falls $\mathbf{P} = \mathbf{M}_B^{B'}(id)$ für eine geeignete Basis B' gilt. Wir müssen also nur noch die Basis B' so bestimmen, daß diese Gleichung gilt. Ist $\mathbf{P} = (p_{ij})$, so setze $B_j^{'} := \sum_{i=1}^{n} p_{ij}B_i$ und $B' := (B_1^{'}, \ldots, B_n^{'})$. B' ist eine Basis des K^n, denn die Koordinatenvektoren der $B_j^{'}$ bzgl. B sind als Spalten von $\mathbf{P}$ linear unabhängig. Da in der $j-$ten Spalte von $\mathbf{M}_B^{B'}(id)$ der Koordinatenvektor von $B_j^{'}$ bzgl. B steht, der ja $(p_{1j}, \ldots, p_{nj})$ ist, gilt $\mathbf{P} = \mathbf{M}_B^{B'}(id)$.

2.6.2
Man zeige: Die geometrische Vielfachheit eines Eigenwerts λ der Matrix $\mathbf{A} \in \mathcal{M}_{n\times n}(K)$ ist mindestens 1, aber nicht größer als die algebraische Vielfachheit von λ.

Ist λ ein Eigenwert von $\mathbf{A}$, so gibt es nach Definition einen Eigenvektor $\neq 0$ zu diesem Eigenwert. $V_\lambda(\mathbf{A})$ hat somit mindestens die Dimension 1.
Wir zeigen nun, daß die geometrische Vielfachheit k von λ nicht größer als die algebraische Vielfachheit ist.
Sei $\varphi : K^n \longrightarrow K^n$ die zu $\mathbf{A}$ gehörige lineare Abbildung ($\varphi(X) = \mathbf{A}\cdot X$) und sei $(B_1, \ldots, B_k)$ eine Basis von $V_\lambda(\varphi)$. Ergänze sie durch $B_{k+1}, \ldots, B_n$ zu einer Basis $B := (B_1, \ldots, B_n)$ des K^n. Dann ist $\mathbf{C} := \mathbf{M}_B^B(\varphi)$ ähnlich zu $\mathbf{A}$, da beide Matrizen (bzgl. geeigneter Basen) dieselbe lineare Abbildung beschreiben, und nach Wahl von $B_1, \ldots, B_k$ hat $\mathbf{C}$ die Form

$$\begin{pmatrix} \lambda & & \mathbf{0} & \\ & \ddots & & * \\ \mathbf{0} & & \lambda & \\ & \mathbf{0} & & \mathbf{C}_1 \end{pmatrix}.$$

Nun ist $p_\varphi = p_\mathbf{C}$, da $\mathbf{A}$ ähnlich zu $\mathbf{C}$ ist, und es ist $p_\mathbf{C} = (\lambda - x)^k \det(\mathbf{C}_1 - x\mathbf{E})$ nach Aufgabe 2.6.5, REP1. Es folgt: $(\lambda - x)^k$ teilt p_φ.
Deshalb ist die algebraische Vielfachheit von λ mindestens k, was zu zeigen war.

2.6.3
Man zeige: Besitzt die Matrix $\mathbf{A} \in \mathcal{M}_{n\times n}(K)$ n paarweise verschiedene Eigenwerte, so besitzt der K^n eine Basis aus Eigenvektoren von $\mathbf{A}$ und die Matrix $\mathbf{A}$ ist diagonalisierbar.
Warum ist die Umkehrung für $n \geq 2$ offensichtlich falsch?

Seien $\lambda_1, \ldots, \lambda_n$ die Eigenwerte von $\mathbf{A}$ mit $\lambda_i \neq \lambda_j$ für $i \neq j$. Zu jedem Eigenwert λ_i gibt es nach Definition einen Eigenvektor $B_i \in K^n$. Da nach Aufgabe 2.4.7 Eigenvektoren zu verschiedenen Eigenwerten linear unabhängig sind, ist die Folge $(B_1, \ldots, B_n)$ linear unabhängig und somit eine Basis des K^n. Nach Kriterium (2) ist $\mathbf{A}$ damit diagonalisierbar.
Die Umkehrung ist falsch: Für $n \geq 2$ besitzt z. B. die Einheitsmatrix $\mathbf{E}$ genau einen Eigenwert; jede Basis des K^n ist aber eine Basis aus Eigenvektoren von $\mathbf{E}$ zum Eigenwert 1.

2.6.4
Man untersuche jeweils, ob die Matrix $\mathbf{A}$ über K diagonalisierbar ist. Wenn ja, so gebe man eine invertierbare Matrix $\mathbf{P}$ und eine Diagonalmatrix $\mathbf{D}$ an mit $\mathbf{D} = \mathbf{P}^{-1}\mathbf{A}\mathbf{P}$.

a) $K = \mathbb{R}$, $\mathbf{A} = \begin{pmatrix} 2 & 1 \\ -1 & 2 \end{pmatrix}$. **b)** $K = \mathbb{C}$, $\mathbf{A}$ *wie in a).*

c) $K = \mathbb{R}$, $\mathbf{A} = \begin{pmatrix} 2 & 1 & 2 \\ 0 & 1 & 1 \\ 0 & 0 & 2 \end{pmatrix}$.

d) $K = \mathbb{C}$, $\mathbf{A}$ *wie in c).* **e)** $K = \mathbb{Z}_3$, $\mathbf{A}$ *wie in c).*

Wir verwenden stets, falls es nicht anders erwähnt ist, das Kriterium (3) zur Diagonalisierbarkeit.
a) Es ist $p_\mathbf{A} = (2 - x)^2 + 1 = x^2 - 4x + 5$.
$p_\mathbf{A}$ hat keine reellen Nullstellen, zerfällt also über $\mathbb{R}$ nicht in Linearfaktoren. Folglich ist $\mathbf{A}$ nicht diagonalisierbar.

b) Es ist $p_{\mathbf{A}} = x^2 - 4x + 5 = (x - (2+i))\,(x - (2-i))$.
Nach Aufgabe 3 gibt es eine Basis $B = (B_1, B_2)$ aus Eigenvektoren von $\mathbf{A}$, also ist $\mathbf{A}$ diagonalisierbar. Ist $\mathbf{P} := \mathbf{M}_E^B(id)$, wobei E die kanonische Basis des $\mathbb{C}^2$ ist, so gilt nach der Transformationsformel:

$$\mathbf{P}^{-1}\mathbf{A}\mathbf{P} = \mathbf{M}_B^B(\varphi_{\mathbf{A}}) = \begin{pmatrix} 2+i & 0 \\ 0 & 2-i \end{pmatrix} =: \mathbf{D},$$

wenn B_1 ein Eigenvektor von $\mathbf{A}$ zu $2+i$ und B_2 ein Eigenvektor von $\mathbf{A}$ zu $2-i$ ist. Wir berechnen also solche Vektoren B_1, B_2:
$\mathbf{A} - (2+i)\mathbf{E} = \begin{pmatrix} -i & 1 \\ -1 & -i \end{pmatrix}$ hat $\begin{pmatrix} -i & 1 \\ 0 & 0 \end{pmatrix}$ als Zeilenstufenform. Damit ergibt sich $V_{2+i}(\mathbf{A}) = L((-i, 1))$ als Lösungsraum von $(\mathbf{A} - (2+i)\mathbf{E})X = 0$. Entsprechend erhalten wir $V_{2-i}(\mathbf{A}) = L((i, 1))$. Wähle also

$$\mathbf{P} = \begin{pmatrix} -i & i \\ 1 & 1 \end{pmatrix}.$$

c) Da $\mathbf{A}$ eine obere Dreiecksmatrix ist, ist $p_{\mathbf{A}} = (2-x)^2(1-x)$. Die Matrix

$$\mathbf{A} - 2\mathbf{E} = \begin{pmatrix} 0 & 1 & 2 \\ 0 & -1 & 1 \\ 0 & 0 & 0 \end{pmatrix}$$

hat den Rang 2, also ist 1 die geometrische Vielfachheit des Eigenwerts 2 von $\mathbf{A}$, während 2 seine algebraische Vielfachheit ist. $\mathbf{A}$ ist nicht diagonalisierbar über $\mathbb{R}$.

d) Die Argumentation von c) läßt sich hier wörtlich wiederholen, da die Matrix $\mathbf{A} - 2\mathbf{E}$ auch über $\mathbb{C}$ den Rang 2 hat.

e) Hier hat

$$\mathbf{A} - 2\mathbf{E} = \begin{pmatrix} 0 & 1 & 2 \\ 0 & -1 & 1 \\ 0 & 0 & 0 \end{pmatrix} = \begin{pmatrix} 0 & 1 & 2 \\ 0 & 2 & 1 \\ 0 & 0 & 0 \end{pmatrix}$$

den Rang 1, da $2(0,1,2) = (0,2,1)$ ist. (Beachte: $-1 = 2$ und $2 \cdot 2 = 1$.) Dadurch ergibt sich, daß jeweils die geometrische und die algebraische Vielfachheit der Eigenwerte übereinstimmen, $\mathbf{A}$ ist diagonalisierbar über $\mathbb{Z}_3$ und ähnlich zur Matrix $\begin{pmatrix} 2 & 0 & 0 \\ 0 & 2 & 0 \\ 0 & 0 & 1 \end{pmatrix}$. Zur Berechnung von $\mathbf{P}$ benötigen wir wieder eine Basis aus Eigenvektoren von $\mathbf{A}$. Die Berechnung erfolgt wie üblich.

$(\mathbf{A}-2\mathbf{E})X=0$ ist äquivalent zu

$$\begin{pmatrix} 0 & 1 & 2 \\ 0 & 0 & 0 \\ 0 & 0 & 0 \end{pmatrix} X = 0\,;$$

wir erhalten $V_2(\mathbf{A}) = L((1,0,0),(0,1,1))$.
$(\mathbf{A}-\mathbf{E})X=0$ ist äquivalent zu

$$\begin{pmatrix} 1 & 1 & 2 \\ 0 & 0 & 1 \\ 0 & 0 & 0 \end{pmatrix} X = 0\,;$$

dies liefert $V_1(\mathbf{A}) = L((2,1,0))$. Setzt man $\mathbf{P} := \begin{pmatrix} 1 & 0 & 2 \\ 0 & 1 & 1 \\ 0 & 1 & 0 \end{pmatrix}$, so erhält man

$$\mathbf{P}^{-1}\mathbf{A}\mathbf{P} = \begin{pmatrix} 2 & 0 & 0 \\ 0 & 2 & 0 \\ 0 & 0 & 1 \end{pmatrix}.$$

2.6.5

Sei $\mathbf{A} = \begin{pmatrix} 5 & -6 & -6 \\ -1 & 4 & 2 \\ 3 & -6 & -4 \end{pmatrix} \in \mathcal{M}_{3\times 3}(\mathbb{R})$. *Ist* $\mathbf{A}$ *diagonalisierbar?*
Wenn ja, so gebe man eine invertierbare Matrix $\mathbf{P}$ *und eine Diagonalmatrix* $\mathbf{D}$ *an mit* $\mathbf{D} = \mathbf{P}^{-1}\mathbf{A}\mathbf{P}$.
Ist $\mathbf{A}$ *ähnlich zu* $\mathbf{C}_1 = \begin{pmatrix} 8 & 2 & -2 \\ 3 & 3 & -1 \\ 24 & 8 & -6 \end{pmatrix}$? *zu* $\mathbf{C}_2 = \begin{pmatrix} 0 & 0 & 4 \\ 1 & 0 & -8 \\ 0 & 1 & 5 \end{pmatrix}$?

Nach der Regel von SARRUS ist

$$\begin{aligned} p_{\mathbf{A}} &= (5-x)\,(4-x)\,(-4-x) - 36 - 36 + 18(4-x) + 12(5-x) - 6(-4-x) \\ &= -x^3 + 5x^2 - 8x + 4 = (1-x)\,(2-x)^2\,. \end{aligned}$$

$\mathbf{A}$ hat somit 2 und 1 als Eigenwerte mit den algebraischen Vielfachheiten 2 bzw. 1. $\mathbf{A}-2\mathbf{E}$ hat den Rang 1, $\mathbf{A}-\mathbf{E}$ hat den Rang 2; die geometrischen Vielfachheiten der Eigenwerte sind gleich den algebraischen, $\mathbf{A}$ ist diagonalisierbar und ähnlich zu der Diagonalmatrix

$$\mathbf{D} = \begin{pmatrix} 2 & 0 & 0 \\ 0 & 2 & 0 \\ 0 & 0 & 1 \end{pmatrix}.$$

Die Eigenvektoren von $\mathbf{A}$ zum Eigenwert 2 ergeben sich wie üblich als nicht triviale Lösungen des Gleichungssystems $(\mathbf{A}-2\mathbf{E})X=0$.
Wir erhalten $V_2(\mathbf{A}) = L((2,1,0),(2,0,1))$.
Entsprechend ergibt sich $V_1(\mathbf{A}) = L((3,-1,3))$ als Lösungsraum des Gleichungssystems $(\mathbf{A}-\mathbf{E})X=0$.
Setzen wir $\mathbf{P} := \begin{pmatrix} 2 & 2 & 3 \\ 1 & 0 & -1 \\ 0 & 1 & 3 \end{pmatrix}$, so ist $\mathbf{P}^{-1}\mathbf{AP} = \begin{pmatrix} 2 & 0 & 0 \\ 0 & 2 & 0 \\ 0 & 0 & 1 \end{pmatrix}$.
Falls $\mathbf{C}_1$ ähnlich zu $\mathbf{A}$ ist, müssen $\mathbf{A}$ und $\mathbf{C}_1$ dieselben Eigenwerte haben.

$$\mathbf{C}_1 - 2\mathbf{E} = \begin{pmatrix} 6 & 2 & -2 \\ 3 & 1 & -1 \\ 24 & 8 & -8 \end{pmatrix}$$

hat den Rang 1; aus $\mathbf{C}_1 - \mathbf{E}$ erhält man durch elementare Umformungen

$$\begin{pmatrix} 7 & 2 & -2 \\ 3 & 2 & -1 \\ 24 & 8 & -7 \end{pmatrix} \rightsquigarrow \begin{pmatrix} 2 & 7 & -2 \\ 0 & -4 & 1 \\ 0 & -4 & 1 \end{pmatrix} \rightsquigarrow \begin{pmatrix} 2 & 5 & -2 \\ 0 & -4 & 1 \\ 0 & 0 & 0 \end{pmatrix},$$

und damit hat $\mathbf{C}_1 - \mathbf{E}$ den Rang 2. Es folgt: $\dim V_2(\mathbf{C}_1) = 2$, $\dim V_1(\mathbf{C}_1) = 1$. Der $\mathbb{R}^3$ besitzt daher eine Basis aus Eigenvektoren von $\mathbf{C}_1$, und $\mathbf{C}_1$ ist ebenfalls ähnlich zu $\begin{pmatrix} 2 & 0 & 0 \\ 0 & 2 & 0 \\ 0 & 0 & 1 \end{pmatrix}$. Damit ist $\mathbf{A}$ auch ähnlich zu $\mathbf{C}_1$.
$\mathbf{C}_2 - 2\mathbf{E} = \begin{pmatrix} -2 & 0 & 4 \\ 1 & -2 & -8 \\ 0 & 1 & 3 \end{pmatrix}$ hat den Rang 2. Damit ist $\dim V_2(\mathbf{C}_2) = 1$. Da

$$p_{\mathbf{C}_2} = x^2(5-x) + 4 - 8x = -x^3 + 5x^2 - 8x + 4 = p_{\mathbf{A}},$$

ist $\mathbf{C}_2$ nach Kriterium (3) nicht diagonalisierbar und kann daher nicht ähnlich zu $\mathbf{A}$ sein.

Bemerkung: Eine Methode, die entscheidet, ob zwei Matrizen über K ähnlich sind, werden wir in Kapitel 3 kennenlernen.

2.6.6

Sei $C = ((1,1,1),(0,1,-1),(2,-1,-1))$ *eine Basis des* $\mathbb{R}^3$ *und sei eine lineare Abbbildung* $\varphi : \mathbb{R}^3 \longrightarrow \mathbb{R}^3$ *gegeben durch*

$$\mathbf{A} = \mathbf{M}_C^C(\varphi) = \begin{pmatrix} 5 & -6 & -6 \\ -1 & 4 & 2 \\ 3 & -6 & -4 \end{pmatrix}.$$

Ist φ *diagonalisierbar? Wenn ja, so gebe man eine Basis* B *des* $\mathbb{R}^3$ *an, so daß* $\mathbf{D} = \mathbf{M}_B^B(\varphi)$ *eine Diagonalmatrix ist. Welche Matrix* $\mathbf{P}$ *liefert dann* $\mathbf{D} = \mathbf{P}^{-1}\mathbf{AP}$*?*

Die Rechenarbeit für den ersten Teil der Aufgabe wurde schon in Aufgabe 5 geleistet. Dort haben wir nämlich festgestellt, daß die Matrix $\mathbf{A}$ diagonalisierbar ist. Nach Aufgabe 1 ist daher auch φ diagonalisierbar. Ferner gilt nach Aufgabe 2.4.10 für $X \neq 0$:
X ist Eigenvektor von φ zum Eigenwert λ genau dann, wenn der Koordinatenvektor $k_C(X)$ Eigenvektor von $\mathbf{A}$ zum Eigenwert λ ist.
Die lineare Abbildung k_C ist ein Isomorphismus. Kennen wir also eine Basis aus Eigenvektoren von $\mathbf{A}$, so kennen wir die Koordinatenvektoren bzgl. C einer Basis B aus Eigenvektoren von φ. Damit erhält man $B = (B_1, B_2, B_3)$ unter Benutzung der in Aufgabe 5 berechneten Eigenvektoren:

$$\begin{aligned} B_1 &= 2\,(1,1,1) + (0,1,-1) = (2,3,1)\,, \\ B_2 &= 2\,(1,1,1) + (2,-1,-1) = (4,1,1)\,, \\ B_3 &= 3\,(1,1,1) - (0,1,-1) + 3\,(2,-1,-1) = (9,-1,1)\,. \end{aligned}$$

Es ist

$$\mathbf{D} = \mathbf{M}_B^B(\varphi) = \begin{pmatrix} 2 & 0 & 0 \\ 0 & 2 & 0 \\ 0 & 0 & 1 \end{pmatrix}.$$

Aus Aufgabe 5 ist für

$$\mathbf{P} := \begin{pmatrix} 2 & 2 & 3 \\ 1 & 0 & -1 \\ 0 & 1 & 3 \end{pmatrix}$$

bekannt: $\mathbf{D} = \mathbf{P}^{-1}\mathbf{AP}$.

2.6.7

Man zeige: Sind $\mathbf{A}, \mathbf{B} \in \mathcal{M}_{n\times n}(K)$ *diagonalisierbar, so gilt:*

$$\mathbf{A} \text{ ist ähnlich zu } \mathbf{B} \iff p_{\mathbf{A}} = p_{\mathbf{B}}\,.$$

Da ähnliche Matrizen dasselbe charakteristische Polynom haben, genügt es, den Beweis für den Fall zu führen, daß sowohl $\mathbf{A}$ als auch $\mathbf{B}$ Diagonalmatrizen sind.

Die Richtung "$\Longrightarrow$" ist nach dem soeben zitierten Satz klar.
Es gelte also $p_{\mathbf{A}} = p_{\mathbf{B}}$. Sind $a_1, \dots, a_n$ die Diagonalelemente von $\mathbf{A}$ und $b_1, \dots, b_n$ die von $\mathbf{B}$, so ist

$$p_{\mathbf{A}} = \prod_{i=1}^{n}(a_i - x) = \prod_{i=1}^{n}(b_i - x) = p_{\mathbf{B}}.$$

Nach dem Satz über die eindeutige Zerlegbarkeit von Polynomen in irreduzible Faktoren muß es eine Permutation σ von $\{1, \dots, n\}$ geben mit $a_{\sigma(i)} = b_i$ für $i = 1, \dots, n$. $B := (E_{\sigma(1)}, \dots, E_{\sigma(n)})$ ist eine Basis des K^n; sei $\psi \in \mathrm{End}\,(K^n)$ gegeben durch $\mathbf{B} =: \mathbf{M}_B^B(\psi)$. Dann ist

$$\psi(E_{\sigma(j)}) = b_j E_{\sigma(j)} = a_{\sigma(j)}\, E_{\sigma(j)}.$$

Somit gilt für alle i: $\psi(E_i) = a_i\, E_i = \mathbf{A}E_i$.
Folglich ist $\psi = \varphi_{\mathbf{A}}$ und $\mathbf{B} = \mathbf{M}_B^B(\varphi_{\mathbf{A}})$. Da $\mathbf{A}$ und $\mathbf{B}$ bezüglich geeigneter Basen dieselbe lineare Abbildung beschreiben, sind sie ähnlich.

2.6.8
Jede Matrix $\mathbf{A} \in \mathcal{M}_{n\times n}(K)$ mit $\mathbf{A}^2 = \mathbf{A}$ heißt **idempotent**. *Man zeige für idempotente Matrizen $\mathbf{A}$:*

a) *$\mathbf{A}$ ist diagonalisierbar.*

b) *$K^n = \mathrm{Kern}\,\varphi_{\mathbf{A}} \oplus \mathrm{Bild}\,\varphi_{\mathbf{A}}$.*

c) *$\mathbf{A}$ ist ähnlich zu $\left(\begin{array}{c|c} \mathbf{E}_r & \mathbf{0} \\ \hline \mathbf{0} & \mathbf{0} \end{array}\right)$, wobei $\mathbf{E}_r$ die r-reihige Einheitsmatrix ist und $r = \mathrm{rg}\,\mathbf{A}$ gilt.*

d) *$p_{\mathbf{A}} = (-1)^n x^{n-r}(x-1)^r$.*

e) *$\det(\mathbf{E} - x\mathbf{A}) = (1-x)^r$, falls $r = \mathrm{rg}\,\mathbf{A}$.*

a) Ist $\mathbf{A}^2 = \mathbf{A}$, so ist $\mathbf{A}$ Nullstelle von $x^2 - x$. Also ist $m_{\mathbf{A}}$ ein Teiler von $x^2 - x$ nach Aufgabe 2.5.2 und zerfällt damit in paarweise verschiedene Linearfaktoren.

b) Nach dem Kern-Bild-Satz gilt $\dim \mathrm{Kern}\,\varphi_{\mathbf{A}} + \dim \mathrm{Bild}\,\varphi_{\mathbf{A}} = n$. Also genügt es zu zeigen, daß $\mathrm{Kern}\,\varphi_{\mathbf{A}} + \mathrm{Bild}\,\varphi_{\mathbf{A}} = K^n$ gilt.
Es sei $X \in K^n$. Wir setzen $X_1 := \mathbf{A}X \in \mathrm{Bild}\,\varphi_{\mathbf{A}}$ und $X_0 := X - X_1 = X - \mathbf{A}X$. Dann ist

$$\mathbf{A}X_0 = \mathbf{A}X - \mathbf{A}^2 X = \mathbf{A}X - \mathbf{A}X = 0\,.$$

Also ist $X_0 \in \mathrm{Kern}\,\varphi_{\mathbf{A}}$ und $X = X_1 + X_0$, d.h. $X \in \mathrm{Bild}\,\varphi_{\mathbf{A}} + \mathrm{Kern}\,\varphi_{\mathbf{A}}$.
Bemerkung: Die zu einer idempotenten Matrix $\mathbf{A}$ gehörige lineare Abbildung $\varphi_{\mathbf{A}}$ nennt man auch eine **Projektion** - genauer eine Projektion längs $\mathrm{Kern}\,\varphi_{\mathbf{A}}$ auf den Unterraum $\mathrm{Bild}\,\varphi_{\mathbf{A}}$.

c) Wir wählen eine Basis $B_1 = (A_1, \dots, A_r)$ von $\mathrm{Bild}\,\varphi_{\mathbf{A}}$ und eine Basis $B_2 = (A_{r+1}, \dots, A_n)$ von $\mathrm{Kern}\,\varphi_{\mathbf{A}}$ und setzen $B := (A_1, \dots, A_n)$. Es gilt $\mathbf{A}A_j = 0$ für

$j = r+1, \ldots, n$. also sind $A_{r+1}, \ldots, A_n$ Eigenvektoren von $\mathbf{A}$ zum Eigenwert 0. Für $A_1, \ldots, A_r \in \text{Bild}\, \varphi_{\mathbf{A}}$ gilt $A_i = \mathbf{A}A_i^{'}$ für gewisse $A_i^{'} \in K^n$. Also

$$\mathbf{A}A_i = \mathbf{A}^2 A_i^{'} = \mathbf{A}A_i^{'} = A_i \qquad (i = 1, \ldots, r)\ .$$

$A_1, \ldots, A_r$ sind also Eigenvektoren von $\mathbf{A}$ zum Eigenwert 1. Damit hat $\mathbf{M}_B^B(\varphi_{\mathbf{A}})$ die geforderte Gestalt, also ist $\mathbf{A}$ ähnlich zur Matrix $\left(\begin{array}{c|c} \mathbf{E}_r & \mathbf{0} \\ \hline \mathbf{0} & \mathbf{0} \end{array}\right)$, und da ähnliche Matrizen den gleichen Rang haben, muß r mit dem Rang von $\mathbf{A}$ übereinstimmen.

d) $p_{\mathbf{A}} = (-1)^n x^{n-r}(x-1)^r$ folgt sofort aus c), da ähnliche Matrizen das gleiche charakteristische Polynom haben.

e) Nach c) gibt es eine invertierbare Matrix $\mathbf{S}$ mit $\mathbf{S}^{-1}\mathbf{A}\mathbf{S} = \left(\begin{array}{c|c} \mathbf{E}_r & \mathbf{0} \\ \hline \mathbf{0} & \mathbf{0} \end{array}\right)$. Also ist

$$\begin{aligned} \det(\mathbf{E} - x\mathbf{A}) &= \det(\mathbf{S}^{-1}(\mathbf{E} - x\mathbf{A})\mathbf{S}) \\ &= \det(\mathbf{E} - x\left(\begin{array}{c|c} \mathbf{E}_r & \mathbf{0} \\ \hline \mathbf{0} & \mathbf{0} \end{array}\right)) \\ &= (1-x)^r \end{aligned}$$

2.6.9

Sei K ein Unterkörper des Körpers L und sei $\mathbf{A} \in \mathcal{M}_{n\times n}(K)$. $p_{\mathbf{A}}$ zerfalle über K in Linearfaktoren. Man zeige:
$\mathbf{A}$ ist über K diagonalisierbar $\iff$ $\mathbf{A}$ ist über L diagonalisierbar.

Die Richtung "$\Longrightarrow$" folgt sofort aus der Definition der Diagonalisierbarkeit, wird hier aber mit bewiesen. Nach Kriterium (3) ist $\mathbf{A}$ genau dann diagonalisierbar, wenn für jeden Eigenwert λ von $\mathbf{A}$ seine algebraische Vielfachheit gleich seiner geometrischen Vielfachheit ist, denn $p_{\mathbf{A}}$ zerfällt ja nach Voraussetzung in Linearfaktoren. Beide Vielfachheiten sind jedoch über K bzw. über L dieselben: Für die algebraische ist dies klar, und die geometrische Vielfachheit von λ ergibt sich als Dimension des Lösungsraumes des Gleichungssystems $(\mathbf{A} - \lambda\mathbf{E})X = 0$. Bringt man die Koeffizientenmatrix $\mathbf{A} - \lambda\mathbf{E}$ über K auf Zeilenstufenform mit genau k Nullzeilen, so ist dies auch eine Zeilenstufenform über L mit genau k Nullzeilen, und für beide Körper ist dann k die Dimension des Lösungsraumes.

2.6.10
Es seien $\mathbf{A}, \mathbf{C} \in \mathcal{M}_{n\times n}(K)$ *diagonalisierbare Matrizen, für die* $\mathbf{AC} = \mathbf{CA}$ *gilt. Man beweise, daß es eine Basis des* K^n *gibt, die aus gemeinsamen Eigenvektoren von* $\mathbf{A}$ *und* $\mathbf{C}$ *besteht (d.h.* $\mathbf{A}$ *und* $\mathbf{C}$ *sind simultan diagonalisierbar).*
Insbesondere sind $\mathbf{A}+\mathbf{C}$ *und* $\mathbf{AC}$ *diagonalisierbar.*
Hinweis: Ist $X \in V_\lambda(\mathbf{A})$, *so ist* $\mathbf{C}X \in V_\lambda(\mathbf{A})$. *Ferner ist der* K^n *direkte Summe der Eigenräume von* $\mathbf{A}$.

Zunächst fragt man sich, was der Hinweis nützt. Jedes $X \in K^n$ ist eindeutig darstellbar als $X = \sum_{i=1}^{k} A_i$ mit $A_i \in V_{\mu_i}(\mathbf{A})$, falls $\mu_1, \dots, \mu_k$ die (paarweise verschiedenen) Eigenwerte von $\mathbf{A}$ sind. Dies folgt aus Kriterium (5) zur Diagonalisierbarkeit. Ist der Hinweis bewiesen, so folgt:
$\mathbf{C}X = \sum_{i=1}^{k} \mathbf{C}A_i$ ist die eindeutige Darstellung von $\mathbf{C}X$ als Summe von Elementen von $V_{\lambda_i}(\mathbf{A})$, $i = 1, \dots, k$. Ist insbesondere X ein Eigenvektor von $\mathbf{C}$ zum Eigenwert μ, so ist $\mathbf{C}X = \sum_{i=1}^{k} \mathbf{C}A_i = \mu X = \sum_{i=1}^{k} \mu A_i$.
Wegen der Eindeutigkeit der Darstellung ist $\mathbf{C}A_i = \mu A_i$ für alle i, also ist $A_i = 0$ oder A_i ist ein Eigenvektor von $\mathbf{C}$ zum Eigenwert μ.

Ergebnis: Wir können jeden Eigenvektor von $\mathbf{C}$ darstellen als Summe von gemeinsamen Eigenvektoren von $\mathbf{A}$ und $\mathbf{C}$. Da $\mathbf{C}$ diagonalisierbar ist, gibt es eine Basis aus Eigenvektoren von $\mathbf{C}$; diese sei $(C_1, \dots, C_n)$. Jedes $X \in K^n$ hat die Form $X = \sum \lambda_i C_i$. Ersetzt man C_i durch die jeweilige Summe von gemeinsamen Eigenvektoren, so folgt:
Jeder Vektor $X \in V$ läßt sich als Summe von gemeinsamen Eigenvektoren von $\mathbf{A}$ und $\mathbf{C}$ darstellen.
Die Menge $\{Y \in K^n \,|\, Y \text{ ist Eigenvektor von } \mathbf{A} \text{ und von } \mathbf{C}\}$ erzeugt somit den K^n und enthält nach Aufgabe 1.2.3 eine Basis B der gesuchten Art.
Es bleibt der Beweis des ersten Teils des Hinweises.
Sei also $X \in V_\lambda(\mathbf{A})$. Dann ist

$$\mathbf{AC}X = \mathbf{CA}X = \mathbf{C}\lambda X = \lambda \mathbf{C}X.$$

Somit ist $\mathbf{C}X \in V_\lambda(\mathbf{A})$.
Sei $\mathbf{P}$ die Matrix, deren Spalten die Vektoren aus B sind. Dann sind $\mathbf{D}_1 = \mathbf{P}^{-1}\mathbf{AP}$ und $\mathbf{D}_2 = \mathbf{P}^{-1}\mathbf{CP}$ Diagonalmatrizen. Es folgt: $\mathbf{P}^{-1}(\mathbf{A}+\mathbf{C})\mathbf{P} = \mathbf{P}^{-1}\mathbf{AP} + \mathbf{P}^{-1}\mathbf{CP}$ und $\mathbf{P}^{-1}\mathbf{ACP} = \mathbf{P}^{-1}\mathbf{APP}^{-1}\mathbf{CP}$ sind Diagonalmatrizen.

2.6.11

Seien $\mathbf{A} = \begin{pmatrix} 14 & -24 & -24 \\ -4 & 10 & 8 \\ 12 & -24 & -22 \end{pmatrix}$ *und* $\mathbf{C} = \begin{pmatrix} 3 & 0 & 0 \\ 8 & -15 & -14 \\ -8 & 18 & 17 \end{pmatrix}$.

Man zeige, daß es eine Basis des $\mathbb{R}^3$ *gibt, die aus gemeinsamen Eigenvektoren von* **A** *und* **C** *besteht. Man berechne eine solche Basis.*

Hinweis: **A** *hat die Eigenwerte* 2 *und* -2, **C** *hat die Eigenwerte* -1 *und* 3.

Zunächst kann man den Hinweis schnell verifizieren.

$$(\mathbf{A} - 2\mathbf{E}) = \begin{pmatrix} 12 & -24 & -24 \\ -4 & 8 & 8 \\ 12 & -24 & -24 \end{pmatrix}$$

hat den Rang 1. Damit hat der Eigenwert 2 von **A** die geometrische Vielfachheit 2. Da **A** ferner einen Eigenvektor zum Eigenwert -2 besitzt, existiert eine Basis des $\mathbb{R}^3$ aus Eigenvektoren von **A**; **A** ist diagonalisierbar. Analog ist **C** diagonalisierbar (beides liefert auch die Rechnung ab Seite 116).
Man rechnet außerdem leicht nach:

$$\mathbf{AC} = \mathbf{CA} = \begin{pmatrix} 42 & -72 & -72 \\ 4 & -6 & -4 \\ 20 & -36 & -38 \end{pmatrix} .$$

Folglich sind die Voraussetzungen von Aufgabe 10 erfüllt und die gesuchte Basis existiert.

Methode zur Berechnung einer Basis B aus gemeinsamen Eigenvektoren zu A und C:

1. Bestimme eine Basis aus Eigenvektoren von **A** und eine Basis $(C_1, \ldots, C_n)$ aus Eigenvektoren von **C**.
2. Stelle jeden Vektor C_i dieser Basis in der Form $A_1^i + A_2^i + \ldots + A_k^i$ mit $A_j^i \in V_{\lambda_j}(\mathbf{A})$ dar.
3. Die unter 2. benötigten Vektoren $A_j^i \neq 0$ $(j = 1, \ldots, k;\ i = 1, \ldots, n)$ bilden ein Erzeugendensystem des K^n aus gemeinsamen Eigenvektoren von **A** und **C**. Wähle daraus eine Basis aus.

Wir berechnen nun zunächst wie üblich Basen aus Eigenvektoren von **A** und von **C**.

$$(\mathbf{A} - 2\mathbf{E})X = 0 \iff x - 2y - 2z = 0 .$$

Es folgt $V_2(\mathbf{A}) = L((2,1,0),(2,0,1)) =: L(A_1, A_2)$.

$$(\mathbf{A} + 2\mathbf{E})X = 0 \iff \begin{pmatrix} -1 & 3 & 2 \\ 0 & 3 & 1 \\ 0 & 0 & 0 \end{pmatrix} X = 0 .$$

Daher ist $V_{-2}(\mathbf{A}) = L((3,-1,3)) =: L(A_3)$.

$$(\mathbf{C} - 3\mathbf{E})X = 0 \iff 4x - 9y - 7z = 0\,.$$

Es folgt $V_3(\mathbf{C}) = L((7,0,4),(9,4,0)) =: L(C_1, C_2)$.

$$(\mathbf{C} + \mathbf{E})X = 0 \iff \begin{pmatrix} 1 & 0 & 0 \\ 0 & 1 & 1 \\ 0 & 0 & 0 \end{pmatrix} X = 0\,.$$

Daher ist $V_{-1}(\mathbf{C}) = L((0,-1,1)) =: L(C_3)$.
Nun müssen die C_i durch (A_1, A_2, A_3) dargestellt werden. Dazu lösen wir simultan drei Gleichungssysteme mit der Koeffizientenmatrix $\begin{pmatrix} 2 & 2 & 3 \\ 1 & 0 & -1 \\ 0 & 1 & 3 \end{pmatrix}$:

2	2	3	7	9	0	1		
1	0	−1	0	4	−1	−2		
0	1	3	4	0	1	−2		
1	0	−1	0	4	−1	1		
0	1	3	4	0	1		1	
0	0	−1	−1	1	0	−1	3	−1
1	0	0	1	3	−1			
0	1	0	1	3	1			
0	0	1	1	−1	0			

Es folgt:

$$\begin{aligned} (7,0,4) &= (2,1,0) + (2,0,1) + (3,-1,3) = (4,1,1) + (3,-1,3)\,, \\ (9,4,0) &= 3\,(2,1,0) + 3\,(2,0,1) - (3,-1,3) = (12,3,3) - (3,-1,3)\,, \\ (0,-1,1) &= -(2,1,0) + (2,0,1) = (0,-1,1)\,. \end{aligned}$$

Aus dem Erzeugendensystem $\{(4,1,1),(3,-1,3),(12,3,3),(0,-1,1)\}$ läßt sich nun leicht eine gesuchte Basis $B = ((4,1,1),(3,-1,3),(0,-1,1))$ gewinnen.

Probe:

Die ersten beiden Vektoren in B sind schon Eigenvektoren von $\mathbf{A}$, $(0,-1,1)$ ist Eigenvektor von $\mathbf{C}$ und von $\mathbf{A}$. Wegen

$$\mathbf{C}\begin{pmatrix} 4 \\ 1 \\ 1 \end{pmatrix} = \begin{pmatrix} 12 \\ 3 \\ 3 \end{pmatrix} = 3\begin{pmatrix} 4 \\ 1 \\ 1 \end{pmatrix} \quad \text{und}$$

$$\mathbf{C}\begin{pmatrix} 3 \\ -1 \\ 3 \end{pmatrix} = \begin{pmatrix} 9 \\ -3 \\ 9 \end{pmatrix} = 3\begin{pmatrix} 3 \\ -1 \\ 3 \end{pmatrix}$$

sind die ersten beiden Vektoren auch Eigenvektoren von $\mathbf{C}$.

2.6.12

Für die Matrix $\mathbf{M} = \begin{pmatrix} \frac{1}{2} & \frac{1}{2} \\ 1 & 0 \end{pmatrix}$ *berechne man mittels Eigenwerttheorie die Potenzen* $\mathbf{M}^n$ *für alle* $n \in \mathbb{N}$ *und daraus* $\mathbf{N} := \lim_{n\to\infty} \mathbf{M}^n$, *sofern diese Matrix existiert.*

Wir berechnen zunächst die Eigenwerte und zugehörige Eigenvektoren von $\mathbf{M}$. Das charakteristische Polynom lautet

$$p_{\mathbf{M}}(x) = (\frac{1}{2} - x)(-x) - \frac{1}{2} = x^2 - \frac{1}{2}x - \frac{1}{2} = (x-1)(x + \frac{1}{2}).$$

Eigenwerte sind also 1 und $-\frac{1}{2}$. Da alle Zeilensummen der Matrix gleich 1 sind, ist $X = \begin{pmatrix} 1 \\ 1 \end{pmatrix}$ Eigenvektor zum Eigenwert 1 (siehe Aufgabe 2.4.3). Zum Eigenwert $-\frac{1}{2}$ erhält man z. B. $X = \begin{pmatrix} 1 \\ -2 \end{pmatrix}$ als Eigenvektor. Die Matrix $\mathbf{M}$ läßt sich also diagonalisieren. Sie ist ähnlich zur Diagonalmatrix $\mathbf{D} = \begin{pmatrix} 1 & 0 \\ 0 & -\frac{1}{2} \end{pmatrix}$. Damit gilt

$$\begin{aligned} \mathbf{M} &= \mathbf{PDP}^{-1}, \quad \text{wobei} \quad \mathbf{P} = \begin{pmatrix} 1 & 1 \\ 1 & -2 \end{pmatrix}. \\ \mathbf{M}^2 &= (\mathbf{PDP}^{-1})(\mathbf{PDP}^{-1}) = \mathbf{PD}^2\mathbf{P}^{-1}, \\ &\vdots \\ \mathbf{M}^n &= \mathbf{PD}^n\mathbf{P}^{-1}. \end{aligned}$$

Unter Benutzung von $\mathbf{P}^{-1} = -\frac{1}{3}\begin{pmatrix} -2 & -1 \\ -1 & 1 \end{pmatrix}$ folgt nun:

$$\begin{aligned} \mathbf{M}^n &= -\frac{1}{3}\begin{pmatrix} 1 & 1 \\ 1 & -2 \end{pmatrix}\begin{pmatrix} 1 & 0 \\ 0 & (-\frac{1}{2})^n \end{pmatrix}\begin{pmatrix} -2 & -1 \\ -1 & 1 \end{pmatrix} \\ &= \begin{pmatrix} \frac{2}{3} + \frac{(-1)^n}{2^n \cdot 3} & \frac{1}{3} - \frac{(-1)^n}{2^n \cdot 3} \\ \frac{2}{3} + \frac{(-1)^{n-1}}{2^{n-1} \cdot 3} & \frac{1}{3} - \frac{(-1)^{n-1}}{2^{n-1} \cdot 3} \end{pmatrix}. \end{aligned}$$

Allen vier Eintragungen von $\mathbf{M}^n$ sind Glieder von konvergenten Folgen, also existiert $\mathbf{N} = \lim_{n\to\infty} \mathbf{M}^n$, und es ist

$$\mathbf{N} = \begin{pmatrix} \frac{2}{3} & \frac{1}{3} \\ \frac{2}{3} & \frac{1}{3} \end{pmatrix}.$$

2.6.13

Sei V ein Vektorraum über K der Dimension $n \in \mathbb{N}$ und sei $\varphi \in \operatorname{End}(V)$. Man zeige:
φ ist genau dann triangulierbar, wenn es eine Basis $B = (B_1, \ldots, B_n)$ von V gibt, so daß die Untervektorräume $U_j := L(B_1, \ldots, B_j)$ φ–invariant sind, d. h. so daß $\varphi(U_j) \subseteq U_j$ gilt, für $j = 1, \ldots, n$.
(Eine solche Basis ist eine Fahnenbasis für φ.)

Sei φ triangulierbar. Dann gibt es eine Basis B von V, so daß $\mathbf{M}_B^B(\varphi)$ obere Dreiecksmatrix ist. Ist $B = (B_1, \ldots, B_n)$ und $\mathbf{M}_B^B(\varphi) = (a_{ij})$, so bedeutet dies: $\varphi(B_j) = \sum_{i=1}^{j} a_{ij} B_i$. Folglich sind die Räume $U_j := L(B_1, \ldots, B_j)$ φ–invariant.
Ist dies umgekehrt für eine Basis $B = (B_1, \ldots, B_n)$ der Fall, so ist $\varphi(B_j) \in U_j$; also gibt es Elemente $a_{ij} \in K$ mit $\varphi(B_j) = \sum_{i=1}^{j} a_{ij} B_i$, und dies impliziert sofort, daß $\mathbf{M}_B^B(\varphi)$ eine obere Dreiecksmatrix ist, da die Spalten dieser Matrix die Koordinatenvektoren bzgl. B der Bilder der Vektoren der Basis B sind.

2.6.14

Sei V ein Vektorraum über K der Dimension $n \in \mathbb{N}$ und sei $\varphi \in End(V)$ mit der Eigenschaft, daß p_φ über K in Linearfaktoren zerfällt. Man zeige, daß φ triangulierbar ist, und gebe ein Verfahren an, bei gegebenen Eigenwerten eine Fahnenbasis von φ zu bestimmen.

Der folgende Induktionsbeweis (über die Dimension von V) wird gleichzeitig das Verfahren liefern.
Ist $n = 1$, so ist $p_\varphi = a - x$. Wählt man $B = (B_1)$, wobei B_1 ein Eigenvektor von φ zum Eigenwert a ist, so ist $\mathbf{M}_B^B(\varphi) = (a)$; dies ist nach Definition eine obere Dreiecksmatrix.
Die Behauptung gelte nun für alle Vektorräume der Dimension $n - 1$ $(n \geq 2)$, und V und φ seien wie in der Behauptung gegeben. Da p_φ in Linearfaktoren zerfällt und mindestens den Grad 2 hat, besitzt φ einen Eigenwert λ und einen Eigenvektor B_1 zum Eigenwert λ. Ergänze B_1 durch $B_2, \ldots, B_n$ zu einer Basis C von V. Dann hat $\mathbf{M}_C^C(\varphi)$ die Form

$$\mathbf{A} = \begin{pmatrix} \lambda & * & \ldots & * \\ 0 & & & \\ \vdots & & \mathbf{A}_2 & \\ 0 & & & \end{pmatrix}.$$

Leider können wir die Induktionsvoraussetzung nicht auf $V_2 := L(B_2, \ldots, B_n)$ und $\varphi \restriction V_2$ anwenden, da $\varphi \restriction V_2$ i. a. kein Endomorphismus von V_2 ist. Wir

finden jedoch $\varphi_2 \in \operatorname{End}(V_2)$ wie folgt:
Ist $X \in V_2$, so ist $\varphi(X) = \alpha_1 B_1 + \ldots + \alpha_n B_n$ für eindeutig bestimmte Elemente $\alpha_1, \ldots, \alpha_n \in K$. Setze $\varphi_2(X) := \alpha_2 B_2 + \ldots + \alpha_n B_n$. Dann ist $\varphi_2 \in \operatorname{End}(V_2)$ und $\mathbf{A}_2 = \mathbf{M}_{\mathcal{C}_2}^{\mathcal{C}_2}(\varphi_2)$ mit $\mathcal{C}_2 := (B_2, \ldots, B_n)$.[8] Da $p_{\mathbf{A}} = (\lambda - x)\, p_{\mathbf{A}_2}$ und $p_{\mathbf{A}_2} = p_{\varphi_2}$, zerfällt p_{φ_2} in Linearfaktoren. Nach Induktionsvoraussetzung existiert eine Basis $B' = (D_2, \ldots, D_n)$ von V_2, so daß $\mathbf{M}_{B'}^{B'}(\varphi_2)$ eine obere Dreiecksmatrix ist. Nun entstehe B aus B', indem B' der Vektor B_1 vorangestellt wird. Zunächst ist B eine Basis von V, da $V_2 = L(B')$ und da C eine Basis von V ist. Ferner ist B eine Fahnenbasis:
Es ist nämlich $\varphi(B_1) = \lambda B_1$, d. h. der Unterraum $U_1 = L(B_1)$ ist φ–invariant. Für D_i $(i = 2, \ldots, n)$ gilt

$$\varphi(D_i) = \gamma_1 B_1 + \varphi_2(D_i) = \gamma_1 B_1 + \gamma_2 D_2 + \ \ldots \ + \gamma_i D_i$$

nach Wahl von B'. Somit ist auch $\mathbf{M}_B^B(\varphi)$ eine obere Dreiecksmatrix, und nach Definition ist φ triangulierbar.
Der durchgeführte Induktionsbeweis liefert letztendlich das folgende

Verfahren zur Bestimmung einer Fahnenbasis von φ:

1. Setze $m = 0$.

2. Seien $\mu_1, \ldots, \mu_k$ die Eigenwerte von φ $(\mu_i \neq \mu_j$ für $i \neq j)$.

   Berechne eine Basis für jeden Eigenraum $V_{\mu_i}(\varphi)$ und vereinige diese Basen zu einer Basis $(B_{m+1}, \ldots, B_{m+r})$ von $V_{\mu_1}(\varphi) \oplus \ \ldots \ \oplus V_{\mu_k}(\varphi)$.

   Jeder Vektor B_i gehört zur gesuchten Fahnenbasis.

3. Ergänze diese Basis durch $D_1, \ldots$ zu einer Basis C von V. Dann ist

$$\mathbf{M}_C^C(\varphi) = \begin{pmatrix} \lambda_1 & & \mathbf{0} & \\ & \ddots & & * \\ \mathbf{0} & & \lambda_r & \\ & \mathbf{0} & & \mathbf{C} \end{pmatrix}.$$

   $(\lambda_1, \ldots, \lambda_r \in \{\mu_1, \ldots, \mu_k\}$ seien entsprechend den Basisvektoren angeordnet.)

4. Setze $D = (D_1, \ldots)$ und $W = L(D)$.

   $\psi \in \operatorname{End}(W)$ sei definiert durch $\mathbf{M}_D^D(\psi) := \mathbf{C}$.

5. Setze $\varphi = \psi$, $V = W$ und $m = r + 1$ und fahre bei 2. fort.

[8] Wenn wir indizierte Basen nicht vermeiden können, schreiben wir sie stets mit Script–Buchstaben.

Dieses Verfahren wird in den nächsten beiden Aufgaben an Beispielen durchgeführt. Beachte, daß r in Schritt 2 sich bei jeder Iteration ändern kann.

2.6.15

a) *Die lineare Abbildung* $\varphi : \mathbb{R}^2 \longrightarrow \mathbb{R}^2$ *werde bzgl. der kanonischen Basis durch* $\mathbf{A} = \begin{pmatrix} 1 & 1 \\ 1 & 1 \end{pmatrix}$ *repräsentiert. Man bestimme eine Fahnenbasis für* φ.

b) *Dasselbe wie in a) für die Matrix* $\mathbf{A} = \begin{pmatrix} 1 & -4 \\ 1 & -3 \end{pmatrix}$.

c) *Dasselbe wie in a) für* $\varphi : \mathbb{R}^4 \longrightarrow \mathbb{R}^4$ *und*

$$\mathbf{A} = \begin{pmatrix} -1 & 1 & 0 & 0 \\ 0 & -1 & 0 & 0 \\ 0 & 0 & -2 & -1 \\ 0 & 0 & 2 & 1 \end{pmatrix}.$$

a) Es ist $p_\varphi = (1-x)^2 - 1 = x\,(x-2)$. Somit besitzt φ Eigenvektoren zu 0 und zu 2. $B := ((1,-1),(1,1))$ ist eine Basis aus Eigenvektoren und damit auch eine Fahnenbasis von φ.

b) Es ist

$$p_\varphi = (1-x)\,(-3-x) + 4 = x^2 + 2x + 1 = (x+1)^2.$$

Wir folgen dem geschilderten Verfahren und wählen $B_1 := (2,1)$ als Eigenvektor von φ zum Eigenwert -1. Ergänzt man B_1 durch z. B. $(0,1) =: D_1$ zu einer Basis C des $\mathbb{R}^2$, so ist $\mathbf{M}_C^C(\varphi) = \begin{pmatrix} -1 & -2 \\ 0 & -1 \end{pmatrix}$, denn

$$\varphi(0,1) = (-4,-3) = -2\,(2,1) - (0,1)\,.$$

Da $\mathbf{M}_C^C(\varphi)$ eine obere Dreiecksmatrix ist, ist hier das Verfahren schon beendet; C ist eine Fahnenbasis für φ.

c) Es ist

$$\begin{aligned} p_\varphi = p_\mathbf{A} &= (-1-x)^2\,((-2-x)\,(1-x)+2) \\ &= (x+1)^2(x^2+x) = x\,(x+1)^3\,. \end{aligned}$$

φ hat somit 0 und -1 als Eigenwerte mit 1 bzw. 3 als algebraischer Vielfachheit. Da

$$\mathbf{A} + \mathbf{E} = \begin{pmatrix} 0 & 1 & 0 & 0 \\ 0 & 0 & 0 & 0 \\ 0 & 0 & -1 & -1 \\ 0 & 0 & 2 & 2 \end{pmatrix}$$

den Rang 2 hat, ist 2 die geometrische Vielfachheit des Eigenwerts -1, und φ ist nicht diagonalisierbar. Wir führen nun wieder das Verfahren durch: (E_1, E_3-E_4) ist eine Basis von $V_{-1}(\varphi)$ (das erkennt man an der obigen Matrix!). $(E_3 - 2E_4)$ berechnet man als Basis von $V_0(\varphi)$. Ergänzt man die Vektoren $E_1, E_3 - E_4, E_3 - 2E_4$ z. B. durch E_2 zu einer Basis B des $\mathbb{R}^4$, so folgt:

$$\mathbf{M}_B^B(\varphi) = \begin{pmatrix} -1 & 0 & 0 & 1 \\ 0 & -1 & 0 & 0 \\ 0 & 0 & 0 & 0 \\ 0 & 0 & 0 & -1 \end{pmatrix}.$$

Somit ist B bereits eine Fahnenbasis.

2.6.16

Sei $\varphi : \mathbb{R}^4 \longrightarrow \mathbb{R}^4$ bzgl. der kanonischen Basis durch die Matrix

$$\mathbf{A} = \begin{pmatrix} 3 & 0 & 0 & -1 \\ 1 & 2 & 0 & -1 \\ 0 & 1 & 2 & -1 \\ 0 & 0 & 1 & 1 \end{pmatrix}$$

gegeben. Man bestimme eine Fahnenbasis des $\mathbb{R}^4$ für φ.

Es ist

$$p_{\mathbf{A}} = p_\varphi = |\mathbf{A} - x\mathbf{E}| = (3-x)\,((2-x)\,((2-x)\,(1-x)+1)-1)+1$$

(man entwickle jeweils nach der 1. Zeile), also

$$p_\varphi = x^4 - 8x^3 + 24x^2 - 32x + 16 = (x-2)^4.$$

Folglich ist φ triangulierbar, und der $\mathbb{R}^4$ besitzt eine Fahnenbasis für φ. Da $\mathbf{A} - 2\mathbf{E}$ den Rang 3 hat, können wir hier nur mit dem (wie üblich berechneten) Eigenvektor $B_1 = (1,1,1,1)$ starten. (Diesen Eigenvektor kann man übrigens auch erraten, da alle Zeilensummen von $\mathbf{A}$ den gleichen Wert haben).
Wir ergänzen B_1 durch $D_1 := E_2, D_2 := E_3, D_3 := E_4$ zu einer Basis C von $V = \mathbb{R}^4$ und erhalten wegen

$$\begin{aligned} \varphi(E_2) &= (0,2,1,0) = 2E_2 + E_3\,, \\ \varphi(E_3) &= (0,0,2,1) = 2E_3 + E_4 \quad \text{und} \\ \varphi(E_4) &= (-1,-1,-1,1) = -B_1 + 2E_4 \end{aligned}$$

die Matrix

$$\mathbf{M}_C^C(\varphi) = \begin{pmatrix} 2 & 0 & 0 & -1 \\ 0 & 2 & 0 & 0 \\ 0 & 1 & 2 & 0 \\ 0 & 0 & 1 & 2 \end{pmatrix}.$$

Mit $D := (E_2, E_3, E_4)$ und $W := L(D)$ ist $\psi \in \operatorname{End}(W)$ definiert durch

$$\mathbf{M}_D^D(\psi) := \begin{pmatrix} 2 & 0 & 0 \\ 1 & 2 & 0 \\ 0 & 1 & 2 \end{pmatrix} .$$

Hier kommt nun Schritt 5 des Verfahrens aus Aufgabe 14 zur Durchführung, d. h. wir müssen iterieren. Um dieselben Bezeichnungen nicht in zweifacher Bedeutung zu verwenden, benutzen wir die Nummer des Iterationsschrittes als Index, d. h. wir setzen in diesem Schritt $\varphi_2 := \psi$, $V_2 := W$ und $m = 1$.
Ein Eigenvektor von $\mathbf{M}_D^D(\varphi_2)$ (zum Eigenwert 2) ist $(0, 0, 1)$, also ist $B_2 := E_4$ (natürlich wieder als Vektor des $\mathbb{R}^4$!) Eigenvektor von φ_2 zum Eigenwert 2 (siehe Aufgabe 2.4.10).
Durch E_2, E_3 ergänzen wir B_2 zu einer Basis $\mathcal{C}_2 := (E_4, E_2, E_3)$ von V_2. Wegen

$$\varphi_2(E_2) = 2E_2 + E_3 \ , \quad \varphi_2(E_3) = 2E_3 + E_4,$$

ist

$$\mathbf{M}_{\mathcal{C}_2}^{\mathcal{C}_2}(\varphi_2) = \begin{pmatrix} 2 & 0 & 1 \\ 0 & 2 & 0 \\ 0 & 1 & 2 \end{pmatrix} .$$

Gemäß Schritt 4 setzen wir $D := (E_2, E_3)$, $W = L(D)$, und $\psi \in \operatorname{End}(W)$ ist jetzt definiert durch

$$\mathbf{M}_D^D(\psi) := \begin{pmatrix} 2 & 0 \\ 1 & 2 \end{pmatrix} .$$

Nun setzen wir $\varphi_3 := \psi$, $V_3 := W$ und $m = 2$.
$(0, 1)$ ist ein Eigenvektor von $\mathbf{M}_D^D(\varphi_3)$ zum Eigenwert 2, und damit ist $B_3 := E_3$ (der zweite Vektor der Basis D, natürlich wieder als Vektor des Ausgangsraums $\mathbb{R}^4$) ein Eigenvektor von φ_3 zum Eigenwert 2 (wiederum nach 2.4.10). Wir ergänzen E_3 durch $B_4 := E_2$ zu einer Basis $\mathcal{C}_3 := (E_3, E_2)$ von V_3. Es ist

$$\varphi_3(E_3) = 2E_3 \quad \text{und} \quad \varphi_3(E_2) = E_3 + 2E_2 \ ,$$

folglich ist

$$\mathbf{M}_{\mathcal{C}_3}^{\mathcal{C}_3}(\varphi_3) = \begin{pmatrix} 2 & 1 \\ 0 & 2 \end{pmatrix} .$$

Der Unterraum $W = L(E_2)$ aus Schritt 4 hat nun die Dimension 1, und damit sind wir fertig. Eine gesuchte Fahnenbasis ist

$$\mathcal{B} := (B_1, B_2, B_3, B_4) = (B_1, E_4, E_3, E_2) .$$

Die zugehörige Matrix lautet

$$\mathbf{M}_{\mathcal{B}}^{\mathcal{B}}(\varphi) = \begin{pmatrix} 2 & -1 & 0 & 0 \\ 0 & 2 & 1 & 0 \\ 0 & 0 & 2 & 1 \\ 0 & 0 & 0 & 2 \end{pmatrix},$$

wie man den obigen Gleichungen für $\varphi(E_2)$, $\varphi(E_3)$ und $\varphi(E_4)$ sofort entnehmen kann.

2.6.17

Sei V_n der Vektorraum der reellen Polynome vom Grad $\leq n$, *und sei $\varphi \in \operatorname{End}(V_n)$ definiert durch*

$$\varphi(\sum_{i=0}^{n} a_i x^i) = \sum_{i=1}^{n} i a_i x^{i-1}.$$

Man gebe eine Fahnenbasis von V_n für φ an.
Ist φ diagonalisierbar?

Bekanntlich ist $B = (1, x, x^2, \ldots, x^n)$ eine Basis von V_n.
Für alle $i \geq 1$ ist ferner $\varphi(x^i) = ix^{i-1}$. Somit ist $\mathbf{M}_B^B(\varphi)$ eine obere Dreiecksmatrix, und B ist bereits eine Fahnenbasis für φ.
Da $\varphi^{n+1}(x^i) = 0$ für alle $i \in \{0, 1, \ldots, n\}$ ist, ist φ^{n+1} die Nullabbildung. Durch Ausrechnen von $\mathbf{M}_B^B(\varphi)$ ergibt sich das charakteristische Polynom $p_\varphi = x^{n+1}$. 0 ist also einziger Eigenwert von φ. Für $n > 0$ hat aber $\mathbf{M}_B^B(\varphi)$ den Rang n, also ist $\dim V_0(\varphi) = 1$. Nach Kriterium (3) ist φ daher nicht diagonalisierbar.

Kapitel 3

Nilpotente Matrizen und Jordan-Chevalley - Zerlegung

3.1 Nilpotente Matrizen

Für die in diesem und im nächsten Kapitel behandelte Theorie der Normalformen sind nilpotente Matrizen wichtig.

Nilpotente Matrix

Es sei $\mathbf{A} \in \mathcal{M}_{n\times n}(K)$. Dann heißt **A nilpotent**, falls gilt:
Es gibt ein $n \in \mathbb{N}$ mit $\mathbf{A}^n = \mathbf{0}$.
Ist **A** nilpotent, so gibt es einen kleinsten Exponenten $k \in \mathbb{N}$ mit $\mathbf{A}^k = \mathbf{0}$.
k ist dann der **Nilpotenzgrad** von **A**.

Entsprechend heißt ein Endomorphismus φ nilpotent, wenn es ein $n \in \mathbb{N}$ gibt, so daß φ^n die Nullabbildung ist.

Wichtige Sätze über nilpotente Matrizen

Es sei $\mathbf{A} \in \mathcal{M}_{n\times n}(K)$. Dann sind äquivalent:

1. $\mathbf{A}$ ist nilpotent.
2. $p_\mathbf{A} = (-1)^n x^n$
3. $m_\mathbf{A} = x^k$ für ein $k \leq n$.
4. $\mathbf{A}$ ist ähnlich zu einer Matrix der Form $\begin{pmatrix} 0 & & * \\ & \ddots & \\ 0 & & 0 \end{pmatrix} =: \mathbf{C}$

   Jede solche Matrix heißt **echte** obere Dreiecksmatrix.
5. $\mathbf{A}^n = \mathbf{0}$

Bemerkung:
Die einzige nilpotente Matrix, die diagonalisierbar ist, ist die Nullmatrix.

3.1.1

Man beweise die Äquivalenzen und die Bemerkung im obigen Kasten.

Beweis von (1) $\Longrightarrow$ (2):
Nach Definition existiert ein $l \in \mathbb{N}$ mit $\mathbf{A}^l = \mathbf{0}$. Also ist $m_\mathbf{A}$ ein Teiler von x^l. Damit ist x nach Abschnitt 2.5 der einzige irreduzible Teiler von $p_\mathbf{A}$; es ist also $p_\mathbf{A} = (-1)^n x^n$.
Beweis von (2) $\Longrightarrow$ (3):
Dies folgt sofort, da $m_\mathbf{A} | p_\mathbf{A}$ nach 2.5 gilt.
Beweis von (3) $\Longrightarrow$ (4):
Nach Abschnitt 2.6 ist $\mathbf{A}$ triangulierbar, da $m_\mathbf{A}$ in Linearfaktoren zerfällt. Also gibt es eine Fahnenbasis B, und $\mathbf{M}_B^B(\varphi_\mathbf{A})$ hat die Form $\begin{pmatrix} \lambda_1 & & * \\ & \ddots & \\ 0 & & \lambda_n \end{pmatrix}$, wobei $\lambda_1, \ldots, \lambda_n$ die Eigenwerte von $\mathbf{A}$ sind. Da jeder Eigenwert Nullstelle von $m_\mathbf{A}$ ist und $m_\mathbf{A} = x^k$, ist 0 der einzige Eigenwert von $\mathbf{A}$. Daher gilt $\lambda_1 = \ldots = \lambda_n = 0$, und $\mathbf{A}$ ist ähnlich zu einer Matrix der angegebenen Gestalt.
Beweis von (4) $\Longrightarrow$ (2):
Da $\mathbf{A}$ ähnlich ist zu $\mathbf{C}$, gibt es eine Basis B mit $\mathbf{C} = \mathbf{M}_B^B(\varphi_\mathbf{A})$. Es ist $p_\mathbf{A} = p_{M_B^B(\varphi_\mathbf{A})}$. Also ist

$$p_\mathbf{A} = |M_B^B(\varphi_\mathbf{A}) - x\mathbf{E}| = (-1)^n x^n \ .$$

Beweis von (3) $\Longrightarrow$ (5):

Da $m_{\mathbf{A}}(\mathbf{A}) = \mathbf{0}$, ist $\mathbf{A}^l = \mathbf{0}$ für ein $l \leq n$. Damit ist $\mathbf{A}^n = \mathbf{A}^l \mathbf{A}^{n-l} = \mathbf{0}$.
Beweis von (5) $\Longrightarrow$ (1):
Dies gilt nach Definition von nilpotent.
Damit sind alle Äquivalenzen gezeigt.
Zum Beweis der Bemerkung:
Ist $\mathbf{A} \neq \mathbf{0}$, so ist $m_{\mathbf{A}} = x^l$ mit $l \geq 2$. Also zerfällt $m_{\mathbf{A}}$ nicht in paarweise verschiedene Linearfaktoren; $\mathbf{A}$ ist daher nicht diagonalisierbar. Die Nullmatrix ist als Diagonalmatrix natürlich diagonalisierbar.

3.1.2
Ist $\mathbf{N}$ *nilpotent, so ist* $p_{\mathbf{E}\pm\mathbf{N}} = (-1)^n(x-1)^n$.
Insbesondere ist $\det(\mathbf{E} \pm \mathbf{N}) = 1$

Die zweite Aussage folgt aus der ersten, da dann $\det(\mathbf{E} \pm \mathbf{N}) = p_{\mathbf{E}\pm\mathbf{N}}(0) = 1$. Zum Beweis der ersten Aussage benutzen wir die Äquivalenz von (1) und (4) aus dem Vorspann. Danach ist $\mathbf{N}$ ähnlich zu einer echten oberen Dreiecksmatrix $\mathbf{B}$. Es gibt also eine invertierbare Matrix $\mathbf{P}$ mit $\mathbf{P}^{-1}\mathbf{N}\mathbf{P} = \mathbf{B}$. Dann folgt aber

$$\mathbf{P}^{-1}(\mathbf{E} \pm \mathbf{N})\mathbf{P} = \mathbf{E} \pm \mathbf{P}^{-1}\mathbf{N}\mathbf{P} = \mathbf{E} \pm \mathbf{B}\,,$$

$\mathbf{E}\pm\mathbf{N}$ ist ähnlich zu $\mathbf{E}\pm\mathbf{B}$. Also haben diese Matrizen dasselbe charakteristische Polynom. Aber $\mathbf{E} \pm \mathbf{B} = \begin{pmatrix} 1 & & * \\ & \ddots & \\ 0 & & 1 \end{pmatrix}$ hat das charakteristische Polynom $(-1)^n(x-1)^n$. Es folgt die Behauptung.

3.1.3
a) *Sind* $\mathbf{M}, \mathbf{N}$ *nilpotent und ist* $\mathbf{MN} = \mathbf{NM}$, *so ist* $\mathbf{M} \pm \mathbf{N}$ *nilpotent.*
b) *Ist* $\mathbf{N}$ *nilpotent und* $\mathbf{A} \in \mathcal{M}_{n\times n}(K)$ *mit* $\mathbf{NA} = \mathbf{AN}$, *so sind* $\mathbf{AN}$ *und* $(\mathbf{A} - \lambda\mathbf{E})\mathbf{N}$ *nilpotent.*
Ist zusätzlich $\mathbf{A}$ *invertierbar, so ist* $\mathbf{A}^{-1}\mathbf{N}$ *nilpotent.*

a) Da $\mathbf{MN} = \mathbf{NM}$, gilt die binomische Formel $(\mathbf{M}+\mathbf{N})^k \overset{(*)}{=} \sum_{j=0}^{k} \binom{k}{j} \mathbf{M}^j\mathbf{N}^{k-j}$.
Da $\mathbf{M}, \mathbf{N}$ nilpotent sind, gibt es Zahlen $m, n \in \mathbb{N}$ mit $\mathbf{N}^m = \mathbf{0}$ und $\mathbf{M}^n = \mathbf{0}$. Wähle $k = m + n$. Ist $0 \leq j \leq k$ und $j \geq m$, so ist $\mathbf{M}^j = \mathbf{0}$; falls $j < m$, ist $k - j = m + n - j \geq m + n - m = n$, also $\mathbf{N}^{k-j} = \mathbf{0}$. Damit ist in obiger Gleichung (*) jeder Summand auf der rechten Seite $\mathbf{0}$, also auch $(\mathbf{M}+\mathbf{N})^k = \mathbf{0}$.

b) Da $\mathbf{AN} = \mathbf{NA}$, ist $(\mathbf{AN})^k = \mathbf{A}^k\mathbf{N}^k$. Wähle k mit $\mathbf{N}^k = \mathbf{0}$. Dann ist $(\mathbf{AN})^k = \mathbf{0}$.
$\mathbf{A} - \lambda\mathbf{E}$ ist ebenfalls mit $\mathbf{N}$ vertauschbar, da $\lambda\mathbf{E}$ mit jeder Matrix vertauschbar ist. Also ist $(\mathbf{A} - \lambda\mathbf{E})\mathbf{N}$ nach dem ersten Teil ebenfalls nilpotent. Ist $\mathbf{A}$ invertierbar, so folgt aus $\mathbf{AN} = \mathbf{NA}$:

$\mathbf{N} = \mathbf{A}^{-1}\mathbf{N}\mathbf{A}$, also $\mathbf{N}\mathbf{A}^{-1} = \mathbf{A}^{-1}\mathbf{N}$. Also ist $\mathbf{A}^{-1}\mathbf{N}$ nach Teil a) nilpotent.

3.1.4

Ist $\mathbf{H} \in \mathcal{M}_{n\times n}(K)$, $\mathbf{N} \in \mathcal{M}_{n\times n}(K)$ *nilpotent und gilt* $\mathbf{HN} = \mathbf{NH}$, *so ist* $p_{\mathbf{H}} = p_{\mathbf{H}+\mathbf{N}}$.
Insbesondere ist $\det(\mathbf{H}+\mathbf{N}) = \det(\mathbf{H})$.

Die zweite Aussage folgt aus der ersten, da $p_{\mathbf{H}}(0) = (-1)^n \det(\mathbf{H})$.
Es ist $\det(x\mathbf{E} - \mathbf{H}) \neq 0$. Daher ist $(x\mathbf{E} - \mathbf{H})$ invertierbar[1] und $\mathbf{M} := (x\mathbf{E} - \mathbf{H})^{-1}\mathbf{N}$ ist nilpotent nach der vorigen Aufgabe. Nach Aufgabe 2 ist $\det(\mathbf{E} - \mathbf{M}) = 1$, ferner ist natürlich $\mathbf{N} = (x\mathbf{E} - \mathbf{H})\mathbf{M}$. Nun folgt weiter:

$$\begin{aligned} p_{\mathbf{H}+\mathbf{N}} &= \det(\mathbf{H}+\mathbf{N} - x\mathbf{E}) \\ &= \det(\mathbf{H} - x\mathbf{E} + \mathbf{N}) = \det(\mathbf{H} - x\mathbf{E} + (x\mathbf{E} - \mathbf{H})\mathbf{M}) \\ &= \det((\mathbf{H} - x\mathbf{E})(\mathbf{E} - \mathbf{M})) = \det(\mathbf{H} - x\mathbf{E}) \cdot \det(\mathbf{E} - \mathbf{M}) \\ &= \det(\mathbf{H} - x\mathbf{E}) = p_{\mathbf{H}} \end{aligned}$$

3.1.5

Es sei $\mathbf{A} \in \mathcal{M}_{n\times n}(K)$. *Man zeige:*

a) *Ist K algebraisch abgeschlossen und ist 0 der einzige Eigenwert von* $\mathbf{A}$, *so ist* $\mathbf{A}$ *nilpotent.*

b) *Warum ist a) für beliebige Körper falsch?*

a) Da $p_{\mathbf{A}}$ über K in Linearfaktoren zerfällt und 0 der einzige Eigenwert von $\mathbf{A}$ ist, ist $p_{\mathbf{A}} = (-1)^n x^n$. Mit dem Satz von CAYLEY–HAMILTON folgt die Behauptung.

b) Wähle $K = \mathbb{R}$ und $\mathbf{A} = \begin{pmatrix} 0 & 0 & 0 \\ 0 & 0 & 1 \\ 0 & -1 & 0 \end{pmatrix}$.

Es ist $p_{\mathbf{A}} = -x\,(x^2+1)$, also ist 0 der einzige Eigenwert von $\mathbf{A}$.

Nun ist $\mathbf{A}^2 = \begin{pmatrix} 0 & 0 & 0 \\ 0 & -1 & 0 \\ 0 & 0 & -1 \end{pmatrix}$ und $\mathbf{A}^3 = -\mathbf{A}$. Also ist $\mathbf{A}^k \neq \mathbf{0}$ für alle $k \geq 1$.

[1] Wir rechnen im Körper $K(x)$ der rationalen Funktionen. Bekanntlich ist $K \subseteq K(x)$. Wer dies vermeiden will, muß voraussetzen, daß K unendlich ist, und statt x ein beliebiges der unendlich vielen λ mit $\det(\lambda\mathbf{E} - \mathbf{H}) \neq 0$ wählen. Dann stimmen $p_{\mathbf{H}}$ und $p_{\mathbf{H}+\mathbf{N}}$ für unendlich viele λ überein und sind daher gleich.

3.2 Jordan-Chevalley-Zerlegung

Ist $\mathbf{A}$ eine Matrix, deren charakteristisches Polynom $p_{\mathbf{A}}$ in Linearfaktoren zerfällt, so gibt es eine Summendarstellung von $\mathbf{A}$, die in gewissen mathematischen Theorien wichtig ist.

Jordan-Chevalley-Zerlegung

Sei $A \in \mathcal{M}_{n\times n}(K)$ und $p_{\mathbf{A}}$ zerfalle in Linearfaktoren. Dann gibt es eine diagonalisierbare Matrix $\mathbf{H}$ und eine nilpotente Matrix $\mathbf{N}$ mit $\mathbf{HN} = \mathbf{NH}$ und

$$\mathbf{A} = \mathbf{H} + \mathbf{N}\,.$$

(Man kann zeigen: $\mathbf{H}, \mathbf{N} \in K[\mathbf{A}]$.)
$\mathbf{H}$ und $\mathbf{N}$ sind hierdurch eindeutig bestimmt.
Diese eindeutige Summendarstellung von $\mathbf{A}$ heißt Jordan-Chevalley-Zerlegung von $\mathbf{A}$.

Entsprechend existiert eine Jordan-Chevalley-Zerlegung für Endomorphismen φ, deren charakteristisches Polynom p_φ in Linearfaktoren zerfällt.
Für diagonalisierbare Matrizen $\mathbf{A}$ gilt natürlich $\mathbf{N} = \mathbf{0}$. Die Jordan-Chevalley-Zerlegung ist also nur für nicht diagonalisierbare Matrizen und entsprechend für nicht nilpotente Matrizen interessant.

3.2.1
Man zeige, daß die Jordan-Chevalley-*Zerlegung eindeutig ist.*

Nach dem verschärften Existenzsatz gibt es eine diagonalisierbare Matrix $\mathbf{H}$ und eine nilpotente Matrix $\mathbf{N}$ mit $\mathbf{A} = \mathbf{H} + \mathbf{N}$ und $\mathbf{HN} = \mathbf{NH}$, für die sogar $\mathbf{H}, \mathbf{N} \in K[\mathbf{A}]$ gilt.
Sei $\mathbf{H}'$ diagonalisierbar, $\mathbf{N}'$ nilpotent, $\mathbf{H}'\mathbf{N}' = \mathbf{N}'\mathbf{H}'$ und $\mathbf{A} = \mathbf{H}' + \mathbf{N}'$.
Zu zeigen ist $\mathbf{H} = \mathbf{H}'$ und $\mathbf{N} = \mathbf{N}'$.
Da $\mathbf{A} = \mathbf{H}' + \mathbf{N}'$, ist

$$\mathbf{H}'\mathbf{A} = \mathbf{H}'^2 + \mathbf{H}'\mathbf{N}' = \mathbf{H}'^2 + \mathbf{N}'\mathbf{H}' = \mathbf{A}\mathbf{H}'\,.$$

Da $\mathbf{H} \in K[\mathbf{A}]$, ergibt dies $\mathbf{HH}' = \mathbf{H}'\mathbf{H}$. Nach 2.6.10 sind daher $\mathbf{H}$ und $\mathbf{H}'$ simultan diagonalisierbar, d.h. es gibt eine invertierbare Matrix $\mathbf{P}$ mit $\mathbf{P}^{-1}\mathbf{HP} = \mathbf{D}_1$ und $\mathbf{P}^{-1}\mathbf{H}'\mathbf{P} = \mathbf{D}_2$, wobei $\mathbf{D}_1, \mathbf{D}_2$ Diagonalmatrizen sind. Dann folgt $\mathbf{D}_1 - \mathbf{D}_2 = \mathbf{P}^{-1}(\mathbf{H} - \mathbf{H}')\mathbf{P}$, und da $\mathbf{D}_1 - \mathbf{D}_2$ eine Diagonalmatrix ist, ist $\mathbf{H} - \mathbf{H}'$ diagonalisierbar.
Da $\mathbf{A} = \mathbf{H}' + \mathbf{N}'$, ist

$$\mathbf{N}'\mathbf{A} = \mathbf{N}'\mathbf{H}' + \mathbf{N}'^2\mathbf{H}\mathbf{N}' + \mathbf{N}'^2 = \mathbf{A}\mathbf{N}'\,.$$

Mit $\mathbf{N} \in K[\mathbf{A}]$ folgt $\mathbf{NN}' = \mathbf{N}'\mathbf{N}$. Nach Aufgabe 3.1.3 ist daher auch $\mathbf{N}' - \mathbf{N}$ nilpotent. Ferner gilt $\mathbf{H} - \mathbf{H}' = \mathbf{N}' - \mathbf{N}$. Daher ist $\mathbf{N}' - \mathbf{N}$ eine diagonalisierbare nilpotente Matrix. Nach 3.1.1 ist die einzige diagonalisierbare nilpotente Matrix die Nullmatrix. Daher ist $\mathbf{N} = \mathbf{N}'$ und $\mathbf{H} = \mathbf{H}'$, womit die Eindeutigkeit der JORDAN-CHEVALLEY-Zerlegung gezeigt ist.

Verfahren zur Berechnung von H und N

1. Berechne $p_{\mathbf{A}} = (-1)^n \prod_{i=1}^{t}(x - \lambda_i)^{s_i}$.

   Dann gilt (siehe dazu 4.1): $K^n = \bigoplus \text{Kern}\,(\varphi_{\mathbf{A}} - \lambda_i \text{id})^{s_i}$.

   $U_i :=$Kern$\,(\varphi_{\mathbf{A}} - \lambda_i \text{id})^{s_i}$ heißt auch **Hauptraum** von $\varphi_{\mathbf{A}}$ bzw. $\mathbf{A}$ zum Eigenwert λ_i.

   Die Haupträume sind φ-invariant.

2. Bestimme nach 2.6 eine Fahnenbasis B_i für jeden Hauptraum U_i.

   Dann ist

$$\mathbf{A}_i := \mathbf{M}_{B_i}^{B_i}(\varphi_{\mathbf{A}} \restriction U_i) = \begin{pmatrix} \lambda_i & & * \\ & \ddots & \\ 0 & & \lambda_i \end{pmatrix} = \lambda_i \mathbf{E}_{s_i} + \mathbf{N}_i \, .$$

   $\mathbf{N}_i$ ist als echte obere Dreiecksmatrix nilpotent.

   Sei B die Verkettung der Basen $B_1, \ldots, B_t$. Dann ist mit 4.1.3

$$\begin{aligned} \mathbf{M}_B^B(\varphi_{\mathbf{A}}) &= \begin{pmatrix} \mathbf{A}_1 & & \\ & \ddots & \\ & & \mathbf{A}_t \end{pmatrix} \\ &= \begin{pmatrix} \lambda_1 \mathbf{E}_{s_1} & & \\ & \ddots & \\ & & \lambda_t \mathbf{E}_{s_t} \end{pmatrix} + \begin{pmatrix} \mathbf{N}_1 & & \\ & \ddots & \\ & & \mathbf{N}_t \end{pmatrix} \end{aligned}$$

   Summe aus einer Diagonalmatrix $\mathbf{H}'$ und einer echten oberen Dreiecksmatrix $\mathbf{N}'$, die nilpotent ist.

3. Sei $\mathbf{P} = \mathbf{M}_{EB}^B(\text{id})$ die Matrix, deren Spalten die Vektoren in B sind. Dann ist $\mathbf{A} = \mathbf{P}\mathbf{M}_B^B(\varphi_{\mathbf{A}})\mathbf{P}^{-1} = \mathbf{P}\mathbf{H}'\mathbf{P}^{-1} + \mathbf{P}\mathbf{N}'\mathbf{P}^{-1}$.

   $\mathbf{H} := \mathbf{P}\mathbf{H}'\mathbf{P}^{-1}$ ist also ähnlich zur Diagonalmatrix $\mathbf{H}'$, d.h. $\mathbf{H}$ ist diagonalisierbar.

   $\mathbf{N} := \mathbf{P}\mathbf{N}'\mathbf{P}^{-1}$ ist nilpotent, da $\mathbf{N}^k = \mathbf{P}(\mathbf{N}')^k\mathbf{P}^{-1}$ und $\mathbf{N}'$ nilpotent ist.

(Da $\mathbf{N}_i\lambda_i\mathbf{E}_{s_i} = \lambda_i\mathbf{E}_{s_i}\mathbf{N}_i$, ist $\mathbf{H}'\mathbf{N}' = \mathbf{N}'\mathbf{H}'$. Damit ist
$\mathbf{HN} = \mathbf{PH}'\mathbf{P}^{-1}\mathbf{PN}'\mathbf{P}^{-1} = \mathbf{PH}'\mathbf{N}'\mathbf{P}^{-1} = \mathbf{PN}'\mathbf{H}'\mathbf{P}^{-1} = \mathbf{NH}$.)

3.2.2

Man berechne die Jordan-Chevalley-*Zerlegung für die Matrix*

$$\mathbf{A} = \begin{pmatrix} -1 & 1 & 0 & 0 \\ 0 & -1 & 0 & 0 \\ 0 & 0 & -2 & -1 \\ 0 & 0 & 2 & 1 \end{pmatrix}.$$

Wir gehen nach dem obigen Verfahren vor:
Es ist $p_\mathbf{A} = x(x+1)^3$. (Siehe Aufgabe 2.6.15, von der wir einige Ergebnisse übernehmen.)
Seien $U_1 :=\text{Kern}\,(\varphi_\mathbf{A})$ und $U_2 :=\text{Kern}\,(\varphi_\mathbf{A} + \text{id})^3$ die Haupträume von $\mathbf{A}$ zu den Eigenwerten 0 bzw. -1. Eine Fahnenbasis für U_1 ist z.B. $B_1 = (E_3 - 2E_4)$. Wir berechnen weiter eine Fahnenbasis für U_2 und starten mit der Berechnung einer Basis des Eigenraums $V_{-1}(\varphi_\mathbf{A})$. Dies ist $B_2' = (E_1, E_3 - E_4)$ (siehe 2.6.15). Diese Basis müssen wir zu einer Basis von U_2 ergänzen. Dazu benötigen wir den Raum U_2. Es ist $U_2 = \text{Kern}(\varphi_\mathbf{A} + \text{id})^3$. Wir berechnen zunächst

$$(\mathbf{A}+\mathbf{E})^2 = \begin{pmatrix} 0 & 1 & 0 & 0 \\ 0 & 0 & 0 & 0 \\ 0 & 0 & -1 & -1 \\ 0 & 0 & 2 & 2 \end{pmatrix}\begin{pmatrix} 0 & 1 & 0 & 0 \\ 0 & 0 & 0 & 0 \\ 0 & 0 & -1 & -1 \\ 0 & 0 & 2 & 2 \end{pmatrix} = \begin{pmatrix} 0 & 0 & 0 & 0 \\ 0 & 0 & 0 & 0 \\ 0 & 0 & 5 & 5 \\ 0 & 0 & 2 & 2 \end{pmatrix}.$$

Wegen $\text{Rang}(\mathbf{A}+\mathbf{E})^2 = 1$ gilt aus Dimensionsgründen $\text{Kern}(\varphi_\mathbf{A} + \text{id})^2 = U_2$ und wir können B_2' z.B. durch E_2 zu einer Fahnenbasis von U_2 ergänzen.
Sei also $B_2 = (E_1, E_3 - E_4, E_2)$. Es folgt:

$$\mathbf{A}_1 = \mathbf{M}_{B_1}^{B_1}(\varphi_\mathbf{A} \restriction U_1) = (0) \quad , \quad \mathbf{A}_2 = \mathbf{M}_{B_2}^{B_2}(\varphi_\mathbf{A} \restriction U_2) = \begin{pmatrix} -1 & 0 & 1 \\ 0 & -1 & 0 \\ 0 & 0 & -1 \end{pmatrix},$$

da $\varphi_\mathbf{A}(E_2) = (1,-1,0,0) = 1 \cdot E_1 - E_2$. Also ist für $B := B_1 \frown B_2$ (siehe 4.1.3):

$$\begin{aligned} \mathbf{M}_B^B(\varphi_\mathbf{A}) &= \left(\begin{array}{c|ccc} 0 & 0 & 0 & 0 \\ \hline 0 & -1 & 0 & 1 \\ 0 & 0 & -1 & 0 \\ 0 & 0 & 0 & -1 \end{array}\right) \\ &= \begin{pmatrix} 0 & 0 & 0 & 0 \\ 0 & -1 & 0 & 0 \\ 0 & 0 & -1 & 0 \\ 0 & 0 & 0 & -1 \end{pmatrix} + \begin{pmatrix} 0 & 0 & 0 & 0 \\ 0 & 0 & 0 & 1 \\ 0 & 0 & 0 & 0 \\ 0 & 0 & 0 & 0 \end{pmatrix} =: \mathbf{H}' + \mathbf{N}' \end{aligned}$$

Mit $\mathbf{P} = \begin{pmatrix} 0 & 1 & 0 & 0 \\ 0 & 0 & 0 & 1 \\ 1 & 0 & 1 & 0 \\ -2 & 0 & -1 & 0 \end{pmatrix}$ folgt $\mathbf{P}^{-1} = \begin{pmatrix} 0 & 0 & -1 & -1 \\ 1 & 0 & 0 & 0 \\ 0 & 0 & 2 & 1 \\ 0 & 1 & 0 & 0 \end{pmatrix}$, und damit

$$\begin{aligned} \mathbf{H} &= \mathbf{PH'P}^{-1} = \begin{pmatrix} -1 & 0 & 0 & 0 \\ 0 & -1 & 0 & 0 \\ 0 & 0 & -2 & -1 \\ 0 & 0 & 2 & 1 \end{pmatrix} \\ \mathbf{N} &= \mathbf{PN'P}^{-1} = \begin{pmatrix} 0 & 1 & 0 & 0 \\ 0 & 0 & 0 & 0 \\ 0 & 0 & 0 & 0 \\ 0 & 0 & 0 & 0 \end{pmatrix}. \end{aligned}$$

$\mathbf{A} = \mathbf{H} + \mathbf{N}$ ist die JORDAN-CHEVALLEY-Zerlegung von $\mathbf{A}$.

3.2.3

Man bestimme die JORDAN-CHEVALLEY-*Zerlegung für die Matrix*

$$\mathbf{A} = \begin{pmatrix} 3 & 0 & 0 & -1 \\ 1 & 2 & 0 & -1 \\ 0 & 1 & 2 & -1 \\ 0 & 0 & 1 & 1 \end{pmatrix}.$$

Hinweis: Man benutze die Ergebnisse aus Aufgabe 2.6.16.

In Aufgabe 2.6.16 wurde $p_{\mathbf{A}} = (x-2)^4$ gezeigt und $B = ((1,1,1,1), E_4, E_3, E_2)$ als Fahnenbasis bestimmt mit

$$\begin{aligned} \mathbf{M}_B^B(\varphi_{\mathbf{A}}) &= \begin{pmatrix} 2 & -1 & 0 & 0 \\ 0 & 2 & 1 & 0 \\ 0 & 0 & 2 & 1 \\ 0 & 0 & 0 & 2 \end{pmatrix} \\ &= \begin{pmatrix} 2 & 0 & 0 & 0 \\ 0 & 2 & 0 & 0 \\ 0 & 0 & 2 & 0 \\ 0 & 0 & 0 & 2 \end{pmatrix} + \begin{pmatrix} 0 & -1 & 0 & 0 \\ 0 & 0 & 1 & 0 \\ 0 & 0 & 0 & 1 \\ 0 & 0 & 0 & 0 \end{pmatrix} =: \mathbf{H}' + \mathbf{N}' \end{aligned}$$

Mit $\mathbf{P} = \begin{pmatrix} 1 & 0 & 0 & 0 \\ 1 & 0 & 0 & 1 \\ 1 & 0 & 1 & 0 \\ 1 & 1 & 0 & 0 \end{pmatrix}$ folgt $\mathbf{P}^{-1} = \begin{pmatrix} 1 & 0 & 0 & 0 \\ -1 & 0 & 0 & 1 \\ -1 & 0 & 1 & 0 \\ -1 & 1 & 0 & 0 \end{pmatrix}$, und damit

$$\mathbf{H} = \mathbf{PH'P}^{-1} = \begin{pmatrix} 2 & 0 & 0 & 0 \\ 0 & 2 & 0 & 0 \\ 0 & 0 & 2 & 0 \\ 0 & 0 & 0 & 2 \end{pmatrix}$$

$$\mathbf{N} = \mathbf{PN'P}^{-1} = \begin{pmatrix} 1 & 0 & 0 & -1 \\ 1 & 0 & 0 & -1 \\ 0 & 1 & 0 & -1 \\ 0 & 0 & 1 & -1 \end{pmatrix}.$$

Es ist hier also $\mathbf{H} = 2\mathbf{E}$ und $\mathbf{N} = \mathbf{A} - 2\mathbf{E}$. Dies ist nicht verwunderlich, sondern ergibt sich aus dem Verfahren, wie wir in der nächsten Aufgabe zeigen werden.

3.2.4

Es sei $\mathbf{A} \in \mathcal{M}_{n\times n}(K)$ eine Matrix mit $p_\mathbf{A} = (-1)^n(x-\lambda)^n$. Man zeige, daß dann $\mathbf{A} = \lambda\mathbf{E} + (\mathbf{A} - \lambda\mathbf{E})$ die JORDAN-CHEVALLEY*-Zerlegung von* **A** *ist.*
Hinweis: Man benutze den Hauptzerlegungssatz aus 4.1.

Ist $p_\mathbf{A} = (-1)^n(x-\lambda)^n$, so sagt der Hauptzerlegungssatz aus, daß $K^n = \text{Kern}\,(\varphi_\mathbf{A} - \lambda\text{id})^n$ gilt. Das heißt aber $(\mathbf{A} - \lambda\mathbf{E})^n = \mathbf{0}$, da das lineare Gleichungssystem $(\mathbf{A} - \lambda\mathbf{E})^n X = 0$ dann den ganzen K^n als Lösungsraum besitzt. Damit ist $\mathbf{A} - \lambda\mathbf{E}$ eine nilpotente Matrix, $\lambda\mathbf{E}$ ist als Diagonalmatrix diagonalisierbar, und wegen der Eindeutgkeit der JORDAN-CHEVALLEY-Zerlegung muß daher $\mathbf{A} = \lambda\mathbf{E} + (\mathbf{A} - \lambda\mathbf{E})$ die JORDAN-CHEVALLEY-Zerlegung von **A** sein.

3.2.5

Man bestimme die Haupträume und die JORDAN-CHEVALLEY*-Zerlegung für*

$$\mathbf{A} = \begin{pmatrix} 9 & 2 & 1 \\ 3 & 14 & -5 \\ 3 & 2 & 7 \end{pmatrix}.$$

Wie üblich ergibt sich das charakteristische Polynom $p_\mathbf{A} = (12-x)^2(6-x)$. $(-1,1,1)$ berechnet man als Eigenvektor zum Eigenwert 6, und dieser Vektor ist eine Basis B_1 des Hauptraums U_1 zum Eigenwert 6, der aus Dimensionsgründen mit $V_6(\mathbf{A})$ übereinstimmt.
Ferner berechnet man $(1,1,1)$ als Eigenvektor zum Eigenwert 12 von **A** und $V_{12}(\mathbf{A}) = L((1,1,1))$. Wir benötigen den Hauptraum U_2 zum Eigenwert 12 von

$\mathbf{A}$. Dazu muß zunächst $(\mathbf{A} - 12\mathbf{E})^2$ berechnet werden. Man erhält:

$$(\mathbf{A} - 12\mathbf{E})^2 = \begin{pmatrix} 18 & 0 & -18 \\ -18 & 0 & 18 \\ -18 & 0 & 18 \end{pmatrix}$$

Diese Matrix hat den Rang 1, damit hat der Lösungsraum des linearen Gleichungssystems $(\mathbf{A} - 12\mathbf{E})^2 X = 0$ die Dimension 2 und muß aus Dimensionsgründen schon der gesuchte Hauptraum sein.
Also erhält man $U_2 = L((1,1,1),(0,1,0))$, und $B_2 := ((1,1,1),(0,1,0))$ ist eine Fahnenbasis für U_2. Wegen $\varphi_{\mathbf{A}}(0,1,0) = (2,14,2) = 2(1,1,1) + 12(0,1,0)$ gilt $\mathbf{M}_{B_2}^{B_2}(\varphi_{\mathbf{A}} \restriction U_2) = \begin{pmatrix} 12 & 2 \\ 0 & 12 \end{pmatrix}$, und damit ergibt sich für die durch Verkettung der Basen B_1 und B_2 entstehende Basis B die Matrix

$$M_B^B(\varphi_{\mathbf{A}}) = \begin{pmatrix} 6 & 0 & 0 \\ 0 & 12 & 2 \\ 0 & 0 & 12 \end{pmatrix},$$

(was man mittels $\mathbf{P} = \begin{pmatrix} -1 & 1 & 0 \\ 1 & 1 & 1 \\ 1 & 1 & 0 \end{pmatrix}$ und der Formel $\mathbf{M}_B^B(\varphi_{\mathbf{A}}) = \mathbf{P}^{-1}\mathbf{A}\mathbf{P}$ auch bekommen hätte). $\mathbf{P}^{-1}$ müssen wir für das Weitere noch berechnen:

$$\mathbf{P}^{-1} = \frac{1}{2}\begin{pmatrix} -1 & 0 & 1 \\ 1 & 0 & 1 \\ 0 & 2 & -2 \end{pmatrix}$$

Mit

$$\mathbf{H}' = \begin{pmatrix} 6 & 0 & 0 \\ 0 & 12 & 0 \\ 0 & 0 & 12 \end{pmatrix} \quad \text{und} \quad \mathbf{N}' = \begin{pmatrix} 0 & 0 & 0 \\ 0 & 0 & 2 \\ 0 & 0 & 0 \end{pmatrix}$$

folgt nun

$$\mathbf{H} = \mathbf{P}\mathbf{H}'\mathbf{P}^{-1} = \begin{pmatrix} 9 & 0 & 3 \\ 3 & 12 & -3 \\ 3 & 0 & 9 \end{pmatrix} \quad \text{und} \quad \mathbf{N} = \mathbf{P}\mathbf{N}'\mathbf{P}^{-1} = \begin{pmatrix} 0 & 2 & -2 \\ 0 & 2 & -2 \\ 0 & 2 & -2 \end{pmatrix}.$$

$\mathbf{A} = \mathbf{H} + \mathbf{N}$ ist die gesuchte JORDAN-CHEVALLEY-Zerlegung von $\mathbf{A}$.

3.3 Anwendungen

Im folgenden stellen wir einige spezielle JORDAN-CHEVALLEY-Zerlegungen zusammen:

1. **Multiplikative** JORDAN-CHEVALLEY**-Zerlegung**

   Sei $\mathbf{A} \in \mathcal{M}_{n\times n}(K)$ invertierbar, und $p_\mathbf{A}$ zerfalle in Linearfaktoren. Dann gibt es genau eine diagonalisierbare Matrix $\mathbf{H}$ und genau eine nilpotente Matrix $\mathbf{N}$ mit $\mathbf{HN} = \mathbf{NH}$ und $\mathbf{A} = \mathbf{H}(\mathbf{E} + \mathbf{N})$.

2. JORDAN-CHEVALLEY**-Zerlegung symmetrischer Matrizen**

   Sei $\mathbf{A} \in \mathcal{M}_{n\times n}(K)$ symmetrisch und $\mathbf{A} = \mathbf{H} + \mathbf{N}$ die JORDAN-CHEVALLEY-Zerlegung von $\mathbf{A}$. Dann sind auch $\mathbf{H}$ und $\mathbf{N}$ symmetrisch.

3. **Reelle** JORDAN-CHEVALLEY**-Zerlegung**

   Wir benutzen folgende Terminologie:

   Sei $\mathbf{C} = (c_{jk}) \in \mathcal{M}_{n\times n}(\mathbb{C})$; $c_{jk} = a_{jk} + \mathrm{i}b_{jk}$, wobei $a_{jk}, b_{jk} \in \mathbb{R}$ und $\mathbf{A} = (a_{jk})$, $\mathbf{B} = (b_{jk})$. Dann ist $\mathbf{C} = \mathbf{A} + \mathrm{i}\mathbf{B}$; $\overline{\mathbf{C}} := \mathbf{A} - \mathrm{i}\mathbf{B}$. Für solche komplexen Matrizen gilt $\overline{\mathbf{C}_1 + \mathbf{C}_2} = \overline{\mathbf{C}_1} + \overline{\mathbf{C}_2}$ und $\overline{\mathbf{C}_1 \cdot \mathbf{C}_2} = \overline{\mathbf{C}_1} \cdot \overline{\mathbf{C}_2}$.

   Ist $\mathbf{H} \in \mathcal{M}_{n\times n}(\mathbb{R})$ diagonalisierbar über $\mathbb{C}$, so heißt $\mathbf{H}$ **halbeinfach**.

   Nun gilt:

   Ist $\mathbf{A} \in \mathcal{M}_{n\times n}(\mathbb{R})$, so gibt es genau eine reelle halbeinfache Matrix $\mathbf{H}$ und genau eine reelle nilpotente Matrix $\mathbf{N}$ mit $\mathbf{H}, \mathbf{N} \in \mathbb{C}[\mathbf{A}]$, $\mathbf{HN} = \mathbf{NH}$ und $\mathbf{A} = \mathbf{H} + \mathbf{N}$.

3.3.1

Man beweise den obigen Satz 1 über die multiplikative JORDAN-CHEVALLEY-*Zerlegung.*
Hinweis: Man benutze die Aufgaben 3.1.3 und 3.1.4.

Für $\mathbf{A}$ existiert die eindeutige JORDAN-CHEVALLEY-Zerlegung, die wir $\mathbf{A} = \mathbf{H} + \mathbf{N}'$ nennen. Es ist also $\mathbf{HN}' = \mathbf{N}'\mathbf{H}$. Daher haben $\mathbf{A}$ und $\mathbf{H}$ nach Aufgabe 3.1.4 die gleiche Determinante. Da $\mathbf{A}$ nach Voraussetzung invertierbar ist, ist also auch $\mathbf{H}$ invertierbar. Wir setzen $\mathbf{N} := \mathbf{H}^{-1}\mathbf{N}'$ und behaupten, daß $\mathbf{H}$ und $\mathbf{N}$ die Matrizen für die multiplikative JORDAN-CHEVALLEY-Zerlegung sind.
Zunächst gilt $\mathbf{A} = \mathbf{H} + \mathbf{N}' = \mathbf{H} + \mathbf{HN} = \mathbf{H}(\mathbf{E} + \mathbf{N})$.
Aus $\mathbf{HN} = \mathbf{N}'$ und

$$\mathbf{NH} = (\mathbf{H}^{-1}\mathbf{N}')\mathbf{H} = \mathbf{H}^{-1}(\mathbf{N}'\mathbf{H}) = \mathbf{H}^{-1}(\mathbf{HN}') = \mathbf{N}'$$

folgt $\mathbf{HN} = \mathbf{NH}$.
Schließlich ist $\mathbf{N} = \mathbf{H}^{-1}\mathbf{N}'$ nach Aufgabe 3.1.3 b) nilpotent.

Damit ist die Existenz von $\mathbf{H}$ und $\mathbf{N}$ gezeigt.
Die Eindeutigkeit folgt aus der Eindeutigkeit von $\mathbf{H}$ und $\mathbf{N}'$ in der JORDAN-CHEVALLEY-Zerlegung von $\mathbf{A}$ und der Invertierbarkeit von $\mathbf{H}$.

3.3.2

Man beweise Satz 2 über die JORDAN-CHEVALLEY-*Zerlegung symmetrischer Matrizen.*

Es sei $\mathbf{A} = \mathbf{H} + \mathbf{N}$ mit $\mathbf{HN} = \mathbf{NH}$, $\mathbf{H}$ diagonalisierbar und $\mathbf{N}$ nilpotent.
Ist $\mathbf{A}$ nun symmetrisch, so folgt $\mathbf{H} + \mathbf{N} = \mathbf{A} = \mathbf{A}^\top = \mathbf{H}^\top + \mathbf{N}^\top$. Für die Matrizen $\mathbf{H}^\top$ und $\mathbf{N}^\top$ gilt dann auch $\mathbf{H}^\top\mathbf{N}^\top = \mathbf{N}^\top\mathbf{H}^\top$; ferner ist mit $\mathbf{H}$ auch $\mathbf{H}^\top$ diagonalisierbar wegen

$$\mathbf{D} = \mathbf{P}^{-1}\mathbf{HP} \quad \Longrightarrow \quad \mathbf{D}^\top = \mathbf{D} = \mathbf{P}^\top\mathbf{H}^\top(\mathbf{P}^{-1})^\top = \mathbf{P}^\top\mathbf{H}^\top(\mathbf{P}^\top)^{-1} .$$

Schließlich ist wegen $(\mathbf{N}^k)^\top = (\mathbf{N}^\top)^k$ mit $\mathbf{N}$ auch $\mathbf{N}^\top$ nilpotent.
Die Eindeutigkeitsaussage des Satzes von der JORDAN-CHEVALLEY-Zerlegung liefert also $\mathbf{H} = \mathbf{H}^\top$ und $\mathbf{N} = \mathbf{N}^\top$; $\mathbf{H}$ und $\mathbf{N}$ sind also symmetrisch.

3.3.3

Man beweise Satz 3 des Vorspanns über die reelle JORDAN-CHEVALLEY-*Zerlegung .*

Sei $\mathbf{A} \in \mathcal{M}_{n\times n}(\mathbb{R})$. Dann zerfällt $p_\mathbf{A}$ über $\mathbb{C}$ in Linearfaktoren. Nach dem verschärften Satz über die JORDAN-CHEVALLEY-Zerlegung gibt es Matrizen $\mathbf{H}, \mathbf{N} \in \mathbb{C}[\mathbf{A}]$ mit $\mathbf{A} = \mathbf{H} + \mathbf{N}$, $\mathbf{HN} = \mathbf{NH}$, $\mathbf{H}$ diagonalisierbar (über $\mathbb{C}$) und $\mathbf{N}$ nilpotent.
Nun gilt $\mathbf{H} + \mathbf{N} = \mathbf{A} = \overline{\mathbf{A}} = \overline{\mathbf{H}} + \overline{\mathbf{N}}$. Wie in der vorigen Aufgabe schließt man jetzt für $\overline{\mathbf{H}}$ und $\overline{\mathbf{N}}$ weiter:
Aus $\overline{\mathbf{HN}} = \overline{\mathbf{NH}}$ folgt $\overline{\mathbf{H}} \cdot \overline{\mathbf{N}} = \overline{\mathbf{N}} \cdot \overline{\mathbf{H}}$, also sind $\overline{\mathbf{H}}$ und $\overline{\mathbf{N}}$ vertauschbar.
Mit $\mathbf{H}$ ist auch $\overline{\mathbf{H}}$ diagonalisierbar. Zunächst gilt nämlich mit invertierbarem $\mathbf{P}$: $\mathbf{E} = \overline{\mathbf{E}} = \overline{\mathbf{P}^{-1}\mathbf{P}} = \overline{\mathbf{P}^{-1}} \cdot \overline{\mathbf{P}}$, also ist $\overline{\mathbf{P}}^{-1} = \overline{\mathbf{P}^{-1}}$, und nun schließt man wie folgt:

$$\mathbf{D} = \mathbf{P}^{-1}\mathbf{HP} \quad \Longrightarrow \quad \overline{\mathbf{D}} = \overline{\mathbf{P}^{-1}\mathbf{HP}} = \overline{\mathbf{P}^{-1}} \cdot \overline{\mathbf{H}} \cdot \overline{\mathbf{P}} = \overline{\mathbf{P}}^{-1} \cdot \overline{\mathbf{H}} \cdot \overline{\mathbf{P}}$$

Ferner ist $\overline{\mathbf{N}^k} = \overline{\mathbf{N}}^k$, also ist auch $\overline{\mathbf{N}}$ nilpotent.
Damit ergibt die Eindeutigkeitsaussage des Satzes von der JORDAN-CHEVALLEY-Zerlegung wieder $\mathbf{H} = \overline{\mathbf{H}}$ und $\mathbf{N} = \overline{\mathbf{N}}$. $\mathbf{H}$ und $\mathbf{N}$ sind also reell.
Wegen $\mathbf{H}, \mathbf{N} \in \mathbb{C}[\mathbf{A}]$ sind auch $\overline{\mathbf{H}}, \overline{\mathbf{N}} \in \mathbb{C}[\overline{\mathbf{A}}] = \mathbb{C}[\mathbf{A}]$.

3.3.4

Wie lautet die multiplikative JORDAN-CHEVALLEY-*Zerlegung der Matrix* $\mathbf{A} = \begin{pmatrix} 9 & 2 & 1 \\ 3 & 14 & -5 \\ 3 & 2 & 7 \end{pmatrix}$ *aus Aufgabe 3.2.5?*

Wir benutzen dir JORDAN-CHEVALLEY-Zerlegung aus Aufgabe 3.2.5. Dort wurde berechnet (in der Terminologie von Aufgabe 3.3.1):

$$\mathbf{H} = \begin{pmatrix} 9 & 0 & 3 \\ 3 & 12 & -3 \\ 3 & 0 & 9 \end{pmatrix} \quad , \quad \mathbf{N}' = \begin{pmatrix} 0 & 2 & -2 \\ 0 & 2 & -2 \\ 0 & 2 & -2 \end{pmatrix}$$

Man berechnet nun

$$\mathbf{H}^{-1} = \frac{1}{24}\begin{pmatrix} 3 & 0 & -1 \\ -1 & 2 & 1 \\ -1 & 0 & 3 \end{pmatrix} \quad \text{und} \quad \mathbf{H}^{-1}\mathbf{N}' = \frac{1}{6}\begin{pmatrix} 0 & 1 & -1 \\ 0 & 1 & -1 \\ 0 & 1 & -1 \end{pmatrix} =: \mathbf{N}\,,$$

und erhält mit $\mathbf{A} = \mathbf{H}(\mathbf{E}+\mathbf{N})$ die multiplikative JORDAN-CHEVALLEY-Zerlegung von $\mathbf{A}$.

3.3.5

Man bestimme für die folgenden Matrizen aus $\mathcal{M}_{3\times3}(\mathbb{Z}_2)$ die JORDAN-CHEVALLEY-*Zerlegung und - falls möglich - die multiplikative* JORDAN-CHEVALLEY-*Zerlegung .*

$$\mathbf{A} = \begin{pmatrix} 0 & 1 & 1 \\ 1 & 0 & 1 \\ 1 & 1 & 1 \end{pmatrix} \quad , \quad \mathbf{B} = \begin{pmatrix} 1 & 0 & 1 \\ 0 & 1 & 0 \\ 1 & 0 & 1 \end{pmatrix}$$

Man berechnet $p_{\mathbf{A}} = x^2(x+1)+1+1+x+x+x+1 = x^3+x^2+x+1 = (x+1)^3$. Damit ist die Aufgabe 3.2.4 anwendbar und liefert als JORDAN-CHEVALLEY-Zerlegung

$$\mathbf{A} = \mathbf{E} + (\mathbf{A}+\mathbf{E}) = \begin{pmatrix} 1 & 0 & 0 \\ 0 & 1 & 0 \\ 0 & 0 & 1 \end{pmatrix} + \begin{pmatrix} 1 & 1 & 1 \\ 1 & 1 & 1 \\ 1 & 1 & 0 \end{pmatrix} =: \mathbf{H} + \mathbf{N}\,.$$

Da $\mathbf{A}$ symmetrisch ist, sind beide Matrizen $\mathbf{H}$ und $\mathbf{N}$ symmetrisch.
Da $\mathbf{A}$ nicht den Eigenwert 0 besitzt, ist $\mathbf{A}$ invertierbar, also existiert die multiplikative JORDAN-CHEVALLEY-Zerlegung . Wegen $\mathbf{H} = \mathbf{E}$ lautet diese $\mathbf{A} = \mathbf{E}(\mathbf{E}+\mathbf{N})$ mit der obigen nilpotenten Matrix $\mathbf{N}$. Sie liefert hier also nichts Neues!
Für $\mathbf{B}$ erhält man $p_{\mathbf{B}} = (x+1)^3 + x + 1 = x^2(x+1)$. Da $\mathbf{B}$ nicht invertierbar ist, existiert die multiplikative JORDAN-CHEVALLEY-Zerlegung nicht.
Für die JORDAN-CHEVALLEY-Zerlegung von $\mathbf{B}$ berechnen wir zunächst eine Fahnenbasis. Es ist $U_1 = V_1(\mathbf{B}) = L((0,1,0))$. Der Eigenraum $V_0(\mathbf{B})$ ergibt sich zu $V_0(\mathbf{B}) = L((1,0,1))$. Mit

$$\mathbf{B}^2 = \begin{pmatrix} 1 & 0 & 1 \\ 0 & 1 & 0 \\ 1 & 0 & 1 \end{pmatrix}\begin{pmatrix} 1 & 0 & 1 \\ 0 & 1 & 0 \\ 1 & 0 & 1 \end{pmatrix} = \begin{pmatrix} 0 & 0 & 0 \\ 0 & 1 & 0 \\ 0 & 0 & 0 \end{pmatrix}$$

folgt $U_2 = \text{Kern}\,(\varphi_{\mathbf{B}})^2 = L((1,0,1),(1,0,0))$.
Mit der Fahnenbasis $B = ((0,1,0),(1,0,1),(1,0,0))$ erhält man

$$\mathbf{M}_B^B(\varphi_{\mathbf{B}}) = \begin{pmatrix} 1 & 0 & 0 \\ 0 & 0 & 1 \\ 0 & 0 & 0 \end{pmatrix} = \begin{pmatrix} 1 & 0 & 0 \\ 0 & 0 & 0 \\ 0 & 0 & 0 \end{pmatrix} + \begin{pmatrix} 0 & 0 & 0 \\ 0 & 0 & 1 \\ 0 & 0 & 0 \end{pmatrix} =: \mathbf{H}' + \mathbf{N}' .$$

Für die Transformationsmatrix $\mathbf{P} = \begin{pmatrix} 0 & 1 & 1 \\ 1 & 0 & 0 \\ 0 & 1 & 0 \end{pmatrix}$ gilt $\mathbf{P}^{-1} = \begin{pmatrix} 0 & 1 & 0 \\ 0 & 0 & 1 \\ 1 & 0 & 1 \end{pmatrix}$.

Damit folgt

$$\begin{aligned} \mathbf{H} &= \mathbf{PH}'\mathbf{P}^{-1} = \begin{pmatrix} 0 & 0 & 0 \\ 0 & 1 & 0 \\ 0 & 0 & 0 \end{pmatrix} \\ \mathbf{N} &= \mathbf{PN}'\mathbf{P}^{-1} = \begin{pmatrix} 1 & 0 & 1 \\ 0 & 0 & 0 \\ 1 & 0 & 1 \end{pmatrix} . \end{aligned}$$

$\mathbf{B} = \mathbf{H} + \mathbf{N}$ ist die JORDAN-CHEVALLEY-Zerlegung von $\mathbf{B}$. Wiederum sind die Matrizen alle symmetrisch.
Diese JORDAN-CHEVALLEY-Zerlegung erkennt man natürlich auch ohne Rechnung an der Matrix $\mathbf{B}$.
Bemerkung: Als sinnvolles Beispiel zur symmetrischen JORDAN-CHEVALLEY-Zerlegung läßt sich keine Matrix über $\mathbb{R}$ wählen. In 5.6 wird sich zeigen, daß jede symmetrische Matrix über $\mathbb{R}$ diagonalisierbar ist. Damit gilt dann in der JORDAN-CHEVALLEY-Zerlegung stets $\mathbf{N} = \mathbf{0}$.

3.3.6

Für die folgende Matrix gebe man eine halbeinfache reelle Matrix $\mathbf{H}$ *und eine nilpotente Matrix* $\mathbf{N}$ *an mit* $\mathbf{A} = \mathbf{H} + \mathbf{N}$ *und* $\mathbf{HN} = \mathbf{NH}$*:*

$$\mathbf{A} = \begin{pmatrix} 0 & -1 & 0 & 1 \\ 1 & 0 & 0 & 0 \\ 0 & 0 & 0 & -1 \\ 0 & 0 & 1 & 0 \end{pmatrix} .$$

Die erste Idee, die sich aufdrängt, ist falsch:
$\mathbf{A}$ ist Summe der Matrizen $\begin{pmatrix} 0 & -1 & 0 & 0 \\ 1 & 0 & 0 & 0 \\ 0 & 0 & 0 & -1 \\ 0 & 0 & 1 & 0 \end{pmatrix}$ und $\begin{pmatrix} 0 & 0 & 0 & 1 \\ 0 & 0 & 0 & 0 \\ 0 & 0 & 0 & 0 \\ 0 & 0 & 0 & 0 \end{pmatrix}$. Die erste ist über $\mathbb{C}$ diagonalisierbar, die zweite ist nilpotent, die Matrizen sind jedoch nicht bzgl. der Multiplikation vertauschbar.

Wir folgen dem Verfahren zur JORDAN-CHEVALLEY-Zerlegung und berechnen zunächst wie üblich $p_{\mathbf{A}} = \begin{vmatrix} x & -1 \\ 1 & x \end{vmatrix} \cdot \begin{vmatrix} x & -1 \\ 1 & x \end{vmatrix} = (x^2+1)^2$.

Über $\mathbb{C}$ ist $p_{\mathbf{A}} = (x-i)^2(x+i)^2$. Daher ist der $\mathbb{C}^4$ die direkte Summe der Haupträume $U_1 :=\text{Kern}(\varphi_{\mathbf{A}} - i\,\text{id})^2$ und $U_2 :=\text{Kern}(\varphi_{\mathbf{A}} + i\,\text{id})^2$, die beide die Dimension 2 haben. Wir bestimmen zunächst die Eigenvektoren von $\mathbf{A}$ zum Eigenwert i. Das LGS $(\mathbf{A} - i\mathbf{E})X = 0$ hat den Lösungsraum $L(X_1)$, $X_1 = (i,1,0,0)$; bei der Zeilenstufenform ist x_2 die einzige freie Variable.

Nun ist $(\mathbf{A} - i\mathbf{E})^2 = \begin{pmatrix} -2 & 2i & 1 & -2i \\ -2i & -2 & 0 & 1 \\ 0 & 0 & -2 & 2i \\ 0 & 0 & -2i & -2 \end{pmatrix}$.

Eine Zeilenstufenform dieser Matrix ist $\begin{pmatrix} -2 & 2i & 1 & -2i \\ 0 & 0 & -2 & 2i \end{pmatrix}$. Neue freie Variable bei der Lösung von $(\mathbf{A} - i\mathbf{E})^2 X = 0$ ist x_4; $x_4 = 1$, $x_2 = 0$ liefert zusätzlich zu X_1 die Lösung $X_2 = (-\frac{1}{2}i, 0, i, 1)$. Daher ist $U_1 = L(X_1, X_2)$. Da X_1 ein Eigenvektor von $\mathbf{A}$ ist, ist $B_1 := (X_1, X_2)$ bzgl. $\varphi_{\mathbf{A}} \restriction U_1$ eine Fahnenbasis, denn U_1 ist $\varphi_{\mathbf{A}}$-invariant und die zugehörige 2×2-Matrix hat obere Dreiecksform. Man berechnet $\mathbf{A}X_2 = (1, -\frac{1}{2}i, -1, i)$. Dieser Vektor hat $(-\frac{1}{2}i, i)$ als Koordinatenvektor bzgl. B_1. Somit ist

$$\mathbf{M}^{B_1}_{B_1}(\varphi_{\mathbf{A}} \restriction U_1) = \begin{pmatrix} i & -\frac{1}{2}i \\ 0 & i \end{pmatrix}.$$

Analog geht man für den Eigenvektor $-i$ von $\mathbf{A}$ vor und erhält $B_2 := (Y_1, Y_2)$ als eine Fahnenbasis von U_2 bzgl. $\varphi_{\mathbf{A}} \restriction U_2$ mit $Y_1 = (-i, 1, 0, 0)$ und $Y_2 = (\frac{1}{2}i, 0, -i, 1)$. Es ist $\mathbf{A}Y_1 = (1, \frac{1}{2}i, -1, -i)$ und

$$\mathbf{M}^{B_2}_{B_2}(\varphi_{\mathbf{A}} \restriction U_2) = \begin{pmatrix} -i & \frac{1}{2}i \\ 0 & -i \end{pmatrix}.$$

Sei B die Verkettung der Basen B_1 und B_2, also $B = (X_1, X_2, Y_1, Y_2)$, und sei $\mathbf{P}$ die Matrix, deren Spalten die Vektoren in B sind.

Dann ist $\mathbf{P}^{-1} = \frac{1}{4} \begin{pmatrix} -2i & 2 & -i & 0 \\ 0 & 0 & -2i & 2 \\ 2i & 2 & i & 0 \\ 0 & 0 & 2i & 2 \end{pmatrix}$ und

$$\begin{aligned} \mathbf{M}^B_B(\varphi_{\mathbf{A}}) &= \begin{pmatrix} \mathbf{M}^{B_1}_{B_1}(\varphi_{\mathbf{A}} \restriction U_1) & 0 \\ 0 & \mathbf{M}^{B_2}_{B_2}(\varphi_{\mathbf{A}} \restriction U_2) \end{pmatrix} \\ &= \begin{pmatrix} i & 0 & 0 & 0 \\ 0 & i & 0 & 0 \\ 0 & 0 & -i & 0 \\ 0 & 0 & 0 & -i \end{pmatrix} + \begin{pmatrix} 0 & -\frac{1}{2}i & 0 & 0 \\ 0 & 0 & 0 & 0 \\ 0 & 0 & 0 & \frac{1}{2}i \\ 0 & 0 & 0 & 0 \end{pmatrix} \end{aligned}$$

$$=: \quad \mathbf{H}_1 + \mathbf{N}_1 \,,$$

wobei $\mathbf{H}_1$ diagonalisierbar und $\mathbf{N}_1$ nilpotent ist. Daher ist

$$\mathbf{A} = \mathbf{P}\mathbf{M}_B^B(\varphi_{\mathbf{A}})\mathbf{P}^{-1} = \mathbf{P}\mathbf{H}_1\mathbf{P}^{-1} + \mathbf{P}\mathbf{N}_1\mathbf{P}^{-1} \,.$$

wobei man nachrechnet:

$$\mathbf{H} := \mathbf{P}\mathbf{H}_1\mathbf{P}^{-1} = \begin{pmatrix} 0 & -1 & 0 & \frac{1}{2} \\ 1 & 0 & \frac{1}{2} & 0 \\ 0 & 0 & 0 & -1 \\ 0 & 0 & 1 & 0 \end{pmatrix}, \; \mathbf{N} := \mathbf{P}\mathbf{N}_1\mathbf{P}^{-1} = \begin{pmatrix} 0 & 0 & 0 & \frac{1}{2} \\ 0 & 0 & -\frac{1}{2} & 0 \\ 0 & 0 & 0 & 0 \\ 0 & 0 & 0 & 0 \end{pmatrix}.$$

$\mathbf{H}$ ist halbeinfach und $\mathbf{N}$ ist nilpotent. Die Theorie garantiert $\mathbf{HN} = \mathbf{NH}$, was der Leser durch Nachrechnen leicht bestätigen kann.

3.4 Die Matrix-Exponentialfunktion

In diesem Abschnitt wollen wir u.a. die JORDAN-CHEVALLEY-Zerlegung auf die Matrix-Exponentialfunktion anwenden. Dazu sind einige Vorbemerkungen nötig.
Es sei stets $K = \mathbb{R}$ oder $K = \mathbb{C}$. Bekanntlich ist eine Folge (X_m) von Vektoren des K^n genau dann konvergent, wenn alle Komponentenfolgen $(x_j^{(m)})_{m\in\mathbb{N}}$ konvergieren, $X_m = (x_1^{(m)}, \ldots, x_n^{(m)})$. Entsprechend definiert man den Grenzwert einer Folge von $k \times l$ Matrizen $(\mathbf{A}_m)_{m\in\mathbb{N}}$, $\mathbf{A}_m = (a_{ij}^{(m)}) \in \mathcal{M}_{k\times l}(K)$, als die Matrix $\mathbf{B} := \lim\limits_{m\to\infty} \mathbf{A}_m = (b_{ij})$ mit $b_{ij} = \lim\limits_{m\to\infty} a_{ij}^{(m)}$, falls alle diese Grenzwerte existieren.
Wie in der Analysis ist, für eine gegebene Folge $(\mathbf{A}_m)_{m\in\mathbb{N}}$ von $k \times l$ Matrizen, die Matrix $\sum\limits_{m=0}^{\infty} \mathbf{A}_m$ der Grenzwert der zugehörigen Folge von Partialsummen $(\sum\limits_{m=0}^{k} \mathbf{A}_m)_{k\in\mathbb{N}}$.
Wichtig für Anwendungen, besonders in der Theorie der gewöhnlichen Differentialgleichungen, ist die **Matrix-Exponentialfunktion** $\mathbf{A} \longmapsto \mathrm{e}^{\mathbf{A}}$:

Matrix-Eponentialfunktion

Für $\mathbf{A} \in \mathcal{M}_{n\times n}(K)$ ist $\mathrm{e}^{\mathbf{A}}$ definiert als die Matrix $\sum\limits_{m=0}^{\infty} \frac{1}{m!}\mathbf{A}^m$, also als Grenzwert der Matrizenfolge $(\sum\limits_{m=0}^{k} \frac{1}{m!}\mathbf{A}^m)_{k\in\mathbb{N}}$.

$$\mathrm{e}^{\mathbf{A}} := \lim_{k\to\infty} (\mathbf{E} + \mathbf{A} + \frac{1}{2!}\mathbf{A}^2 + \ldots + \frac{1}{k!}\mathbf{A}^k)$$

Entsprechend ist

$$\mathrm{e}^{t\mathbf{A}} = \lim_{k\to\infty} (\mathbf{E} + t\mathbf{A} + \frac{1}{2!}t^2\mathbf{A}^2 + \ldots + \frac{1}{k!}t^k\mathbf{A}^k) .$$

Die Matrix $\mathrm{e}^{t\mathbf{A}}$ braucht man beim Lösen von Systemen linearer Differentialgleichungen.

Rechenregeln

$e^{\mathbf{0}} = \mathbf{E}$ ($\mathbf{0}$ die Nullmatrix)
$\mathbf{AB} = \mathbf{BA} \implies e^{\mathbf{A}}e^{\mathbf{B}} = e^{\mathbf{A}+\mathbf{B}} = e^{\mathbf{B}}e^{\mathbf{A}}$ (Funktionalgleichung)
$e^{\mathbf{A}}$ ist invertierbar, und es gilt $(e^{\mathbf{A}})^{-1} = e^{-\mathbf{A}}$.

Die Berechnung von $e^{\mathbf{A}}$ ist ohne Theorie schwierig. Sehr hilfreich sind die folgenden Sätze. Satz 2 liefert $e^{\mathbf{A}}$ für diagonalisierbare Matrizen $\mathbf{A}$, Satz 4 für Matrizen $\mathbf{A}$, deren charakteristisches Polynom $p_{\mathbf{A}}$ in Linearfaktoren zerfällt, unter Benutzung der JORDAN-CHEVALLEY-Zerlegung . Dabei ermöglicht $\mathbf{HN} = \mathbf{NH}$ die Anwendung der Funktionalgleichung.

Sätze über $e^{\mathbf{A}}$

Sei $\operatorname{diag}(\lambda_1, \ldots, \lambda_n) := \begin{pmatrix} \lambda_1 & & 0 \\ & \ddots & \\ 0 & & \lambda_n \end{pmatrix}$.

1. $e^{\operatorname{diag}(\lambda_1,\ldots,\lambda_n)} = \operatorname{diag}(e^{\lambda_1}, \ldots, e^{\lambda_n})$.
2. $\mathbf{A} = \mathbf{P}(\operatorname{diag}(\lambda_1, \ldots, \lambda_n))\mathbf{P}^{-1} \implies e^{\mathbf{A}} = \mathbf{P}(\operatorname{diag}(e^{\lambda_1}, \ldots, e^{\lambda_n}))\mathbf{P}^{-1}$.
3. Ist $\mathbf{N}$ nilpotent vom Nilpotenzgrad l, so ist $e^{\mathbf{N}} = \sum_{m=0}^{l-1} \frac{1}{m!}\mathbf{N}^m$.

   ($e^{\mathbf{N}}$ ist also eine endliche Summe.)
4. Zerfällt $p_{\mathbf{A}}$ in Linearfaktoren und ist $\mathbf{M}_B^B(\varphi_{\mathbf{A}}) = \mathbf{H} + \mathbf{N}$, $\mathbf{H} = \operatorname{diag}(\lambda_1, \ldots, \lambda_n)$, $\mathbf{N}$ nilpotent, $\mathbf{HN} = \mathbf{NH}$ die JORDAN-CHEVALLEY-Zerlegung von $\mathbf{M}_B^B(\varphi_{\mathbf{A}})$, also $\mathbf{A} = \mathbf{P}(\mathbf{H} + \mathbf{N})\mathbf{P}^{-1}$, so ist

$$e^{\mathbf{A}} = \mathbf{P}(\operatorname{diag}(e^{\lambda_1}, \ldots, e^{\lambda_n}))(\sum_{m=0}^{l-1} \frac{1}{m!}\mathbf{N}^m)\mathbf{P}^{-1} \,.$$

   wenn l der Nilpotenzgrad von $\mathbf{N}$ ist.

Anwendung auf Systeme linearer Differentialgleichungen

Ist $\mathbf{A} \in \mathcal{M}_{n\times n}(\mathbb{R})$ und $\dot{X} = \mathbf{A}X$ ein homogenes System linearer Differentialgleichungen mit konstanten Koeffizienten, so ist $X = e^{t\mathbf{A}}C$ dessen allgemeine Lösung ($C \in \mathbb{R}^n$).
Die Lösung des Anfangswertproblems $\dot{X} = \mathbf{A}X$, $X(t_0) = X_0$ lautet

$$X(t) = e^{(t-t_0)\mathbf{A}}X_0 \,.$$

Allgemeiner formuliert gilt:

Ist $\mathbf{A} \in \mathcal{M}_{n\times n}(\mathbb{R})$ eine Matrix, deren Koeffizienten differenzierbare Funktionen sind, so sei $\dot{\mathbf{A}}$ diejenige Matrix, deren Koeffizienten die Ableitungen dieser Funktionen sind. Gilt $\mathbf{A}\dot{\mathbf{A}} = \dot{\mathbf{A}}\mathbf{A}$, so ist $(\dot{\mathrm{e}^{\mathbf{A}}}) = \dot{\mathbf{A}}\mathrm{e}^{\mathbf{A}} = \mathrm{e}^{\mathbf{A}}\dot{\mathbf{A}}$.
Die Lösungsgesamtheit des linearen homogenen Differentialgleichungsystems $\dot{Y} = \dot{\mathbf{A}}Y$ ist im Falle $\dot{\mathbf{A}}\mathbf{A} = \mathbf{A}\dot{\mathbf{A}}$ gegeben durch $Y = \mathrm{e}^{\mathbf{A}}C$, $C \in \mathbb{R}^n$.

3.4.1
Man beweise: Sind $\mathbf{A}, \mathbf{P}, \mathbf{C} \in \mathcal{M}_{n\times n}(\mathbb{R})$ *mit* $\mathbf{A} = \mathbf{PCP}^{-1}$, *so ist*

$$\mathrm{e}^{\mathbf{A}} = \mathbf{P}\mathrm{e}^{\mathbf{C}}\mathbf{P}^{-1}.$$

Da $\mathbf{A} = \mathbf{PCP}^{-1}$, ist $\mathbf{A}^m = \mathbf{PC}^m\mathbf{P}^{-1}$ und folglich $\frac{1}{m!}\mathbf{A}^m = \frac{1}{m!}\mathbf{PC}^m\mathbf{P}^{-1} = \mathbf{P}(\frac{1}{m!}\mathbf{C}^m)\mathbf{P}^{-1}$. Wir erhalten

$$\sum_{m=0}^{k} \frac{1}{m!}\mathbf{A}^m = \sum_{m=0}^{k} \mathbf{P}(\frac{1}{m!}\mathbf{C}^m)\mathbf{P}^{-1} = \mathbf{P}(\sum_{m=0}^{k} \frac{1}{m!}\mathbf{C}^m)\mathbf{P}^{-1}.$$

Die Rechenregel $\lim\limits_{k\to\infty}(\mathbf{PB}_k\mathbf{P}^{-1}) = \mathbf{P}\lim\limits_{k\to\infty}(\mathbf{B}_k)\mathbf{P}^{-1}$ folgt aus den Rechenregeln für die Grenzwerte reeller Zahlenfolgen und der Definition der Matrizenmultiplkation. Wir demonstrieren sie für das Produkt $\mathbf{PB}_k$ (was offensichtlich ausreicht) und den Fall $n = 2$. Sei $\mathbf{B}_k = (b_{ij}^{(k)})$ und $b_{ij} := \lim\limits_{k\to\infty} b_{ij}^{(k)}$, sei $\mathbf{P} = (p_{ij})$. Dann ist

$$\mathbf{PB}_k = \begin{pmatrix} p_{11}b_{11}^{(k)} + p_{12}b_{21}^{(k)} & p_{11}b_{12}^{(k)} + p_{12}b_{22}^{(k)} \\ p_{21}b_{11}^{(k)} + p_{22}b_{21}^{(k)} & p_{21}b_{12}^{(k)} + p_{22}b_{22}^{(k)} \end{pmatrix},$$

also $\lim\limits_{k\to\infty}(\mathbf{PB}_k) = \begin{pmatrix} p_{11}b_{11} + p_{12}b_{21} & p_{11}b_{12} + p_{12}b_{22} \\ p_{21}b_{11} + p_{22}b_{21} & p_{21}b_{12} + p_{22}b_{22} \end{pmatrix} = \mathbf{P}\cdot\lim\limits_{k\to\infty}(\mathbf{B}_k)$.
Aus dieser Regel folgt nun

$$\begin{aligned} \mathrm{e}^{\mathbf{A}} &= \lim_{k\to\infty}(\sum_{m=0}^{k}\frac{1}{m!}\mathbf{A}^m) = \lim_{k\to\infty}(\mathbf{P}(\sum_{m=0}^{k}\frac{1}{m!}\mathbf{C}^m)\mathbf{P}^{-1}) \\ &= \mathbf{P}\lim_{k\to\infty}(\sum_{m=0}^{k}\frac{1}{m!}\mathbf{C}^m)\mathbf{P}^{-1} \\ &= \mathbf{P}\mathrm{e}^{\mathbf{C}}\mathbf{P}^{-1}\,. \end{aligned}$$

3.4.2
Man beweise Satz 1.

Sei $\mathbf{A} = \begin{pmatrix} \lambda_1 & & 0 \\ & \ddots & \\ 0 & & \lambda_n \end{pmatrix} =: \mathrm{diag}(\lambda_1, \ldots, \lambda_n)$. Dann ist $\mathbf{A}^m = \mathrm{diag}(\lambda_1^m, \ldots, \lambda_n^m)$ und

$$\sum_{m=0}^{k} \frac{1}{m!}\mathbf{A}^m = \mathrm{diag}(\sum_{m=0}^{k} \frac{1}{m!}\lambda_1^m, \ldots, \sum_{m=0}^{k} \frac{1}{m!}\lambda_n^m).$$

Wegen $\mathrm{e}^x = \sum_{m=0}^{\infty} \frac{1}{m!}x^m$ folgt $\mathrm{e}^{\mathbf{A}} = \lim_{k\to\infty} \sum_{m=0}^{k} \frac{1}{m!}\mathbf{A}^m = \mathrm{diag}(\mathrm{e}^{\lambda_1}, \ldots, \mathrm{e}^{\lambda_n})$.

3.4.3

Man beweise Satz 2, Satz 3 und Satz 4.

Zu Satz 2:
Sei $\mathbf{A} = \mathbf{P}\mathrm{diag}(\lambda_1, \ldots, \lambda_n)\mathbf{P}^{-1}$. Nach Aufgabe 1 ist $\mathrm{e}^{\mathbf{A}} = \mathbf{P}\mathrm{e}^{\mathrm{diag}(\lambda_1,\ldots,\lambda_n)}\mathbf{P}^{-1}$, mit Aufgabe 2 folgt die Aussage von Satz 2.
Zu Satz 3:
Ist $\mathbf{N}^l = \mathbf{0}$, so ist $\sum_{m=0}^{k} \frac{1}{m!}\mathbf{N}^m = \sum_{m=0}^{l-1} \frac{1}{m!}\mathbf{N}^m =: \mathbf{C}$ für alle $k \geq l-1$. Die Matrizenfolge $(\sum_{m=0}^{k} \frac{1}{m!}A^m)$ wird also konstant und hat den Grenzwert $\mathbf{C}$.
Zu Satz 4:
Sei $\mathbf{A} = \mathbf{P}(\mathbf{H}+\mathbf{N})\mathbf{P}^{-1}$. Dann ist $\mathrm{e}^{\mathbf{A}} = \mathbf{P}\mathrm{e}^{\mathbf{H}+\mathbf{N}}\mathbf{P}^{-1}$ nach Aufgabe 1. Mit $\mathbf{HN} = \mathbf{NH}$ folgt $\mathrm{e}^{\mathbf{H}+\mathbf{N}} = \mathrm{e}^{\mathbf{H}}\mathrm{e}^{\mathbf{N}}$ aus der Funktionalgleichung für die Matrix-Exponentialfunktion. Die vorangehenden Überlegungen zeigen

$\mathrm{e}^{\mathbf{H}} = \mathrm{diag}(\mathrm{e}^{\lambda_1}, \ldots, \mathrm{e}^{\lambda_n})$ und $\mathrm{e}^{\mathbf{N}} = \sum_{m=0}^{l-1} \frac{1}{m!}\mathbf{N}^m$,da $\mathbf{N}$ nilpotent ist mit Nilpotenzgrad l. Hiermit folgt die Aussage von Satz 4.

3.4.4

Mit Hilfe der übrigen Rechenregeln für $\mathrm{e}^{\mathbf{A}}$ *beweise man, daß die Matrix* $\mathrm{e}^{\mathbf{A}}$ *invertierbar ist und die Inverse* $\mathrm{e}^{-\mathbf{A}}$ *hat.*

Nach der Funktionalgleichung für die Matrix-Exponentialfunktion gilt $\mathrm{e}^{\mathbf{A}}\mathrm{e}^{-\mathbf{A}} = \mathrm{e}^{\mathbf{A}-\mathbf{A}} = \mathrm{e}^{\mathbf{0}} = \mathbf{E} = \mathrm{e}^{-\mathbf{A}}\mathrm{e}^{\mathbf{A}}$. Hieraus folgt die Behauptung.

3.4.5

Sei $\mathbf{A} = \begin{pmatrix} 0 & -1 \\ 1 & 0 \end{pmatrix}$ *und* $t \in \mathbb{R}$. *Man beweise:* $\mathrm{e}^{t\mathbf{A}} = \begin{pmatrix} \cos t & -\sin t \\ \sin t & \cos t \end{pmatrix}$.

Man rechnet nach: $\mathbf{A}^2 = \begin{pmatrix} -1 & 0 \\ 0 & -1 \end{pmatrix}$, $\mathbf{A}^3 = \begin{pmatrix} 0 & 1 \\ -1 & 0 \end{pmatrix} = -\mathbf{A}$, $\mathbf{A}^4 = \mathbf{E}$.

Daher hat nach dem Vorspann die Matrix $e^{t\mathbf{A}}$ den Koeffizienten

$$a_{11} = 1 - \frac{1}{2!}t^2 + \frac{1}{4!}t^4 - \frac{1}{6!}t^6 \pm \ldots = \cos t$$

und

$$a_{21} = t - \frac{1}{3!}t^3 + \frac{1}{5!}t^5 \mp \ldots = \sin t.$$

Entsprechend erhält man a_{12} und a_{22}.

3.4.6

Sei $\mathbf{N} = \begin{pmatrix} 1 & 1 \\ -1 & -1 \end{pmatrix}$. *Man berechne* $e^{\mathbf{N}}$. *Ferner löse man das lineare Differentialgleichungssystem* $\dot{X} = \mathbf{N}X$.

Da $\mathbf{N}^2 = \mathbf{0}$, ist $\mathbf{N}$ nilpotent vom Nilpotenzgrad 2. Damit ist $e^{\mathbf{N}} = \mathbf{E} + \mathbf{N} = \begin{pmatrix} 2 & 1 \\ -1 & 0 \end{pmatrix}$ und $e^{t\mathbf{N}} = \mathbf{E} + t\mathbf{N} = \begin{pmatrix} 1+t & t \\ -t & 1-t \end{pmatrix}$. Nach dem Vorspann ist die allgemeine Lösung des Dglsystems $\dot{X} = \mathbf{N}X$ gegeben durch $X = e^{t\mathbf{N}}C$, $C = (c_1, c_2) \in \mathbb{R}^2$. Daher ist $X = \begin{pmatrix} c_1(1+t) + c_2 t \\ -c_1 t + c_2(1-t) \end{pmatrix}$.

3.4.7

Sei $\mathbf{A} = \begin{pmatrix} 5 & -6 & -6 \\ -1 & 4 & 2 \\ 3 & -6 & -4 \end{pmatrix}$ *eine reelle* 3×3*-Matrix. Man berechne* $e^{\mathbf{A}}$.

Hinweis: Aufgabe 2.6.5.

Nach der genannten Aufgabe wissen wir, daß $\mathbf{A}$ diagonalisierbar und ähnlich zur Matrix $\mathbf{D} = \begin{pmatrix} 2 & 0 & 0 \\ 0 & 2 & 0 \\ 0 & 0 & 1 \end{pmatrix}$ ist, und zwar ist $\mathbf{A} = \mathbf{PDP}^{-1}$ mit $\mathbf{P} = \begin{pmatrix} 2 & 2 & 3 \\ 1 & 0 & -1 \\ 0 & 1 & 3 \end{pmatrix}$. Man berechnet $\mathbf{P}^{-1} = \begin{pmatrix} -1 & 3 & 2 \\ 3 & -6 & -5 \\ -1 & 2 & 2 \end{pmatrix}$. Nach Satz 2 des Vorspanns (Aufgabe 3) ist

$$e^{\mathbf{A}} = \mathbf{P}\,\mathrm{diag}(e^2, e^2, e)\mathbf{P}^{-1} = \begin{pmatrix} 4e^2 - 3e & -6e^2 + 6e & -6e^2 + 6e \\ -e^2 + e & 3e^2 - 2e & 2e^2 - 2e \\ 3e^2 - 3e & -6e^2 + 6e & -5e^2 + 6e \end{pmatrix}.$$

3.4.8

Sei $\mathbf{A} = \begin{pmatrix} 9 & 2 & 1 \\ 3 & 14 & -5 \\ 3 & 2 & 7 \end{pmatrix}$ *eine reelle* 3×3*-Matrix. Man berechne* $e^{\mathbf{A}}$.

Hinweis: Aufgabe 3.2.5.

Nach Aufgabe 3.2.5 zerfällt $p_{\mathbf{A}}$ in Linearfaktoren, und wir kennen die JORDAN-CHEVALLEY-Zerlegung von $\mathbf{A}$. Mit Satz 4 des Vorspanns benötigen wir die Diagonalmatrix $\mathbf{H}'$ und die nilpotente Matrix $\mathbf{N}'$, in die $\mathbf{M}_B^B(\varphi_{\mathbf{A}})$ zerlegt wird. Es ist $\mathbf{M}_B^B(\varphi_{\mathbf{A}}) = \mathbf{H}' + \mathbf{N}'$ mit $\mathbf{H}' = \begin{pmatrix} 6 & 0 & 0 \\ 0 & 12 & 0 \\ 0 & 0 & 12 \end{pmatrix}$ und $\mathbf{N}' = \begin{pmatrix} 0 & 0 & 0 \\ 0 & 0 & 2 \\ 0 & 0 & 0 \end{pmatrix}$.
Ist $\mathbf{P}$ wie üblich die Matrix, deren Spalten die Vektoren aus B sind, so ist ja $\mathbf{A} = \mathbf{P}(\mathbf{H}' + \mathbf{N}')\mathbf{P}^{-1}$ und damit

$$\mathrm{e}^{\mathbf{A}} = \mathbf{P} \cdot \mathrm{diag}(\mathrm{e}^6, \mathrm{e}^{12}, \mathrm{e}^{12}) \cdot (\sum_{m=0}^{l-1} \frac{1}{m!}(\mathbf{N}')^m) \cdot \mathbf{P}^{-1},$$

wenn l der Nilpotenzgrad von $\mathbf{N}'$ ist. Hier ist offensichtlich $l = 2$ und damit $\sum_{m=0}^{l-1} \frac{1}{m!}(\mathbf{N}')^m = \mathbf{E} + \mathbf{N}' = \begin{pmatrix} 1 & 0 & 0 \\ 0 & 1 & 2 \\ 0 & 0 & 1 \end{pmatrix}$. $\mathbf{P}$ und $\mathbf{P}^{-1}$ findet man in Aufgabe 3.2.5. Ausmultiplizieren der vier Matrizen ergibt

$$\mathrm{e}^{\mathbf{A}} = \frac{1}{2} \begin{pmatrix} \mathrm{e}^6 + \mathrm{e}^{12} & 4\mathrm{e}^{12} & -\mathrm{e}^6 - 3\mathrm{e}^{12} \\ -\mathrm{e}^6 + \mathrm{e}^{12} & 6\mathrm{e}^{12} & \mathrm{e}^6 - 5e^{12} \\ -\mathrm{e}^6 + \mathrm{e}^{12} & 4\mathrm{e}^{12} & \mathrm{e}^6 - 3\mathrm{e}^{12} \end{pmatrix}.$$

3.4.9

Man löse das System $\dot{X} = \mathbf{A}X$ linearer Differentialgleichungen, wobei $\mathbf{A}$ die reelle Matrix $\begin{pmatrix} 9 & 2 & 1 \\ 3 & 14 & -5 \\ 3 & 2 & 7 \end{pmatrix}$ ist.

Hinweis: Man verwende die vorangehende Aufgabe.

Nach obigem Satz ist die allgemeine Lösung des Systems gegeben durch $X = \mathrm{e}^{t\mathbf{A}}C$, $C \in \mathbb{R}^3$. Wir müssen mit der genannten Aufgabe nicht viel rechnen. Es ist $\mathbf{P}t\mathbf{A}\mathbf{P}^{-1} = t\mathbf{P}\mathbf{A}\mathbf{P}^{-1}$. Daher gilt mit den Bezeichnungen aus Aufgabe 8: $M_B^B(\varphi_{t\mathbf{A}}) = \mathbf{H}_1 + \mathbf{N}_1$ mit $\mathbf{H}_1 = \begin{pmatrix} 6t & 0 & 0 \\ 0 & 12t & 0 \\ 0 & 0 & 12t \end{pmatrix}$ und $\mathbf{N}_1 = \begin{pmatrix} 0 & 0 & 0 \\ 0 & 0 & 2t \\ 0 & 0 & 0 \end{pmatrix}$.
Analog ergibt sich $\mathrm{e}^{t\mathbf{A}} = \mathbf{P}\,\mathrm{diag}(\mathrm{e}^{6t}, \mathrm{e}^{12t}, \mathrm{e}^{12t})(\mathbf{E} + \mathbf{N}_1)\mathbf{P}^{-1}$. Ausmultiplizieren ergibt

$$\mathrm{e}^{t\mathbf{A}} = \frac{1}{2} \begin{pmatrix} \mathrm{e}^{6t} + \mathrm{e}^{12t} & 4t\mathrm{e}^{12t} & -\mathrm{e}^{6t} + \mathrm{e}^{12t} - 4t\mathrm{e}^{12t} \\ -\mathrm{e}^{6t} + \mathrm{e}^{12t} & 2\mathrm{e}^{12t} + 4t\mathrm{e}^{12t} & \mathrm{e}^{6t} - e^{12t} - 4t\mathrm{e}^{12t} \\ -\mathrm{e}^{6t} + \mathrm{e}^{12t} & 4t\mathrm{e}^{12t} & \mathrm{e}^{6t} + \mathrm{e}^{12t} - 4t\mathrm{e}^{12t} \end{pmatrix}, \text{ also}$$

$x_1 = c_1(\mathrm{e}^{6t} + \mathrm{e}^{12t}) + c_2(4t\mathrm{e}^{12t}) + c_3(-\mathrm{e}^{6t} + \mathrm{e}^{12t} - 4t\mathrm{e}^{12t})$;
$x_2 = c_1(-\mathrm{e}^{6t} + \mathrm{e}^{12t}) + c_2(2\mathrm{e}^{12t} + 4t\mathrm{e}^{12t}) + c_3(\mathrm{e}^{6t} - e^{12t} - 4t\mathrm{e}^{12t})$;
$x_3 = c_1(-\mathrm{e}^{6t} + \mathrm{e}^{12t}) + c_2(4t\mathrm{e}^{12t}) + c_3(\mathrm{e}^{6t} + \mathrm{e}^{12t} - 4t\mathrm{e}^{12t})$.

Kapitel 4

JORDAN'sche Normalform

4.1 φ–invariante Unterräume

Ein wichtiges Hilfsmittel bei der Herleitung der JORDANschen Normalform sind φ–invariante Unterräume.

φ–invariante Unterräume
Ist V ein Vektorraum über K, $\varphi \in \mathrm{End}(V)$ und U ein Unterraum von V, so heißt U φ–invariant, falls gilt: $\varphi(U) \subseteq U$
(d. h. $\forall X\ (X \in U \implies \varphi(X) \in U)$).

Man merke sich folgende Äquivalenz:

$$U \text{ ist } \varphi-\text{invariant} \iff \varphi \restriction U \in \mathrm{End}(U)\ .$$

Die wichtigsten Eigenschaften φ–invarianter Unterräume finden sich in den Aufgaben dieses Abschnitts.

Hauptzerlegungssatz
Sei V ein Vektorraum endlicher Dimension über K, $\varphi \in \mathrm{End}(V)$, $f \in K[x]$, und sei $f = \prod_{i=1}^{t} p_i^{k_i}$ eine Zerlegung von f über K in irreduzible Faktoren p_i mit $p_i \neq p_j$ für $i \neq j$. Dann gilt:

Ist $f(\varphi) = 0$, so ist $\quad V = \bigoplus_{i=1}^{t} \mathrm{Kern}\ \left(p_i^{k_i}(\varphi)\right)$.

Insbesondere gilt dieser Satz für p_φ und m_φ. Für den Spezialfall, daß m_φ (und damit auch p_φ) in Linearfaktoren zerfällt, also für

$$m_\varphi = \prod_{i=1}^{t}(x-\lambda_i)^{k_i} \quad \text{und} \quad p_\varphi = \prod_{i=1}^{t}(\lambda_i - x)^{s_i}\ ,$$

bedeutet er:

$$\begin{aligned} V &= \text{Kern}\,(\varphi - \lambda_1\, id)^{k_1} \oplus \ldots \oplus \text{Kern}\,(\varphi - \lambda_t\, id)^{k_t} \\ &= \text{Kern}\,(\varphi - \lambda_1\, id)^{s_1} \oplus \ldots \oplus \text{Kern}\,(\varphi - \lambda_t\, id)^{s_t}\ . \end{aligned}$$

4.1.1

Die lineare Abbildung $\varphi : \mathbb{R}^2 \longrightarrow \mathbb{R}^2$ sei gegeben durch die Matrix

$$\mathbf{A} = \mathbf{M}(\varphi) = \begin{pmatrix} 1 & 0 \\ 2 & 2 \end{pmatrix}.$$

Man bestimme alle φ–invarianten Unterräume des $\mathbb{R}^2$.

$\mathbb{R}^2$ und $\{0\}$ sind φ–invariant.
Da $\mathbb{R}^2$ der einzige Unterraum des $\mathbb{R}^2$ der Dimension 2 ist, bleibt nur noch die Bestimmung der φ–invarianten Unterräume der Dimension 1. Diese haben die Form $U = L(X)$ mit $X \neq 0$. Da für solche φ–invarianten Unterräume $\varphi(X) \in U$ gelten muß , gibt es $\lambda \in \mathbb{R}$ mit $\varphi(X) = \lambda X$. Wir müssen folglich alle Eigenvektoren von φ berechnen. Da $p_{\mathbf{A}} = p_\varphi = (x-1)\,(x-2)$, berechnet man wie üblich

$$V_1(\varphi) = L((1,-1)) \qquad \text{und} \qquad V_2(\varphi) = L((0,1)).$$

Dies sind auch genau die eindimensionalen φ–invarianten Unterräume des $\mathbb{R}^2$.

4.1.2

Sei V ein Vektorraum über K, $\varphi \in \text{End}\,(V)$ und U ein Untervektorraum von V, der die Basis $B' = (B_1, \ldots, B_k)$ hat. Man zeige:

a) *U ist φ–invariant $\iff$ $\forall\, i = 1, \ldots, k : \varphi(B_i) \in U$.*

b) *Hat U die Dimension 1, so ist U genau dann φ–invariant, wenn U von einem Eigenvektor erzeugt wird.*

c) *Hat V endliche Dimension und ist U φ–invariant, so gibt es eine Basis B von V mit*

$$\mathbf{M}_B^B(\varphi) = \begin{pmatrix} \mathbf{A} & \mathbf{C} \\ \mathbf{0} & \mathbf{D} \end{pmatrix}, \qquad \textit{wobei} \quad \mathbf{A} = \mathbf{M}_{B'}^{B'}(\varphi \restriction U).$$

Ferner gilt: $p_{\varphi \restriction U} \mid p_\varphi$.

a) Die Richtung "$\Longrightarrow$" ist klar.
Gelte nun $\varphi(B_i) \in U$ für $i = 1, \ldots, k$. Ist $X \in U$, so gibt es $\alpha_1, \ldots, \alpha_k \in K$ mit $X = \sum_{i=1}^{k} \alpha_i B_i$, da B' eine Basis von U ist. Es folgt $\varphi(X) = \sum_{i=1}^{k} \alpha_i \varphi(B_i)$, also $\varphi(X) \in U$, da U ein Untervektorraum von V ist.
Wir haben gezeigt: $\varphi(U) \subseteq U$, also ist U φ–invariant.

b) U habe die Dimension 1. Dann gibt es einen Vektor $X \in V$ mit $U = L(X)$. Sicher ist $X \neq 0$. Mit Teil a) folgt:

$$\begin{aligned} U \text{ ist } \varphi\text{–invariant} \quad &\Longleftrightarrow \quad \varphi(X) \in U \\ &\Longleftrightarrow \quad \exists\, \lambda \in K \;\; \varphi(X) = \lambda X \\ &\Longleftrightarrow \quad X \text{ ist ein Eigenvektor von } \varphi\,. \end{aligned}$$

c) Ergänze B' zu einer Basis $B := (B_1, \ldots, B_k, B_{k+1}, \ldots, B_n)$ von V.
In der i–ten Spalte der Matrix $\mathbf{A}$ steht der Koordinatenvektor $(x_{1i}, \ldots, x_{ki})$ von $(\varphi \restriction U)(B_i) = \varphi(B_i)$ bzgl. B'. Also ist nach Wahl von B der Vektor $(x_{1i}, \ldots, x_{ki}, 0, \ldots, 0)$ der Koordinatenvektor von $\varphi(B_i)$ bzgl. B, und der steht in der i–ten Spalte von $\mathbf{M}_B^B(\varphi)$. Die Matrix $\mathbf{B} := \mathbf{M}_B^B(\varphi)$ hat folglich die verlangte Form. Ferner ist

$$\begin{aligned} p_{\mathbf{B}} &= p_\varphi = |\mathbf{B} - x\mathbf{E}| = |\mathbf{A} - x\mathbf{E}| \cdot |\mathbf{D} - x\mathbf{E}| = p_{\mathbf{A}} \cdot p_{\mathbf{D}} \\ &= p(\varphi \restriction U) \cdot p_{\mathbf{D}}\,. \end{aligned}$$

Folglich ist $p_{\varphi \restriction U}$ ein Teiler von p_φ.

4.1.3

Sei V ein endlich–dimensionaler Vektorraum über K, sei $\varphi \in \mathrm{End}\,(V)$, die Untervektorräume U, W von V mit den Basen C, D seien φ–invariant, und es gelte $V = U \oplus W$.
Man zeige:

a) *Die Verkettung*[1] $B =: C^\frown D$ *der Basen C und D ist eine Basis von V mit*

$$\mathbf{M}_B^B(\varphi) = \begin{pmatrix} \mathbf{A} & \mathbf{0} \\ \mathbf{0} & \mathbf{B} \end{pmatrix},$$

wobei $\mathbf{A} = \mathbf{M}_C^C(\varphi \restriction U)$ *und* $\mathbf{B} = \mathbf{M}_D^D(\varphi \restriction W)$.

b) $p_\varphi = p_{\varphi \restriction U} \cdot p_{\varphi \restriction W}\,.$

c) $m_\varphi = \mathrm{kgV}\,(m_{\varphi \restriction U}\,,\ m_{\varphi \restriction W})\,.$

Hinweis: Man beachte Aufgabe 2.5.5.

[1] Die Verkettung von $(a_1, \ldots, a_k)$ und $(b_1, \ldots, b_l)$ ist das $k + l$–Tupel $(a_1, \ldots, a_k, b_1, \ldots, b_l)$.

a) Daß B eine Basis von V ist, folgt sofort aus den Eigenschaften der direkten Summe und der Tatsache, daß C eine Basis von U und D eine Basis von W ist. Ferner gilt $\varphi \upharpoonright U \in \operatorname{End}(U)$ und $\varphi \upharpoonright W \in \operatorname{End}(W)$, da U und W φ–invariant sind. Nun folgt wie in Aufgabe 2 c), daß $\mathbf{M}_B^B(\varphi)$ die gewünschte Form hat.

b) Sei $\mathbf{C} := \mathbf{M}_B^B(\varphi)$. Nach Definition (Vorspann zu Abschnitt 2.4) ist

$$p_{\mathbf{C}} = p_\varphi \,, \quad p_{\mathbf{A}} = p_{\varphi \upharpoonright U} \,, \quad \text{und } p_{\mathbf{B}} = p_{\varphi \upharpoonright W} \,.$$

Nun ist:

$$p_{\mathbf{C}} = |\mathbf{C} - x\mathbf{E}| = \begin{vmatrix} \mathbf{A} - x\mathbf{E} & \mathbf{0} \\ \mathbf{0} & \mathbf{B} - x\mathbf{E} \end{vmatrix} = |\mathbf{A} - x\mathbf{E}| \cdot |\mathbf{B} - x\mathbf{E}| = p_{\mathbf{A}} \cdot p_{\mathbf{B}}.$$

Es folgt die Behauptung.

c) Mit $\mathbf{C} = \mathbf{M}_B^B(\varphi)$ gilt nach dem Vorspann zu 2.5:

$$m_\varphi = m_{\mathbf{C}} \quad , \quad m_{\varphi \upharpoonright U} = m_{\mathbf{A}} \quad , \quad m_{\varphi \upharpoonright W} = m_{\mathbf{B}} \,.$$

Die Behauptung folgt nun direkt aus Aufgabe 2.5.5.

4.1.4

Sei V ein Vektorraum über K, sei $\varphi \in \operatorname{End}(V)$ und sei $X \in V$.

a) *Man bestimme ein Erzeugendensystem für den (bzgl. $\subseteq$) kleinsten φ–invarianten Unterraum U_X von V, der X enthält.*
*Bemerkung: U_X heißt der von X erzeugte φ–***zyklische** *Unterraum von V.*

b) *Man gebe V, φ und X an, so daß U_X unendliche Dimension hat.*

c) *Man zeige:*
Hat V endliche Dimension und das Minimalpolynom von φ den Grad *k, so hat U_X eine Dimension $\leq k$.*
Ist zusätzlich φ nilpotent und $\dim U_X = m$, *so ist* $(X, \varphi(X), \ldots, \varphi^{m-1}(X))$ *eine Basis von U_X und $\varphi^m(X) = 0$.*

a) Falls U ein φ–invarianter Unterraum von V ist, der X enthält, so muß mit $X \in U$ auch $\varphi(X) \in U$ gelten. Also ist auch

$$\varphi(\varphi(X)) = \varphi^2(X) \in U,$$

und man sieht: $\{\varphi^i(X) \mid i \geq 0\} \subseteq U$. Somit ist:

$$W := L(\{\varphi^i(X) \mid i \geq 0\}) \subseteq U \,.$$

Wir vermuten also:
$U_X = W$ (und kennen bereits das Erzeugendensystem $\{\varphi^i(X) \mid i \geq 0\}$).
Zu zeigen bleibt nur, daß W φ–invariant ist.
Jedes $Y \in W$ hat die Form

$$Y = \sum_{i=0}^{k} \lambda_i \varphi^i(X) \quad \text{für gewisse } \lambda_0, \ldots, \lambda_k \in K.$$

Dann ist

$$\varphi(Y) = \sum_{i=0}^{k} \lambda_i \varphi^{i+1}(X) \in W,$$

was zu zeigen war.

b) Sei $V = \mathbb{R}[x]$ der Vektorraum der reellen Polynome und sei $\varphi \in \mathrm{End}\,(V)$ wie üblich durch die Bilder der Elemente der Basis $\{x^i \mid i \geq 0\}$ definiert:

$$\varphi(x^i) := x^{i+1} \quad \text{für alle } i \geq 0.$$

Setze $X := 1 = x^0$. Es ist $\{\varphi^i(X) \mid i \geq 0\} = \{x^i \mid i \geq 0\}$, also ist $U_X = V$.

c) Sei $m_\varphi = \sum_{i=0}^{k} a_i x^i$. Dann ist $m_\varphi(\varphi) = \sum_{i=0}^{k} a_i \varphi^i$ die Nullabbildung. Da $a_k = 1$ (beachte die Definition des Minimalpolynoms!), ist $\varphi^k = -\sum_{i=0}^{k-1} a_i \varphi^i$, also

$$\varphi^k(X) = -\sum_{i=0}^{k-1} a_i \varphi^i(X) \in L\big(X, \varphi(X), \ldots, \varphi^{k-1}(X)\big) =: U.$$

Damit folgt leicht durch vollständige Induktion: $\varphi^j(X) \in U$ für alle j. Somit ist $U_X \subseteq U$. Da sicher $U \subseteq U_X$ gilt, ist $U = U_X$, und folglich hat U_X höchstens die Dimension k.

Sei nun zusätzlich φ nilpotent und sei $\dim U_X = m$. Setze $U := U_X$. Da φ nilpotent ist, ist $p_\varphi = x^n$, $n = \dim V$ (Aufgabe 3.1.1). Nach 2 c) gilt $p_{\varphi \restriction U} \mid p_\varphi$ und damit $p_{\varphi \restriction U} = x^m$. Somit gilt $(\varphi \restriction U)^m = 0$ nach CAYLEY–HAMILTON, und insbesondere ist

$$\varphi^m(X) = (\varphi \restriction U)^m(X) = 0$$

und damit $\varphi^j(X) = 0$ für alle $j \geq m$.
U wird folglich erzeugt durch $(X, \varphi(X), \ldots, \varphi^{m-1}(X))$, und da $\dim U = m$, ist dies auch eine Basis von U.

4.1.5
Sei $\varphi : \mathbb{R}^3 \longrightarrow \mathbb{R}^3$ gegeben durch

$$\mathbf{A} = \mathbf{M}(\varphi) = \begin{pmatrix} 2 & 0 & 1 \\ -1 & 1 & 3 \\ 2 & 0 & 3 \end{pmatrix}.$$

Man bestimme (durch Angabe von Basen) alle φ–invarianten Untervektorräume des $\mathbb{R}^3$.

Durch Entwicklung nach der 2. Spalte erhält man sofort

$$p_{\mathbf{A}} = |\mathbf{A} - x\mathbf{E}| = (1-x)^2(4-x).$$

Die eindimensionalen φ–invarianten Unterräume von V werden durch Eigenvektoren erzeugt (Aufgabe 2 b)).

$$V_1(\varphi) = L((0,1,0)) \quad \text{und} \quad V_4(\varphi) = L((3,5,6))$$

werden wie üblich berechnet und liefern die einzigen eindimensionalen φ–invarianten Unterräume U_1 und U_2. Ferner ist $U_0 = \{0\}$ φ–invariant und $\mathbb{R}^3$ ist einziger φ–invarianter Unterraum des $\mathbb{R}^3$ der Dimension 3.
Es bleibt die Bestimmung der φ–invarianten Unterräume der Dimension 2. Zunächst bietet sich $U_3 = L((0,1,0),(3,5,6))$ an, denn es gilt:

$$X = \alpha\,(0,1,0) + \beta\,(3,5,6) \in U_3 \quad \Longrightarrow \quad \varphi(X) = \alpha\,(0,1,0) + 4\beta\,(3,5,6) \in U_3\,.$$

Sei nun U ein beliebiger φ–invarianter Unterraum der Dimension 2; es gibt $B_1, B_2 \in U$ mit $U =: L(B_1, B_2)$. Ergänze $B' := (B_1, B_2)$ durch B_3 zu einer Basis B des $\mathbb{R}^3$. Dann hat $\mathbf{C} := \mathbf{M}_B^B(\varphi)$ die Form

$$\mathbf{C} = \begin{pmatrix} \multicolumn{2}{c}{\mathbf{A}_1} & \begin{matrix} a \\ b \end{matrix} \\ 0 \quad 0 & & c \end{pmatrix}, \quad \text{wobei } \mathbf{A}_1 = \mathbf{M}_{B'}^{B'}(\varphi \restriction U) \text{ ist.}$$

Dies folgt sofort aus den Eigenschaften von $\mathbf{M}_B^B(\varphi)$. Sei $\psi = \varphi \restriction U$; dann ist $p_\psi = p_{\mathbf{A}_1}$. Ferner ist $p_{\mathbf{C}} = p_{\mathbf{A}_1} \cdot (c - x) = p_{\mathbf{A}}$. Somit folgt $c \in \{1, 4\}$.
Ist $c = 1$, so ist $p_\psi = p_{\mathbf{A}_1} = (1-x)\,(4-x)$. ψ hat die Eigenwerte 1 und 4 und damit die Eigenvektoren $(0,1,0), (3,5,6) \in U$, also ist in diesem Fall

$$U = L((0,1,0),(3,5,6)) = U_3.$$

Sei nun $c = 4$. Dann ist $p_\psi = (1-x)^2$. Da $p_\psi(\psi)$ die Nullabbildung auf U ist und $\varphi(X) = \psi(X)$ für alle $X \in U$ gilt, ist

$$U = \operatorname{Kern} p_\psi(\psi) \subseteq \operatorname{Kern}\,(\varphi - id)^2.$$

Kern $(\varphi - id)^2$ berechnen wir als Lösungsraum von

$$(\mathbf{A} - \mathbf{E})^2 X = \begin{pmatrix} 3 & 0 & 3 \\ 5 & 0 & 5 \\ 6 & 0 & 6 \end{pmatrix} X = 0$$

zu Kern $(\varphi - id)^2 = L((0,1,0),(-1,0,1))$. Da U die Dimension 2 hat, folgt $U = U_4 = L((0,1,0),(-1,0,1))$.
Insgesamt erhalten wir als φ–invariante Unterräume die Räume

$$U_0, U_1, U_2, U_3, U_4, U_5 := \mathbb{R}^3.$$

4.1.6

Sei V ein Vektorraum über K, sei $\varphi \in \text{End}(V)$ und sei $f \in K[x]$. Man zeige: Kern $f(\varphi)$ ist ein φ–invarianter Untervektorraum von V.

Bekanntlich ist Kern $f(\varphi)$ ein Untervektorraum von V, da $f(\varphi) \in \text{End}(V)$.
Sei $X \in \text{Kern}\, f(\varphi)$. Zu zeigen ist: $\varphi(X) \in \text{Kern}\, f(\varphi)$.
Nun ist $f(\varphi) \circ \varphi = \varphi \circ f(\varphi)$ – dies läßt sich leicht nachrechnen, da $f(\varphi)$ die Form $\sum_{i=0}^{k} a_i \varphi^i$ hat (oder Abschnitt 2.3 entnehmen). Es folgt:

$$\begin{aligned} f(\varphi)(\varphi(X)) &= (f(\varphi) \circ \varphi)(X) = (\varphi \circ f(\varphi))(X) \\ &= \varphi(f(\varphi)(X)) = \varphi(0) = 0, \end{aligned}$$

also $\varphi(X) \in \text{Kern}\, f(\varphi)$.

4.1.7

Es sei V ein Vektorraum über K und $\varphi : V \longrightarrow V$ eine lineare Abbildung. Ferner seien die Polynome $f, g, h_1, h_2 \in K[x]$. Man zeige:

a) Kern $f(\varphi) \subseteq$ Kern $(f \cdot g)(\varphi)$ *und* Kern $g(\varphi) \subseteq$ Kern $(f \cdot g)(\varphi)$.

b) *Ist $1 = h_1 f + h_2 g$, so gilt für jedes $X \in V$:*

$$X = h_1(\varphi)(f(\varphi)(X)) + h_2(\varphi)(g(\varphi)(X)) =: X_1 + X_2.$$

c) *Ist $X \in$ Kern $(f \cdot g)(\varphi)$, so gilt $X_1 \in$ Kern $g(\varphi)$ und $X_2 \in$ Kern $f(\varphi)$.*

a) Sei $X \in \text{Kern}\, f(\varphi)$, d. h. sei $f(\varphi)(X) = 0$. Nach Abschnitt 2.3 gilt:

$$\begin{aligned} (f \cdot g)(\varphi)(X) &= (f(\varphi) \circ g(\varphi))(X) = (g(\varphi) \circ f(\varphi))(X) \\ &= g(\varphi)(f(\varphi)(X)) = g(\varphi)(0) = 0\,. \end{aligned}$$

Also ist $X \in \text{Kern}\,(f \cdot g)(\varphi)$.

Die zweite Inklusion wird analog bewiesen.

b) Beachte: Es ist $1 = x^0$, und die Einsetzung von φ in x^0 ergibt id. Setzt man also φ in beide Seiten der Gleichung $1 = h_1 f + h_2 g$ ein, so erhält man

$$\begin{aligned} id &= (h_1 f + h_2 g)(\varphi) = (h_1 f)(\varphi) + (h_2 g)(\varphi) \\ &= h_1(\varphi) \circ f(\varphi) + h_2(\varphi) \circ g(\varphi) =: \psi \, . \end{aligned}$$

Somit haben id und ψ für jedes $X \in V$ denselben Funktionswert, und es folgt

$$X = \psi(X) = h_1(\varphi)\,(f(\varphi)\,(X)) + h_2(\varphi)\,(g(\varphi)\,(X)).$$

c) Sei $X \in \operatorname{Kern}(f \cdot g)(\varphi)$. Es gilt:

$$\begin{aligned} g(\varphi)\,(X_1) &= g(\varphi)\,(h_1(\varphi)\,(f(\varphi)\,(X))) = (g(\varphi) \circ h_1(\varphi) \circ f(\varphi))\,(X) \\ &\overset{*}{=} (h_1(\varphi) \circ f(\varphi) \circ g(\varphi))\,(X) = h_1(\varphi)\,((f(\varphi) \circ g(\varphi))\,(X) \\ &= h_1(\varphi)\,(((f \cdot g)\,(\varphi))\,(X)) = h_1(\varphi)\,(0) = 0 \, . \end{aligned}$$

Dabei gilt (*) wieder nach Abschnitt 2.3.
Völlig analog beweist man $X_2 \in \operatorname{Kern} f(\varphi)$.

4.1.8
Sei V ein Vektorraum über K und sei $\varphi : V \longrightarrow V$ eine lineare Abbildung. Die Polynome $f, g \in K[x]$ seien teilerfremd.
a) *Man zeige mit Hilfe der Aufgaben 6 und 7:*
Der Vektorraum $U = \operatorname{Kern}(f \cdot g)(\varphi)$ ist direkte Summe seiner φ–invarianten Untervektorräume
$$U_1 = \operatorname{Kern} f(\varphi) \quad \text{und} \quad U_2 = \operatorname{Kern} g(\varphi).$$
b) *Man beweise den Hauptzerlegungssatz.*

a) Zunächst sind U_1 und U_2 φ–invariant nach Aufgabe 6 und Unterräume von U nach Aufgabe 7. Nach der gleichen Aufgabe ist jedes $X \in U$ darstellbar als $X = X_1 + X_2$ mit $X_1 \in U_1$ und $X_2 \in U_2$. Somit gilt $U = U_1 + U_2$.
Ist $X \in U_1 \cap U_2$, so folgt mit Aufgabe 7 b):

$$\begin{aligned} X &= h_1(\varphi)\,(f(\varphi)\,(X)) + h_2(\varphi)\,(g(\varphi)\,(X)) \\ &= h_1(\varphi)\,(0) + h_2(\varphi)\,(0) = 0 + 0 = 0 \, . \end{aligned}$$

Daher ist $U_1 \cap U_2 = \{0\}$, und $U_1 + U_2$ ist eine direkte Summe.

b) Sei $h \in K[x]$ ein Polynom mit $h(\varphi) = 0$ und sei $h = \prod_{i=1}^{t} p_i^{k_i}$ eine Zerlegung von h in irreduzible Faktoren (also $p_1, \ldots, p_t$ irreduzibel über K, $p_i \neq p_j$ für $i \neq j$).

Es ist $\operatorname{Kern} h(\varphi) = V$, da $h(\varphi)$ die Nullabbildung ist. Durch vollständige Induktion folgt aus Teil a) leicht:

$$\operatorname{Kern}(h(\varphi)) = \operatorname{Kern}(p_1^{k_1}(\varphi)) \oplus \ldots \oplus \operatorname{Kern}(p_t^{k_t}(\varphi)) :$$

Zunächst wähle $f = p_1^{k_1}$ und $g = \prod_{i=2}^{t} p_i^{k_i}$, dann wende Teil a) erneut auf g als Produkt der teilerfremden Polynome $p_2^{k_2}$ und $\prod_{i=3}^{t} p_i^{k_i}$ an usw. . Auf diese Weise lassen sich sukzessive die genannten direkten Summanden abspalten.

4.1.9

Sei V ein Vektorraum über K, $g \in K[x]$, $\varphi \in \operatorname{End}(V)$ und U ein φ–invarianter Unterraum von V. Ferner sei $\psi := \varphi \restriction U \in \operatorname{End}(U)$.
Man zeige:
Ist $X \in U$, so ist $g(\psi)(X) = g(\varphi)(X)$.

Sei $X \in U$. Zunächst ist $\psi(X) = \varphi(X) \in U$ nach Definition von ψ und da U φ–invariant ist. Damit folgt leicht: $\psi^j(X) = \varphi^j(X)$ für $j \in \mathbb{N}$, also auch

$$(a_j\psi^j)(X) = (a_j\varphi^j)(X) \quad (a_j \in K) .$$

Ist $g = \sum_{i=0}^{k} a_j x^j$, so ist

$$\begin{aligned} g(\psi)(X) &= (\sum a_j\psi^j)(X) = \sum (a_j\psi^j)(X) = \sum (a_j\varphi^j)(X) \\ &= (\sum a_j\varphi^j)(X) = g(\varphi)(X) . \end{aligned}$$

4.2 Vorbereitungen zur JORDANschen Normalform

In diesem Abschnitt behandeln wir einige Aufgaben, die für den nächsten Abschnitt nützlich sind. Außerdem stellen wir eine Methode vor, die es erlaubt, bei gegebenem charakteristischen Polynom bzw. bei gegebenen Eigenwerten das Minimalpolynom (einer Matrix bzw. eines Endomorphismus) zu berechnen.
V sei stets ein Vektorraum der endlichen Dimension n über K, und ferner sei $\varphi \in \operatorname{End}(V)$.

Bestimmung des Minimalpolynoms bei gegebenem charakteristischen Polynom p_φ:

Sei $\varphi \in \operatorname{End}(V)$ und $p_\varphi = (-1)^n \prod_{i=1}^{t} g_i^{s_i}$, wobei die g_i normierte irreduzible Polynome über K sind und $g_i \neq g_j$ für $i, j \in \{1, \ldots, t\}$, $i \neq j$, gilt. Dann ist

$$m_\varphi = \prod_{i=1}^{t} g_i^{k_i}$$

mit
$$\begin{aligned} k_i &= \min\{j \mid \operatorname{Kern} g_i^j(\varphi) = \operatorname{Kern} g_i^{j+1}(\varphi)\} \\ &= \min\{j \mid \operatorname{Rang} g_i^j(\mathbf{A}) = \operatorname{Rang} g_i^{j+1}(\mathbf{A})\}\ , \end{aligned}$$
falls $\mathbf{A} = \mathbf{M}_B^B(\varphi)$ für eine Basis B von V ist.

Ferner gilt $1 \leq k_i \leq s_i$, also:

$$U_i := \operatorname{Kern}(g_i^{s_i}(\varphi)) = \operatorname{Kern}(g_i^{k_i}(\varphi))\ .$$

$$p_\varphi \restriction U_i = \pm g_i^{s_i}$$

$$m_\varphi \restriction U_i = g_i^{k_i}$$

Es ist $\dim U_i = s_i \cdot \operatorname{Grad} g_i = n - \operatorname{Rang} g_i^{k_i}(\mathbf{A}) = n - \operatorname{Rang} g_i^{s_i}(\mathbf{A})$.

Ist $\mathbf{A} \in \mathcal{M}_{n\times n}(K)$ beliebig, so berechnet man $m_\mathbf{A}$ über $\varphi = \varphi_\mathbf{A}$ mit der Matrix $\mathbf{A} = \mathbf{M}_E^E(\varphi_\mathbf{A})$.

Bestimmung von m_φ und p_φ
bei gegebenen Eigenwerten $\lambda_1, \ldots, \lambda_t \in K$

für den Fall

$$p_\varphi = (-1)^n \prod_{i=1}^{t} (x-\lambda_i)^{s_i} \text{ und } m_\varphi = \prod_{i=1}^{t} (x-\lambda_i)^{k_i} :$$

Es ist:

$$\begin{aligned} k_i &= \min\{j \mid \text{Kern}\,(\varphi - \lambda_i\, id)^j = \text{Kern}\,(\varphi - \lambda_i\, id)^{j+1}\} \\ &= \min\{j \mid \text{Rang}\,(\mathbf{A} - \lambda_i \mathbf{E})^j = \text{Rang}\,(\mathbf{A} - \lambda_i \mathbf{E})^{j+1}\} \end{aligned}$$

wie oben, falls $\mathbf{A} = \mathbf{M}_B^B(\varphi)$ für eine Basis B von V ist.
Wieder ist $1 \le k_i \le s_i$, also

$$U_i := \text{Kern}\,(\varphi - \lambda_i\, id)^{s_i} = \text{Kern}\,(\varphi - \lambda_i\, id)^{k_i}.$$

Ferner ist $s_i = \dim U_i = n - \text{Rang}\,(\mathbf{A} - \lambda_i \mathbf{E})^{k_i} = n - \text{Rang}\,(\mathbf{A} - \lambda_i \mathbf{E})^{s_i}$.

Ist $\mathbf{A} \in \mathcal{M}_{n\times n}(K)$ beliebig, so berechnet man $m_\mathbf{A}$ über $\varphi = \varphi_\mathbf{A}$ mit der Matrix $\mathbf{A} = \mathbf{M}_E^E(\varphi_\mathbf{A})$.

Bemerkung: **Wir stellen durch die Berechnung der s_i $(i = 1, \ldots, t)$ gleichzeitig fest, ob p_φ in Linearfaktoren zerfällt oder nicht:** Ist $\sum_{i=1}^{t} s_i = n$, so hat p_φ die obige Form (es genügt sogar $\sum_{i=1}^{t} s_i \ge n-1$), sonst nicht.

4.2.1

Man zeige für $\psi \in \text{End}\,(V)$:

a) $\{0\} \subseteq \text{Kern}\,\psi \subseteq \text{Kern}\,\psi^2 \subseteq \ldots \subseteq \text{Kern}\,\psi^n = \text{Kern}\,\psi^{n+1}$
und
$V \supseteq \psi(V) \supseteq \psi^2(V) \supseteq \ldots \supseteq \psi^n(V) = \psi^{n+1}(V)$.

b) *Sei* $k = \min\{j \mid \text{Kern}\,\psi^j = \text{Kern}\,\psi^{j+1}\}$ *und* $\mathbf{C} = \mathbf{M}_B^B(\psi)$. *Dann ist*

$$\begin{aligned} k &= \min\{j \mid \text{Rang}\,(\mathbf{C}^j) = \text{Rang}\,(\mathbf{C}^{j+1})\} \\ &= \min\{j \mid \psi^j(V) = \psi^{j+1}(V)\}\,. \end{aligned}$$

a) Ist $X \in \text{Kern}\,\psi^j$, so ist $\psi^j(X) = 0$. Also ist

$$\psi^{j+1}(X) = \psi(\psi^j(X)) = \psi(0) = 0\,.$$

Gilt $\text{Kern}\,\psi^j = \text{Kern}\,\psi^{j+1}$, so folgt aus Aufgabe 1.4.7: $\text{Kern}\,\psi^{j+k} = \text{Kern}\,\psi^j$ für alle $k \ge 0$.

Gilt jedoch $\mathrm{Kern}\,\psi^j \subsetneqq \mathrm{Kern}\,\psi^{j+1}$, so ist $\dim \mathrm{Kern}\,\psi^j < \dim \mathrm{Kern}\,\psi^{j+1}$. Es kann also wegen $\dim V = n$ höchstens n–mal $\subsetneqq$ in der Kette der Kerne auftreten, und daher ist $\mathrm{Kern}\,\psi^n = \mathrm{Kern}\,\psi^{n+1}$.
Für die zweite Kette verläuft der Beweis analog.

b) Die zweite Gleichung folgt aus dem Kern–Bild–Satz:

$$\dim \mathrm{Kern}\,\psi^j \;+\; \dim \psi^j(V) = n = \dim V\,.$$

Ist $\mathbf{C} = \mathbf{M}_B^B(\psi)$, so ist $\mathbf{C}^j = \mathbf{M}_B^B(\psi^j)$ nach den Regeln für $\mathbf{M}_B^B(\psi)$. Ferner gilt für jedes $\varphi \in \mathrm{End}\,(V)$: $\dim \varphi(V) = \mathrm{Rang}\,(\mathbf{M}_B^B(\varphi))$. Damit folgt die erste Gleichung aus der zweiten Gleichung.

4.2.2
Man zeige:
Ist $A = \{A_1, \ldots, A_k\}$ *eine Basis von* $\mathrm{Kern}\,\varphi^j$, $A \cup C := A \cup \{C_1, \ldots, C_s\}$ *eine Basis von* $\mathrm{Kern}\,\varphi^{j+1}$ *und* $A \cup C \cup \{D_1, \ldots, D_r\}$ *eine linear unabhängige Teilmenge von* $\mathrm{Kern}\,\varphi^{j+2}$, *so ist* $A \cup \{\varphi(D_1), \ldots, \varphi(D_r)\}$ *eine linear unabhängige Teilmenge von* $\mathrm{Kern}\,\varphi^{j+1}$. *Insbesondere ist also* $r \le s$.
Ferner gilt:

$$\dim \mathrm{Kern}\,\varphi^{j+2} - \dim \mathrm{Kern}\,\varphi^{j+1} \le \dim \mathrm{Kern}\,\varphi^{j+1} - \dim \mathrm{Kern}\,\varphi^j\,.$$

Die Aussage dieser Aufgabe ist das entscheidende Lemma, wenn man eine JORDANbasis "von oben nach unten" bestimmt – siehe Abschnitt 4.3.

Sei $\lambda_1 A_1 + \ldots + \lambda_k A_k + \mu_1 \varphi(D_1) + \ldots + \mu_r \varphi(D_r) = 0$. Dann ist

$$-(\mu_1 \varphi(D_1) + \ldots + \mu_r \varphi(D_r)) = -\varphi(\sum_{i=1}^{r} \mu_i D_i) = \sum_{i=1}^{k} \lambda_i A_i \in \mathrm{Kern}\,\varphi^j\,.$$

Folglich ist $\sum_{i=1}^{r} \mu_i D_i$ ein Element von $\mathrm{Kern}\,\varphi^{j+1}$. Stellen wir es als Linearkombination von $A \cup C$ dar und beachten wir die Tatsache, daß $A \cup C \cup \{D_1, \ldots, D_r\}$ linear unabhängig ist, so folgt: $\mu_1 = \ldots = \mu_r = 0$. Einsetzen in die Ausgangsgleichung ergibt, da A linear unabhängig ist: $\lambda_1 = \ldots = \lambda_k = 0$.

Der Beweis der Zusatzaussage folgt sofort, wenn man $\{D_1, \ldots, D_r\} =: D$ so wählt, daß $A \cup C \cup D$ eine Basis von $\mathrm{Kern}\,\varphi^{j+2}$ ist. Dann ist nämlich für $w_i := \dim \mathrm{Kern}\,\varphi^i$:

$$w_{j+2} - w_{j+1} = |D| \le |C| = w_{j+1} - w_j\,.$$

4.2.3

Gegeben sei die Matrix

$$\mathbf{A} = \begin{pmatrix} 2 & 1 & -2 & 0 \\ 0 & 0 & 1 & 0 \\ 0 & 0 & 0 & 1 \\ 1 & 0 & 0 & 0 \end{pmatrix} \in \mathcal{M}_{4\times 4}(\mathbb{R}).$$

Man bestimme das Minimalpolynom $m_{\mathbf{A}}$ von $\mathbf{A}$.

Durch sukzessives Entwickeln von $|\mathbf{A} - x\mathbf{E}|$ findet man leicht das Polynom

$$p_{\mathbf{A}} = (x-1)^3(x+1).$$

Damit ist $m_{\mathbf{A}} = (x-1)^k(x+1)$ für ein $k \leq 3$. Die Matrix

$$\mathbf{A} - \mathbf{E} = \begin{pmatrix} 1 & 1 & -2 & 0 \\ 0 & -1 & 1 & 0 \\ 0 & 0 & -1 & 1 \\ 1 & 0 & 0 & -1 \end{pmatrix}$$

hat den Rang 3, die Matrix

$$(\mathbf{A} - \mathbf{E})^2 = \begin{pmatrix} 1 & 0 & 1 & -2 \\ 0 & 1 & -2 & 1 \\ 1 & 0 & 1 & -2 \\ 0 & 1 & -2 & 1 \end{pmatrix}$$

hat den Rang 2.

Die Rechnung $\text{Rang}\,(\mathbf{A} - \mathbf{E})^3 = \text{Rang}\,(\mathbf{A} - \mathbf{E})^4 = 1$ kann man sich ersparen: Da $x - 1$ als Faktor in $p_{\mathbf{A}}$ die Vielfachheit 3 hat, ist nach dem Vorspann

$$\dim \text{Kern}\,(\varphi - id)^3 = \dim \text{Kern}\,(\varphi - id)^{3+j} = 3,$$

also $\text{Rang}\,(\mathbf{A} - \mathbf{E})^{3+j} = 4 - 3 = 1$ für alle j.

Es folgt

$$\min\{j \mid \text{Rang}\,(\mathbf{A} - \mathbf{E})^j = \text{Rang}\,(\mathbf{A} - \mathbf{E})^{j+1}\} = 3.$$

Somit ist $m_{\mathbf{A}} = (x-1)^3(x+1) = p_{\mathbf{A}}$.

4.2.4

Die Matrix

$$\mathbf{A} = \begin{pmatrix} 1 & 0 & 0 & 1 & 0 & 0 \\ 1 & 1 & 1 & 1 & 0 & 0 \\ -1 & -1 & 1 & -1 & 0 & 0 \\ -1 & 0 & 0 & 1 & 0 & 0 \\ 0 & 0 & 0 & -2 & 0 & 1 \\ 0 & 0 & 0 & 2 & -4 & -4 \end{pmatrix}$$

hat (über $\mathbb{R}$*) das charakteristische Polynom* $p_{\mathbf{A}} = (x+2)^2(x^2-2x+2)^2$*. Man berechne ihr Minimalpolynom* $m_{\mathbf{A}} \in \mathbb{R}[x]$*.*

Die Polynome $g_1 = x+2$ und $g_2 = x^2 - 2x + 2$ sind irreduzibel über $\mathbb{R}$. $g_1(\mathbf{A}) = \mathbf{A} + 2\mathbf{E}$ hat, wie man leicht nachrechnet, den Rang 5. Da nach dem Vorspann $g_1^2(\mathbf{A})$ den Rang $6 - s_1 \cdot 1 = 6 - 2 = 4$ hat, ist

$$m_{\mathbf{A}} = (x+2)^2(x^2-2x+2)^{k_2}\ , \quad k_2 \in \{1,2\}\ .$$

Zur Bestimmung von k_2:

$$\begin{aligned} g_2(\mathbf{A}) &= \mathbf{A}^2 - 2\mathbf{A} + 2\mathbf{E} \\ &= \begin{pmatrix} 0 & 0 & 0 & 2 & 0 & 0 \\ 0 & 0 & 2 & 2 & 0 & 0 \\ -2 & -2 & 0 & -4 & 0 & 0 \\ -2 & 0 & 0 & 0 & 0 & 0 \\ 2 & 0 & 0 & 0 & -4 & -4 \\ -2 & 0 & 0 & 2 & 16 & 12 \end{pmatrix} - 2\mathbf{A} + 2\mathbf{E} \\ &= \begin{pmatrix} 0 & 0 & 0 & 0 & 0 & 0 \\ -2 & 0 & 0 & 0 & 0 & 0 \\ 0 & 0 & 0 & -2 & 0 & 0 \\ 0 & 0 & 0 & 0 & 0 & 0 \\ 2 & 0 & 0 & 4 & -2 & -6 \\ -2 & 0 & 0 & -2 & 24 & 22 \end{pmatrix}. \end{aligned}$$

Diese Matrix hat den Rang 4. Da $g_2^2(\mathbf{A})$ den Rang

$$6 - s_2 \cdot \operatorname{Grad} g_2 = 6 - 2 \cdot 2 = 2$$

hat, ist

$$\min\{j \mid \operatorname{Rang} g_2^j(\mathbf{A}) = \operatorname{Rang} g_2^{j+1}(\mathbf{A})\} = 2\ ,$$

also $k_2 = 2$.

4.2.5
Die Matrix

$$\mathbf{A} = \begin{pmatrix} 3 & 1 & 0 & 1 & -2 \\ 1 & 3 & -1 & 0 & 1 \\ -1 & -1 & 4 & 3 & -3 \\ 1 & 1 & -1 & 2 & 1 \\ -2 & -2 & 2 & 2 & 1 \end{pmatrix} \in \mathcal{M}_{5\times 5}(\mathbb{R})$$

hat genau die Eigenwerte 2 und 3. Man zeige, daß p_φ in Linearfaktoren zerfällt, und berechne p_φ und m_φ.

Sei $f = (2-x)^{s_1}(3-x)^{s_2}$, $g = (x-2)^{k_1}(x-3)^{k_2}$, wobei s_i und k_i wie im Vorspann gegeben sind. Ist $s_1 + s_2 = n = 5$, so ist $f = p_\varphi$, da ja p_φ auf jeden Fall den Teiler f hat, und dann gilt auch $m_\varphi = g$.

$$\mathbf{A} - 2\mathbf{E} = \begin{pmatrix} 1 & 1 & 0 & 1 & -2 \\ 1 & 1 & -1 & 0 & 1 \\ -1 & -1 & 2 & 3 & -3 \\ 1 & 1 & -1 & 0 & 1 \\ -2 & -2 & 2 & 2 & -1 \end{pmatrix}$$

hat den Rang 3,

$$(\mathbf{A} - 2\mathbf{E})^2 = \begin{pmatrix} 7 & 7 & -6 & -3 & 2 \\ 1 & 1 & -1 & 0 & 1 \\ 5 & 5 & -4 & -1 & 1 \\ 1 & 1 & -1 & 0 & 1 \\ -2 & -2 & 2 & 2 & -1 \end{pmatrix}$$

hat ebenfalls den Rang 3. Somit ist $k_1 = 1$ und $s_1 = 5 - 3 = 2$.

$$\mathbf{A} - 3\mathbf{E} = \begin{pmatrix} 0 & 1 & 0 & 1 & -2 \\ 1 & 0 & -1 & 0 & 1 \\ -1 & -1 & 1 & 3 & -3 \\ 1 & 1 & -1 & -1 & 1 \\ -2 & -2 & 2 & 2 & -2 \end{pmatrix}$$

hat den Rang 3,

$$(\mathbf{A} - 3\mathbf{E})^2 = \begin{pmatrix} 6 & 5 & -6 & -5 & 6 \\ -1 & 0 & 1 & 0 & -1 \\ 7 & 7 & -7 & -7 & 7 \\ -1 & -1 & 1 & 1 & -1 \\ 2 & 2 & -2 & -2 & 2 \end{pmatrix}$$

hat den Rang 2. Folglich ist $k_2 \geq 2$ und damit $s_2 \geq 2$. p_φ muß daher in Linearfaktoren zerfallen. Da alle Eigenwerte bekannt sind und $s_1 = 2$ ist, muß $s_2 = 3$ gelten. Rang $(\mathbf{A} - 3\mathbf{E})^{k_2} = 5 - 3 = 2$ gilt nach dem Vorspann. Also ist $k_2 = 2$ (dies hätte man natürlich auch durch Berechnung von $(\mathbf{A} - 3\mathbf{E})^3$ und Rang $(\mathbf{A} - 3\mathbf{E})^3 = 2$ erkennen können; ebenso hätte man $s_2 = 3$ erhalten).

4.2.6

Man beweise die im Vorspann (1. Kasten) zitierten Aussagen zur Bestimmung von m_φ.
Hinweis: Hauptzerlegungssatz und Aufgaben 1 *sowie* 4.1.3.

Sei $p_\varphi = (-1)^n \cdot \prod_{i=1}^{t} g_i^{s_i}$ und $m_\varphi = \prod_{i=1}^{t} g_i^{k_i}$. Zu zeigen ist als erstes:
$k_i = \min\{j \mid \operatorname{Kern} g_i^j(\varphi) = \operatorname{Kern} g_i^{j+1}(\varphi)\} =: n_i$.
Nach dem Hauptzerlegungssatz gilt

$$V = \bigoplus_{i=1}^{t} \operatorname{Kern}(g_i^{s_i}(\varphi)) \stackrel{(*)}{=} \bigoplus_{i=1}^{t} \operatorname{Kern}(g_i^{k_i}(\varphi)) ,$$

denn $p_\varphi(\varphi) = m_\varphi(\varphi) = 0$. Mit Aufgabe 1 a) ist

$$\operatorname{Kern}(g_i^{k_i}(\varphi)) = \operatorname{Kern}((g_i(\varphi))^{k_i}) \subseteq \operatorname{Kern}((g_i(\varphi))^{s_i}) = \operatorname{Kern}(g_i^{s_i}(\varphi)) ,$$

denn es ist $k_i \leq s_i$.
Würde "$\subsetneqq$" für ein l gelten, so hätte $\operatorname{Kern}(g_l^{k_l}(\varphi))$ kleinere Dimension als $\operatorname{Kern}(g_l^{s_l}(\varphi))$ im Widerspruch zu $(*)$. Somit ist

$$\operatorname{Kern}(g_i^{s_i}(\varphi)) = \operatorname{Kern}(g_i^{k_i}(\varphi)) =: U_i$$

für alle i.
Analog gilt $\operatorname{Kern}(g_i^{s_i+1}(\varphi)) = \operatorname{Kern}(g_i^{s_i}(\varphi))\}$, also $n_i \leq s_i$ für alle i.
Zusammen mit Aufgabe 1.4.7. c) folgt nun $n_i \leq k_i$.
Für $X \in U_i$ gilt nach Aufgabe 4.1.9:

$$0 = g_i^{k_i}(\varphi)(X) = g_i^{k_i}(\varphi \restriction U_i)(X) .$$

Nach Aufgabe 2.5.2 folgt: $m_{\varphi \restriction U_i}$ teilt $g_i^{k_i}$, also $m_{\varphi \restriction U_i} = g_i^{l_i}$ für ein $l_i \leq k_i$, da g_i irreduzibel über K ist.
Es folgt: $m_{\varphi \restriction U_1}, \ldots, m_{\varphi \restriction U_t}$ sind paarweise teilerfremd, und nach 4.1.3 c) ist

$$m_\varphi = \operatorname{kgV}(m_{\varphi \restriction U_1}, \ldots, m_{\varphi \restriction U_t}) = \prod_{i=1}^{t} g_i^{l_i} = \prod_{i=1}^{t} g_i^{k_i} .$$

Wegen der Eindeutigkeit der Darstellung als Produkt irreduzibler Faktoren ist $l_i = k_i$.
Nun ist $U_i =$ Kern $(g_i^{n_i}(\varphi))$ nach Definition von n_i und wegen $n_i \leq k_i$, also gilt wie oben für jedes $X \in U_i$:

$$0 = g_i^{n_i}(\varphi)\,(X) = g_i^{n_i}(\varphi \upharpoonright U_i)\,(X)\ .$$

Damit ist $g_i^{n_i}(\varphi \upharpoonright U_i)$ die Nullabbildung auf U_i, und es folgt : $m_{\varphi \upharpoonright U_i} = g_i^{k_i}$ teilt $g_i^{n_i}$. Also ist $k_i \leq n_i$ und insgesamt $k_i = n_i$. Wir haben damit die erste Behauptung gezeigt.
Als nächstes ist $k_i = \min\{j \mid \operatorname{Rang} g_i^j(\mathbf{A}) = \operatorname{Rang} g_i^{j+1}(\mathbf{A})\}$ zu zeigen.
Wir wenden Aufgabe 1 an mit $g_i(\varphi)$ statt ψ und $\mathbf{M}_B^B(g_i(\varphi))$ statt $\mathbf{C}$. Beachtet man, daß

$$\mathbf{M}_B^B(g_i(\varphi)) = g_i(\mathbf{M}_B^B(\varphi)) = g_i(\mathbf{A}) \quad \text{und} \quad (g_i(\mathbf{A}))^j = g_i^j(\mathbf{A})$$

gilt, so folgt: $k_i = \min\{j \mid \operatorname{Rang} g_i^j(\mathbf{A}) = \operatorname{Rang} g_i^{j+1}(\mathbf{A})\}$.
Nun zeigen wir: $\dim U_i = s_i{\cdot}\operatorname{Grad} g_i$, wobei s_i der Exponent von g_i in p_φ ist. Zunächst haben $p_{\varphi \upharpoonright U_i}$ und $m_{\varphi \upharpoonright U_i}$ dieselben irreduziblen Faktoren. Daher hat $p_{\varphi \upharpoonright U_i}$ die Form $g_i^{v_i}$ oder $-g_i^{v_i}$ für ein $v_i \geq k_i$. Ferner folgt aus $V = \bigoplus_{i=1}^{t} U_i$ und U_i $\varphi-$invariant für $i = 1, \ldots, t$: $p_\varphi = \prod_{i=1}^{t} p_{\varphi \upharpoonright U_i}$ (Aufgabe 4.1.3 b)).
Wegen der Eindeutigkeit der Darstellung als Produkt irreduzibler Polynome ist $p_{\varphi \upharpoonright U_i} = \pm g_i^{s_i}$. Da Grad $(p_{\varphi \upharpoonright U_i}) = \dim U_i$, ist $\dim U_i = s_i{\cdot}\operatorname{Grad} g_i$.
Schließlich gilt

$$\begin{aligned} \operatorname{Rang}(g_i^{k_i}(\mathbf{A})) &= \operatorname{Rang}(g_i^{s_i}(\mathbf{A})) = \dim(g_i^{s_i}(\varphi)\,(V)) = n - \dim U_i \\ &= n - s_i \cdot \operatorname{Grad} g_i\ , \end{aligned}$$

und damit ist die letzte Behauptung aus dem Kasten 1 bewiesen.
Bemerkung:
Sind die Eigenwerte $\lambda_1, \ldots, \lambda_t$ von φ gegeben, so sind $(x - \lambda_1), \ldots, (x - \lambda_t)$ irreduzible Faktoren von p_φ bzw. von m_φ. Es ist dann

$$p_\varphi = h \cdot \prod_{i=1}^{t} (\lambda_i - x)^{s_i}\ ,$$

wobei h keine Nullstelle in K hat. Wenn $\sum s_i = n$, also $\operatorname{Grad} h = 0$ ist, so haben wir durch die Berechnung der $s_1, \ldots, s_t$ gezeigt, daß p_φ in Linearfaktoren zerfällt. Ist $\sum s_i < n$, so ist $\operatorname{Grad} h \geq 2$ ($\operatorname{Grad} h = 1$ impliziert, daß h eine Nullstelle in K hat) und p_φ zerfällt nicht in Linearfaktoren. Damit p_φ in Linearfaktoren zerfällt, genügt also sogar: $\sum s_i \geq n - 1$.

4.2.7
Sei $\lambda \in K$ ein Eigenwert von $\varphi \in \mathrm{End}\,(V)$, sei k die Vielfachheit des Faktors $(x-\lambda)$ in m_φ und sei $U = \mathrm{Kern}\,(\varphi - \lambda\, id)^k$. Man zeige:

a) $\dim U$ *ist die algebraische Vielfachheit von λ bzgl. φ.*

b) U *ist φ–invariant.*

c) $\Theta := (\varphi - \lambda\, id) \restriction U \in \mathrm{End}\,(U)$ *ist nilpotent.*

d) *Für jedes $j \in \mathbb{N}$ ist* $\mathrm{Kern}\,\Theta^j = \mathrm{Kern}\,(\varphi - \lambda\, id)^j$ *und* $\dim \mathrm{Kern}\,\Theta^j = n - \mathrm{Rang}\,(\mathbf{A} - \lambda \mathbf{E})^j$.

a) Die algebraische Vielfachheit von λ ist gegeben durch den Exponenten s von $(x-\lambda)$ in der Zerlegung von p_λ in irreduzible Faktoren. Nach dem Vorspann ist

$$\dim U = \dim \mathrm{Kern}\,(\varphi - \lambda id)^s = s \cdot \mathrm{Grad}\,(x-\lambda) = s\,.$$

b) Dies steht in Aufgabe 4.1.6 – wähle dort $f = (x-\lambda)^k$.

c) Zunächst ist $\varphi(U) \subseteq U$ nach b), also gilt $(\varphi - \lambda id)(U) \subseteq U$, und damit ist $\Theta \in \mathrm{End}\,(U)$.
Zu zeigen ist: Es gibt ein $m \geq 1$ mit $\Theta^m = 0$.
Die Definition von U legt nahe: $\Theta^k = 0$.
Ist nämlich $X \in U$, so ist $(\varphi - \lambda id)^k(X) = 0$. Nach Aufgabe 4.1.9 ist

$$0 = (\varphi - \lambda id)^k(X) = ((\varphi - \lambda id) \restriction U)^k(X) = \Theta^k(X)\,.$$

Somit ist Θ^k die Nullabbildung in $\mathrm{End}\,(U)$.
d) Die zweite Gleichung folgt aus der ersten und dem Kern–Bild–Satz, denn

$$\mathrm{rg}\,(\mathbf{A} - \lambda \mathbf{E})^j = \dim\,(\varphi - \lambda id)^j(V)\,,$$

da

$$(\mathbf{A} - \lambda \mathbf{E})^j = (\mathbf{M}(\varphi - \lambda id))^j = \mathbf{M}((\varphi - \lambda id)^j)$$

nach den Rechenregeln für $\mathbf{M}(\psi)$, $\psi \in \mathrm{End}\,(V)$, gilt.
Zum Beweis der ersten Gleichung beachte man, daß sich wie in c) ergibt:
Ist $X \in U$, so ist

$$(*) \qquad (\varphi - \lambda id)^j(X) = \Theta^j(X)\,.$$

Damit folgt sofort die Inklusion "$\subseteq$".
Ist $X \in \mathrm{Kern}\,(\varphi - \lambda id)^j$, so ist $X \in U$: Für $j \leq k$ ergibt sich dies aus Aufgabe 1 a), für $j > k$ aus dem Vorspann, da dann $\mathrm{Kern}\,(\varphi - \lambda id)^j = \mathrm{Kern}\,(\varphi - \lambda id)^k$ nach den Eigenschaften von m_φ. Somit folgt auch die Inklusion "$\supseteq$" aus $(*)$.

4.3 Theorie zur JORDANschen Normalform

In diesem Abschnitt ist V stets ein Vektorraum endlicher Dimension n über dem Körper K. Da wir im folgenden indizierte Basen nicht vermeiden können, bezeichnen wir diese wieder mit $\mathcal{B}_i$, $\mathcal{C}_i$ usw. .
Wir beginnen mit einigen grundlegenden Definitionen.

Begriffe zur JORDANschen Normalform

1. Jede Matrix der Form

$$\begin{pmatrix} \lambda & 1 & 0 & \dots & 0 & 0 \\ 0 & \lambda & 1 & \dots & 0 & 0 \\ \vdots & & & & \vdots & \\ 0 & 0 & 0 & \dots & \lambda & 1 \\ 0 & 0 & 0 & \dots & 0 & \lambda \end{pmatrix}$$

   heißt **JORDANkästchen**, abgekürzt JK.

   (In der Hauptdiagonalen stehen also λ's für ein festes $\lambda \in K$, in der oberhalb folgenden Nebendiagonalen stehen Einsen, sonst sind alle Eintragungen 0.)

2. Eine Matrix $\mathbf{J}$ hat **JORDANsche Normalform** (JNF), wenn sie die Form

$$\mathbf{J} = \begin{pmatrix} \mathbf{C}_1 & \mathbf{0} & \dots & \mathbf{0} \\ \mathbf{0} & \mathbf{C}_2 & \dots & \mathbf{0} \\ \vdots & & \ddots & \vdots \\ \mathbf{0} & \mathbf{0} & \dots & \mathbf{C}_m \end{pmatrix}$$

   besitzt, bei der alle Blockmatrizen $\mathbf{C}_i$ $(i = 1, \dots, m)$ JORDANkästchen sind.

3. Ist $\mathbf{J}$ zusätzlich ähnlich zur Matrix $\mathbf{A} \in \mathcal{M}_{n\times n}(K)$, so heißt $\mathbf{J}$ eine **JORDANsche Normalform von A**.

4. Ist $\mathbf{J} = \mathbf{M}_J^J(\varphi)$ für eine Basis J von V und $\varphi \in \mathrm{End}(V)$, so heißt $\mathbf{J}$ eine JORDANsche Normalform von φ und J eine **JORDANbasis** für den Endomorphismus φ.

Falls A bzw. φ eine JNF besitzt, ist diese bis auf die Reihenfolge der JORDANkästchen eindeutig bestimmt.
Wir sprechen daher stets von <u>der</u> JNF von **A** bzw. von φ. Der folgende Satz macht Aussagen über die Existenz einer JNF.

Wann existiert die JNF?

Die folgenden Aussagen sind äquivalent:

1. φ besitzt eine JNF über K.
2. Das charakteristische Polynom p_φ von φ zerfällt über K in Linearfaktoren.
3. Das Minimalpolynom m_φ von φ zerfällt in über K Linearfaktoren.

Völlig analoge Äquivalenzen gelten für Matrizen $\mathbf{A} \in \mathcal{M}_{n\times n}(K)$.
Zerfällt also $p_\mathbf{A}$ über K in Linearfaktoren, so besitzt die Äquivalenzklasse der zu $\mathbf{A}$ ähnlichen Matrizen einen einfachen Repräsentanten, wobei das Wort "einfach" nun eine präzise Bedeutung hat: Der Repräsentant ist die JNF von $\mathbf{A}$.
Insbesondere ist jede Matrix $\mathbf{A} \in \mathcal{M}_{n\times n}(\mathbb{C})$ demnach zu einer Matrix in JNF ähnlich, während dies für reelle Matrizen nicht zutrifft.
Unsere angekündigte Lösung des Ähnlichkeitsproblems bzw. des **Normalformenproblems für Endomorphismen** ergibt sich nun wie folgt:

1. Zwei Matrizen, deren charakteristische Polynome über K in Linearfaktoren zerfallen, sind genau dann ähnlich, wenn sie dieselbe JNF besitzen.
2. Ist $\varphi \in \mathrm{End}\,(V)$ und zerfällt p_φ in Linearfaktoren, so gibt es eine Basis J von V, so daß $\mathbf{M}_J^J(\varphi)$ zwar nicht notwendig eine Diagonalmatrix, aber eine Matrix in JNF ist, also eine Matrix, in der nur noch in der Hauptdiagonalen und in einer Nebendiagonalen Koeffizienten auftreten, die von Null verschieden sind.
3. $\mathbf{A}, \mathbf{B} \in \mathcal{M}_{n\times n}(K)$ sind genau dann ähnlich über K, wenn es einen Oberkörper von K gibt, über dem $\mathbf{A}$ und $\mathbf{B}$ dieselbe JNF besitzen.[2]

Wir beschreiben jetzt die Probleme, die im Zusammenhang mit JNFen auftreten können:

[2] Es gibt stets einen Oberkörper L von K (z. B. den algebraischen Abschluß von K), über dem $p_\mathbf{A}$ und $p_\mathbf{B}$ in Linearfaktoren zerfallen. In L stellt man dann fest, ob $\mathbf{A}$ und $\mathbf{B}$ dieselbe JNF besitzen.

Aufgabentypen bei JNFen

Gegeben seien die Eigenwerte $\lambda_1, \ldots, \lambda_t$ von $\varphi \in \mathrm{End}\,(V)$ bzw. von $\mathbf{A} \in \mathcal{M}_{n \times n}(K)$, p_φ bzw. $p_\mathbf{A}$ zerfalle über K in Linearfaktoren.

Aufgabentypen:

Problem 1: Man berechne die JNF von $\mathbf{A}$ (also auch von $\varphi_\mathbf{A} : K^n \longrightarrow K^n$, $\varphi_\mathbf{A}(X) = \mathbf{A}X$).

Problem 2: Man bestimme eine JORDANbasis für $\varphi_\mathbf{A} : K^n \longrightarrow K^n$.

Problem 3: Man berechne eine JORDANbasis für $\varphi \in \mathrm{End}\,(V)$.

Problem 4: Man berechne eine invertierbare Matrix $\mathbf{P}$, so daß $\mathbf{P}^{-1}\mathbf{AP}$ JNF hat.

Problem 5: Man entscheide für Matrizen $\mathbf{A}$ und $\mathbf{B}$, ob sie ähnlich sind.

Wir werden jetzt – anders als sonst im Konzept dieses Buches – die Lösung dieser einzelnen Aufgabentypen ausführlich herleiten, da an dieser Stelle in der Literatur und auch in Vorlesungen häufig Lücken gelassen werden. Der nur an den Verfahren interessierte Leser findet die Zusammenfassung der Verfahren ab Seite 175 bzw. in den Aufgaben des nächsten Abschnitts.

Wir werden zunächst Problem 2 lösen. In der Zusammenfassung wird sich dann zeigen, daß sich alle anderen Probleme darauf reduzieren lassen. Ferner wird sich zeigen, daß Problem 1 wesentlich einfacher zu lösen ist als die anderen Probleme. Sei also $\mathbf{A} \in \mathcal{M}_{n \times n}(K)$ und $\varphi := \varphi_\mathbf{A}$.

Lösung von Problem 2

Schritt 1: Reduzierung des Problems auf die Bestimmung von Basen von direkten Summanden U_i von K^n $(i = 1, \ldots, t)$

Sei $p_\varphi = \prod_{i=1}^{t} (\lambda_i - x)^{s_i}$ und $m_\varphi = \prod_{i=1}^{t} (x - \lambda_i)^{k_i}$. Nach Abschnitt 3.2 ist

- $U_i := \mathrm{Kern}\,(\varphi - \lambda_i\, id)^{k_i} = \mathrm{Kern}\,(\varphi - \lambda_i\, id)^{s_i}$.

Es ist $\dim U_i = s_i$ und $V = \bigoplus_{i=1}^{t} U_i$; ferner sind die Räume U_i φ−invariant.

Ist $\mathcal{B}_i$ eine beliebige geordnete Basis von U_i und entsteht B durch Verkettung ("Hintereinanderschreiben") von $\mathcal{B}_1, \ldots, \mathcal{B}_t$, so ist B nach Definition der direkten Summe eine Basis von V, und $\mathbf{M}_B^B(\varphi)$ hat die Form

$$\begin{pmatrix} \mathbf{A}_1 & \mathbf{0} & \dots & \mathbf{0} \\ \mathbf{0} & \mathbf{A}_2 & \dots & \mathbf{0} \\ \vdots & & \ddots & \vdots \\ \mathbf{0} & \mathbf{0} & \dots & \mathbf{A}_t \end{pmatrix} \quad \text{mit} \quad \mathbf{A}_i = \mathbf{M}_{\mathcal{B}_i}^{\mathcal{B}_i}(\varphi \restriction U_i)$$

(siehe Aufgabe 4.1.3).
Wir werden die Basen $\mathcal{B}_i$ so bestimmen, daß jedes $\mathbf{A}_i$ genau aus denjenigen JORDANkästchen der JNF von φ besteht, bei denen in der Hauptdiagonalen nur λ_i's stehen (die sog. **JK zum Eigenwert** λ_i). Dies gelingt, indem wir U_i darstellen als direkte Summe von zyklischen $\varphi-$invarianten Unterräumen Z_{ij} mit Basen $\mathcal{B}_{ij}$. Jedes JK zum Eigenwert λ_i ist dann gegeben durch $\mathbf{M}_{\mathcal{B}_{ij}}^{\mathcal{B}_{ij}}(\varphi \restriction Z_{ij})$.

Schritt 2: Bestimmung von JORDANbasen für $\varphi \restriction U_i \quad (i = 1, \dots, t)$

Wir lösen uns zur Vereinfachung der Schreibweise vom Index i:
Sei $i \in \{1, \dots, t\}$ fest gewählt und

$$U := U_i \ , \quad \lambda := \lambda_i \ , \quad k := k_i \quad \text{usw.}$$

Setze $\Theta = (\varphi - \lambda\, id) \restriction U$. Da U $\varphi-$invariant (und $\lambda\, id-$invariant) ist, gilt $\Theta \in \operatorname{End}(U)$. Ferner ist Θ nach Definition nilpotent, denn

$$U = \operatorname{Kern}(\varphi - \lambda\, id)^k = \operatorname{Kern}\Theta^k \ ,$$

also ist $\Theta^k(Y) = 0$ für alle $Y \in U$ (siehe Aufgabe 4.2.7).
Wir stellen U als direkte Summe von $\Theta-$zyklischen Unterräumen Z_X dar; die Basen $\mathcal{C}_X =: \mathcal{C}$ von $Z_X =: Z$ werden die Form

$$(\Theta^{j-1}(X), \Theta^{j-2}(X), \dots, \Theta(X), X)$$

haben, wobei $\Theta^j(X) = 0$ ist (siehe Aufgabe 4.1.4 c)). Man rechnet sofort nach: $\mathbf{M}_{\mathcal{C}}^{\mathcal{C}}(\Theta \restriction Z)$ ist ein JK mit Nullen in der Hauptdiagonalen.
Da $\Theta = (\varphi - \lambda\, id) \restriction U$, und da Z $\varphi-$invariant, also $\varphi \restriction Z \in \operatorname{End}(Z)$ ist, gilt:

$$\begin{aligned} \mathbf{M}_{\mathcal{C}}^{\mathcal{C}}(\Theta \restriction Z) &= \mathbf{M}_{\mathcal{C}}^{\mathcal{C}}((\varphi - \lambda\, id) \restriction Z) = \mathbf{M}_{\mathcal{C}}^{\mathcal{C}}(\varphi \restriction Z) - \mathbf{M}_{\mathcal{C}}^{\mathcal{C}}(\lambda\, id) \\ &= \mathbf{M}_{\mathcal{C}}^{\mathcal{C}}(\varphi \restriction Z) - \lambda \mathbf{E} \quad \text{, also} \\ \mathbf{M}_{\mathcal{C}}^{\mathcal{C}}(\varphi \restriction Z) &= \mathbf{M}_{\mathcal{C}}^{\mathcal{C}}(\Theta \restriction Z) + \lambda \mathbf{E} \ . \end{aligned}$$

Die für die JNF von φ benötigte Matrix $\mathbf{M}_{\mathcal{C}}^{\mathcal{C}}(\varphi \restriction Z)$ ist also ein JK mit λ's in der Hauptdiagonalen. Wir haben unser Problem damit reduziert auf die Zerlegung von U in die direkte Summe von $\Theta-$zyklischen Unterräumen Z_X mit Basen $\mathcal{C}_X$ der oben beschriebenen Art.

Dieses Problem wird nun in zwei Schritten gelöst.

Schritt 2.1: Berechnung einer sog. **Stufenbasis** von U.
Stichwort: "*Basis von unten nach oben*"

Schritt 2.2: Berechnung einer **JORDANbasis** (spezielle Stufenbasis).
Stichwort: "*Basis von oben nach unten*"

Schritt 2.1: Berechnung einer Stufenbasis von U

Es gilt:
$\operatorname{Kern}\Theta \subsetneq \operatorname{Kern}\Theta^2 \subsetneq \ldots \subsetneq \operatorname{Kern}\Theta^{k-1} \subsetneq U = \operatorname{Kern}\Theta^k = \operatorname{Kern}\Theta^{k+1} = \ldots = \operatorname{Kern}\Theta^j$
für alle $j \geq k$, wobei k die Vielfachheit von $x - \lambda$ im Minimalpolynom m_φ von φ ist (siehe Abschnitt 4.2).

$\mathcal{S} \subseteq U$ heißt **Stufenbasis** von U (S–Basis), falls $\mathcal{S}$ derart in paarweise disjunkte Mengen $S_1, \ldots, S_k$ zerlegt werden kann, daß $S_1 \cup S_2 \cup \ldots \cup S_j$ eine Basis von $\operatorname{Kern}\Theta^j$ ist für $j = 1, \ldots, k$.

Wir veranschaulichen solch eine Stufenbasis an einem abstrakten Beispiel, bei dem wir (um möglichst viel zu erfassen) von $\dim U = 13$ und $k = 4$ ausgehen.

<u>S–Basis:</u>

A_{12} A_{13}	S_4	Kern Θ^4 $= U$
A_9 A_{10} A_{11}	S_3	Kern Θ^3
A_6 A_7 A_8	S_2	Kern Θ^2
A_1 A_2 A_3 A_4 A_5	S_1	Kern Θ

Man lese diese Skizze wie folgt:
Die untere Stufe ist $\operatorname{Kern}\Theta = L(A_1, \ldots, A_5) = L(S_1)$. Die beiden unteren Stufen bilden $\operatorname{Kern}\Theta^2 = L(A_1, \ldots, A_8) = L(S_1 \cup S_2)$, die drei unteren Stufen $\operatorname{Kern}\Theta^3$. S_1 als Basis von Kern Θ hat 5 Elemente; S_1 wird durch S_2 mit $|S_2| = 3$ zu einer Basis von $\operatorname{Kern}\Theta^2$ ergänzt; $S_1 \cup S_2$ wird durch S_3 mit $|S_3| = 3$ zu einer Basis von $\operatorname{Kern}\Theta^3$ ergänzt. Schließlich wird $S_1 \cup S_2 \cup S_3$ durch S_4 mit $|S_4| = 2$ zu einer Basis von $U = \operatorname{Kern}\Theta^4$ ergänzt. Wir werden sehen: Die Differenzen $|S_i| - |S_{i+1}|$ ($i = 1, \ldots, k$; $S_{k+1} = \emptyset$, also $|S_{k+1}| = 0$) legen die JNF von $\varphi \upharpoonright U$ bereits eindeutig fest.

Theorie der Berechnung einer Stufenbasis

Es ist $\text{Kern}\,\Theta^j = \text{Kern}\,(\varphi - \lambda\,id)^j$ für jedes j, und

$$\text{Kern}\,(\varphi - \lambda\,id)^j = \{X \in K^n \mid (\mathbf{A} - \lambda\mathbf{E})^j X = 0\},$$

denn die Matrix $\mathbf{A} - \lambda\mathbf{E}$ beschreibt $\varphi - \lambda\,id$ bzgl. der kanonischen Basis des K^n, also beschreibt $(\mathbf{A} - \lambda\mathbf{E})^j$ die Abbildung $(\varphi - \lambda\,id)^j$ bzgl. dieser Basis (siehe Aufgabe 4.2.7). Somit erhalten wir Basen $\mathcal{B}_j$ von $\text{Kern}\,\Theta^j$ durch sukzessives Lösen des Gleichungssystems $(\mathbf{A} - \lambda\mathbf{E})^j X = 0$. Setzt man $S_1 = \mathcal{B}_1$, ergänzt S_1 durch $S_2 \subseteq \mathcal{B}_2$ zu einer Basis von $\text{Kern}\,\Theta^2$, ergänzt $S_1 \cup S_2$ durch $S_3 \subseteq \mathcal{B}_3$ zu einer Basis von $\text{Kern}\,\Theta^3$ usw. , so erhält man eine Stufenbasis $\mathcal{S} = S_1 \cup \ldots \cup S_k$.

Praxis der Berechnung einer Stufenbasis

Man erhält bekanntlich eine Basis des Lösungsraumes des Gleichungssystems $(\mathbf{A} - \lambda\mathbf{E})^j X = 0$, indem man $(\mathbf{A} - \lambda\mathbf{E})^j$ auf Zeilenstufenform bringt und dann jeweils genau einen der freien Parameter $x_{i_1}, \ldots, x_{i_j}$ mit 1, die anderen freien Parameter mit 0 belegt und die restlichen Unbekannten ausrechnet. Löst man das System $(\mathbf{A} - \lambda\mathbf{E})^{j+1} X = 0$, so erhält man wiederum $x_{i_1}, \ldots, x_{i_j}$ als freie Parameter (**"was frei war, bleibt frei"**) und neue freie Parameter $x_{i_j+1}, \ldots, x_{i_{j+1}}$. Setzt man nun von diesen neuen freien Parameter jeweils einen 1, die anderen 0, und rechnet die restlichen Unbekannten aus, so erhält man genau die Vektoren in S_{i+1}. Die $(k-1)$–fache Anwendung des Austauschsatzes bleibt uns also erspart.

Schritt 2.2 : | Von der Stufenbasis aus 2.1 zur JORDANbasis für $\varphi \restriction U$ |

Sei $\bigcup_{j=1}^{k} S_j$ unsere Stufenbasis aus Schritt 2.1. Wir definieren die Stufen der gesuchten S–Basis $\mathcal{T} = \bigcup_{j=1}^{k} T_j$, aus der durch Anordnung die JORDANbasis $\mathcal{C}$ für $\varphi \restriction U$ entsteht, "von oben nach unten", indem wir schrittweise die Stufen S_j durch Stufen T_j ersetzen $(j = k, \ldots, 1)$. Dabei wird ausgenutzt. daß die Anwendung von Θ Vektoren der Stufe j auf die Stufe $j-1$ bringt.
(Ist $X \in \text{Kern}\,\Theta^j \setminus \text{Kern}\,\Theta^{j-1}$, so ist $\Theta(X) \in \text{Kern}\,\Theta^{j-1} \setminus \text{Kern}\,\Theta^{j-2}$.)

Entscheidend ist Aufgabe 4.2.2.

0. Schritt: $T_k := R_k := S_k$

1. Schritt:

Basis von Kern Θ^k	:	$S_1 \cup \ldots \cup S_{k-1} \cup T_k$
l. u. Teilmenge von Kern Θ^{k-1}	:	$S_1 \cup \ldots S_{k-2} \cup \{\Theta(X) \mid X \in T_k\}$
Ergänze durch R_{k-1} zu einer Basis von Kern Θ^{k-1}	:	$S_1 \cup \ldots S_{k-2} \cup \{\Theta(X) \mid X \in T_k\} \cup R_{k-1}$
Definiere	:	$T_{k-1} = \{\Theta(X) \mid X \in T_k\} \cup R_{k-1}$

$j+1-$ter Schritt: Seien T_{k-j} , R_{k-j} schon definiert.

Basis von Kern Θ^{k-j}	:	$S_1 \cup \ldots \cup S_{k-j-1} \cup T_{k-j}$
l. u. Teilmenge von Kern Θ^{k-j-1}	:	$S_1 \cup \ldots \cup S_{k-j-2} \cup \{\Theta(X) \mid X \in T_{k-j}\}$
Ergänze durch R_{k-j-1} zu einer Basis von Kern Θ^{k-j-1}	:	$S_1 \cup \ldots \cup S_{k-j-2} \cup \{\Theta(X) \mid X \in T_{k-j}\}$ $\cup R_{k-j-1}$
Definiere	:	$T_{k-j-1} = \{\Theta(X) \mid X \in T_{k-j}\} \cup R_{k-j-1}$

Nun folgt: $\mathcal{T} = T_1 \cup \ldots \cup T_k$ ist eine $S-$ Basis (siehe Aufgabe 3.4.4). Ferner zeigt die Konstruktion, daß jeder Vektor $X \in R_j$ $(j = 1, \ldots, k)$ die Eigenschaft hat:

$$X \,,\ \Theta(X) \,,\ \ldots \,,\ \Theta^{j-1}(X) \in \mathcal{T} \quad \text{und } \Theta^j(X) = 0.$$

Der Vektorraum

$$Z_X := L(\Theta^{j-1}(X), \ldots, \Theta(X), X\rangle$$

ist daher $\Theta-$invariant, also $\varphi-$invariant, ferner $\Theta-$zyklisch und ein direkter Summand von U mit der Basis

$$\mathcal{C}_X = (\Theta^{j-1}(X), \ldots, \Theta(X), X).$$

$\mathcal{C}_X$ bestimmt ein $j \times j-$JORDANkästchen zum Eigenwert λ in der JNF von φ (siehe Seite 142). Schreibt man $\mathcal{T}$ als geordnete Basis $\mathcal{C}$ durch Verkettung aller Basen $\mathcal{C}_X$, $X \in \bigcup_{j=1}^{k} R_j$ (jeder Vektor aus $\mathcal{T}$ kommt in genau einer solchen Basis vor), so erhält man eine gesuchte JORDANbasis $\mathcal{C}$ für $\varphi \restriction U$.

Dieses Verfahren wird jetzt an dem Beispiel von Seite 169 veranschaulicht:

1. Schritt:

B_1 $= A_{12}$	B_2 $= A_{13}$				$T_4 = R_4 = S_4$		Basis
$\Theta(B_1)$	$\Theta(B_2)$	B_3			$T_3 = \Theta(T_4) \cup R_3$	Basis	von
A_6	A_7	A_8			S_2	von	U
A_1	A_2	A_3	A_4	A_5	S_1	Kern Θ^3	

Man setzt $R_4 = T_4 = S_4 = \{A_{12}, A_{13}\} =: \{B_1, B_2\}$ und erhält mit der Menge $S_1 \cup S_2 \cup \{\Theta(B_1), \Theta(B_2)\}$ eine linear unabhängige Teilmenge von Kern Θ^3. Diese ergänzt man durch B_3 zu einer Basis von Kern Θ^3. Es ist $R_3 = \{B_3\}$ und $T_3 = \{\Theta(B_1), \Theta(B_2), B_3\} = \Theta(T_4) \cup R_3$.

2. Schritt:

B_1 $= A_{12}$	B_2 $= A_{13}$				$T_4 = R_4 = S_4$		Basis
$\Theta(B_1)$	$\Theta(B_2)$	B_3			$T_3 = \Theta(T_4) \cup R_3$		von
$\Theta^2(B_1)$	$\Theta^2(B_2)$	$\Theta(B_3)$			$T_2 = \Theta(T_3) \cup \emptyset$	Basis von	U
A_1	A_2	A_3	A_4	A_5	S_1	Kern Θ^2	

$S_1 \cup \{\Theta^2(B_1), \Theta^2(B_2), \Theta(B_3)\} = S_1 \cup \Theta(T_3)$ ist eine linear unabhängige Teilmenge von Kern Θ^2. Da dim Kern $\Theta^2 = 8$, ist diese Menge bereits eine Basis von Kern Θ^2.
Es ist $R_2 = \emptyset$, $T_2 = \{\Theta^2(B_1), \Theta^2(B_2), \Theta(B_3)\} = \Theta(T_3)$.

3. Schritt:

B_1 $= A_{12}$	B_2 $= A_{13}$				$T_4 = R_4 = S_4$		JORDAN–
$\Theta(B_1)$	$\Theta(B_2)$	B_3			$T_3 = \Theta(T_4) \cup R_3$		Basis
$\Theta^2(B_1)$	$\Theta^2(B_2)$	$\Theta(B_3)$			$T_2 = \Theta(T_3) \cup \emptyset$		von
$\Theta^3(B_1)$	$\Theta^3(B_2)$	$\Theta^2(B_3)$	B_4	B_5	$T_1 = \Theta(T_2) \cup R_1$	Basis von Kern Θ	U

$\Theta(T_2)$ ist eine linear unabhängige Teilmenge von Kern Θ. Sie wird durch B_4, B_5 zu einer Basis von Kern Θ ergänzt. Man setzt noch:

$$R_1 = \{B_4, B_5\} \quad \text{und} \quad T_1 = \{\Theta^3(B_1), \Theta^3(B_2), \Theta^2(B_3), B_4, B_5\} = \Theta(T_2) \cup R_1 \, .$$

Damit haben wir die gesuchte JORDANbasis von U gefunden, die sich durch Verkettung der Basen $\mathcal{C}_X$, $X \in \bigcup_{j=1}^{4} R_j$, nämlich durch Verkettung von

$$\begin{array}{lll} \mathcal{C}_{B_i} = (\Theta^3(B_i), \Theta^2(B_i), \Theta(B_i), B_i) & (i = 1,2) & \text{für } R_4\,, \\ \mathcal{C}_{B_3} = (\Theta^2(B_3), \Theta(B_3), B_3) & & \text{für } R_3\,, \\ \mathcal{C}_{B_4} = (B_4) \quad , \quad \mathcal{C}_{B_5} = (B_5) & & \text{für } R_1 \end{array}$$

zu

$$\begin{aligned} \mathcal{C} \;=\; & (\Theta^3(B_1), \Theta^2(B_1), \Theta(B_1), B_1, \Theta^3(B_2), \Theta^2(B_2), \Theta(B_2), B_2, \\ & \Theta^2(B_3), \Theta(B_3), B_3, B_4, B_5) \end{aligned}$$

ergibt. Für diese JORDANbasis $\mathcal{C}$ ist

$$\mathbf{M}_{\mathcal{C}}^{\mathcal{C}}(\varphi \restriction U) = \begin{pmatrix} \mathbf{J}_1 & \mathbf{0} & \mathbf{0} & \mathbf{0} & \mathbf{0} \\ \mathbf{0} & \mathbf{J}_2 & \mathbf{0} & \mathbf{0} & \mathbf{0} \\ \mathbf{0} & \mathbf{0} & \mathbf{J}_3 & \mathbf{0} & \mathbf{0} \\ \mathbf{0} & \mathbf{0} & \mathbf{0} & \mathbf{J}_4 & \mathbf{0} \\ \mathbf{0} & \mathbf{0} & \mathbf{0} & \mathbf{0} & \mathbf{J}_5 \end{pmatrix}.$$

Dabei sind $\mathbf{J}_1, \mathbf{J}_2$ zwei zu $\mathcal{C}_{B_1}$ und $\mathcal{C}_{B_2}$ gehörige $4 \times 4-$JORDANkästchen zum Eigenwert λ, $\mathbf{J}_3$ ist ein zu $\mathcal{C}_{B_3}$ gehöriges $3 \times 3-$JK zum Eigenwert λ und $\mathbf{J}_4, \mathbf{J}_5$ sind zwei zu $\mathcal{C}_{B_4}$ und $\mathcal{C}_{B_5}$ gehörige $1 \times 1-$JK zum Eigenwert λ.

Folgerungen aus der Lösung von Problem 2

1. Für jede Stufenbasis $\mathcal{S} = \bigcup_{j=1}^{k} S_j$ gilt: $|S_1| \geq |S_2| \geq \ \ldots \ \geq |S_k|$.

2. Die Anzahl der zyklischen Unterräume, in die U zerlegt wurde, und damit die Anzahl der JK zum Eigenwert λ in der JNF von $\varphi_{\mathbf{A}}$ ist die Dimension von $V_\lambda(\varphi)$, und das ist $n-$ Rang $(\mathbf{A} - \lambda\mathbf{E})$.

   Begründung: Jede Basis $\mathcal{C}_X$ beginnt mit einem Vektor aus Kern Θ, also mit einem Eigenvektor von φ zum Eigenwert λ.

3. Die Anzahl z_j der zyklischen Unterräume der Dimension j, und damit die Anzahl der JK mit Zeilenzahl j in der JNF von φ zum Eigenwert λ ist

$$\begin{aligned} |R_j| &= |T_j| - |T_{j+1}| \\ &= (\dim \operatorname{Kern} \Theta^j - \dim \operatorname{Kern} \Theta^{j-1}) - \\ &\quad\ (\dim \operatorname{Kern} \Theta^{j+1} - \dim \operatorname{Kern} \Theta^j), \qquad \text{also} \\ z_j &= 2 \dim \operatorname{Kern} \Theta^j - \dim \operatorname{Kern} \Theta^{j-1} - \dim \operatorname{Kern} \Theta^{j+1} \ ; \ j = 1, \ldots, k\,. \end{aligned}$$

   (Beachte: $T_{k+1} = \emptyset$, $\operatorname{Kern} \Theta^{k+1} = \operatorname{Kern} \Theta^k$ und $\operatorname{Kern} \Theta^0 = \{0\}$.)

   Insbesondere gibt es stets $|T_k|-$viele $k \times k-$JK zum Eigenwert λ, und diese sind die größten JK zum Eigenwert λ.

Beachte: Kennt man z_j $(j = 1, \ldots, k)$ für jeden Eigenwert λ, so ist die JNF von φ eindeutig festgelegt.

Die JNF von $\mathbf{A}$ ergibt sich daher, wenn man für jeden Eigenwert λ von $\varphi = \varphi_{\mathbf{A}}$ die Dimensionen der Vektorräume

$$W_j := \text{Kern}\,(\varphi - \lambda\, id)^j = \text{Kern}\,\Theta^j$$

kennt. Aus der obigen Überlegung folgt, daß man die zur JNF nötigen Anzahlen nach folgendem übersichtlichen Schema berechnen kann:

W_j	$W_0 = \{0\}$		W_1		W_2		$\ldots$		$W_k = W_{k+1}$		
$\dim W_j$	$w_0 = 0$		w_1		w_2				w_k		
Differenzen $w_j - w_{j-1}$		d_1		d_2		d_3	$\ldots$	d_k			0
Differenzen $d_j - d_{j+1}$			z_1		z_2	$\ldots$	z_{k-1}		$z_k = d_k$		

Dabei ist z_j die Anzahl der JORDANkästchen mit der Zeilenzahl j.

Für das Beispiel von Seite 169 ergibt sich das Differenzenschema:

	w_0		w_1		w_2		w_3		w_4	
	0		5		8		11		13	
d_j		5		3		3		2		0
z_j			2		0		1		2	

(siehe auch Seite 173 oben).

4. Die Zahlen $\text{Rang}\,(\mathbf{A} - \lambda\mathbf{E})^j$ $(j = 1, \ldots, k)$ bestimmen ebenfalls die z_j. Es gilt:

$$\begin{aligned} z_j &= r_{j-1} + r_{j+1} - 2\,r_j\,, \quad \text{wobei} \\ r_j &= \text{Rang}\,(\mathbf{A} - \lambda\mathbf{E})^j \quad \text{für } j = 1, \ldots, k \quad \text{und} \\ r_0 &= n \quad , \quad r_{k+1} = r_k \end{aligned}$$

Begründung: Es ist $\text{Kern}\,\Theta^j = \text{Kern}\,(\varphi - \lambda id)^j$ (siehe auch Aufgabe 4.2.7). Nach dem Kern–Bild–Satz ist

$$\begin{aligned} n = \dim V &= \dim \text{Kern}\,(\varphi - \lambda id)^j + \dim\,(\varphi - \lambda id)^j(V) \\ &= \dim \text{Kern}\,\Theta^j + \text{Rang}\,(\mathbf{A} - \lambda\mathbf{E})^j\,. \end{aligned}$$

Der Rest folgt nun aus 3.

5. $\mathbf{M}_{\mathcal{C}}^{\mathcal{C}}(\varphi \restriction U)$ enthält genau die JK zum Eigenwert λ und ist eine $s \times s$–Matrix, wenn λ eine s–fache Nullstelle von p_φ ist.

Zusammenfassung

Ist $p_{\mathbf{A}}$ bzw. p_φ gegeben und zerfällt dieses Polynom über K in Linearfaktoren, so besitzt $\mathbf{A}$ bzw. φ eine JNF über K.
Sind die Eigenwerte $\lambda_1, \ldots, \lambda_t$ von $\mathbf{A}$ bzw. φ gegeben, so berechnen wir in unserem Verfahren stets k_i, die Vielfachheit von $x - \lambda_i$ im Minimalpolynom von $\mathbf{A}$ bzw. von φ und auch (siehe Abschnitt 2) die algebraische Vielfachheit s_i von λ_i; es ist

$$s_i = \dim \mathrm{Kern}\,(\varphi - \lambda_i\, id)^{k_i} = n - \mathrm{rg}\,(\mathbf{A} - \lambda_i \mathbf{E})^{k_i}\ .$$

Ist $\sum\limits_{i=1}^{t} s_i \geq n-1$, so besitzt $\mathbf{A}$ bzw. φ eine JNF über K, andernfalls nicht.
Unsere Lösungen der Probleme 1 – 4 liefern also bei gegebenen Eigenwerten auch eine Entscheidung darüber, ob eine JNF existiert.

Problem 1: Berechnung der JNF einer Matrix $\mathbf{A} \in \mathcal{M}_{n\times n}(K)$

Seien $\lambda_1, \ldots, \lambda_t$ die Eigenwerte von $\mathbf{A}$. Die JNF von $\mathbf{A}$ hat die Form

$$\begin{pmatrix} \mathbf{A}_1 & \mathbf{0} & \ldots & \mathbf{0} \\ \mathbf{0} & \mathbf{A}_2 & \ldots & \mathbf{0} \\ \vdots & & \ddots & \vdots \\ \mathbf{0} & \mathbf{0} & \ldots & \mathbf{A}_t \end{pmatrix},$$

wobei $\mathbf{A}_i$ eine $s_i \times s_i$–Matrix ist, die genau die JK zum Eigenwert λ_i enthält.
Ist insbesondere $s_i = 1$, so ist $\mathbf{A}_i$ ein 1×1–JK.
Das weitere Aussehen von $\mathbf{A}_i$ ergibt sich wie folgt:
Für jeden Eigenwert λ_i von $\mathbf{A}$ berechne man

$$r_{ij} = \mathrm{rg}\,(\mathbf{A} - \lambda_i \mathbf{E})^j \quad ; \quad j = 1, \ldots, k_i.$$

Dann ist die Anzahl z_{ij} der $j \times j$–JK zum Eigenwert λ_i in der JNF von $\mathbf{A}$, also auch in $\mathbf{A}_i$, gegeben durch

$$\begin{aligned} z_{ij} &= r_{i,j-1} + r_{i,j+1} - 2\,r_{i,j} \quad ; \quad j = 1, ..., k_i \\ r_{i0} &= n\,, \qquad r_{i,k_i+1} = r_{i,k_i} \end{aligned}$$

Insbesondere ist $z_{i,k_i} \neq 0$; der Exponent k_i des Linearfaktors $(x - \lambda_i)$ im Minimalpolynom von $\mathbf{A}$ ist die Zeilenzahl des größten JK zum Eigenwert λ_i in der JNF von $\mathbf{A}$.

Problem 2: Berechnung einer JORDANbasis J für $\varphi_{\mathbf{A}} =: \varphi$

Berechne für jeden Eigenwert $\lambda \in \{\lambda_1, \ldots, \lambda_t\}$ eine Basis $\mathcal{C}$ von $U = \text{Kern}\,(\varphi - \lambda\, id)^k$ wie folgt (Indizes i bei λ und k werden wieder weggelassen!):

2.1 Berechne eine Stufenbasis $\mathcal{S}$ gemäß Schritt 2.1.

2.2 Für die Stufenbasis $\mathcal{S} = S_1 \cup \ldots \cup S_k$ bestimme – beginnend mit $j = k$ bis $j = 1$ – die Mengen R_j aus Schritt 2.2. Für jedes $X \in R_j$ gehören die Vektoren

$$\Theta^{j-1}(X), \Theta^{j-2}(X), \ldots, \Theta(X), X$$

in dieser Reihenfolge zu $\mathcal{C}$ und liefern in $\mathbf{M}_{\mathcal{C}}^{\mathcal{C}}(\varphi)$ ein $j \times j$–JK zum Eigenwert λ. Da die Matrizen $(\mathbf{A} - \lambda\mathbf{E})^l$ schon für 2.1 gebraucht werden ($l = 1, \ldots, k$), läßt sich $\Theta^l(X)$ leicht durch $\Theta^l(X) = (\mathbf{A} - \lambda\mathbf{E})^l X$ berechnen.

Problem 3: Berechnung einer JORDANbasis für $\varphi \in \text{End}\,(V)$

Wähle eine Basis B von V und setze $\mathbf{A} := \mathbf{M}_B^B(\varphi)$. Ist $k_B\ :\ V \longrightarrow K^n$ der Isomorphismus, der jedem $X \in V$ seinen Koordinatenvektor bezüglich B zuordnet, so ist $\mathbf{A}\, k_B(X) = k_B(\varphi(X))$ und $\varphi = k_B^{-1} \circ \varphi_{\mathbf{A}} \circ k_B$. Kennen wir eine JORDANbasis $(A_1, \ldots, A_n)$ für $\varphi_{\mathbf{A}}$, so ist $(k_B^{-1}(A_1), \ldots, k_B^{-1}(A_n))$ eine JORDANbasis für φ. Die JORDANbasis für $\varphi_{\mathbf{A}}$ wird wie in 2. berechnet.

Problem 4: Berechnung einer invertierbaren Matrix $\mathbf{P}$, so daß $\mathbf{P}^{-1}\mathbf{AP}$ die JNF von $\mathbf{A}$ ist

Sei $J = (C_1, \ldots, C_n)$ eine JORDANbasis für $\varphi_{\mathbf{A}}$ nach 2. Wähle $C_1, \ldots, C_n$ als Spalten der Matrix $\mathbf{P}$. Dann ist $\mathbf{P} = \mathbf{M}_E^{\mathcal{C}}(id)$, falls E die kanonische Basis des K^n bezeichnet.

Ferner ist $\mathbf{A} = \mathbf{M}_E^E(\varphi_{\mathbf{A}})$. Für die JNF $\mathbf{M}_J^J(\varphi_{\mathbf{A}})$ von $\mathbf{A}$ gilt daher:

$$\mathbf{M}_J^J(\varphi_{\mathbf{A}}) = \mathbf{M}_J^E(id)\, \mathbf{M}_E^E(\varphi_{\mathbf{A}})\, \mathbf{M}_E^J(id) = \mathbf{P}^{-1}\mathbf{AP}.$$

Problem 5: Entscheidung, ob $\mathbf{A}, \mathbf{B} \in \mathcal{M}_{n\times n}(K)$ ähnlich sind[3]

O. B. d. A. sei $p_{\mathbf{A}} = p_{\mathbf{B}}$ (sonst sind wir fertig, $\mathbf{A}$ und $\mathbf{B}$ sind nicht ähnlich).
1. Fall: $p_{\mathbf{A}}$ und $p_{\mathbf{B}}$ zerfallen über K in Linearfaktoren.
Dann stelle mit 1. fest, ob $\mathbf{A}$ und $\mathbf{B}$ dieselbe JNF haben.

2. Fall: Nicht Fall 1:
Untersuche in einem Oberkörper L von K, über dem $p_{\mathbf{A}}$ und $p_{\mathbf{B}}$ in Linearfaktoren zerfallen (ein solcher Körper L existiert stets), ob $\mathbf{A}$ und $\mathbf{B}$ dieselbe JNF haben. Wenn ja, so sind sie ähnlich, wenn nein, nicht.

[3] Die praktische Durchführung dieser Methode ist in den meisten Fällen nicht möglich.

4.4 Aufgaben zur JORDANschen Normalform

4.4.1
Sei $p_{\mathbf{A}} = (x-2)^5(x+5)^2(x-1)^3$ *und* $m_{\mathbf{A}} = (x-2)^2(x+5)^2(x-1)^2$.

a) *Man bestimme alle möglichen JNFen der Matrix* $\mathbf{A} \in \mathcal{M}_{10\times 10}(\mathbb{R})$.

b) *Man löse Teil a) unter der Zusatzvoraussetzung* $\dim V_2(\mathbf{A}) = 3$.

a) Nach dem vorigen Abschnitt hat die JNF von **A** die Form

$$\mathbf{J} = \begin{pmatrix} \mathbf{A}_1 & \mathbf{0} & \mathbf{0} \\ \mathbf{0} & \mathbf{A}_2 & \mathbf{0} \\ \mathbf{0} & \mathbf{0} & \mathbf{A}_3 \end{pmatrix},$$

wobei $\mathbf{A}_1$ eine 5×5–Matrix ist, die genau die JK zum Eigenwert 2 enthält, $\mathbf{A}_2$ eine 2×2–Matrix ist, die genau die JK zum Eigenwert -5 enthält, und $\mathbf{A}_3$ eine 3×3–Matrix ist, die genau die JK zum Eigenwert 1 enthält. Die Vielfachheit von $x - \lambda$ im Minimalpolynom gibt die Zeilenzahl des größten JKs zum Eigenwert λ in $\mathbf{J}$ an. Also gibt es jeweils mindestens ein 2×2–JK für die Eigenwerte 2, -5, 1. Es folgt sofort

$$\mathbf{A}_2 = \begin{pmatrix} -5 & 1 \\ 0 & -5 \end{pmatrix},$$

und für $\mathbf{A}_3$ bleibt nur

$$\mathbf{A}_3 = \begin{pmatrix} 1 & 1 & 0 \\ 0 & 1 & 0 \\ 0 & 0 & 1 \end{pmatrix}.$$

Für $\mathbf{A}_1$ gibt es zwei Möglichkeiten:

$$\mathbf{A}_1^{(1)} = \begin{pmatrix} \boxed{\begin{matrix} 2 & 1 \\ 0 & 2 \end{matrix}} & & \mathbf{0} \\ & \boxed{\begin{matrix} 2 & 1 \\ 0 & 2 \end{matrix}} & \\ \mathbf{0} & & \boxed{2} \end{pmatrix}, \quad \mathbf{A}_1^{(2)} = \begin{pmatrix} \boxed{\begin{matrix} 2 & 1 \\ 0 & 2 \end{matrix}} & & & \mathbf{0} \\ & \boxed{2} & & \\ & & \boxed{2} & \\ \mathbf{0} & & & \boxed{2} \end{pmatrix}.$$

Damit ergeben sich zwei mögliche JNFen für **A**.

b) $\dim V_2(\mathbf{A})$ ist die Anzahl der JK zum Eigenwert 2. Damit entfällt die Matrix $\mathbf{A}_1^{(2)}$ aus Teil a) und die JNF von **A** ist eindeutig bestimmt durch $\mathbf{A}_1^{(1)}$.

4.4.2
Seien $\mathbf{A}, \mathbf{B} \in \mathcal{M}_{2\times 2}(\mathbb{C})$.

a) *Man bestimme alle möglichen JNFen von* **A**.

b) *Man zeige, daß* **A** *und* **B** *genau dann ähnlich sind, wenn sie dasselbe Minimalpolynom haben.*

a) $m_{\mathbf{A}}$ hat den Grad 1 oder den Grad 2 und eine der Formen:

$$\begin{array}{ll} (1) & x-a \\ (2) & (x-a)(x-b) \quad \text{mit } a \neq b \\ (3) & (x-a)^2 . \end{array}$$

In den Fällen (1) und (2) ist **A** diagonalisierbar und ähnlich zu

$$\begin{pmatrix} a & 0 \\ 0 & a \end{pmatrix} \quad \text{bzw. zu} \quad \begin{pmatrix} a & 0 \\ 0 & b \end{pmatrix}.$$

Da jede Diagonalmatrix eine Matrix in JNF ist, sind wir für diese Fälle fertig. (Natürlich ergibt sich diese Normalform auch mit unseren neuen Methoden: Da die Linearfaktoren in $m_{\mathbf{A}}$ die Vielfachheit 1 haben, enthält die JNF von **A** nur 1×1–JORDANkästchen.)
Es bleibt der Fall (3): Die JNF von **A** enthält dann ein 2×2–JORDANkästchen, ist also die Matrix

$$\begin{pmatrix} a & 1 \\ 0 & a \end{pmatrix}.$$

b) Die Aussage "$\Longleftarrow$" folgt sofort aus der Lösung zu a), da $m_{\mathbf{A}}$ die JNF von **A** eindeutig festlegt. Da ähnliche Matrizen dasselbe Minimalpolynom haben (siehe Aufgabe 2.5.3), gilt "$\Longrightarrow$".

4.4.3
Seien $\mathbf{A}, \mathbf{B} \in \mathcal{M}_{3\times3}(\mathbb{C})$.
a) *Man bestimme alle möglichen JNFen von* **A**.
b) *Man zeige, daß* **A** *und* **B** *genau dann ähnlich sind, wenn sie dasselbe charakteristische Polynom und dasselbe Minimalpolynom haben.*
c) *Man gebe mit Hilfe der JNF zwei Matrizen an, die dasselbe charakteristische Polynom und dasselbe Minimalpolynom haben, aber nicht ähnlich sind.*

a) Es ist $\operatorname{Grad} m_{\mathbf{A}} \in \{1,2,3\}$. Somit hat $m_{\mathbf{A}}$ eine der Formen:

$$\begin{array}{ll} (1) & (x-a) \quad , \quad (x-a)(x-b) \quad , \quad (x-a)(x-b)(x-c) \\ (2) & (x-a)^2 \\ (3) & (x-a)^3 \\ (4) & (x-a)^2(x-b) . \end{array}$$

(Dabei sind a, b, c als paarweise verschieden vorausgesetzt.)

Im Fall (1) zerfällt $m_{\mathbf{A}}$ in verschiedene Linearfaktoren. Somit ist **A** nach dem Vorspann zu Abschnitt 2.6 diagonalisierbar, und die Diagonalmatrix, zu der **A** ähnlich ist, ist die JNF $\mathbf{J_A}$ von **A**. Diese lautet:

$$\mathbf{J_A} = \begin{pmatrix} a & 0 & 0 \\ 0 & a & 0 \\ 0 & 0 & a \end{pmatrix} \text{, falls} \quad m_{\mathbf{A}} = x - a \,;$$

$$\mathbf{J_A} = \begin{pmatrix} a & 0 & 0 \\ 0 & b & 0 \\ 0 & 0 & c \end{pmatrix} \text{, falls} \quad m_{\mathbf{A}} = (x-a)\,(x-b)\,(x-c)\,.$$

Im Fall $m_{\mathbf{A}} = (x-a)\,(x-b)$ ergibt sich:

$$\mathbf{J_A} = \begin{pmatrix} a & 0 & 0 \\ 0 & a & 0 \\ 0 & 0 & b \end{pmatrix} \text{, falls} \quad p_{\mathbf{A}} = -(x-a)^2\,(x-b)\,;$$

$$\mathbf{J_A} = \begin{pmatrix} b & 0 & 0 \\ 0 & b & 0 \\ 0 & 0 & a \end{pmatrix} \text{, falls} \quad p_{\mathbf{A}} = -(x-a)\,(x-b)^2\,.$$

Es bleiben die Fälle (2) – (4) übrig. Im Fall (2) enthält $\mathbf{J_A}$ ein $2\times2-$JORDANkästchen zum Eigenwert a. Da a einziger Eigenwert von $\mathbf{A}$ ist, folgt in diesem Fall

$$\mathbf{J_A} = \begin{pmatrix} a & 1 & 0 \\ 0 & a & 0 \\ 0 & 0 & a \end{pmatrix}.$$

Analog ergibt sich im Fall (3):

$$\mathbf{J_A} = \begin{pmatrix} a & 1 & 0 \\ 0 & a & 1 \\ 0 & 0 & a \end{pmatrix}.$$

Im Fall (4) enthält $\mathbf{J_A}$ ein $2 \times 2-$JORDANkästchen zum Eigenwert a und ein $1 \times 1-$Kästchen zum Eigenwert b; somit ist

$$\mathbf{J_A} = \begin{pmatrix} a & 1 & 0 \\ 0 & a & 0 \\ 0 & 0 & b \end{pmatrix}.$$

b) Wir haben in Teil a) gezeigt, daß $\mathbf{J_A}$ durch $m_{\mathbf{A}}$ eindeutig bestimmt ist mit Ausnahme des Falles $m_{\mathbf{A}} = (x-a)\,(x-b)$. In diesem Fall entscheidet $p_{\mathbf{A}}$ über $\mathbf{J_A}$. Somit ist "$\Longleftarrow$" bereits gezeigt. Da ähnliche Matrizen dasselbe charakteristische Polynom und dasselbe Minimalpolynom haben, folgt "$\Longrightarrow$".

c) Nach Teil b) und Aufgabe 2 müssen wir es mit $4 \times 4-$Matrizen versuchen. Wähle

$$\mathbf{A} = \begin{pmatrix} 0 & 1 & 0 & 0 \\ 0 & 0 & 0 & 0 \\ 0 & 0 & 0 & 0 \\ 0 & 0 & 0 & 0 \end{pmatrix} \quad \text{und} \quad \mathbf{B} = \begin{pmatrix} 0 & 1 & 0 & 0 \\ 0 & 0 & 0 & 0 \\ 0 & 0 & 0 & 1 \\ 0 & 0 & 0 & 0 \end{pmatrix}.$$

A und **B** sind Matrizen in JNF, die nicht ähnlich sind, da sie sich nicht nur durch die Reihenfolge der JORDANkästchen unterscheiden.
Es ist $p_{\mathbf{A}} = p_{\mathbf{B}} = x^4$. Ferner liefert das $2 \times 2-$JORDANkästchen zum Eigenwert 0, daß 2 die Vielfachheit von x als Faktor von $m_{\mathbf{A}}$ bzw. $m_{\mathbf{B}}$ ist.
Somit gilt $m_{\mathbf{A}} = m_{\mathbf{B}} = x^2$.

4.4.4

Für die von "oben nach unten" konstruierte Teilmenge $\mathcal{T} = \bigcup_{j=1}^{k} T_j$ *von* $U = \text{Kern}\,\Theta^k = \text{Kern}\ (\varphi - \lambda\, id)^k$ *zeige man:*

a) $T_j \subseteq \text{Kern}\,\Theta^j \setminus \text{Kern}\,\Theta^{j-1} \qquad (j = k, \ldots, 1)$.

b) $\mathcal{T}$ *ist eine Stufenbasis von* U.

a) Diese Aussage folgt leicht für $j = k - i$ durch *vollständige Induktion* nach $i \geq 0$. Zur Gewöhnung an die verwendeten Begriffe führen wir den Beweis durch:
Zunächst gilt die Behauptung für $i = 0$, also $j = k$, da
$T_k = S_k \subseteq \text{Kern}\,\Theta^k \setminus \text{Kern}\,\Theta^{k-1}$.
Gilt die Inklusion für i, also $j = k - i$, so gilt sie auch für $i + 1$, also $j = k - i - 1$ $(0 \leq i \leq k - 1)$:
Es ist $T_{k-i-1} = \{\Theta(X) \mid X \in T_{k-i}\} \cup R_{k-i-1}$.
Ist $i = k - 1$, also $j = 1$, so ist $\text{Kern}\,\Theta^{j-1} = \text{Kern}\,\Theta^0 = \{0\}$, und die Vektoren in der Menge $T_j = T_1$ sind alle $\neq 0$, da T_1 eine Basis von $\text{Kern}\,\Theta$ ist.
Sei also $i < k - 1$. Ist $Y \in R_j$, so ist $Y \notin \text{Kern}\,\Theta^{j-1}$, da R_j die Menge $S_{j-1} \cup \{\Theta(X) \mid X \in T_{j+1}\}$ zu einer Basis von $\text{Kern}\,\Theta^j$ ergänzt und S_{j-1} eine Basis von $\text{Kern}\,\Theta^{j-1}$ ist.
Sei also $Y \in T_j$, $Y = \Theta(X)$, $X \in T_{j+1}$. Da $\Theta^{j+1}(X) = 0$, ist $\Theta^j(Y) = 0$. Wäre $\Theta^{j-1}(Y) = \Theta^j(X) = 0$, so wäre $X \in \text{Kern}\,\Theta^j$, im Widerspruch zur Induktionsvoraussetzung. Somit ist $Y \in \text{Kern}\,\Theta^j \setminus \text{Kern}\,\Theta^{j-1}$.

b) Sei $\mathcal{B}_i = S_1 \cup \ldots \cup S_{k-i} \cup T_{k-i+1} \cup \ldots \cup T_k$ für $i < k$, $\mathcal{B}_i = \mathcal{T}$ für $i \geq k$ $(S_0 := \emptyset =: T_{k+1})$.
Wir zeigen durch *vollständige Induktion*, daß $\mathcal{B}_i$ eine Basis von U ist (bei jedem Schritt, der auf Seite 171 definiert ist, entsteht also eine neue Stufenbasis von U).
Zunächst beachte man, daß nach Teil a) die zu $\mathcal{B}_i$ vereinigten Mengen paarweise disjunkt sind. Ist $i = 0$, so ist $\mathcal{B}_0 = \bigcup_{l=1}^{k} S_l$ nach Konstruktion eine Basis von U.
Sei nun $\mathcal{B}_i$ eine Basis von U. Wir zeigen, daß $\mathcal{B}_{i+1}$ eine Basis von U ist. Ist $i \geq k$, so ist nichts zu zeigen. Sei also $i < k$. Nach Konstruktion ist $S_1 \cup \ldots \cup S_{k-i-1} \cup T_{k-i}$ eine Basis von $\text{Kern}\,\Theta^{k-i}$. $\mathcal{B}_{i+1}$ erzeugt somit U, denn in der Darstellung

von $X \in U$ als Linearkombination von Vektoren aus $\mathcal{B}_i$ kann man die Vektoren aus $S_1 \cup \ldots \cup S_{k-i}$ ersetzen durch Vektoren aus $S_1 \cup \ldots \cup S_{k-i-1} \cup T_{k-i}$. Da auch $S_1 \cup \ldots \cup S_{k-i}$ eine Basis von Kern Θ^{k-i} ist und je zwei Basen gleiche Elementanzahlen haben, gilt $|T_{k-i}| = |S_{k-i}|$ nach a) bzw. nach Vorbemerkung. Nun folgt $|\mathcal{B}_i| = |\mathcal{B}_{i+1}|$. Damit ist $\mathcal{B}_{i+1}$ als Erzeugendensystem von U, das ebensoviele Elemente hat wie die Basis $\mathcal{B}_i$ von U, selbst eine Basis von U.

4.4.5

Sei $\mathbf{A} \in \mathcal{M}_{n\times n}(K)$. Man zeige:

a) *Zerfällt $p_\mathbf{A}$ über K in Linearfaktoren, so ist $\mathbf{A}$ ähnlich zu $\mathbf{A}^\top$.*

b) *$\mathbf{A}$ ist ähnlich zu $\mathbf{A}^\top$.*

a) Da $|\mathbf{A}| = |\mathbf{A}^\top|$, ist auch

$$p_\mathbf{A} = |\mathbf{A} - x\mathbf{E}| = |(\mathbf{A} - x\mathbf{E})^\top| = |\mathbf{A}^\top - x\mathbf{E}| = p_{\mathbf{A}^\top}\ .$$

Somit zerfällt $p_{\mathbf{A}^\top}$ über K in Linearfaktoren, und $\mathbf{A}$ und $\mathbf{A}^\top$ besitzen eine JNF über K und haben dieselben Eigenwerte $\lambda_1, \ldots, \lambda_t$. Die JNF von $\mathbf{A}$ ist nach Seite 174 eindeutig festgelegt durch die Zahlen $\operatorname{rg}(\mathbf{A} - \lambda_i\mathbf{E})^j$ $(i = 1, \ldots, t,\ j \geq 1)$. Da aber $\operatorname{rg}(\mathbf{B}) = \operatorname{rg}(\mathbf{B}^\top)$ für jede Matrix $\mathbf{B}$ und

$$(\mathbf{A}^\top - \lambda_i\mathbf{E})^j = \left((\mathbf{A} - \lambda_i\mathbf{E})^\top\right)^j = \left((\mathbf{A} - \lambda_i\mathbf{E})^j\right)^\top\ ,$$

gilt $\operatorname{rg}(\mathbf{A} - \lambda_i\mathbf{E})^j = \operatorname{rg}(\mathbf{A}^\top - \lambda_i\mathbf{E})^j$ für alle $i = 1, \ldots, t\ ;\ j \geq 1$. Somit haben $\mathbf{A}$ und $\mathbf{A}^\top$ über K dieselbe JNF und sind damit ähnlich über K.

b) Nach Teil a) sind $\mathbf{A}$ und $\mathbf{A}^\top$ ähnlich im algebraischen Abschluß von K. Nach Satz 8 im Vorspann zu Abschnitt 2.1 sind $\mathbf{A}$ und $\mathbf{A}^\top$ auch ähnlich über K.

4.4.6

Man zeige, daß die Matrizen

$$\mathbf{A} = \begin{pmatrix} 0 & 1 & 2 & 4 \\ -1 & 0 & 3 & 1 \\ 0 & 0 & 0 & 1 \\ 0 & 0 & -1 & 0 \end{pmatrix} \quad \textit{und} \quad \mathbf{B} = \begin{pmatrix} -3 & 0 & 1 & 3 \\ -2 & 1 & 1 & 1 \\ -3 & -2 & 0 & 4 \\ -3 & 1 & 1 & 2 \end{pmatrix}$$

ähnlich über $\mathbb{R}$ sind.
Hinweis: $p_\mathbf{B} = (x^2+1)^2$.

Wie üblich ist

$$p_\mathbf{A} = |\mathbf{A} - x\mathbf{E}| = \left|\begin{pmatrix} 0 & 1 \\ -1 & 0 \end{pmatrix} - x\mathbf{E}\right|^2 = (x^2+1)^2\ .$$

Nach dem Hinweis gilt also: $p_{\mathbf{B}} = p_{\mathbf{A}}$.
Somit liegt ein Beispiel für Problem 5 vor. Wir berechnen daher über $\mathbb{C}$, dem algebraischen Abschluß von $\mathbb{R}$, die JNF von **A** bzw. von **B**.
Die algebraische Vielfachheit des Eigenwerts i von **A** ist 2. Damit hat nach 4.2 die Matrix $(\mathbf{A} - i\mathbf{E})^j$ den Rang $4 - 2 = 2$ für alle $j \geq 2$. Da $\mathbf{A} - i\mathbf{E}$ den Rang 3 hat, ist

$$2 = \min\{j \mid \operatorname{rg}(\mathbf{A} - i\mathbf{E})^{j+1} = \operatorname{rg}(\mathbf{A} - i\mathbf{E})^j\}\,.$$

Analog gilt dies für den Eigenwert $-i$, und es folgt $m_{\mathbf{A}} = p_{\mathbf{A}}$.
Damit existiert nach Seite 175 ein 2×2–JORDANkästchen zum Eigenwert i und ein 2×2– JORDANkästchen zum Eigenwert $-i$, also ist

$$J_{\mathbf{A}} = \begin{pmatrix} i & 1 & 0 & 0 \\ 0 & i & 0 & 0 \\ 0 & 0 & -i & 1 \\ 0 & 0 & 0 & -i \end{pmatrix}.$$

Entsprechend zeigt man $J_{\mathbf{B}} = J_{\mathbf{A}}$, also ist **A** über $\mathbb{C}$ und damit auch über $\mathbb{R}$ ähnlich zu **B**.

4.4.7

Man bestimme jeweils die JNF der reellen Matrix **A**.

a) $\mathbf{A} = \begin{pmatrix} 3 & 1 & -3 \\ -7 & -2 & 9 \\ -2 & -1 & 4 \end{pmatrix}$ **b)** $\mathbf{A} = \begin{pmatrix} 0 & 0 & 1 \\ 1 & 0 & -3 \\ 0 & 1 & 3 \end{pmatrix}$

c) $\mathbf{A} = \begin{pmatrix} 2 & 0 & 0 & 1 & 0 \\ 0 & 2 & 0 & 0 & 1 \\ 0 & 0 & 2 & 0 & 0 \\ 0 & 0 & 0 & 2 & 0 \\ 0 & 0 & 0 & 0 & 1 \end{pmatrix}$

Sei $\mathbf{J_A}$ die JNF von **A**.

a) Wie üblich berechnet man: $p_{\mathbf{A}} = |\mathbf{A} - x\mathbf{E}| = (1-x)\,(2-x)^2$.
Also ist nach dem vorigen Abschnitt

$$\mathbf{J_A} = \begin{pmatrix} 1 & 0 & 0 \\ 0 & 2 & 1 \\ 0 & 0 & 2 \end{pmatrix} \quad \text{oder} \quad \mathbf{J_A} = \begin{pmatrix} 1 & 0 & 0 \\ 0 & 2 & 0 \\ 0 & 0 & 2 \end{pmatrix}.$$

Die Matrix $\mathbf{A} - 2\mathbf{E}$ hat folgende Zeilenstufenform (ZSF):

$$\mathbf{A} - 2\mathbf{E} = \begin{pmatrix} 1 & 1 & -3 \\ -7 & -4 & 9 \\ -2 & -1 & 2 \end{pmatrix} \rightsquigarrow \overbrace{\begin{pmatrix} 1 & 1 & -3 \\ 0 & 1 & -4 \\ 0 & 0 & 0 \end{pmatrix}}^{\text{ZSF}}.$$

Damit hat sie den Rang 2 und es ist $\dim V_2(\mathbf{A}) = 1$. Es gibt daher genau ein JK zum Eigenwert 2, also ist

$$\mathbf{J_A} = \begin{pmatrix} 1 & 0 & 0 \\ 0 & 2 & 1 \\ 0 & 0 & 2 \end{pmatrix}.$$

b) Wie üblich berechnet man: $p_\mathbf{A} = (1-x)^3$.
Ferner hat die Matrix $\mathbf{A} - \mathbf{E}$ den Rang 2, also $V_1(\mathbf{A})$ die Dimension 1. Da 1 einziger Eigenwert von $\mathbf{A}$ ist, folgt:

$$\mathbf{J_A} = \begin{pmatrix} 1 & 1 & 0 \\ 0 & 1 & 1 \\ 0 & 0 & 1 \end{pmatrix}.$$

c) Da $\mathbf{A}$ eine obere Dreiecksmatrix ist, folgt sofort: $p_\mathbf{A} = (2-x)^4(1-x)$.
Somit ist $\mathbf{J_A} = \begin{pmatrix} \mathbf{A}_1 & \mathbf{0} \\ \mathbf{0} & 1 \end{pmatrix}$, wobei $\mathbf{A}_1$ die JK zum Eigenwert 2 enthält. $\mathbf{A}-2\mathbf{E}$ hat den Rang 2, also hat $V_2(\mathbf{A})$ die Dimension 3. Die drei JK zum Eigenwert 2 können sich auf die 4×4–Matrix $\mathbf{A}_1$ auf genau eine Weise verteilen. Daher folgt:

$$\mathbf{J_A} = \begin{pmatrix} 2 & 1 & 0 & 0 & 0 \\ 0 & 2 & 0 & 0 & 0 \\ 0 & 0 & 2 & 0 & 0 \\ 0 & 0 & 0 & 2 & 0 \\ 0 & 0 & 0 & 0 & 1 \end{pmatrix}.$$

4.4.8

Für die Matrizen aus der vorigen Aufgabe bestimme man jeweils eine invertierbare Matrix $\mathbf{P}$*, so daß* $\mathbf{P}^{-1}\mathbf{AP}$ *JNF hat, und gebe* $\mathbf{P}$ *sowie* $\mathbf{P}^{-1}\mathbf{AP}$ *an.*

Es liegt Problem 4 vor. Wir benötigen eine JORDANbasis für $\varphi := \varphi_\mathbf{A}$, die wir mit den Lösungsmethoden zu Problem 2 berechnen.

zu a) Es ist $p_\mathbf{A} = (1-x)\,(2-x)^2$.

Zu $U_1 = \text{Kern}\,(\varphi - id)$:

U_1 ist der Eigenraum von φ zum Eigenwert 1 und hat Dimension 1, da 1 einfache Nullstelle von $p_\mathbf{A}$ ist. Die Matrix $\mathbf{A} - \mathbf{E}$ hat folgende Zeilenstufenform (ZSF):

$$\mathbf{A} - \mathbf{E} = \begin{pmatrix} 2 & 1 & -3 \\ -7 & -3 & 9 \\ -2 & -1 & 3 \end{pmatrix} \rightsquigarrow \overbrace{\begin{pmatrix} 2 & 1 & -3 \\ 0 & 1 & -3 \\ 0 & 0 & 0 \end{pmatrix}}^{\text{ZSF}}.$$

Es folgt: $U_1 = \{X \mid (\mathbf{A}-\mathbf{E})X = 0\} = L((0,3,1))$,
$\mathcal{C}_1 := ((0,3,1))$ ist eine JORDANbasis für $\varphi \restriction U_1$.

Zu $U_2 = \text{Kern}\,(\varphi - 2\,id)^2$:

Dieser Unterraum hat die Dimension 2, da 2 eine 2−fache Nullstelle von $p_\mathbf{A}$ ist. Wir bestimmen eine Stufenbasis gemäß Schritt 2.1.

$$\mathbf{A} - 2\mathbf{E} = \begin{pmatrix} 1 & 1 & -3 \\ -7 & -4 & 9 \\ -2 & -1 & 2 \end{pmatrix} \leadsto \overbrace{\begin{pmatrix} 1 & 1 & -3 \\ 0 & 1 & -4 \\ 0 & 0 & 0 \end{pmatrix}}^{\text{ZSF}} .$$

Freie Variable (nicht am Stufenrand stehende Variable) ist x_3. Es folgt:

$$\begin{aligned} \text{Kern}\,(\varphi - 2\,id) &= \{X \mid (\mathbf{A} - 2\,\mathbf{E})X = 0\} = L((-1,4,1)) \ , \\ S_1 &= \{(-1,4,1)\} =: \{A_1\} \ . \end{aligned}$$

$$(\mathbf{A} - 2\mathbf{E})^2 = \begin{pmatrix} 0 & 0 & 0 \\ 3 & 0 & 3 \\ 1 & 0 & 1 \end{pmatrix} \leadsto \overbrace{\begin{pmatrix} 1 & 0 & 1 \\ 0 & 0 & 0 \\ 0 & 0 & 0 \end{pmatrix}}^{\text{ZSF}} .$$

Freie Variablen sind x_2 und x_3, neue freie Variable ist also x_2.
$x_2 = 1$, $x_3 = 0 \implies A_2 := (0,1,0) \in \text{Kern}\,(\varphi - 2\,id)^2$.
Setzt man $S_2 = \{(0,1,0)\}$, so ist eine Stufenbasis $S = S_1 \cup S_2$ gefunden. Unsere Skizzen auf den Seiten 169 und 172 haben hier folgendes Aussehen:

A_2	S_2	$\text{Kern}\,(\varphi - 2id)^2$
A_1	S_1	$\text{Kern}\,(\varphi - 2id)$

$B_1 = A_2$	$T_2 = R_2 = S_2$
$(\varphi - 2id)(B_1)$	$T_1 = (\varphi - 2id)(T_2)$

Es ist:

$$\begin{aligned} R_2 &= S_2 \ , \qquad R_1 = \emptyset. \\ \mathcal{C}_2 &:= ((\varphi - 2\,id)((0,1,0)),\ (0,1,0)) \\ &= ((1,-4,-1),(0,1,0)) \quad \text{ist eine JORDANbasis für } \varphi \restriction U_2 \ . \end{aligned}$$

(Probe: $(1,-4,-1) \in \text{Kern}\,(\varphi - 2\,id)$!)
Durch Verkettung von $\mathcal{C}_1$ und $\mathcal{C}_2$ ergibt sich

$$J := ((0,3,1),(1,-4,-1),(0,1,0))$$

als JORDANbasis für $\varphi_\mathbf{A}$. Gemäß der Lösung von Problem 4 erfüllt $\mathbf{P}$ mit

$$\mathbf{P} := \begin{pmatrix} 0 & 1 & 0 \\ 3 & -4 & 1 \\ 1 & -1 & 0 \end{pmatrix}$$

unsere Forderungen; es ist

$$\mathbf{P}^{-1}\mathbf{AP} = \mathbf{M}_J^J(\varphi_\mathbf{A}) = \mathbf{J_A} = \begin{pmatrix} 1 & 0 & 0 \\ 0 & 2 & 1 \\ 0 & 0 & 2 \end{pmatrix}.$$

zu b) Es ist $p_\mathbf{A} = (1-x)^3$, also $\mathbb{R}^3 = U_1 = \text{Kern}\,(\varphi - id)^3$.

$$\mathbf{A} - \mathbf{E} = \begin{pmatrix} -1 & 0 & 1 \\ 1 & -1 & -3 \\ 0 & 1 & 2 \end{pmatrix} \text{ hat als ZSF } \begin{pmatrix} -1 & 0 & 1 \\ 0 & 1 & 2 \\ 0 & 0 & 0 \end{pmatrix} \quad ;$$

daher ist $V_1(\mathbf{A}) = V_1(\varphi_\mathbf{A}) = L\,((1,-2,1))$, $S_1 = \{(1,-2,1)\}$.
Wegen $\dim V_1(\mathbf{A}) = 1$ gibt es genau ein JK zum Eigenwert 1.

$$(\mathbf{A} - \mathbf{E})^2 = \begin{pmatrix} 1 & 1 & 1 \\ -2 & -2 & -2 \\ 1 & 1 & 1 \end{pmatrix} \text{ hat als ZSF } \begin{pmatrix} 1 & 1 & 1 \\ 0 & 0 & 0 \\ 0 & 0 & 0 \end{pmatrix}.$$

Setzt man $x_3 = 0$ und die neue freie Variable $x_2 = 1$, so folgt:
$S_2 = \{(-1,1,0)\}$ und $\text{Kern}\,(\varphi - id)^2 = L\,((1,-2,1),(-1,1,0))$.
$(\mathbf{A} - \mathbf{E})^3 = \mathbf{0}$; neue freie Variable ist x_1. Wir erhalten $S_3 = \{(1,0,0)\} = R_3$.
$(1,0,0)$ liefert den Anteil $(\varphi - id)^2((1,0,0))$, $(\varphi - id)((1,0,0))$, $(1,0,0)$ der JORDANbasis; also auch die JORDANbasis

$$J := ((1,-2,1),(-1,1,0),(1,0,0)).$$

Mit

$$\mathbf{P} := \begin{pmatrix} 1 & -1 & 1 \\ -2 & 1 & 0 \\ 1 & 0 & 0 \end{pmatrix} \quad \text{ist } \mathbf{P}^{-1}\mathbf{AP} = \mathbf{M}_J^J(\varphi_\mathbf{A}) = \mathbf{J_A} = \begin{pmatrix} 1 & 1 & 0 \\ 0 & 1 & 1 \\ 0 & 0 & 1 \end{pmatrix}.$$

zu c) Es ist $p_\mathbf{A} = (2-x)^4(1-x)$.

Zu $U_1 = \text{Kern}\,(\varphi - id)$:

U_1 hat die Dimension 1. Wie üblich berechnet man $(0,-1,0,0,1)$ als Eigenvektor von **A** zum Eigenwert 1.
$\mathcal{C}_1 := ((0,-1,0,0,1))$ ist eine JORDANbasis für $\varphi \restriction U_1$.

Zu $U_2 = \text{Kern}\,(\varphi - 2\,id)^4$:

U_2 hat die Dimension 4. $\mathbf{A} - 2\mathbf{E}$ hat als ZSF die Matrix

$$\begin{pmatrix} 0 & 0 & 0 & 1 & 0 \\ 0 & 0 & 0 & 0 & 1 \\ & & \mathbf{0} & & \end{pmatrix}.$$

Damit ist $\dim V_2(\mathbf{A}) = 3$, und unsere Skizzen für die Anfangsstufenbasis und die JORDANbasis haben folgende Form:

A_4	S_2		$\text{Kern}\,(\varphi - 2id)^2$
$A_1 \quad A_2 \quad A_3$	S_1	$\text{Kern}\,(\varphi - 2id)$	$= U_2$

B_1 $= A_4$	$T_2 = R_2 = S_2$
$(\varphi - 2id)(B_1) \quad B_2 \quad B_3$	$T_1 = (\varphi - 2id)(T_2) \cup R_1$

Bei der Lösung von $(\mathbf{A} - 2\mathbf{E})X = 0$ treten x_1, x_2, x_3 als freie Variablen auf. Sie führen zu

$$V_2(\mathbf{A}) = \text{Kern}\,(\varphi - 2\,id) = L(E_1, E_2, E_3),$$

also zu $S_1 = \{E_1, E_2, E_3\}$.

$(\mathbf{A} - 2\mathbf{E})^2$ hat als ZSF die Matrix $\begin{pmatrix} 0 & 0 & 0 & 0 & 1 \\ & & \mathbf{0} & & \end{pmatrix}$.

Die neue freie Variable x_4 ergibt $S_2 = \{E_4\} =: \{A_4\}$. Somit ist $S_1 \cup S_2$ eine Stufenbasis von U_2. S_2 liefert die Vektoren $(\varphi - 2\,id)(E_4)$, E_4, also E_1 und E_4 zur JORDANbasis. Wir ergänzen $\{E_1\}$ durch $R_1 = \{E_2, E_3\}$ zu einer Basis von $\text{Kern}\,(\varphi - 2\,id)$, und erhalten $\mathcal{C}_2 = (E_1, E_4, E_2, E_3)$ als JORDANbasis für $\varphi \restriction U_2$. $J := ((0, -1, 0, 0, 1), E_1, E_4, E_2, E_3)$ ist eine JORDANbasis für $\varphi_{\mathbf{A}}$. Schreibt man die Vektoren aus J in der gegebenen Reihenfolge in die Spalten von $\mathbf{P}$, so ist

$$\mathbf{P} = \begin{pmatrix} 0 & 1 & 0 & 0 & 0 \\ -1 & 0 & 0 & 1 & 0 \\ 0 & 0 & 0 & 0 & 1 \\ 0 & 0 & 1 & 0 & 0 \\ 1 & 0 & 0 & 0 & 0 \end{pmatrix} \text{ und } \mathbf{J_A} = \mathbf{P}^{-1}\mathbf{A}\mathbf{P} = \begin{pmatrix} 1 & 0 & 0 & 0 & 0 \\ 0 & 2 & 1 & 0 & 0 \\ 0 & 0 & 2 & 0 & 0 \\ 0 & 0 & 0 & 2 & 0 \\ 0 & 0 & 0 & 0 & 2 \end{pmatrix}.$$

4.4.9

Die Matrix

$$\mathbf{A} = \begin{pmatrix} -1 & 1 & 0 & 0 & 0 & 0 \\ 0 & 0 & 1 & 0 & 0 & 0 \\ 2 & -2 & 2 & -1 & 0 & 0 \\ 1 & -1 & 1 & -1 & 0 & 0 \\ -1 & 1 & -1 & 1 & -1 & 1 \\ -1 & 1 & -1 & 1 & -1 & 1 \end{pmatrix} \in \mathcal{M}_{6\times 6}(\mathbb{R})$$

ist nilpotent. Man bestimme eine JORDANbasis J für die zu $\mathbf{A}$ gehörige lineare Abbildung $\varphi_{\mathbf{A}}$ und gebe $\mathbf{M}_J^J(\varphi_{\mathbf{A}})$ an.

Sei $\varphi := \varphi_{\mathbf{A}}$. Da $\mathbf{A}$ nilpotent ist, also $\mathbf{A}^k = \mathbf{0}$ für ein $k \geq 1$ gilt, ist $\mathbf{A}$ Nullstelle

des Polynoms x^k. Nun teilt $m_{\mathbf{A}}$ jedes solche Polynom, also hat $m_{\mathbf{A}}$ die Form x^j für ein $j \geq 1$. Da $p_{\mathbf{A}}$ und $m_{\mathbf{A}}$ dieselben irreduziblen Faktoren haben, ist $p_{\mathbf{A}} = x^6$ und $\mathbb{R}^6 = \text{Kern}\,(\varphi^6)$ (siehe auch Aufgabe 3.1.1).
Wir bestimmen eine Stufenbasis für $\varphi \restriction \text{Kern}\,(\varphi^6) = \varphi$. Dazu benötigen wir $\mathbf{A}^2, \mathbf{A}^3$ usw. . Es ist

$$\mathbf{A}^2 = \begin{pmatrix} 1 & -1 & 1 & 0 & 0 & 0 \\ 2 & -2 & 2 & -1 & 0 & 0 \\ 1 & -1 & 1 & -1 & 0 & 0 \\ & & & \mathbf{0} & & \end{pmatrix}, \quad \mathbf{A}^3 = \begin{pmatrix} 1 & -1 & 1 & -1 & 0 & 0 \\ 1 & -1 & 1 & -1 & 0 & 0 \\ & & & \mathbf{0} & & \end{pmatrix}$$

und $\mathbf{A}^4 = \mathbf{0}$.
Somit ist $m_\varphi = m_{\mathbf{A}} = x^4$ und die JNF von φ enthält ein $4 \times 4-$JK zum Eigenwert 0.

$$\mathbf{A} \text{ hat als ZSF } \begin{pmatrix} -1 & 1 & 0 & 0 & 0 & 0 \\ 0 & 0 & 1 & 0 & 0 & 0 \\ 0 & 0 & 0 & 1 & 0 & 0 \\ 0 & 0 & 0 & 0 & -1 & 1 \\ & & & \mathbf{0} & & \end{pmatrix} =: \mathbf{Z}_1.$$

Somit ist $\dim V_0(\varphi) = 2$ (= 6− Rang $\mathbf{A}$), die JNF $\mathbf{J}_{\mathbf{A}}$ von $\mathbf{A}$ enthält genau zwei JK. Es bleibt nur:

$$\mathbf{J}_{\mathbf{A}} = \mathbf{M}_J^J(\varphi_{\mathbf{A}}) = \begin{pmatrix} \boxed{\begin{matrix} 0 & 1 & 0 & 0 \\ 0 & 0 & 1 & 0 \\ 0 & 0 & 0 & 1 \\ 0 & 0 & 0 & 0 \end{matrix}} & \mathbf{0} \\ \mathbf{0} & \boxed{\begin{matrix} 0 & 1 \\ 0 & 0 \end{matrix}} \end{pmatrix}.$$

Ferner hat jede Stufenbasis die nebenstehende Form, da $\mathbf{A}^2$ den Rang 2 und $\mathbf{A}^3$ den Rang 1 besitzt.

A_6	
A_5	
A_3	A_4
A_1	A_2

Es ist

$$\text{Kern}\,\varphi = \{X \in \mathbb{R}^6 \mid \mathbf{A}X = 0\} = \{X \in \mathbb{R}^6 \mid \mathbf{Z}_1 X = 0\}.$$

Freie Variablen sind x_2 und x_6.
$x_2 = 1\,,\ x_6 = 0 \quad \Longrightarrow \quad (1,1,0,0,0,0) =: A_1 \in \text{Kern}\,\varphi$,
$x_2 = 0\,,\ x_6 = 1 \quad \Longrightarrow \quad (0,0,0,0,1,1) =: A_2 \in \text{Kern}\,\varphi$.
Mit $S_1 = \{A_1, A_2\}$ ist $\text{Kern}\,\varphi = L(S_1)$.

$$\mathbf{A}^2 \text{ hat als ZSF } \begin{pmatrix} 1 & -1 & 1 & 0 & 0 & 0 \\ 0 & 0 & 0 & 1 & 0 & 0 \\ & & & \mathbf{0} & & \end{pmatrix} =: \mathbf{Z}_2.$$

Es ist

$$\operatorname{Kern}\varphi^2 = \{X \in \mathbb{R}^6 \mid \mathbf{A}^2 X = 0\} = \{X \in \mathbb{R}^6 \mid \mathbf{Z}_2 X = 0\}.$$

Freie Variablen sind x_2, x_3, x_5, x_6; neu sind x_3 und x_5.
$x_3 = 1\ ,\ x_2 = x_5 = x_6 = 0 \Longrightarrow A_3 := (-1,0,1,0,0,0) \in \operatorname{Kern}\varphi^2 \setminus \operatorname{Kern}\varphi$,
$x_5 = 1\ ,\ x_2 = x_3 = x_6 = 0 \Longrightarrow A_4 := E_5 = (0,0,0,0,1,0) \in \operatorname{Kern}\varphi^2 \setminus \operatorname{Kern}\varphi$.
Mit $S_2 = \{A_3, A_4\}$ folgt $\operatorname{Kern}\varphi^2 = L(S_1 \cup S_2)$.

$$\mathbf{A}^3 \text{ hat als ZSF } \begin{pmatrix} 1 & -1 & 1 & -1 & 0 & 0 \\ & & \mathbf{0} & & & \end{pmatrix}.$$

Neue freie Variable ist x_4.
$x_4 = 1\ ,\ x_2 = x_3 = x_5 = x_6 = 0 \quad \Longrightarrow \quad A_5 := (1,0,0,1,0,0) \in \operatorname{Kern}\varphi^3$.
Mit $S_3 = \{A_5\}$ ist $\operatorname{Kern}\varphi^3 = L(S_1 \cup S_2 \cup S_3)$.
Schließlich ist $\mathbf{A}^4 = \mathbf{0}$; neue freie Variable des linearen Gleichungssystems $\mathbf{A}^4 X = 0$ ist x_1.
$x_1 = 1\ ,\ x_i = 0$ für $i > 1 \quad \Longrightarrow \quad A_6 := E_1 = (1,0,0,0,0,0)\ ;\ S_4 = \{A_6\}$.
Wir können nun die JORDANbasis gemäß Schritt 2.2 berechnen. Die sich ergebende Schlußskizze steht rechts. Es ist
$T_4 = R_4 = S_4 = \{E_1\}$.
Zur JORDANbasis gehören

$$\varphi^3(E_1)\,,\ \varphi^2(E_1)\,,\ \varphi(E_1)\,,\ E_1\ .$$

$B_1 = A_6$		$T_4 = R_4 = S_4$
$\varphi(B_1)$		$T_3 = \varphi(T_4)$
$\varphi^2(B_1)$	B_2	$T_2 = \varphi(T_3) \cup R_2$
$\varphi^3(B_1)$	$\varphi(B_2)$	$T_1 = \varphi(T_2)$

Diese Vektoren bestimmen einen φ–zyklischen Unterraum von $\operatorname{Kern}\varphi^4 = \mathbb{R}^6$ der Dimension 4. Ferner ist $S_1 \cup S_2 \cup \{\varphi(E_1)\}$ eine linear unabhängige Teilmenge von $\operatorname{Kern}\varphi^3$. Sie wird durch R_3 zu einer Basis von $\operatorname{Kern}\varphi^3$ ergänzt.

Da $\dim \operatorname{Kern}\varphi^3 = 5$, ist $R_3 = \emptyset$ und $T_3 = \{\varphi(E_1)\}$. Nun ist $S_1 \cup \{\varphi(\varphi(E_1))\}$ eine linear unabhängige Teilmenge von $\operatorname{Kern}\varphi^2$. Es ist

$$S_1 \cup \{\varphi^2(E_1)\} = \{A_1, A_2, (1,2,1,0,0,0)\}.$$

Wir ergänzen diese Menge durch $R_2 = \{E_5\} =: \{B_2\}$ zu einer Basis von $\operatorname{Kern}\varphi^2$. Es ist $T_2 = \{\varphi^2(E_1), E_5\}$, ferner gehören $\varphi(E_5)\,,\ E_5$ zur JORDANbasis und bestimmen einen φ–zyklischen Unterraum der Dimension 2. Die JORDANbasis J ist damit bestimmt.

Der Vollständigkeit wegen: $R_1 = \emptyset$, $T_1 = \{\varphi^3(E_1), \varphi(E_5)\}$.
Es folgt:

$$J = (\varphi^3(E_1), \varphi^2(E_1), \varphi(E_1), E_1, \varphi(E_5), E_5),$$

$$\text{wobei}\quad \begin{aligned} \varphi^3(E_1) &= (1,1,0,0,0,0) = A_1 \\ \varphi^2(E_1) &= (1,2,1,0,0,0) \\ \varphi(E_1) &= (-1,0,2,1,-1,-1) \\ \varphi(E_5) &= (0,0,0,0,-1,-1)\,. \end{aligned}$$

(Probe: $\varphi^3(E_1)$, $\varphi(E_5) \in V_0(\varphi) = \operatorname{Kern}\varphi$).
Schreibt man die Basisvektoren aus J als Spalten einer Matrix $\mathbf{P}$, setzt also

$$\mathbf{P} \;:=\; \begin{pmatrix} 1 & 1 & -1 & 1 & 0 & 0 \\ 1 & 2 & 0 & 0 & 0 & 0 \\ 0 & 1 & 2 & 0 & 0 & 0 \\ 0 & 0 & 1 & 0 & 0 & 0 \\ 0 & 0 & -1 & 0 & -1 & 1 \\ 0 & 0 & -1 & 0 & -1 & 0 \end{pmatrix} \text{, so ist}$$

$$\mathbf{P}^{-1}\mathbf{A}\mathbf{P} = \mathbf{J}_{\mathbf{A}} \;=\; \left(\begin{array}{cccc|cc} 0 & 1 & 0 & 0 & & \\ 0 & 0 & 1 & 0 & \multicolumn{2}{c}{\mathbf{0}} \\ 0 & 0 & 0 & 1 & & \\ 0 & 0 & 0 & 0 & & \\ \hline & & & & 0 & 1 \\ \multicolumn{4}{c|}{\mathbf{0}} & & 0 \end{array}\right) = \mathbf{M}_J^J(\varphi_{\mathbf{A}})\,.$$

4.4.10
Die Matrix

$$\mathbf{A} = \begin{pmatrix} 3 & 1 & 0 & 1 & -2 \\ 1 & 3 & -1 & 0 & 1 \\ -1 & -1 & 4 & 3 & -3 \\ 1 & 1 & -1 & 2 & 1 \\ -2 & -2 & 2 & 2 & 1 \end{pmatrix} \in \mathcal{M}_{5\times 5}(\mathbb{R})$$

hat in $\mathbb{R}$ *genau die Eigenwerte* 2 *und* 3. $\varphi = \varphi_{\mathbf{A}}$ *sei die zugehörige lineare Abbildung des* $\mathbb{R}^5$ *in den* $\mathbb{R}^5$. *Man zeige ohne Berechnung von* p_φ, *daß* φ *eine JNF besitzt, berechne eine* JORDAN*basis* J *des* $\mathbb{R}^5$ *für* φ *und gebe* $\mathbf{M}_J^J(\varphi)$ *an.*

Über $\mathbb{C}$ zerfällt jedes komplexe Polynom, also auch p_φ, in Linearfaktoren. Damit p_φ schon über $\mathbb{R}$ zerfällt, muß die Summe der Exponenten von $x-2$ und $x-3$ in p_φ die Zahl 5 ergeben. Der jeweilige Exponent kann höchstens 4 sein. Wir berechnen also reelle JORDANbasen für

$$\varphi \upharpoonright \operatorname{Kern}(\varphi - 2\,id)^4 \qquad \text{und} \qquad \varphi \upharpoonright \operatorname{Kern}(\varphi - 3\,id)^4.$$

(Da **A** reell ist, finden wir mit unseren Methoden immer reelle Basen der jeweiligen Lösungsräume der Gleichungssysteme.) Ergeben diese Basen durch Verkettung eine Basis des $\mathbb{R}^5$, so haben wir gezeigt, daß φ eine JNF besitzt. Anderenfalls zeigt der Hauptzerlegungssatz, daß **A** noch Eigenwerte in $\mathbb{C} \setminus \mathbb{R}$ besitzen muß und keine JNF über $\mathbb{R}$ besitzt.
Kennt man also die reellen Eigenwerte einer reellen Matrix, so entscheidet unser Verfahren zur Berechnung der JNF auch, ob diese Matrix eine JNF besitzt. Diese Aussage läßt sich (unter Verwendung des algebraischen Abschlusses von K) völlig analog für beliebige Körper K verallgemeinern.

Zu $U_1 = \operatorname{Kern}(\varphi - 2\,id)^4$:

Wir bestimmen eine Stufenbasis von U_1 durch sukzessives Lösen der Gleichungssysteme $(\mathbf{A} - 2\mathbf{E})^j X = 0$ (siehe Schritt 2.1).

$$\mathbf{A} - 2\mathbf{E} = \begin{pmatrix} 1 & 1 & 0 & 1 & -2 \\ 1 & 1 & -1 & 0 & 1 \\ -1 & -1 & 2 & 3 & -3 \\ 1 & 1 & -1 & 0 & 1 \\ -2 & -2 & 2 & 2 & -1 \end{pmatrix} \rightsquigarrow \overbrace{\begin{pmatrix} 1 & 1 & 0 & 1 & -2 \\ 0 & 0 & -1 & -1 & 3 \\ 0 & 0 & 0 & 2 & 1 \\ & & \mathbf{0} & & \end{pmatrix}}^{\text{ZSF}}.$$

x_2 und x_5 sind freie Variablen.
$x_2 = 1$, $x_5 = 0 \quad \Longrightarrow \quad (-1,1,0,0,0) \in \operatorname{Kern}(\varphi - 2\,id)$,
$x_2 = 0$, $x_5 = 2 \quad \Longrightarrow \quad (5,0,7,-1,2) \in \operatorname{Kern}(\varphi - 2\,id)$.
Mit $S_1 = \{(-1,1,0,0,0),(5,0,7,-1,2)\}$ ist $\operatorname{Kern}(\varphi - 2\,id) = L(S_1)$.
(Es gibt also genau zwei JK zum Eigenwert 2.)

$$(\mathbf{A} - 2\mathbf{E})^2 = \begin{pmatrix} 7 & 7 & -6 & -3 & 2 \\ 1 & 1 & -1 & 0 & 1 \\ 5 & 5 & -4 & -1 & 1 \\ 1 & 1 & -1 & 0 & 1 \\ -2 & -2 & 2 & 2 & -1 \end{pmatrix}$$

hat ebenfalls Rang 3. Somit ist $\dim \operatorname{Kern}(\varphi - 2\,id)^2 = 2$, also folgt

$$\operatorname{Kern}(\varphi - 2\,id) = \operatorname{Kern}(\varphi - 2\,id)^2.$$

Der Faktor $x-2$ hat also in m_φ den Exponenten 1 und in p_φ den Exponenten 2.

$\mathcal{C}_1 = ((-1,1,0,0,0),(5,0,7,-1,2))$ ist eine JORDANbasis für $\varphi \restriction U_1$.

Zu $U_2 = \text{Kern}\,(\varphi - 3\,id)^4$:

Da $\dim U_1 = 2$ und $U_1 + U_2$ eine direkte Summe ist, folgt $\dim U_2 \leq 3$. Falls $\mathbb{R}^5 = U_1 \oplus U_2$ sein soll, muß $\dim U_2 = 3$ gelten.

$$\mathbf{A} - 3\mathbf{E} = \begin{pmatrix} 0 & 1 & 0 & 1 & -2 \\ 1 & 0 & -1 & 0 & 1 \\ -1 & -1 & 1 & 3 & -3 \\ 1 & 1 & -1 & -1 & 1 \\ -2 & -2 & 2 & 2 & -2 \end{pmatrix} \rightsquigarrow \overbrace{\begin{pmatrix} 1 & 0 & -1 & 0 & 1 \\ 0 & 1 & 0 & -1 & 0 \\ 0 & 0 & 0 & 2 & -2 \\ & & \mathbf{0} & & \end{pmatrix}}^{\text{ZSF}}.$$

Somit ist $\dim\,(\varphi - 3\,id) = 2$ und es gibt genau zwei JK zum Eigenwert 3.
x_3 und x_5 sind freie Variablen.
$x_3 = 1\,,\ x_5 = 0 \quad \Longrightarrow \quad (1,0,1,0,0) \in \text{Kern}\,(\varphi - 3\,id)$,
$x_3 = 0\,,\ x_5 = 1 \quad \Longrightarrow \quad (-1,1,0,1,1) \in \text{Kern}\,(\varphi - 3\,id)$, also ist
$S_1 = \{(1,0,1,0,0),(-1,1,0,1,1)\}$ und $\text{Kern}\,(\varphi - 3\,id) = L(S_1)$.

$$(\mathbf{A}{-}3\mathbf{E})^2 = \begin{pmatrix} 6 & 5 & -6 & -5 & 6 \\ -1 & 0 & 1 & 0 & -1 \\ 7 & 7 & -7 & -7 & 7 \\ -1 & -1 & 1 & 1 & -1 \\ 2 & 2 & -2 & -2 & 2 \end{pmatrix} \rightsquigarrow \overbrace{\begin{pmatrix} -1 & 0 & 1 & 0 & -1 \\ 0 & 1 & 0 & -1 & 0 \\ & & \mathbf{0} & & \end{pmatrix}}^{\text{ZSF}}.$$

Also hat $(\mathbf{A} - 3\mathbf{E})^2$ den Rang 2. Folglich ist $\dim \text{Kern}\,(\varphi - 3\,id)^2 = 3$, und da $\dim U_2 \leq 3$, ist $U_2 = \text{Kern}\,(\varphi - 3\,id)^2$. Ferner gilt $\mathbb{R}^5 = U_1 \oplus U_2$, φ besitzt eine reelle JNF. Neue freie Variable des Systems $(\mathbf{A} - 3\mathbf{E})^2 X = 0$ ist x_4.
$x_4 = 1\,,\ x_3 = x_5 = 0 \quad \Longrightarrow \quad (0,1,0,1,0) \in \text{Kern}\,(\varphi - 3\,id)^2$; somit ist
$S_2 = \{(0,1,0,1,0)\}$, und $S_1 \cup S_2$ ist eine Basis von U_2.
Es ist $(\varphi - 3\,id)((0,1,0,1,0)) = (2,0,2,0,0) \in \text{Kern}\,(\varphi - 3\,id)$. Wir ergänzen durch $R_1 = \{(-1,1,0,1,1)\}$ zu einer Basis von $\text{Kern}\,(\varphi - 3\,id)$ und erhalten

$$\mathcal{C}_2 = ((2,0,2,0,0),(0,1,0,1,0),(-1,1,0,1,1))$$

als JORDANbasis für $\varphi \restriction U_2$.
Die Verkettung von $\mathcal{C}_1$ und $\mathcal{C}_2$ liefert eine JORDANbasis J für φ. Mit

$$\mathbf{P} := \begin{pmatrix} -1 & 5 & 2 & 0 & -1 \\ 1 & 0 & 0 & 1 & 1 \\ 0 & 7 & 2 & 0 & 0 \\ 0 & -1 & 0 & 1 & 1 \\ 0 & 2 & 0 & 0 & 1 \end{pmatrix} \text{ ist } \mathbf{P}^{-1}\mathbf{A}\mathbf{P} = \mathbf{M}_J^J(\varphi) = \begin{pmatrix} 2 & 0 & 0 & 0 & 0 \\ 0 & 2 & 0 & 0 & 0 \\ 0 & 0 & 3 & 1 & 0 \\ 0 & 0 & 0 & 3 & 0 \\ 0 & 0 & 0 & 0 & 3 \end{pmatrix}.$$

4.4.11
Man löse Aufgabe 10 *für die Matrix*

$$\mathbf{A} = \begin{pmatrix} 4 & 1 & 0 & 0 & 0 & 0 & 0 & 0 \\ 1 & 3 & -1 & 0 & 0 & 0 & 0 & 0 \\ 3 & 2 & 2 & 0 & 0 & 0 & 0 & 0 \\ 3 & 2 & -1 & 2 & -1 & 0 & 0 & 0 \\ -3 & -2 & 1 & 1 & 4 & 0 & 0 & 0 \\ 3 & 2 & -1 & -1 & -2 & 1 & -1 & 0 \\ -3 & -2 & 1 & 1 & 2 & 1 & 3 & 0 \\ -3 & -2 & 1 & 1 & 2 & 1 & 1 & 2 \end{pmatrix},$$

die die reellen Eigenwerte 3 *und* 2 *hat.*

Zur Begründung unseres Vorgehens siehe Aufgabe 10. Sei $\varphi := \varphi_{\mathbf{A}}$.

Zu $U_1 = \text{Kern}\,(\varphi - 2\,id)^7$:

Wir bestimmen eine Stufenbasis von U_1 durch sukzessives Lösen der linearen Gleichungssysteme $(\mathbf{A} - 2\mathbf{E})^j X = 0$.

$$\mathbf{A} - 2\mathbf{E} = \begin{pmatrix} 2 & 1 & 0 & 0 & 0 & 0 & 0 & 0 \\ 1 & 1 & -1 & 0 & 0 & 0 & 0 & 0 \\ 3 & 2 & 0 & 0 & 0 & 0 & 0 & 0 \\ 3 & 2 & -1 & 0 & -1 & 0 & 0 & 0 \\ -3 & -2 & 1 & 1 & 2 & 0 & 0 & 0 \\ 3 & 2 & -1 & -1 & -2 & -1 & -1 & 0 \\ -3 & -2 & 1 & 1 & 2 & 1 & 1 & 0 \\ -3 & -2 & 1 & 1 & 2 & 1 & 1 & 0 \end{pmatrix} \rightsquigarrow$$

$$\rightsquigarrow \overbrace{\begin{pmatrix} 1 & 1 & -1 & 0 & 0 & 0 & 0 & 0 \\ 0 & -1 & 2 & 0 & 0 & 0 & 0 & 0 \\ 0 & 0 & 1 & 0 & 0 & 0 & 0 & 0 \\ 0 & 0 & 0 & 1 & 2 & 0 & 0 & 0 \\ 0 & 0 & 0 & 0 & -1 & 0 & 0 & 0 \\ 0 & 0 & 0 & 0 & 0 & 1 & 1 & 0 \\ & & & & \mathbf{0} & & & \end{pmatrix}}^{\text{ZSF}}.$$

x_7 und x_8 sind freie Variablen.
$x_7 = 1\,,\ x_8 = 0 \implies A_1 := (0,0,0,0,0,-1,1,0) \in \text{Kern}\,(\varphi - 2\,id)$;
$x_7 = 0\,,\ x_8 = 1 \implies A_2 := E_8 = (0,0,0,0,0,0,0,1) \in \text{Kern}\,(\varphi - 2\,id)$;
$S_1 = \{A_1, A_2\}$, $\quad \text{Kern}\,(\varphi - 2\,id) = L(A_1, A_2)$.

(Es gibt also genau zwei JK zum Eigenwert 2.)

$$(\mathbf{A}-2\mathbf{E})^2 = \begin{pmatrix} 5 & 3 & -1 & 0 & 0 & 0 & 0 & 0 \\ 0 & 0 & -1 & 0 & 0 & 0 & 0 & 0 \\ 8 & 5 & -2 & 0 & 0 & 0 & 0 & 0 \\ 8 & 5 & -3 & -1 & -2 & 0 & 0 & 0 \\ -8 & -5 & 3 & 2 & 3 & 0 & 0 & 0 \\ 8 & 5 & -3 & -2 & -3 & 0 & 0 & 0 \\ -8 & -5 & 3 & 2 & 3 & 0 & 0 & 0 \\ -8 & -5 & 3 & 2 & 3 & 0 & 0 & 0 \end{pmatrix} \rightsquigarrow$$

$$\rightsquigarrow \overbrace{\begin{pmatrix} 5 & 3 & -1 & 0 & 0 & 0 & 0 & 0 \\ 0 & -1 & 2 & 0 & 0 & 0 & 0 & 0 \\ 0 & 0 & 1 & 0 & 0 & 0 & 0 & 0 \\ 0 & 0 & 0 & 1 & 2 & 0 & 0 & 0 \\ 0 & 0 & 0 & 0 & 1 & 0 & 0 & 0 \\ & & & & \mathbf{0} & & & \end{pmatrix}}^{\text{ZSF}}.$$

Neue freie Variable des Systems $(\mathbf{A}-2\mathbf{E})^2X = 0$ ist x_6.
$x_6 = 1\ ,\ x_7 = x_8 = 0 \quad \Longrightarrow \quad E_6 = (0,0,0,0,0,1,0,0,) \in \text{Kern}\,(\varphi - 2\,id)^2$;
$S_2 = \{E_6\}\ ,\quad L(S_1 \cup S_2) = \text{Kern}\,(\varphi - 2\,id)^2$.

$$(\mathbf{A}-2\mathbf{E})^3 = \begin{pmatrix} 10 & 6 & -3 & & & & & \\ -3 & -2 & 0 & & \mathbf{0} & & & \\ 15 & 9 & -5 & & & & & \\ 15 & 9 & -6 & -2 & -3 & & & \\ -15 & -9 & 6 & 3 & 4 & & & \\ 15 & 9 & -6 & -3 & -4 & & \mathbf{0} & \\ -15 & -9 & 6 & 3 & 4 & & & \\ -15 & -9 & 6 & 3 & 4 & & & \end{pmatrix}$$

hat denselben Rang wie $(\mathbf{A} - 2\,\mathbf{E})^2$. Folglich ist $\dim \text{Kern}\,(\varphi - 2\,id)^7 = 3$ und $U_1 = \text{Kern}\,(\varphi - 2\,id)^2 = \text{Kern}\,(\varphi - 2\,id)^7$.
Der Faktor $x - 2$ hat in m_φ den Exponenten 2 und in p_φ den Exponenten 3.
Es ist $R_2 = S_2 = \{E_6\}$.
Zur JORDANbasis gehören E_6 und $(\varphi - 2\,id)(E_6) = (0,0,0,0,0,-1,1,1)$. Wir ergänzen $\{(\varphi - 2\,id)(E_6)\}$ durch $R_1 = \{E_8\}$ zu einer Basis von Kern $(\varphi - 2\,id)$ und erhalten

$$\mathcal{C}_1 = ((0,0,0,0,0,-1,1,1), E_6, E_8)$$

als JORDANbasis für $\varphi \restriction U_1$.

Zu $U_2 = \text{Kern}\,(\varphi - 3\,id)^7$:

Da $\dim U_1 = 3$ und $U_1 + U_2$ eine direkte Summe ist, folgt $\dim U_2 \leq 5$. Falls $\mathbb{R}^8 = U_1 \oplus U_2$ sein soll, muß $\dim U_2 = 5$ gelten.

$$\mathbf{A} - 3\mathbf{E} = \begin{pmatrix} 1 & 1 & 0 & 0 & 0 & 0 & 0 & 0 \\ 1 & 0 & -1 & 0 & 0 & 0 & 0 & 0 \\ 3 & 2 & -1 & 0 & 0 & 0 & 0 & 0 \\ 3 & 2 & -1 & -1 & -1 & 0 & 0 & 0 \\ -3 & -2 & 1 & 1 & 1 & 0 & 0 & 0 \\ 3 & 2 & -1 & -1 & -2 & -2 & -1 & 0 \\ -3 & -2 & 1 & 1 & 2 & 1 & 0 & 0 \\ -3 & -2 & 1 & 1 & 2 & 1 & 1 & -1 \end{pmatrix} \rightsquigarrow$$

$$\overbrace{\rightsquigarrow \begin{pmatrix} 1 & 1 & 0 & 0 & 0 & 0 & 0 & 0 \\ 0 & 1 & 1 & 0 & 0 & 0 & 0 & 0 \\ 0 & 0 & 0 & 1 & 1 & 0 & 0 & 0 \\ 0 & 0 & 0 & 0 & 1 & 2 & 1 & 0 \\ 0 & 0 & 0 & 0 & 0 & 1 & 1 & 0 \\ 0 & 0 & 0 & 0 & 0 & 0 & 1 & -1 \\ & & & & \mathbf{0} & & & \end{pmatrix}}^{\text{ZSF}} .$$

$\mathbf{A} - 3\mathbf{E}$ hat den Rang 6. Somit ist $\dim \text{Kern}\,(\varphi - 3\,id) = 2$ und es gibt genau zwei JK zum Eigenwert 3. x_3 und x_8 sind freie Variablen des linearen Gleichungssystems $(\mathbf{A} - 3\mathbf{E})X = 0$.

$x_3 = 1\ ,\ x_8 = 0 \quad \Longrightarrow \quad A_1 = (1, -1, 1, 0, 0, 0, 0, 0,) \in \text{Kern}\,(\varphi - 3\,id)$,

$x_3 = 0\ ,\ x_8 = 1 \quad \Longrightarrow \quad A_2 = (0, 0, 0, -1, 1, -1, 1, 1) \in \text{Kern}\,(\varphi - 3\,id)$;

$S_1 = \{A_1, A_2\}\ , \quad \text{Kern}\,(\varphi - 3\,id) = L(S_1)$.

$$(\mathbf{A} - 3\mathbf{E})^2 = \begin{pmatrix} 2 & 1 & -1 & 0 & 0 & 0 & 0 & 0 \\ -2 & -1 & 1 & 0 & 0 & 0 & 0 & 0 \\ 2 & 1 & -1 & 0 & 0 & 0 & 0 & 0 \\ 2 & 1 & -1 & 0 & 0 & 0 & 0 & 0 \\ -2 & -1 & 1 & 0 & 0 & 0 & 0 & 0 \\ 2 & 1 & -1 & 0 & 1 & 3 & 2 & 0 \\ -2 & -1 & 1 & 0 & -1 & -2 & -1 & 0 \\ -2 & -1 & 1 & 0 & -1 & -2 & -2 & 1 \end{pmatrix} \rightsquigarrow$$

$$\overbrace{\rightsquigarrow \begin{pmatrix} 2 & 1 & -1 & 0 & 0 & 0 & 0 & 0 \\ 0 & 0 & 0 & 0 & 1 & 3 & 2 & 0 \\ 0 & 0 & 0 & 0 & 0 & 1 & 1 & 0 \\ 0 & 0 & 0 & 0 & 0 & 0 & 1 & -1 \\ & & & & \mathbf{0} & & & \end{pmatrix}}^{\text{ZSF}} .$$

Neue freie Variablen sind x_2 und x_4.
$x_2 = 1\,,\ x_4 = x_3 = x_8 = 0 \implies$
$$A_3 = (-\tfrac{1}{2}, 1, 0, 0, 0, 0, 0, 0) \in \mathrm{Kern}\,(\varphi - 3\,id)^2,$$
$x_4 = 1\,,\ x_2 = x_3 = x_8 = 0 \implies A_4 = E_4 \in \mathrm{Kern}\,(\varphi - 3\,id)^2$;
$S_2 = \{A_3, A_4\}\,,\quad \mathrm{Kern}\,(\varphi - 3\,id)^2 = L(S_1 \cup S_2)$.

$$(\mathbf{A} - 3\mathbf{E})^3 \quad = \quad \begin{pmatrix} & & & & \mathbf{0} & & & \\ 0 & 0 & 0 & 0 & -1 & -4 & -3 & 0 \\ 0 & 0 & 0 & 0 & 1 & 3 & 2 & 0 \\ 0 & 0 & 0 & 0 & 1 & 3 & 3 & -1 \end{pmatrix} \rightsquigarrow$$

$$\rightsquigarrow \overbrace{\begin{pmatrix} 0 & 0 & 0 & 0 & 1 & 4 & 3 & 0 \\ 0 & 0 & 0 & 0 & 0 & 1 & 1 & 0 \\ 0 & 0 & 0 & 0 & 0 & 0 & 1 & -1 \\ & & & & \mathbf{0} & & & \end{pmatrix}}^{\text{ZSF}}.$$

Neue freie Variable ist x_1.
$x_1 = 1\,,\ x_2 = x_3 = x_4 = x_8 = 0 \implies E_1 \in \mathrm{Kern}\,(\varphi - 3\,id)^3$;
$S_3 = \{E_1\}\,,\quad \mathrm{Kern}\,(\varphi - 3\,id)^3 = L(S_1 \cup S_2 \cup S_3)$.
Da $\dim U_2 \leq 5$, folgt $U_2 = \mathrm{Kern}\,(\varphi - 3\,id)^3$, denn wir haben fünf linear unabhängige Vektoren in $\mathrm{Kern}\,(\varphi - 3\,id)^3$ gefunden. Die Stufenbasis hat also die Gestalt

E_1	
A_3	A_4
A_1	A_2

.

Wir setzen $R_3 = S_3 = \{E_1\}$. Es ist

$$(\varphi - 3\,id)(E_1) = (1, 1, 3, 3, -3, 3, -3, -3) = -3A_2 + 3A_1 + 4A_3.$$

Wir ergänzen daher $S_1 \cup \{(\varphi - 3\,id)(E_1)\} = \{A_1, A_2, -3A_2 + 3A_1 + 4A_3\}$ durch $R_2 = \{A_4\}$ zu einer Basis von $\mathrm{Kern}\,(\varphi - 3\,id)^2$.

$$\begin{aligned} (\varphi - 3\,id)^2(E_1) &= (2, -2, 2, 2, -2, 2, -2, -2) = 2A_1 - 2A_2 \qquad \text{und} \\ (\varphi - 3\,id)(A_4) &= (0, 0, 0, -1, 1, -1, 1, 1) = A_2 \end{aligned}$$

gehören somit zur JORDANbasis, ferner ist $R_1 = \emptyset$.
Es folgt: Eine gesuchte JORDANbasis für $\varphi \restriction U_2$ ist

$$\begin{aligned} \mathcal{C}_2 &= \Big((\varphi - 3\,id)^2(E_1)\,,\ (\varphi - 3\,id)(E_1)\,,\ E_1\,,\ (\varphi - 3\,id)(E_4)\,,\ E_4\Big) \\ &= \Big((2, -2, 2, 2, -2, 2, -2, -2), (1, 1, 3, 3, -3, 3, -3, -3), E_1\,, \\ &\qquad (0, 0, 0, -1, 1, -1, 1, 1)\,,\ E_4\Big). \end{aligned}$$

Die Verkettung von $\mathcal{C}_1$ und $\mathcal{C}_2$ liefert eine JORDANbasis J für φ. Mit

$$\mathbf{P} := \begin{pmatrix} 0 & 0 & 0 & 2 & 1 & 1 & 0 & 0 \\ 0 & 0 & 0 & -2 & 1 & 0 & 0 & 0 \\ 0 & 0 & 0 & 2 & 3 & 0 & 0 & 0 \\ 0 & 0 & 0 & 2 & 3 & 0 & -1 & 1 \\ 0 & 0 & 0 & -2 & -3 & 0 & 1 & 0 \\ -1 & 1 & 0 & 2 & 3 & 0 & -1 & 0 \\ 1 & 0 & 0 & -2 & -3 & 0 & 1 & 0 \\ 1 & 0 & 1 & -2 & -3 & 0 & 1 & 0 \end{pmatrix} \quad \text{folgt:}$$

$$\mathbf{P}^{-1}\mathbf{A}\mathbf{P} = \mathbf{M}_J^J(\varphi) = \begin{pmatrix} 2 & 1 & & & & & & \\ 0 & 2 & & & & & & \\ & & 2 & & & & & \\ & & & 3 & 1 & 0 & & \\ & & & 0 & 3 & 1 & & \\ & & & 0 & 0 & 3 & & \\ & & & & & & 3 & 1 \\ & & & & & & 0 & 3 \end{pmatrix}.$$

Kapitel 5

Vektorräume mit Skalarprodukt

In diesem Kapitel werden Vektorräume mit einer zusätzlichen Struktur betrachtet, die durch Skalarprodukte bzw. bei Vektorräumen über $\mathbb{C}$ durch hermitesche Formen gegeben ist. Im Falle der positiven Definitheit gestattet es diese Struktur, Längen und Winkel zu messen. So bilden solche Vektorräume, die im reellen bzw. komplexen Fall euklidisch bzw. unitär heißen, auch ein zentrales Thema dieses Kapitels.

Nicht nur im 4. Abschnitt, sondern auch im 3. Abschnitt, der sich mit dem Thema Orthonormalbasen befaßt, findet man Aufgaben, in denen euklidische Vektorräume vorkommen. Abschnitt 1 erarbeitet die Voraussetzungen zu Skalarprodukten, Abschnitt 3 die zu hermiteschen Formen.

Ein weiterer Schwerpunkt ist die Kongruenz von Matrizen und ihr Zusammenhang mit Skalarprodukten bzw. hermiteschen Formen. Aufgaben zu diesem Thema findet man insbesondere in den Abschnitten 1, 3 und 6.

Abschnitt 6 stellt den Spektralsatz vor und damit auch die Hauptachsentransformation symmetrischer Matrizen. Da in Abschnitt 5.4 mehrere Beispiele zur Hauptachsentransformation zu berechnen sind und auch REP1 entsprechende Aufgaben enthält, haben wir dieses Thema in den Aufgaben von Abschnitt 6 nur kurz behandelt.

5.1 Bilinearformen, Kongruenz von Matrizen, Skalarprodukte

Bilinearform

V sei Vektorraum über dem Körper K. Eine Abbildung $\beta : V \times V \longrightarrow K$ heißt **Bilinearform**, falls gilt:

$$\left.\begin{array}{ll} \text{(B1a)} & \beta(X_1+X_2,Y_1)=\beta(X_1,Y_1)+\beta(X_2,Y_1) \\ \text{(B1b)} & \beta(X_1,Y_1+Y_2)=\beta(X_1,Y_1)+\beta(X_1,Y_2) \end{array}\right\} \forall X_1,X_2,Y_1,Y_2\in V$$

$$\left.\begin{array}{ll} \text{(B2a)} & \beta(aX,Y)=a\,\beta(X,Y) \\ \text{(B2b)} & \beta(X,aY)=a\,\beta(X,Y) \end{array}\right\} \forall X,Y\in V\ ;\ \forall a\in K$$

(d. h. β ist in jedem Argument linear).

Folgende Eigenschaften von Bilinearformen werden häufig benötigt:

Spezielle Bilinearformen

$\beta : V \times V \longrightarrow K$ sei eine Bilinearform.

1. β heißt **symmetrisch**, falls $\beta(X,Y)=\beta(Y,X)$ für alle $X,Y\in V$ gilt.
   Eine symmetrische Bilinearform β heißt auch **Skalarprodukt** auf V.
2. β heißt **alternierend**, falls $\beta(X,X)=0$ für alle $X\in V$ gilt.[1]
3. Ist $V=K^n$, $X=(x_1,\ldots,x_n)\in V$, $Y=(y_1,\ldots,y_n)\in V$, so heißt das durch $\beta(X,Y)=\sum_{i=1}^{n} x_iy_i$ definierte Skalarprodukt das **kanonische Skalarprodukt** auf dem K^n.

Wie lineare Abbildungen lassen sich auch Bilinearformen β nach Auszeichnung einer Basis B durch Matrizen darstellen:
Ist nämlich $B=(B_1,\ldots,B_n)$ eine Basis von V und $X=\sum x_iB_i$, $Y=\sum y_jB_j$, so ist

$$\beta(X,Y)=\beta(\sum_i x_iB_i,\sum_j y_jB_j)=\ \ldots\ =\sum_{i,j}\beta(B_i,B_j)x_ix_j$$

wegen der Bilinearität von β.

[1] Durch Ausrechnen von $\beta(X+Y,X+Y)$ folgt hieraus sofort $\beta(X,Y)=-\beta(Y,X)$ für alle $X,Y\in V$. Umgekehrt impliziert diese Aussage $\beta(X,X)=0$, falls $1+1\neq 0$ in K gilt. Daher findet man oft auch die Gleichung $\beta(X,Y)=-\beta(Y,X)$ als Definition einer alternierenden Bilinearform.

Zusammenhang zwischen Bilinearformen und Matrizen

Ist $B = (B_1, \ldots, B_n)$ eine Basis von V und $\beta : V \times V \longrightarrow K$ eine Bilinearform, so heißt die Matrix $\mathbf{B}_B(\beta) := \big(\beta(B_i, B_j)\big)$ **Matrix von** β (bezüglich der Basis B).
Für $V = K^n$ und $B = E$ schreiben wir $\mathbf{B}(\beta)$.
Ist umgekehrt $\mathbf{A} \in \mathcal{M}_{n\times n}(K)$ eine Matrix, so wird durch

$$\beta_{\mathbf{A}} : \begin{cases} K^n \times K^n & \longrightarrow \quad K \\ (X, Y) & \longmapsto \quad X^\top \mathbf{A} Y = \sum\limits_{i,j=1}^{n} a_{ij} x_i y_j \end{cases}$$

eine Bilinearform definiert.
Die **Wirkung** von $\mathbf{B}_B(\beta)$ wird beschrieben durch:

$$\beta(X, Y) = (k_B(X))^\top \cdot \mathbf{B}_B(\beta) \cdot k_B(Y).$$

Bei einem Basiswechsel besteht wieder ein Zusammenhang zwischen den zugehörigen Matrizen.

Transformationsformel

Ist V ein n–dimensionaler Vektorraum über K, sind B und B' Basen von V und ist $\beta : V \times V \longrightarrow K$ eine Bilinearform, so gilt:

$$\mathbf{B}_{B'}(\beta) = \left(\mathbf{M}_B^{B'}(id)\right)^\top \mathbf{B}_B(\beta)\, \mathbf{M}_B^{B'}(id)\,.$$

Hinweis: Man beachte den Unterschied zur Transformationsformel bei linearen Abbildungen (siehe Abschnitt 1.4). Dort steht links die Matrix $\left(\mathbf{M}_B^{B'}(id)\right)^{-1}$, hier aber die Matrix $\left(\mathbf{M}_B^{B'}(id)\right)^\top$!
Entsprechend zur Ähnlichkeit von Matrizen definiert man über obige Transformationsformel die **Kongruenz** von Matrizen.

Kongruenz von Matrizen

Sind $\mathbf{A}, \mathbf{C} \in \mathcal{M}_{n\times n}(K)$, so heißen $\mathbf{A}$ und $\mathbf{C}$ **kongruent**, wenn sie bezüglich geeigneter Basen dieselbe Bilinearform darstellen, d. h. wenn es einen Vektorraum V über K, eine Bilinearform β und Basen A und C von V gibt mit $\mathbf{A} = \mathbf{B}_A(\beta)$ und $\mathbf{C} = \mathbf{B}_C(\beta)$.

Wie bei linearen Abbildungen stellen sich wieder zwei wesentliche Probleme:

1. Das **Normalformenproblem** für Bilinearformen – man bestimme eine Basis B derart, daß $\mathbf{B}_B(\beta)$ möglichst einfache Gestalt hat.

2. Das **Kongruenzproblem** für Matrizen – man entscheide, ob zwei gegebene Matrizen kongruent sind.

Problem 1 wird in den Aufgaben 8 und 11 für symmetrische bzw. alternierende Bilinearformen gelöst. Problem 2 ist schwieriger und wird für symmetrische Matrizen in Aufgabe 10 für algebraisch abgeschlossene Körper bzw. in Abschnitt 5.4 für $K = \mathbb{R}$ gelöst.

Wichtige Sätze

Es sei $\dim V = n$, $\beta : V \times V \longrightarrow K$ sei eine Bilinearform und B sei eine Basis von V. Ferner seien $\mathbf{A}, \mathbf{C} \in \mathcal{M}_{n\times n}(K)$. Dann gilt:

1. β ist symmetrisch $\iff$ $\mathbf{B}_B(\beta)$ ist symmetrisch.
2. β ist alternierend $\iff$ $\mathbf{B}_B(\beta)$ ist schiefsymmetrisch.[2]
3. Folgende Aussagen sind äquivalent:
   (i) $\mathbf{A}$ ist kongruent zu $\mathbf{C}$.
   (ii) Es gibt eine invertierbare Matrix $\mathbf{P}$ mit $\mathbf{C} = \mathbf{P}^\top \mathbf{A} \mathbf{P}$.
   (iii) Es gibt eine Basis B' des K^n mit $\mathbf{C} = \mathbf{B}_{B'}(\beta_{\mathbf{A}})$.
4. Kongruente Matrizen haben denselben Rang.

5.1.1

Man untersuche, welche der folgenden Funktionen $\beta : \mathbb{R}^2 \times \mathbb{R}^2 \longrightarrow \mathbb{R}$ Bilinearformen sind.
Gegebenenfalls untersuche man, ob die Bilinearformen alternierend oder symmetrisch sind ($X = (x_1, x_2)$, $Y = (y_1, y_2)$).

a) $\beta(X,Y) = x_1y_1$
b) $\beta(X,Y) = x_1x_2 + y_1y_2$
c) $\beta(X,Y) = 2x_1y_2 + 3x_2y_1$
d) $\beta(X,Y) = x_1 - y_1$
e) $\beta(X,Y) = x_1y_1 - x_2y_2$
f) $\beta(X,Y) = 2x_1y_2 - 2x_2y_1$

Bei a), c), e) und f) liegen Bilinearformen vor. Die Gültigkeit der definierenden Bedingungen könnte man durch Nachrechnen prüfen. Einfacher ist jeweils die Angabe einer Matrix $\mathbf{A}$ mit $\beta = \beta_{\mathbf{A}}$; hier sind das in entsprechender Reihenfolge die Matrizen

$$\begin{pmatrix} 1 & 0 \\ 0 & 0 \end{pmatrix}, \quad \begin{pmatrix} 0 & 2 \\ 3 & 0 \end{pmatrix} \quad \begin{pmatrix} 1 & 0 \\ 0 & -1 \end{pmatrix} \quad \begin{pmatrix} 0 & 2 \\ -2 & 0 \end{pmatrix}.$$

Bei b) ist (u. a.) die Bedingung (B2a) verletzt, denn z. B. erhält man für $X = (1,1)$, $Y = (0,0)$ und $a = 2$: $\beta(aX,Y) = 2 \cdot 2 = 4 \neq 2 \cdot 1 = a\,\beta(X,Y)$.
Bei d) ist (u. a.) die Bedingung (B1a) verletzt, denn z. B. erhält man für $X_1 = X_2 = (1,0)$ und $Y = (1,1)$:

[2] Zur Erinnerung: $\mathbf{A}$ heißt schiefsymmetrisch, falls $\mathbf{A} = -\mathbf{A}^\top$; $\mathbf{A}$ heißt symmetrisch, falls $\mathbf{A} = \mathbf{A}^\top$.

$$\beta(X_1 + X_2, Y) = 2 - 1 = 1 \neq 0 = 0 + 0 = \beta(X_1, Y) + \beta(X_2, Y) .$$

Daß bei b) und d) keine Bilinearform vorliegt, ist plausibel, da $\beta(X, Y)$ nicht die Form $\sum_{i,j=1}^{2} a_{ij}x_iy_j$ hat.

Die Bilinearformen in a) und e) sind symmetrisch, wie man sofort sieht.
Bei f) ist die zugehörige Matrix schiefsymmetrisch, β ist also alternierend.
Die Bilinearform in c) ist weder symmetrisch noch alternierend, da die zugehörige Matrix weder symmetrisch noch schiefsymmetrisch ist. (Z. B. gilt für $X = (1, 0)$ und $Y = (0, 1)$: $\beta(X, Y) = 2$, aber $\beta(Y, X) = 3$.)

5.1.2

Es sei $V = K^n$, $\mathbf{A} \in \mathcal{M}_{n\times n}(K)$ sei eine symmetrische Matrix, und $\beta : V \times V \longrightarrow K$ sei definiert durch

$$\beta(X, Y) := X^\top \mathbf{A} Y.$$

Man zeige, daß β ein Skalarprodukt ist.

Es werden die einzelnen Bedingungen für ein Skalarprodukt überprüft.
Zu (B1a): Nach den Rechenregeln für das Rechnen mit Matrizen folgt:

$$\begin{aligned} \beta(X_1 + X_2, Y) &= (X_1 + X_2)^\top \mathbf{A} Y = X_1^\top \mathbf{A} Y + X_2^\top \mathbf{A} Y \\ &= \beta(X_1, Y) + \beta(X_2, Y) . \end{aligned}$$

(B1b) prüft man entsprechend nach.
Zu (B2a):

$$\beta(aX, Y) = (aX)^\top \mathbf{A} Y = aX^\top \mathbf{A} Y = a\beta(X, Y) .$$

Entsprechend folgt (B2b).
Die Symmetrie ergibt sich wie folgt:

$$\begin{aligned} \beta(Y, X) &= Y^\top \mathbf{A} X \overset{(1)}{=} (Y^\top \mathbf{A} X)^\top \\ &= X^\top \mathbf{A}^\top Y^{\top\top} \overset{(2)}{=} X^\top \mathbf{A} Y \\ &= \beta(X, Y) . \end{aligned}$$

Dabei gilt (1), da $Y^\top \mathbf{A} X \in K$ und (2), da $\mathbf{A}$ symmetrisch ist.

Bemerkung: Für $K = \mathbb{R}$ und $\mathbf{A} = \mathbf{E}$ ist dieses Skalarprodukt das "kanonische Skalarprodukt", welches in REP1 Abschnitt 2.2 ausführlich behandelt wurde.

5.1.3
Für symmetrische Bilinearformen $\beta : V \times V \longrightarrow K$ definiert man:
Das **Radikal** *von β (bezeichnet mit $\operatorname{Rad}\beta$) besteht aus den Vektoren X, für die $\beta(X,Y) = 0$ für alle $Y \in V$ gilt.*
Ein Vektor X heißt **isotrop** *(bzgl. β), wenn $\beta(X,X) = 0$ gilt.*
Man gebe jeweils das Radikal der symmetrischen Bilinearformen aus Aufgabe 1 an.
In welchen Fällen besteht das Radikal genau aus den isotropen Vektoren?

Bei a) und e) in Aufgabe 1 liegen symmetrische Bilinearformen vor.
Man erhält bei **a)**:

$$\begin{aligned}\operatorname{Rad}\beta &= \{X \in \mathbb{R}^2 \mid \beta(X,Y) = x_1y_1 = 0 \text{ für alle } Y \in \mathbb{R}^2\} \\ &= \{X \in \mathbb{R}^2 \mid x_1 = 0\} \\ &= L\big((0,1)\big)\ ;\end{aligned}$$

Sicher ist jeder Vektor im Radikal isotrop. Hier gilt:

$$X \text{ isotrop} \iff \beta(X,X) = 0 \iff x_1^2 = 0 \iff x_1 = 0 \iff X \in \operatorname{Rad}\beta\ .$$

Jeder isotrope Vektor liegt hier auch im Radikal, also besteht das Radikal genau aus den isotropen Vektoren.

bei **e)**:

$$\begin{aligned}\operatorname{Rad}\beta &= \{X \in \mathbb{R}^2 \mid \beta(X,Y) = x_1y_1 - x_2y_2 = 0 \text{ für alle } Y \in \mathbb{R}^2\} \\ &= \{X \in \mathbb{R}^2 \mid x_1y_1 = x_2y_2 \text{ für alle } Y \in \mathbb{R}^2\}\ .\end{aligned}$$

Die Spezialisierung $Y = (1,0)$ liefert $x_1 = 0$. Entsprechend liefert $Y = (0,1)$ dann $x_2 = 0$.
Es folgt also $\operatorname{Rad}\beta = \{0\}$.

$$X \text{ isotrop} \iff \beta(X,X) = x_1^2 - x_2^2 = 0 \iff |x_1| = |x_2|\ .$$

Somit gibt es hier isotrope Vektoren, die nicht im Radikal liegen; z. B. ist der Vektor $X = (1,1)$ ein solcher Vektor.

5.1.4
Sei $\beta : V \times V \longrightarrow K$ eine symmetrische Bilinearform, sei $n = \dim V \in \mathbb{N}$.
β heißt **nicht degeneriert**, *falls $\operatorname{Rad}(\beta) = \{0\}$ gilt. Man zeige:*
β ist nicht degeneriert $\iff$ $\mathbf{B}_B(\beta)$ hat den Rang n (für jede Basis B von V).

Zunächst ist $\operatorname{rg}(\mathbf{B}_B(\beta)) = \operatorname{rg}(\mathbf{B}_{B'}(\beta))$ für beliebige Basen B, B' von V, da die beiden Matrizen kongruent sind.

Sei $\operatorname{rg} \mathbf{A} < n$, $\mathbf{A} = \mathbf{B}_B(\beta)$. Dann hat das Gleichungssystem $\mathbf{A}Y = 0$ eine nichttriviale Lösung Y_0. Insbesondere ist $Y^\top \mathbf{A} Y_0 = 0$ für alle $Y \in K^n$. Y_0 sei der Koordinatenvektor von $X_0 \in V$ bzgl. B, $X \in V$ habe den Koordinatenvektor Y. Dann ist nach dem Vorspann $\beta(X, X_0) = Y^\top \mathbf{A} Y_0 = 0$; damit ist $X_0 \in \operatorname{Rad}(\beta) \setminus \{0\}$.
Sei umgekehrt $X_0 \in \operatorname{Rad}(\beta) \setminus \{0\}$. Ergänze $B_1 := X_0$ zu einer Basis B von V; $B = (B_1, \ldots, B_n)$. Dann hat $\mathbf{B}_B(\beta) = (\beta(B_i, B_j))$ in der ersten Zeile und ersten Spalte nur Nullen als Eintragungen, also ist $\operatorname{rg}(\mathbf{B}_B(\beta)) < n$.

5.1.5

Es sei $\beta : \mathbb{R}^3 \times \mathbb{R}^3 \longrightarrow \mathbb{R}$ *definiert durch*

$$\beta((x_1, x_2, x_3), (y_1, y_2, y_3)) = 3x_1y_1 - 2x_1y_3 + x_2y_2 - 3x_3y_2 + 2x_3y_3.$$

Man bestimme die Matrixdarstellung der Bilinearform β *bezüglich der kanonischen Basis und bezüglich der Basis* $B = ((1,1,1), (1,1,0), (1,0,0))$.

Bezeichnet $\mathbf{B}_B(\beta) = (b_{ij})$ die Matrixdarstellung der Bilinearform β bezüglich der Basis B, so gilt $b_{ij} = \beta(B_i, B_j)$, wobei B_i der $i-$te und B_j der $j-$te Vektor der Basis B ist. Für die kanonische Basis schreibt man diese Matrix als $\mathbf{B}(\beta)$. Das Element an der Stelle (i,j) dieser Matrix ist gerade der Koeffizient vor x_iy_j in der oben gegebenen Definition von β, also gilt:

$$\mathbf{B}(\beta) = \begin{pmatrix} 3 & 0 & -2 \\ 0 & 1 & 0 \\ 0 & -3 & 2 \end{pmatrix}.$$

Zur Bestimmung von $\mathbf{B}_B(\beta)$ gibt es zwei Lösungswege:
1. Lösungsweg:
Man rechnet gemäß der Definition von β die 9 Werte von β für die Basisvektoren aus B aus:

$$\begin{aligned} \beta((1,1,1),(1,1,1)) &= 1 \\ \beta((1,1,1),(1,1,0)) &= 1 \\ \beta((1,1,1),(1,0,0)) &= 3 \\ &\vdots \end{aligned} .$$

Auf diese Weise erhält man:

$$\mathbf{B}_B(\beta) = \begin{pmatrix} 1 & 1 & 3 \\ 2 & 4 & 3 \\ 1 & 3 & 3 \end{pmatrix}.$$

2. Lösungsweg:
Man benutzt die Transformationsformel

$$\mathbf{B}_B(\beta) = \mathbf{M}_E^B(id)^\top \, \mathbf{B}_E(\beta) \, \mathbf{M}_E^B(id),$$

wobei E die kanonische Basis bezeichnet und $\mathbf{M}_E^B(id)$ gerade diejenige Matrix ist, die als Spalten die Basisvektoren aus B enthält. Das ergibt:

$$\begin{aligned}\mathbf{B}_B(\beta) &= \begin{pmatrix} 1 & 1 & 1 \\ 1 & 1 & 0 \\ 1 & 0 & 0 \end{pmatrix} \begin{pmatrix} 3 & 0 & -2 \\ 0 & 1 & 0 \\ 0 & -3 & 2 \end{pmatrix} \begin{pmatrix} 1 & 1 & 1 \\ 1 & 1 & 0 \\ 1 & 0 & 0 \end{pmatrix} \\ &= \begin{pmatrix} 1 & 1 & 3 \\ 2 & 4 & 3 \\ 1 & 3 & 3 \end{pmatrix}.\end{aligned}$$

5.1.6

Die Bilinearform β des $\mathbb{R}^2$ sei bezüglich der Basis $B = ((1,2),(1,-1))$ durch die Matrix $\mathbf{B}_B(\beta) = \begin{pmatrix} 2 & -1 \\ 1 & 3 \end{pmatrix}$ gegeben. Man bestimme $\beta((4,2),(1,-4))$.

Auch hier gibt es, entsprechend der vorigen Aufgabe, zwei Lösungswege.
1. Lösungsweg:
Man stellt die Vektoren $(4,2)$ und $(1,-4)$ in der gegebenen Basis B dar, und berechnet dann $\beta((4,2),(1,-4))$ als Produkt der Koordinatenvektoren und der angegebenen Matrix.

$$\begin{aligned}(4,2) &= 2\cdot(1,2) + 2\cdot(1,-1) \\ (1,-4) &= -(1,2) + 2\cdot(1,-1) \\ \beta((4,2),(1,-4)) &= (2 \;\; 2)\begin{pmatrix} 2 & -1 \\ 1 & 3 \end{pmatrix}\begin{pmatrix} -1 \\ 2 \end{pmatrix} = (2 \;\; 2)\begin{pmatrix} -4 \\ 5 \end{pmatrix} \\ &= 2\,.\end{aligned}$$

2. Lösungsweg:
Mittels der Transformationsformel wird zunächst wieder $\mathbf{B}(\beta)$ berechnet. Dann wird das Matrizenprodukt mit den gegebenen Vektoren gebildet.

$$\begin{aligned}\mathbf{B}(\beta) &= \mathbf{M}_B^E(id)^\top \, \mathbf{B}_B(\beta) \, \mathbf{M}_B^E(id) \\ &= \left(\begin{pmatrix} 1 & 1 \\ 2 & -1 \end{pmatrix}^{-1}\right)^\top \begin{pmatrix} 2 & -1 \\ 1 & 3 \end{pmatrix}\begin{pmatrix} 1 & 1 \\ 2 & -1 \end{pmatrix}^{-1} \\ &= (-\frac{1}{3})^2 \begin{pmatrix} -1 & -2 \\ -1 & 1 \end{pmatrix}\begin{pmatrix} 2 & -1 \\ 1 & 3 \end{pmatrix}\begin{pmatrix} -1 & -1 \\ -2 & 1 \end{pmatrix}\end{aligned}$$

$$= \frac{1}{9}\begin{pmatrix} 14 & -1 \\ -7 & 5 \end{pmatrix}$$

$$\beta((4,2),(1,-4)) = (4\ \ 2)\frac{1}{9}\begin{pmatrix} 14 & -1 \\ -7 & 5 \end{pmatrix}\begin{pmatrix} 1 \\ -4 \end{pmatrix}$$

$$= \frac{1}{9}(42\ \ 6)\begin{pmatrix} 1 \\ -4 \end{pmatrix} = 2\,.$$

5.1.7

Es sei V der Vektorraum der reellen Polynome vom Grade ≤ 3 und $\beta : V \times V \longrightarrow \mathbb{R}$ die durch

$$\beta(g,h) := \int_{-1}^{1} g(t)\, h(t)\, dt$$

definierte Bilinearform.

a) *Man bestimme die Matrizen von β bezüglich der Basen $B = (1, x, x^2, x^3)$ und $B' = (1, x, x^2 - \frac{1}{3}, x^3 - \frac{3}{5}\,x)$.*

b) *Man bestimme $\beta(x^2 + x^3, 3 - 2x + 4x^2)$ mittels Matrizenrechnung.*

a) Wegen $\beta(g,h) = \beta(h,g)$ ist β eine symmetrische Bilinearform. Daher sind auch die zugehörigen Matrizen symmetrisch.
Berechnung der Koeffizienten von $\mathbf{B}_B(\beta)$:

$$\beta(1,1) = \int_{-1}^{1} 1\, dx = 2\,, \quad \beta(1,x) = \int_{-1}^{1} x\, dx = 0\,, \quad \beta(1,x^2) = \int_{-1}^{1} x^2\, dx = \frac{2}{3},$$

usw.

$$\beta(1,x^3) = 0, \quad \beta(x,x) = \frac{2}{3}, \quad \beta(x,x^2) = 0, \quad \beta(x,x^3) = \frac{2}{5}, \quad \beta(x^2,x^2) = \frac{2}{5},$$

$$\beta(x^2,x^3) = 0, \quad \beta(x^3,x^3) = \frac{2}{7}\,,$$

$$\mathbf{B}_B(\beta) = \begin{pmatrix} 2 & 0 & \frac{2}{3} & 0 \\ 0 & \frac{2}{3} & 0 & \frac{2}{5} \\ \frac{2}{3} & 0 & \frac{2}{5} & 0 \\ 0 & \frac{2}{5} & 0 & \frac{2}{7} \end{pmatrix}.$$

Bei der Berechnung von $\mathbf{B}_{B'}(\beta)$ wird die Transformationsformel verwendet.

$$\mathbf{B}_{B'}(\beta) = (\mathbf{M}_B^{B'}(id))^\top\, \mathbf{B}_B(\beta)\, \mathbf{M}_B^{B'}(id)$$

$$= \begin{pmatrix} 1 & 0 & 0 & 0 \\ 0 & 1 & 0 & 0 \\ -\frac{1}{3} & 0 & 1 & 0 \\ 0 & -\frac{3}{5} & 0 & 1 \end{pmatrix} \begin{pmatrix} 2 & 0 & \frac{2}{3} & 0 \\ 0 & \frac{2}{3} & 0 & \frac{2}{5} \\ \frac{2}{3} & 0 & \frac{2}{5} & 0 \\ 0 & \frac{2}{5} & 0 & \frac{2}{7} \end{pmatrix} \begin{pmatrix} 1 & 0 & -\frac{1}{3} & 0 \\ 0 & 1 & 0 & -\frac{3}{5} \\ 0 & 0 & 1 & 0 \\ 0 & 0 & 0 & 1 \end{pmatrix}$$

$$= \begin{pmatrix} 2 & 0 & 0 & 0 \\ 0 & \frac{2}{3} & 0 & 0 \\ 0 & 0 & \frac{8}{45} & 0 \\ 0 & 0 & 0 & \frac{8}{175} \end{pmatrix}.$$

b) Man bestimmt die Koordinatenvektoren von $x^2 + x^3$ und $3 - 2x + 4x^2$ bezüglich B:

$$k_B\,(x^2 + x^3) = (0, 0, 1, 1), \qquad k_B\,(3 - 2x + 4x^2) = (3, -2, 4, 0)\,.$$

Nun ergibt sich durch Matrizenmultiplikation mit den Eigenschaften von $\mathbf{B}_B(\beta)$ aus dem Vorspann:

$$\begin{aligned} \beta(x^2 + x^3, 3 - 2x + 4x^2) &= \int_{-1}^{1} (x^2 + x^3)\,(3 - 2x + 4x^2)\,dx = \\ &= (0\ \ 0\ \ 1\ \ 1) \begin{pmatrix} 2 & 0 & \frac{2}{3} & 0 \\ 0 & \frac{2}{3} & 0 & \frac{2}{5} \\ \frac{2}{3} & 0 & \frac{2}{5} & 0 \\ 0 & \frac{2}{5} & 0 & \frac{2}{7} \end{pmatrix} \begin{pmatrix} 3 \\ -2 \\ 4 \\ 0 \end{pmatrix} \\ &= \frac{14}{5}\,. \end{aligned}$$

5.1.8

Ein Kalkül zur Diagonalisierung symmetrischer Matrizen bzgl. der Kongruenz[3]

Sei K ein Körper, in dem $1+1 \neq 0$ gilt. $\mathbf{C} \in \mathcal{M}_{n\times n}(K)$ *heißt* **Elementarmatrix**, *falls* $\mathbf{C}$ *aus der Einheitsmatrix durch genau eine elementare Zeilenumformung (EZU) oder elementare Spaltenumformung (ESU) hervorgeht. Wir sagen dann auch:* $\mathbf{C}$ *entspricht dieser elementaren Umformung.*
Man zeige:

a) *Entspricht die Elementarmatrix* $\mathbf{C}$ *einer EZU, so entspricht* $\mathbf{C}^\top$ *der analogen ESU.*

b) *Geht* $\mathbf{A}_1$ *aus* $\mathbf{A}$ *durch eine EZU (ESU) hervor und entspricht dieser die Elementarmatrix* $\mathbf{C}$, *so ist* $\mathbf{A}_1 = \mathbf{CA}$ $(\mathbf{A}_1 = \mathbf{AC}^\top)$.

c) *Ist* $\mathbf{A}$ *symmetrisch, so ist* $\mathbf{CAC}^\top$ *symmetrisch.*

d) *Ist* $\mathbf{A}$ *symmetrisch, so gibt es Elementarmatrizen* $\mathbf{C}_1, \ldots, \mathbf{C}_s$, *so daß für* $\mathbf{P} = \mathbf{C}_1^\top \cdot \ldots \cdot \mathbf{C}_s^\top$ *gilt:*
$\mathbf{D} = \mathbf{P}^\top\mathbf{AP}$ *ist eine Diagonalmatrix (die kongruent zu* $\mathbf{A}$ *ist).*

e) *Man gebe einen Algorithmus zur Berechnung von* $\mathbf{P}$ *an.*

a) Dies folgt sofort aus der Definition von $\mathbf{C}^\top$.

b) $\mathbf{C}$ habe die Zeilen $C_1, \ldots, C_n$. Den drei elementaren Zeilenumformungen entsprechen die Fälle

$C_i = E_i + aE_j$ (Addition des a–fachen von Zeile j zur Zeile i),

$C_i = aE_i$ (Multiplikation der i–ten Zeile mit $a \neq 0$),

$C_i = E_j$ und $C_j = E_i$, $i < j$ (Vertauschung der i–ten und j–ten Zeile).

Wir behandeln nur den ersten Fall. Es ist

$$\mathbf{C} = \mathbf{E} + a \begin{pmatrix} 0 \\ \vdots \\ E_j \\ \vdots \\ 0 \end{pmatrix} \leftarrow i - \text{te Zeile}\ ,$$

[3]Gleichzeitig berechnen wir eine bzgl. $\beta_{\mathbf{A}}$ orthogonale Basis (siehe 5.2.4).

also ist

$$\mathbf{CA} = \mathbf{A} + a \begin{pmatrix} 0 \\ \vdots \\ A_j \\ \vdots \\ 0 \end{pmatrix} \leftarrow i - \text{te Zeile} \;,$$

falls A_j die $j-$te Zeile von $\mathbf{A}$ ist. Es folgt: $\mathbf{CA}$ ist diejenige Matrix, die aus $\mathbf{A}$ durch Addition des $a-$fachen von Zeile j zu Zeile i hervorgeht.

c) Es ist $\mathbf{A} = \mathbf{A}^\top$ nach Voraussetzung.
Ferner gilt $(\mathbf{C}^\top)^\top = \mathbf{C}$ und $(\mathbf{CA})^\top = \mathbf{A}^\top\mathbf{C}^\top$ nach den Rechenregeln für das Transponieren. Damit folgt die Behauptung:

$$(\mathbf{CAC}^\top)^\top = (\mathbf{C}^\top)^\top\mathbf{A}^\top\mathbf{C}^\top = \mathbf{CAC}^\top \,.$$

d) Sei $\mathbf{A} = (a_{ij})$.
1. Fall: $a_{11} \neq 0$.
Addiere sukzessive zur $i-$ten Zeile das $-a_{i1}a_{11}^{-1}$ fache der 1. Zeile und zur $i-$ten Spalte der entstehenden Matrix das $-a_{1i}a_{11}^{-1}$ fache der ersten Spalte (für $i > 1$). Sind $\mathbf{C}_1, \ldots, \mathbf{C}_k$ die den Zeilenumformungen entsprechenden Elementarmatrizen, so geht $\mathbf{A}$ über in die Matrix

$$(*) \qquad \left(\begin{array}{c|ccc} a_{11} & 0 & \ldots & 0 \\ \hline 0 & & & \\ \vdots & & \mathbf{A}_2 & \\ 0 & & & \end{array}\right) = \mathbf{C}_k\mathbf{C}_{k-1}\ldots\mathbf{C}_1\mathbf{AC}_1^\top\ldots\mathbf{C}_k^\top \,.$$

2. Fall: $a_{ii} \neq 0$ für ein $i > 1$.
Die Elementarmatrix $\mathbf{C}$ entspreche der Vertauschung von Zeile i und Zeile 1. Damit hat $\mathbf{CAC}^\top$ die Form aus Fall 1.
3. Fall: $a_{ii} = 0$ für alle i.
Wähle a_{ij} mit $a_{ij} \neq 0$ (falls es nicht existiert, sind wir fertig). $\mathbf{C}$ entspreche der Addition von Zeile j zur Zeile i. Da $\mathbf{A}$ symmetrisch ist, hat $\mathbf{CAC}^\top$ den $(i,i)-$Koeffizienten $2a_{ij} \neq 0$, und wir sind im Fall 2.
Insgesamt haben wir gezeigt, daß wir immer Elementarmatrizen $\mathbf{C}_1, \ldots, \mathbf{C}_k$ finden, so daß $(*)$ aus Fall 1 gilt. Mit $\mathbf{A}_2$ setzen wir das Verfahren fort (bzw. , wenn wir am Beweis interessiert sind: auf $\mathbf{A}_2$ wenden wir die Induktionsvoraussetzung an[4]) und erhalten schließlich (nach Umnumerieren) Elementarmatrizen $\mathbf{C}_1, \ldots, \mathbf{C}_s$, so daß

$$\mathbf{D} = \mathbf{C}_s\ldots\mathbf{C}_1\mathbf{AC}_1^\top\ldots\mathbf{C}_s^\top$$

[4]und erweitern die Elementarmatrizen, die $\mathbf{A}_2$ auf Diagonalform transformieren, zu $n \times n-$Matrizen durch Hinzufügen von $E_1 \in K^n$ als erster Zeile und Spalte

eine Diagonalmatrix ist. Setzt man $\mathbf{P} = \mathbf{C}_1^\top \cdot \ldots \cdot \mathbf{C}_s^\top$, so ist $\mathbf{D} = \mathbf{P}^\top\mathbf{A}\mathbf{P}$. Da Elementarmatrizen offensichtlich invertierbar sind, ist auch $\mathbf{P}$ invertierbar, und nach dem Vorspann ist $\mathbf{A}$ kongruent zu $\mathbf{D}$.

e) Man schreibe die Matrizen $\mathbf{A}$ und $\mathbf{E}$ übereinander, führe für $\mathbf{A}$ den Algorithmus aus d) durch und wende auf $\mathbf{E}$ stets nur die entsprechenden elementaren Spaltenumformungen an.

$$\begin{pmatrix} \mathbf{A} \\ \mathbf{E} \end{pmatrix} \to \begin{pmatrix} \mathbf{D} \\ \mathbf{C}_1^\top \ldots \mathbf{C}_s^\top \end{pmatrix},$$

wobei $\mathbf{D}$ in d) steht. Man sieht: Oben steht die gesuchte Diagonalmatrix, unten die Transformationsmatrix.
Völlig analog gilt natürlich

$$(\mathbf{A}|\mathbf{E}) \quad \to \quad (\mathbf{D}|\mathbf{C}_s \ldots \mathbf{C}_1)\,,$$

wenn man auf $\mathbf{E}$ nur die entsprechenden elementaren Zeilenumformungen anwendet. Nun muß man die rechts stehende Matrix noch transponieren.

5.1.9
Sei $K = \mathbb{R}$. Nach dem Kalkül aus Aufgabe 8 bestimme man jeweils eine invertierbare Matrix $\mathbf{P}$, so daß $\mathbf{P}^\top\mathbf{A}\mathbf{P}$ Diagonalform hat.

a) $\mathbf{A} = \begin{pmatrix} 1 & 2 & -3 \\ 2 & 5 & -4 \\ -3 & -4 & 8 \end{pmatrix}$ **b)** $\mathbf{A} = \begin{pmatrix} 0 & 2 & 0 & 0 \\ 2 & 0 & 1 & 0 \\ 0 & 1 & 0 & 0 \\ 0 & 0 & 0 & 0 \end{pmatrix}$

a) Wir führen die Rechnungen wie üblich schematisch durch. Aus schreibtechnischen Gründen führen wir an $\mathbf{E}$ elementare Zeilenumformungen durch. Rechts werden jeweils die Additionsanweisungen für die Zeilenumformungen angegeben.

1	2	−3	1	0	0	−2	3
2	5	−4	0	1	0	1	
−3	−4	8	0	0	1		1
1	2	−3	1	0	0		
0	1	2	−2	1	0		
0	2	−1	3	0	1		

Die den durchgeführten Zeilenumformungen entsprechenden Spaltenumformungen bestehen darin, das (-2)–fache der ersten Spalte (der linken Matrix) zur zweiten Spalte zu addieren und anschließend das 3–fache der ersten Spalte zur dritten Spalte. Das führt auf die folgende Matrix, bei der dann gleich wieder Zeilenumformungen an Zeile 3 durchgeführt werden.

1	0	0	1	0	0	
0	1	2	−2	1	0	−2
0	2	−1	3	0	1	1
1	0	0	1	0	0	
0	1	2	−2	1	0	
0	0	−5	7	−2	1	

Führt man nun noch die entsprechende Spaltenumformung durch (d. h. das (-2)–fache der zweiten Spalte wird zur dritten Spalte addiert), so erhält man die folgende Endmatrix:

$$\left(\begin{array}{ccc|ccc} 1 & 0 & 0 & 1 & 0 & 0 \\ 0 & 1 & 0 & -2 & 1 & 0 \\ 0 & 0 & -5 & 7 & -2 & 1 \end{array}\right).$$

A ist nun diagonalisiert. Eine gesuchte Matrix **P** lautet:

$$\mathbf{P} = \begin{pmatrix} 1 & -2 & 7 \\ 0 & 1 & -2 \\ 0 & 0 & 1 \end{pmatrix}.$$

(Man mache eine Probe!)

b) Es ist $a_{ii} = 0$ für alle $i \in \{1, 2, 3, 4\}$. Nach unserem Verfahren addieren wir wegen $a_{12} \neq 0$ Zeile 2 zu Zeile 1 und Spalte 2 zu Spalte 1 und führen dann den Kalkül entsprechend weiter. Hier wenden wir auf **E** die elementaren Spaltenumformungen an:

0	2	0	0	1
2	0	1	0	1
0	1	0	0	
0	0	0	0	
1	0	0	0	
0	1	0	0	
0	0	1	0	
0	0	0	1	

4	2	1	0	−1	−1
2	0	1	0	2	
1	1	0	0		4
0	0	0	0		
1	0	0	0		
1	1	0	0		
0	0	1	0		
0	0	0	1		

4	0	0	0	
0	−4	4	0	1
0	4	−4	0	1
0	0	0	0	
1	−1	−1	0	
1	1	−1	0	
0	0	4	0	
0	0	0	1	

4	0	0	0
0	−4	0	0
0	0	0	0
0	0	0	0
1	−1	−2	0
1	1	0	0
0	0	4	0
0	0	0	1

Somit ist

$$\mathbf{P} = \begin{pmatrix} 1 & -1 & -2 & 0 \\ 1 & 1 & 0 & 0 \\ 0 & 0 & 4 & 0 \\ 0 & 0 & 0 & 1 \end{pmatrix}$$

eine gesuchte Matrix.

5.1.10

Sei K ein algebraisch abgeschlossener Körper mit $1 + 1 \neq 0$, die Matrizen $\mathbf{A}, \mathbf{B} \in \mathcal{M}_{n\times n}(K)$ seien symmetrisch. Dann sind die folgenden beiden Aussagen äquivalent:

(i) $\mathbf{A}$ *ist kongruent zu* $\mathbf{B}$. *(ii)* $\operatorname{Rang}\mathbf{A} = \operatorname{Rang}\mathbf{B}$.

Beweis von (i) $\Longrightarrow$ (ii):
Ist $\mathbf{A}$ kongruent zu $\mathbf{B}$, so gibt es eine invertierbare Matrix $\mathbf{P}$ mit $\mathbf{A} = \mathbf{P}^\top\mathbf{B}\mathbf{P}$. Da die Multiplikation mit einer invertierbaren Matrix den Rang einer Matrix nicht ändert, folgt $\operatorname{Rang}\mathbf{A} = \operatorname{Rang}\mathbf{B}$.

Beweis von (ii) $\Longrightarrow$ (i):
Nach Aufgabe 8 sind $\mathbf{A}$ und $\mathbf{B}$ kongruent zu Diagonalmatrizen $\mathbf{D}_1$ und $\mathbf{D}_2$. Es seien $k_i \neq 0$, $l_i \neq 0$ und

$$\mathbf{D}_1 = \begin{pmatrix} k_1 & & & & & \\ & \ddots & & & & \\ & & k_r & & & \\ & & & 0 & & \\ & & & & \ddots & \\ & & & & & 0 \end{pmatrix} ; \; \mathbf{D}_2 = \begin{pmatrix} l_1 & & & & & \\ & \ddots & & & & \\ & & l_s & & & \\ & & & 0 & & \\ & & & & \ddots & \\ & & & & & 0 \end{pmatrix}.$$

Aus $\operatorname{Rang}\mathbf{A} = \operatorname{Rang}\mathbf{D}_1$, $\operatorname{Rang}\mathbf{B} = \operatorname{Rang}\mathbf{D}_2$ und $\operatorname{Rang}\mathbf{A} = \operatorname{Rang}\mathbf{B}$ folgt $\operatorname{Rang}\mathbf{D}_1 = \operatorname{Rang}\mathbf{D}_2$, d. h. $r = s$.
Wir zeigen, daß $\mathbf{D}_1$ kongruent zu $\mathbf{D}_2$ ist, und geben dazu eine invertierbare Matrix $\mathbf{P}$ an mit $\mathbf{D}_2 = \mathbf{P}^\top\mathbf{D}_1\mathbf{P}$. Setze

$$\mathbf{P} := \begin{pmatrix} c_1 & & & & & \\ & \ddots & & & & \\ & & c_s & & & \\ & & & 1 & & \\ & & & & \ddots & \\ & & & & & 1 \end{pmatrix} \quad \text{mit } c_i := \sqrt{\frac{l_i}{k_i}}\ , \; i = 1, \ldots, s.$$

(Wegen $k_i \neq 0$ ist $\frac{l_i}{k_i}$ definiert, und da K algebraisch abgeschlossen ist, existiert eine Wurzel, also eine Lösung von $x^2 = \frac{l_i}{k_i}$.)
$\mathbf{P}$ ist invertierbar, es gilt $\mathbf{P}^\top = \mathbf{P}$, und $\mathbf{P}^\top \mathbf{D}_1 \mathbf{P} = \mathbf{D}_2$ rechnet man leicht nach. Nun gilt: $\mathbf{A}$ kongruent $\mathbf{D}_1$, $\mathbf{D}_1$ kongruent $\mathbf{D}_2$ und $\mathbf{D}_2$ kongruent $\mathbf{B}$, so daß $\mathbf{A}$ kongruent $\mathbf{B}$ folgt, da die Kongruenz eine Äquivalenzrelation, also insbesondere transitiv ist.

5.1.11

Sei β eine alternierende Bilinearform auf V, und sei $\dim V = n$. Man zeige: Es gibt eine Basis B von V, so daß gilt:

$$\mathbf{B}_B(\beta) = \begin{pmatrix} \boxed{\begin{matrix} 0 & 1 \\ -1 & 0 \end{matrix}} & & & & & \\ & \ddots & & & & \\ & & \boxed{\begin{matrix} 0 & 1 \\ -1 & 0 \end{matrix}} & & & \\ & & & 0 & & \\ & & & & \ddots & \\ & & & & & 0 \end{pmatrix}.$$

Ferner ist die Anzahl der Matrizen $\begin{pmatrix} 0 & 1 \\ -1 & 0 \end{pmatrix}$ durch β eindeutig bestimmt als $\frac{1}{2}\operatorname{rg}\mathbf{A}$, wobei $\mathbf{A}$ eine beliebige β repräsentierende Matrix ist.

Ist $\beta = 0$, so gilt die Behauptung, da dann für jede Basis B die Matrix $\mathbf{B}_B(\beta)$ die Nullmatrix ist.
Der Beweis wird jetzt durch *Induktion* über $n = \dim V$ geführt.
Ist $n = 1$, $V = L(X)$ und sind $Y, Z \in V$, so ist

$$\beta(Y, Z) = \beta(aX, bX) = ab\,\beta(X, X) = 0\,,$$

da β alternierend ist. Also ist $\beta = 0$ und damit $\mathbf{B}_B(\beta) = (0)$ für jede Basis B.
Sei nun $n > 1$ und $\beta \neq 0$.
Dann gibt es Vektoren $X_1, X_2 \in V$ mit $\beta(X_1, X_2) \neq 0$.
O. B. d. A. sei $\beta(X_1, X_2) = 1$ (sonst ersetze X_1 durch $\frac{1}{\beta(X_1, X_2)} X_1$), also $\beta(X_2, X_1) = -1$.
X_1, X_2 sind linear unabhängig; denn wäre z. B. $X_1 = aX_2$, so wäre

$$\beta(X_1, X_2) = \beta(aX_2, X_2) = a\beta(X_2, X_2) = 0,$$

ein Widerspruch. Sei $U := L(X_1, X_2)$. Wählt man $B_1 = (X_1, X_2)$ als Basis von U, so gilt:

$$\mathbf{B}_{B_1}(\beta \restriction U \times U) = \begin{pmatrix} 0 & 1 \\ -1 & 0 \end{pmatrix}.$$

Wir definieren nun

$$W := \{Y \in V \mid \beta(Y, X) = 0 \text{ für alle } X \in U\}$$

und zeigen: $V = U \oplus W$.
Man sieht leicht, daß W ein Untervektorraum ist.
Als nächstes zeigen wir $U \cap W = \{0\}$. Sei $X \in U \cap W$. Da $X \in U$, gibt es eine Darstellung $X = aX_1 + bX_2$. Mit $X_2 \in U$ folgt:

$$0 = \beta(X, X_2) = \beta(aX_1 + bX_2, X_2) = a\,\beta(X_1, X_2) = a\,.$$

Entsprechend folgt $b = 0$, also insgesamt $X = 0$. Für den Nullvektor gilt natürlich $0 \in U \cap W$.
Es bleibt $V = U + W$ zu zeigen. Sei dazu $Z \in V$. Wir definieren

$$X := \beta(Z, X_2)\, X_1 - \beta(Z, X_1)\, X_2 \quad \text{und} \quad Y := Z - X.$$

Nach Definition gilt $X \in U$. Wir zeigen: $Y \in W$.
Zunächst gilt:

$$\begin{aligned} \beta(X, X_1) &= \beta(\,\beta(Z, X_2)\, X_1 - \beta(Z, X_1)\, X_2, X_1) \\ &= -\beta(\,\beta(Z, X_1)\, X_2, X_1) \quad \text{, da } \beta \text{ alternierend,} \\ &= \beta(Z, X_1) \quad \text{, da } \beta(X_2, X_1) = -1\,. \end{aligned}$$

Damit folgt

$$\beta(Y, X_1) = \beta(Z - X, X_1) = \beta(Z, X_1) - \beta(X, X_1) = 0.$$

Entsprechend zeigt man $\beta(Y, X_2) = 0$, und damit folgt $Y \in W$.
Wegen $Z = X + Y$ mit $X \in U$ und $Y \in W$ ist $V = U + W$ gezeigt, insgesamt also $V = U \oplus W$.
Die Einschränkung von β auf $W \times W$ ist eine alternierende Bilinearform auf W. Nach Induktionsvoraussetzung gibt es eine Basis $B_1^{'} = (X_3, X_4, \ldots, X_n)$ von W, so daß $\mathbf{B}_{B_1^{'}}(\beta \restriction W \times W)$ die angegebene Form besitzt. Damit ist $B = (X_1, \ldots, X_n)$ eine Basis von V, so daß $\mathbf{B}_B(\beta)$ die gewünschte Form hat.
Da nach der Transformationsformel die Matrizen $\mathbf{B}_B(\beta)$ und $\mathbf{B}_{B'}(\beta)$ stets gleichen Rang haben, ist die Anzahl N der Matrizen $\begin{pmatrix} 0 & 1 \\ -1 & 0 \end{pmatrix}$ durch β eindeutig bestimmt. Wegen $\operatorname{rg} \mathbf{B}_B(\beta) = 2N$ gilt $N = \frac{1}{2} \operatorname{rg} \mathbf{A}$, wobei $\mathbf{A}$ eine beliebige β repräsentierende Matrix ist.

5.1.12

Die alternierende Bilinearform β sei bezüglich der kanonischen Basis des $\mathbb{R}^4$ gegeben durch die Matrix

$$\mathbf{A} = \begin{pmatrix} 0 & -1 & -1 & -2 \\ 1 & 0 & 0 & 1 \\ 1 & 0 & 0 & -1 \\ 2 & -1 & 1 & 0 \end{pmatrix}.$$

Man bestimme eine Basis B, so daß $\mathbf{B}_B(\beta)$ die Gestalt aus Aufgabe 11 besitzt.

Bei der Konstruktion wird der Beweis aus Aufgabe 11 nachvollzogen. Zunächst wählt man Vektoren E_i, E_j mit $\beta(E_i, E_j) \neq 0$. Es ist $\beta(E_2, E_1) = 1$; setze also

$$A_1 := E_2 \;; \quad A_2 := E_1 \;; \quad U := L(A_1, A_2).$$

Es gilt:

$$\begin{aligned} W &:= \{X \in \mathbb{R}^4 \mid \beta(X, A_1) = \beta(X, A_2) = 0\} \\ &= \{X \mid -x_1 - x_4 = 0 \wedge x_2 + x_3 + 2x_4 = 0\} \\ &= L((-1,-2,0,1),(0,-1,1,0)) \;; \end{aligned}$$

$$\begin{aligned} \beta(\begin{pmatrix} -1 \\ -2 \\ 0 \\ 1 \end{pmatrix}, \begin{pmatrix} 0 \\ -1 \\ 1 \\ 0 \end{pmatrix}) &= (-1\ -2\ 0\ 1) \begin{pmatrix} 0 & -1 & -1 & -2 \\ 1 & 0 & 0 & 1 \\ 1 & 0 & 0 & -1 \\ 2 & -1 & 1 & 0 \end{pmatrix} \begin{pmatrix} 0 \\ -1 \\ 1 \\ 0 \end{pmatrix} \\ &= (-1\ -2\ 0\ 1) \begin{pmatrix} 0 \\ 0 \\ 0 \\ 2 \end{pmatrix} = 2 \,. \end{aligned}$$

Setze also

$$A_3 := \frac{1}{2}(-1,-2,0,1) \;; \quad A_4 := (0,-1,1,0) \text{ und } B := (A_1, A_2, A_3, A_4).$$

Dann folgt:

$$\mathbf{B}_B(\beta) = \begin{pmatrix} 0 & 1 & 0 & 0 \\ -1 & 0 & 0 & 0 \\ 0 & 0 & 0 & 1 \\ 0 & 0 & -1 & 0 \end{pmatrix}.$$

5.1.13

V sei ein Vektorraum über K. Ist β eine symmetrische Bilinearform auf V, so heißt die Abbildung $q : V \longrightarrow K$ mit $q(X) := \beta(X,X)$ eine **quadratische Form** *auf V*[5].

Man zeige (falls $1+1 \neq 0$ in K gilt):

a) $q(aX) = a^2 q(X)$ *für alle $X \in V$, $a \in K$.*

b) $\beta(X,Y) = \frac{1}{2}\left(q(X+Y) - q(X) - q(Y)\right)$.

c) *Ist $\mathbf{A} \in \mathcal{M}_{n\times n}(K)$ eine symmetrische Matrix, so ist durch $q(X) := X^\top \mathbf{A} X$ eine quadratische Form gegeben.*

a) $q(\lambda X) = \beta(\lambda X, \lambda X) = \lambda^2 \beta(X,X) = \lambda^2 q(X)$.

b)

$$\begin{aligned} & q(X+Y) - q(X) - q(Y) \\ = \; & \beta(X+Y, X+Y) - \beta(X,X) - \beta(Y,Y) \\ = \; & \beta(X,X) + \beta(X,Y) + \beta(Y,X) + \beta(Y,Y) - \beta(X,X) - \beta(Y,Y) \\ & \quad \text{(da } \beta \text{ bilinear)} \\ = \; & 2\beta(X,Y)\,, \qquad \text{da } \beta \text{ symmetrisch ist.} \end{aligned}$$

c) Da $\beta_{\mathbf{A}}$ eine symmetrische Bilinearform ist, ist q eine quadratische Form.

5.1.14

Es seien $\quad q_1(X) = x^2 + y^2 \quad$ und $\quad q_2(X) = x^2 - y^2$ quadratische Formen auf dem Vektorraum $\mathbb{R}^2$, β_1 und β_2 seien die zugehörigen symmetrischen Bilinearformen, ferner sei $c > 0$ und

$$K_i := \{X \in \mathbb{R}^2 \mid q_i(X) = c\} \quad (i = 1,2)\,.$$

Man zeige, daß für $X_0 = (x_0, y_0) \in K_i$ die Tangente in X_0 an K_i die Gleichung $\beta_i(X, X_0) = c$ besitzt.

a) Mit den Matrizen $\mathbf{A}_1 = \begin{pmatrix} 1 & 0 \\ 0 & 1 \end{pmatrix}$ und $\mathbf{A}_2 = \begin{pmatrix} 1 & 0 \\ 0 & -1 \end{pmatrix}$ gilt:

$$q_i = X^\top \mathbf{A}_i X \quad \text{und} \quad \beta_i(X,Y) = X^\top \mathbf{A}_i Y \quad (i = 1,2)\,.$$

Für $X = (x,y)$ und $X_0 = (x_0, y_0)$ gilt also:

$$\beta_1(X, X_0) = x x_0 + y y_0 \quad \text{und} \quad \beta_2(X, X_0) = x x_0 - y y_0\,.$$

[5] Viele Ergebnisse über quadratische Formen lassen sich aus entsprechenden Resultaten für Skalarprodukte herleiten. Wir haben daher dieses Thema äußerst knapp behandelt, wenn auch viele Sätze dieser Theorie implizit auftauchen (siehe z. B. den Spektralsatz).

Zu K_1: $x^2+y^2=c$ beschreibt einen Kreis in Ursprungslage mit Radius $\sqrt{c}$. Ist (x_0, y_0) ein Punkt dieses Kreises, so lautet die Tangente in (x_0, y_0) für $y_0 \neq 0$:

$$y = -\frac{x_0}{y_0}(x - x_0) + y_0 \; .$$

Für $y_0 = 0$ lautet die Tangente $x = x_0$. Beide Fälle werden durch die Tangentengleichung

$$yy_0 = -xx_0 + x_0^2 + y_0^2$$

erfaßt. Wegen $x_0^2 + y_0^2 = c$ folgt $xx_0 + yy_0 = c$, also $\beta_1(X, X_0) = c$.

Zu K_2: $x^2 - y^2 = c$ beschreibt eine Hyperbel. Sei (x_0, y_0) ein Punkt dieser Hyperbel und o. B. d. A. $y_0 \geq 0$. Es folgt $y_0 = \sqrt{x_0^2 - c}$. Für $y_0 \neq 0$ ist die Steigung im Punkt (x_0, y_0) gegeben durch

$$y'(x_0) = \frac{x_0}{\sqrt{x_0^2 - c}} = \frac{x_0}{y_0} \; .$$

Also lautet die Tangente in (x_0, y_0) für $y_0 \neq 0$:

$$y = \frac{x_0}{y_0}(x - x_0) + y_0 \; .$$

Für $y_0 = 0$ lautet die Tangente im Punkt $(x_0, 0)$ offensichtlich $x = x_0$. Beide Fälle werden durch die Tangentengleichung

$$yy_0 = xx_0 - x_0^2 + y_0^2$$

erfaßt. Wegen $x_0^2 - y_0^2 = c$ folgt $xx_0 - yy_0 = c$, also $\beta_2(X, X_0) = c$.

5.2 Orthogonalität

In diesem Abschnitt sei β stets eine symmetrische Bilinearform auf einem Vektorraum V über dem Körper K.[6]

Orthogonalität

$X, Y \in V$ heißen zueinander **orthogonal**, falls $\beta(X,Y) = 0$ gilt.

Ist S eine Teilmenge von V, so heißt

$$S^\perp := \{X \mid \beta(X,Y) = 0 \quad \text{für alle } Y \in S\}$$

das **orthogonale Komplement** von S in V.[7]

Ist $S \subseteq V$, so heißt S **Orthogonalsystem** von V bezüglich β, falls $\beta(X,Y) = 0$ für alle $X, Y \in S$ $(X \neq Y)$ gilt.
Ist S zusätzlich eine Basis von V, so heißt S **Orthogonalbasis** von V.

Wichtige Sätze

Sei $S \subseteq V$ und U ein Untervektorraum von V, β sei ein Skalarprodukt auf V. Dann gilt:

1. $S^\perp$ ist ein Untervektorraum von V. (Aufgabe 1)
2. Ist β nicht degeneriert und $\dim V \in \mathbb{N}$, so gilt $V = U \oplus U^\perp$.
3. Ist $\dim V \in \mathbb{N}$, so besitzt V eine bezüglich β orthogonale Basis.

5.2.1

Sei V ein Vektorraum mit symmetrischer Bilinearform β, und seien $S, S_1, S_2 \subseteq V$. Man zeige:

a) $S^\perp$ *ist ein Untervektorraum von* V.

b) *Ist* $S_1 \subseteq S_2$, *so ist* $S_2^\perp \subseteq S_1^\perp$.

c) $L(S)^\perp = S^\perp$.

d) *Es gilt* $S \subseteq S^{\perp\perp} := (S^\perp)^\perp$.

a) Seien $X, Y \in S^\perp$, d. h. für alle $Z \in S$ ist

$$\beta(X,Z) = \beta(Y,Z) = 0\,.$$

Dann ist wegen der Linearität von β im ersten Argument auch

$$\beta(aX,Z) = \beta(X+Y,Z) = 0$$

[6] In der Literatur erfolgt die Behandlung der Orthogonalität nicht einheitlich. Manche Autoren setzen bei der Definition von "orthogonal" positive Definitheit von β voraus.

[7] Man beachte, daß bei isoliertem Auftreten der Bezeichnung $S^\perp$ stets eine symmetrische Bilinearform β vorgegeben ist, auf die sich $^\perp$ bezieht.

für alle $Z \in S$, also gilt aX , $X + Y \in S^\perp$ $(a \in K)$.
Da auch $0 \in S^\perp$, ist insgesamt gezeigt, daß $S^\perp$ ein Untervektorraum von V ist.

b) Sei $X \in S_2^\perp$, d. h. sei $\beta(X,Z) = 0$ für alle $Z \in S_2$. Wegen $S_1 \subseteq S_2$ gilt dann auch insbesondere $\beta(X,Z) = 0$ für alle $Z \in S_1$, d. h. $X \in S_1^\perp$.

c) Nach b) ist $L(S)^\perp \subseteq S^\perp$, da $S \subseteq L(S)$.

Ist umgekehrt $X \in S^\perp$ und $Z \in L(S)$, so hat Z die Darstellung $Z = \sum_{i=1}^{k} a_i Y_i$ für gewisse $Y_1, \ldots, Y_k \in S$; $a_1, \ldots, a_k \in K$. Die Linearität von β im zweiten Argument ergibt

$$\beta(X,Z) = \sum_{i=1}^{k} a_i \, \beta(X, Y_i) \; .$$

Da $X \in S^\perp$ und $Y_i \in S$, ist $\beta(X,Y_i) = 0$ für $i = 1, \ldots, k$. Somit ist $\beta(X,Z) = 0$. Es folgt $X \in L(S)^\perp$ und damit $S^\perp \subseteq L(S)^\perp$.

d) Sei $X \in S$. Für alle $Y \in S^\perp$ gilt dann $\beta(X,Y) = 0$. Das bedeutet aber gerade $X \in (S^\perp)^\perp$. Somit gilt $S \subseteq S^{\perp\perp}$.

5.2.2
Sei V ein endlich–dimensionaler Vektorraum mit nicht degeneriertem Skalarprodukt β, und seien U und W Untervektorräume von V. Man zeige:

a) $U = U^{\perp\perp}$.

b) $(U + W)^\perp = U^\perp \cap W^\perp$. **c)** $(U \cap W)^\perp = U^\perp + W^\perp$.

a) Ist V endlich–dimensional, so gilt nach dem Vorspann sowohl $V = U \oplus U^\perp$ als auch $V = U^\perp \oplus U^{\perp\perp}$. Für die Dimensionen folgt daraus:
$$\dim V = \dim U + \dim U^\perp \quad , \quad \dim V = \dim U^\perp + \dim U^{\perp\perp} ,$$
also $\dim U = \dim U^{\perp\perp}$. Mit Aufgabe 1 d) folgt dann $U = U^{\perp\perp}$.

b) $(U + W)^\perp = U^\perp \cap W^\perp$:
Aus $X \in (U + W)^\perp$ folgt $\beta(X,Y) = 0$ für alle $Y \in U + W$, also insbesondere $\beta(X,Y) = 0$ für alle $Y \in U$ – d. h. $X \in U^\perp$ – und $\beta(X,Y) = 0$ für alle $Y \in W$ – d. h. $X \in W^\perp$.
Damit ist $(U + W)^\perp \subseteq U^\perp \cap W^\perp$ gezeigt.
Gilt $X \in U^\perp \cap W^\perp$, so gilt $\beta(X,Y) = 0$ für alle $Y \in U$ und $\beta(X,Z) = 0$ für alle $Z \in W$. Ist also $F = Y + Z \in U + W$ mit $Y \in U$ und $Z \in W$, so folgt:

$$\beta(X,F) = \beta(X, Y + Z) = \beta(X,Y) + \beta(X,Z) = 0 + 0 = 0,$$

also gilt $X \in (U + W)^\perp$.

c) $(U \cap W)^\perp = U^\perp + W^\perp$:
Nach b) und a) folgt:

$$(U^\perp + W^\perp)^\perp = U^{\perp\perp} \cap W^{\perp\perp} = U \cap W\,.$$

Somit ist

$$(U \cap W)^\perp = (U^\perp + W^\perp)^{\perp\perp} = U^\perp + W^\perp.$$

5.2.3
Sei β ein Skalarprodukt auf dem Vektorraum V, sei $S \subseteq V$ ein Orthogonalsystem und sei $\beta(X,X) \neq 0$ für alle $X \in S$.
Man zeige: S ist linear unabhängig.

Es ist zu zeigen, daß jede endliche Teilmenge von S linear unabhängig ist. Sei also $S' = \{X_1, \ldots, X_m\} \subseteq S$ und sei $a_1X_1 + \ldots + a_mX_m = 0$. Wegen der Linearität von β im ersten Argument gilt für $k \leq m$:

$$\begin{aligned} 0 = \beta(0, X_k) &= \beta(\sum_{j=1}^m a_jX_j\,,\, X_k) = \sum_{j=1}^m a_j\, \beta(X_j, X_k) \\ &= a_k\, \beta(X_k, X_k)\,, \end{aligned}$$

da $\beta(X_j, X_k) = 0$ für $j \neq k$. Wegen $\beta(X_k, X_k) \neq 0$ folgt $a_k = 0$.

5.2.4
V sei ein endlich–dimensionaler Vektorraum über einem Körper K (in dem $1+1 \neq 0$ gilt). Man zeige: Ist β ein Skalarprodukt auf V, so gibt es eine bzgl. β orthogonale Basis von V.

Nach Definition von $\mathbf{B}_B(\beta)$ ist die Behauptung zu folgender Aussage äquivalent:
β sei eine symmetrische Bilinearform auf V (über K). Dann gibt es eine Basis $B = (B_1, \ldots, B_n)$ von V, so daß $\mathbf{B}_B(\beta)$ eine Diagonalmatrix ist.
Diesen Satz haben wir schon in 5.1 bewiesen:
Wählen wir eine Basis C von V, so ist $\mathbf{A} := \mathbf{B}_C(\beta)$ symmetrisch. Ist $\mathbf{P}$ die in 5.1 zu $\mathbf{A}$ berechnete Matrix mit der Eigenschaft, daß $\mathbf{D} = \mathbf{P}^\top\mathbf{A}\mathbf{P}$ eine Diagonalmatrix ist, so liefert $\mathbf{P}$ eine bzgl. β orthogonale Basis wie folgt:

Sei $C = (C_1, \ldots, C_n)$ und $\mathbf{P} = (p_{ij})$. Setze $B_j = \sum_{i=1}^n p_{ij}C_i$ und $B = (B_1, \ldots, B_n)$.

Dann ist B eine Basis von V, da die Koordinatenvektoren der B_j bzgl. C als Spalten von $\mathbf{P}$ linear unabhängig sind, und es ist $\mathbf{P} = \mathbf{M}_C^B(id)$. Nach der Transformationsformel für Bilinearformen ist

$$\mathbf{D} = \mathbf{P}^\top\mathbf{A}\mathbf{P} = \left(\mathbf{M}_C^B(id)\right)^\top \mathbf{B}_C(\beta)\mathbf{M}_C^B(id) = \mathbf{B}_B(\beta)\,.$$

Also erfüllt B unsere Forderungen.
Ist speziell $V = K^n$ und $C = E$, so ist B_j die j-te Spalte von $\mathbf{P}$.

Wir geben hier einen weiteren Beweis für die obige Behauptung an:
Für $\beta = 0$ oder $n := \dim V = 1$ ist die Behauptung erfüllt. Durch *vollständige Induktion* wird der Beweis beendet.
Sei also $\beta \neq 0$ und $n = \dim V > 1$.
Behauptung: Es gibt einen Vektor X_1 mit $\beta(X_1, X_1) \neq 0$.
Wäre $\beta(X, X) = 0$ für alle $X \in V$, so würde für beliebige $X, Y \in V$ gelten:

$$\begin{aligned} 0 &= \beta(X+Y, X+Y) = \beta(X,X) + \beta(X,Y) + \beta(Y,X) + \beta(Y,Y) \\ &= 2\,\beta(X,Y)\,, \qquad \text{da } \beta \text{ symmetrisch ist.} \end{aligned}$$

Da $2 = 1 + 1 \neq 0$ vorausgesetzt wird, folgt $\beta(X, Y) = 0$.
Also ist $\beta = 0$, im Widerspruch zur Voraussetzung.
Sei also X_1 mit $\beta(X_1, X_1) \neq 0$ gegeben. Wir setzen $U := L(X_1)$. Dann ist $U^\perp = \{Y \in V \mid \beta(X_1, Y) = 0\}$ nach Aufgabe 1 c).
Nun zeigen wir: $V = U \oplus U^\perp$.
$U^\perp$ ist ein Untervektorraum von V nach 1 a). Ferner gilt $U \cap U^\perp = \{0\}$. Sei dazu $X \in U \cap U^\perp$. Da $X \in U$, gibt es $a \in K$ mit $X = aX_1$. Da $X \in U^\perp$ ist, folgt:

$$0 = \beta(X_1, X) = \beta(X_1, aX_1) = a\beta(X_1, X_1)\,.$$

Da $\beta(X_1, X_1) \neq 0$ ist, gilt $a = 0$, also $X = 0$.
Trivialerweise ist $0 \in U \cap U^\perp$, und damit gilt $U \cap U^\perp = \{0\}$.
Es bleibt $V = U + U^\perp$ zu zeigen. Sei dazu $Z \in V$. Definiere

$$Y := Z - \frac{\beta(X_1, Z)}{\beta(X_1, X_1)}\, X_1.$$

Dann gilt

$$\beta(X_1, Y) = \beta(X_1, Z) - \frac{\beta(X_1, Z)}{\beta(X_1, X_1)}\, \beta(X_1, X_1) = 0.$$

Also ist $Y \in U^\perp$. Nach Definition ist Z damit Summe eines Elements aus $U^\perp$ und eines Elements aus U, und es folgt $V = U + U^\perp$.
Die Einschränkung von β auf $U^\perp \times U^\perp$ ist eine symmetrische Bilinearform auf $U^\perp$. Es gilt $\dim U^\perp = n - 1$. Also gibt es nach Induktionsvoraussetzung eine Basis $B' = (X_2, \ldots, X_n)$ von $U^\perp$ derart, daß $\mathbf{B}_{B'}(\beta \restriction U^\perp \times U^\perp)$ eine Diagonalmatrix ist. Nach Definition von U gilt $\beta(X_1, X_i) = 0$ für $i = 2, \ldots, n$. Daher ist für die Basis $B := (X_1, X_2, \ldots, X_n)$ von V die Matrix $\mathbf{B}_B(\beta)$ eine Diagonalmatrix, und das war zu zeigen.

5.2.5

Die symmetrische Bilinearform β sei gegeben durch

a) $\mathbf{B}(\beta) = \begin{pmatrix} 0 & 1 & 1 \\ 1 & -2 & 2 \\ 1 & 2 & -1 \end{pmatrix}$.

b) $\mathbf{B}_C(\beta) = \begin{pmatrix} 0 & 2 & 0 & 0 \\ 2 & 0 & 1 & 0 \\ 0 & 1 & 0 & 0 \\ 0 & 0 & 0 & 0 \end{pmatrix}$, *wobei*

$C = ((1,1,0,0),(0,1,1,0),(0,0,1,1),(0,0,0,1))$.

Man bestimme jeweils eine bzgl. β orthogonale Basis des $\mathbb{R}^3$ bzw. des $\mathbb{R}^4$.

a) Bei der Konstruktion wird der Beweis aus Aufgabe 4 nachvollzogen. Es ist $\beta(E_2, E_2) = -2 \neq 0$. Wir setzen also $A_1 := E_2$ und $U := L(A_1)$.

$$\begin{aligned} U^\perp &:= \{X \mid \beta(X, A_1) = 0\} = \{X \mid x_1 - 2x_2 + 2x_3 = 0\} \\ &= L((0,1,1),(2,1,0))\,; \\ \beta((0,1,1),(0,1,1)) &= (0\ 1\ 1)\begin{pmatrix} 0 & 1 & 1 \\ 1 & -2 & 2 \\ 1 & 2 & -1 \end{pmatrix}\begin{pmatrix} 0 \\ 1 \\ 1 \end{pmatrix} = 1\,. \end{aligned}$$

Setze $A_2 := (0,1,1)$ und $W := L(A_1, A_2)$.

$$\begin{aligned} W^\perp &:= \{X \mid \beta(X, A_1) = \beta(X, A_2) = 0\} \\ &= \{X \mid x_1 - 2x_2 + 2x_3 = 0 \ \wedge\ 2x_1 + x_3 = 0\} \\ &= L((-1, \tfrac{3}{2}, 2)) = L((-2,3,4))\,. \end{aligned}$$

Mit $B := ((0,1,0),(0,1,1),(-2,3,4))$ folgt, daß $\mathbf{B}_B(\beta)$ Diagonalgestalt hat.

b) Sei $\mathbf{A} := \mathbf{B}_C(\beta)$.
Aus Aufgabe 4.1.9 wissen wir: $\mathbf{D} = \mathbf{P}^\top \mathbf{A} \mathbf{P}$ ist eine Diagonalmatrix, falls man

$$\mathbf{P} = (p_{ij}) = \begin{pmatrix} 1 & -1 & -2 & 0 \\ 1 & 1 & 0 & 0 \\ 0 & 0 & 4 & 0 \\ 0 & 0 & 0 & 1 \end{pmatrix}$$

wählt. Gemäß den Vorbereitungen in Aufgabe 4 setzen wir $B_j = \sum_{i=1}^{4} p_{ij} C_i$ $(j = 1, \ldots, 4)$. Es folgt:

$B_1 = (1,2,1,0)$, $\quad B_2 = (-1,0,1,0)$, $\quad B_3 = (-2,-2,4,4)$ $\quad$ und $B_4 = E_4$.

$B = (B_1, \ldots, B_4)$ ist eine Orthogonalbasis bzgl. β.

5.3 Reelle Skalarprodukte, Hermitesche Formen, Orthonormalbasen

In diesem Abschnitt betrachten wir Vektorräume über $\mathbb{R}$ und über $\mathbb{C}$. Ziel ist es, in solchen Vektorräumen "Längen" von Vektoren zu definieren.

Im $\mathbb{R}^n$ gilt für das kanonische Skalarprodukt ($\beta(X,Y) = \sum_{k=1}^{n} x_k y_k$) stets die Ungleichung $\beta(X,X) > 0$, falls $X \neq 0$, und deshalb läßt sich dort die Länge eines Vektors als $\sqrt{\beta(X,X)}$ definieren. Im $\mathbb{C}^n$ gilt $\sum_{k=1}^{n} x_k^2 > 0$ nicht mehr für alle $X = (x_1, \ldots, x_n)$. Eine gegenüber Skalarprodukten etwas abgewandelte Terminologie erweist sich hier als brauchbarer.

Sesquilinearform

V sei ein Vektorraum über $\mathbb{C}$. Eine Abbildung $\beta : V \times V \longrightarrow \mathbb{C}$ heißt **Sesquilinearform**, falls gilt:

(H1) $\beta(aX + bY, Z) = a\beta(X,Z) + b\beta(Y,Z) \quad \forall X,Y,Z \in V\ ,\ \forall a,b \in \mathbb{C}$

(H2) $\beta(X, aY + bZ) = \overline{a}\beta(X,Y) + \overline{b}\beta(X,Z) \quad \forall X,Y,Z \in V\ ,\ \forall a,b \in \mathbb{C}$.

Beachte also: **Ein konstanter Faktor im zweiten Argument einer Sesquilinearform wird konjugiert komplex aus β herausgezogen.**

Spezielle Sesquilinearformen

1. Eine Sesquilinearform β heißt **hermitesche Form**, falls zusätzlich gilt:
   (H3) $\beta(X,Y) = \overline{\beta(Y,X)}$ für alle $X, Y \in V$.
2. Ist $V = \mathbb{C}^n$, so heißt die durch $\beta(X,Y) = \sum_{k=1}^{n} x_k \overline{y_k}$ definierte hermitesche Form die **kanonische hermitesche Form** auf dem $\mathbb{C}^n$.

Hermitesche Matrix

Eine Matrix $\mathbf{A} \in \mathcal{M}_{n\times n}(\mathbb{C})$ heißt **hermitesch**, falls gilt: $\mathbf{A} = \overline{\mathbf{A}}^\top$.
Dabei ist $\overline{\mathbf{A}} = \overline{(a_{kl})} := (\overline{a_{kl}})$.

Es gilt:

1. Ersetzt man $\mathbb{C}$ durch $\mathbb{R}$, so entspricht einer hermiteschen Form ein (reelles) Skalarprodukt (siehe Aufgabe 2).
2. Für eine hermitesche Form β gilt $\beta(X,X) \in \mathbb{R}$ für alle $X \in V$ (siehe Aufgabe 1).

Wie bei Bilinearformen kann man in endlich–dimensionalen Vektorräumen auch eine hermitesche Form β nach Auszeichnung einer Basis $B = (B_1, \ldots, B_n)$ durch eine Matrix $\mathbf{B}_B(\beta) := (\beta(B_k, B_l))$ darstellen.

Zusammenhang zwischen hermiteschen Formen und Matrizen

Ist $B = (B_1, \ldots, B_n)$ eine Basis von V und $\beta : V \times V \longrightarrow \mathbb{C}$ eine hermitesche Form, so heißt die Matrix $\mathbf{B}_B(\beta) := (\beta(B_k, B_l))$ **Matrix von** β (bezüglich der Basis B. Diese Matrix ist hermitesch.
Für $V = \mathbb{C}^n$ und $B = E$ schreiben wir $\mathbf{B}(\beta)$.
Ist umgekehrt $\mathbf{A} \in \mathcal{M}_{n\times n}(\mathbb{C})$ hermitesch, so wird durch

$$\beta_{\mathbf{A}} : \begin{cases} \mathbb{C}^n \times \mathbb{C}^n & \longrightarrow \quad \mathbb{C} \\ (X, Y) & \longmapsto \quad X^\top \mathbf{A} \overline{Y} = \sum_{k,l=1}^{n} a_{kl} x_k \overline{y_l} \end{cases}$$

eine hermitesche Form definiert.
Die **Wirkung** von $\mathbf{B}_B(\beta)$ wird beschrieben durch:

$$\beta(X, Y) = (k_B(X))^\top \cdot \mathbf{B}_B(\beta) \cdot \overline{k_B(Y)}.$$

Die Transformationsformel lautet hier:

Transformationsformel

Ist V ein $n-$dimensionaler Vektorraum über $\mathbb{C}$, sind B und B' Basen von V und ist $\beta : V \times V \longrightarrow \mathbb{C}$ eine hermitesche Form, so gilt:

$$\mathbf{B}_{B'}(\beta) = (\mathbf{M}_B^{B'}(id))^\top \, \mathbf{B}_B(\beta) \, \overline{\mathbf{M}_B^{B'}(id)}.$$

Entsprechend der Kongruenz von Matrizen definiert man hier eine hermitesche Kongruenz:

Hermitesche Kongruenz

$\mathbf{A}, \mathbf{C} \in \mathcal{M}_{n\times n}(\mathbb{C})$ heißen **hermitesch kongruent**, falls eine invertierbare Matrix $\mathbf{P} \in \mathcal{M}_{n\times n}(\mathbb{C})$ existiert mit $\mathbf{C} = \mathbf{P}^\top \mathbf{A} \overline{\mathbf{P}}$.

Wichtige Sätze

1. Folgende Aussagen sind äquivalent:
   (i) $\mathbf{A}$ ist hermitesch kongruent zu $\mathbf{C}$.
   (ii) Es gibt eine invertierbare Matrix $\mathbf{P}$ mit $\mathbf{C} = \mathbf{P}^\top \mathbf{A} \overline{\mathbf{P}}$.
   (iii) Es gibt eine Basis B des $\mathbb{C}^n$ mit $\mathbf{C} = \mathbf{B}_B(\beta_{\mathbf{A}})$.
2. Jede hermitesche Matrix ist zu einer Diagonalmatrix hermitesch kongruent.

Hermitesche Matrizen über $\mathbb{C}$ haben also analoge Eigenschaften wie symmetrische Matrizen über $\mathbb{R}$.

Positive Definitheit[8]

Eine hermitesche Form (ein reelles Skalarprodukt) β auf V heißt **positiv definit**, falls gilt:

$$\begin{array}{lll} \text{(i)} & \beta(X,X) \geq 0 \text{ für alle } X \in V & \text{und} \\ \text{(ii)} & \beta(X,X) = 0 \iff X = 0. & \end{array}$$

Für positiv definite hermitesche Formen (reelle Skalarprodukte) β kann man daher definieren:

Länge von X	:	$\|X\|$	$:=$	$\sqrt{\beta(X,X)}$
Abstand von X und Y	:	$d(X,Y)$	$:=$	$\|X-Y\|$

Schreibweise: **Für positiv definite hermitesche Formen (reelle Skalarprodukte) β schreiben wir üblicherweise $\langle\ ,\ \rangle$.**

Orthonormalbasis

Ist $S \subseteq V$ ein Orthogonalsystem und gilt $\langle X,X\rangle = 1$ (d. h. $\|X\| = 1$) für alle $X \in S$, so heißt S ein **Orthonormalsystem**.
Ist S zusätzlich eine Basis von V, so heißt S **Orthonormalbasis** von V.

Existenz von Orthonormalbasen

Ist V ein Vektorraum über $\mathbb{R}$ ($\mathbb{C}$) mit abzählbarer Basis und ist $\langle\ ,\ \rangle$ ein positiv definites Skalarprodukt (eine positiv definite hermitesche Form), so besitzt V eine Orthonormalbasis bezüglich $\langle\ ,\ \rangle$.

Orthogonale Basen werden wegen ihrer besonderen Eigenschaften häufig benutzt (man denke nur an das schon in der Schule eingeführte cartesische Koordinatensystem). In endlich–dimensionalen Vektorräumen und in Vektorräumen mit abzählbarer Dimension (siehe Aufgabe 12) mit positiv definitem Skalarprodukt lassen sich durch das folgende Verfahren Orthonormalbasen erzeugen.

[8] β ist ein reelles Skalarprodukt auf V bedeutet:
V ist ein Vektorraum über $\mathbb{R}$ und $\beta : V \times V \longrightarrow \mathbb{R}$ ist eine symmetrische Bilinearform.

SCHMIDT'sches Orthogonalisierungsverfahren

Sei $(A_1, \ldots, A_n)$ linear unabhängig in V. $\langle\ ,\ \rangle$ sei eine positiv definite hermitesche Form bzw. ein positiv definites reelles Skalarprodukt auf V. Durch

$$\begin{aligned} B_1 &:= A_1 \\ B_2 &:= A_2 - \frac{\langle A_2, B_1\rangle}{\langle B_1, B_1\rangle} B_1 \\ B_3 &:= A_3 - \frac{\langle A_3, B_1\rangle}{\langle B_1, B_1\rangle} B_1 - \frac{\langle A_3, B_2\rangle}{\langle B_2, B_2\rangle} B_2 \\ &\vdots \\ B_n &:= A_n - \frac{\langle A_n, B_1\rangle}{\langle B_1, B_1\rangle} B_1 - \ \ldots\ - \frac{\langle A_n, B_{n-1}\rangle}{\langle B_{n-1}, B_{n-1}\rangle} B_{n-1} \end{aligned}$$

ist eine Orthogonalbasis $(B_1, \ldots, B_n)$ von $L(A_1, \ldots, A_n)$ gegeben, für die außerdem gilt:

$$L(A_1, \ldots, A_k) = L(B_1, \ldots, B_k) \text{ für } k = 1, \ldots, n.$$

$(C_1, \ldots, C_n)$ mit $C_k := \dfrac{B_k}{\|B_k\|}$ für $k = 1, \ldots, n$ ist dann eine Orthonormalbasis von $L(A_1, \ldots, A_n)$.

5.3.1

Man zeige daß für jede Abbildung $\beta : V \times V \longrightarrow \mathbb{C}$ gilt:

a) *Ist β eine hermitesche Form, so ist $\beta(X, X) \in \mathbb{R}$ für alle $X \in V$.*

b) *Erfüllt β* (H1) *und* (H3), *so erfüllt β auch* (H2).

a) Sei $X \in V$ beliebig gegeben. Nach (H3) gilt $\beta(X, X) = \overline{\beta(X, X)}$. Gilt für eine komplexe Zahl z aber $z = \overline{z}$, so ist z reell. Also ist $\beta(X, X)$ reell.

b)
$$\begin{aligned} \beta(X, aY + bZ) &= \overline{\beta(aY + bZ, X)} && \text{nach (H3)} \\ &= \overline{a\beta(Y, X) + b\beta(Z, X)} && \text{nach (H1)} \\ &= \overline{a}\,\overline{\beta(Y, X)} + \overline{b}\,\overline{\beta(Z, X)} && \text{Rechnen in } \mathbb{C} \\ &= \overline{a}\,\overline{\overline{\beta(X, Y)}} + \overline{b}\,\overline{\overline{\beta(X, Z)}} && \text{nach (H3)} \\ &= \overline{a}\,\beta(X, Y) + \overline{b}\,\beta(X, Z)\,. \end{aligned}$$

5.3.2

Man zeige:

a) *Ist V ein Vektorraum über $\mathbb{R}$ und gelten für $\beta : V \times V \longrightarrow \mathbb{R}$ die Bedingungen* (H1) *und* (H3)*, so ist β ein Skalarprodukt.*

b) *Jede reelle hermitesche Matrix ist symmetrisch.*

a) Aus (H3) folgt

$$\beta(X,Y) = \overline{\beta(Y,X)} = \beta(Y,X),$$

da β nach $\mathbb{R}$ abbildet. Also ist β symmetrisch. Die Linearität von β im zweiten Argument ergibt sich, da nach Aufgabe 1 aus (H1) und (H3) auch (H2) folgt und $a = \overline{a}$ für $a \in \mathbb{R}$ gilt. Also ist β ein Skalarprodukt.

b) Ist $\mathbf{A} \in \mathcal{M}_{n\times n}(\mathbb{R})$ hermitesch, so ist $\mathbf{A} = \overline{\mathbf{A}}^\top = \mathbf{A}^\top$.

Der Begriff der hermiteschen Form ist damit die kanonische Erweiterung des Begriffs des reellen Skalarprodukts auf Vektorräume über $\mathbb{C}$.

5.3.3

Man untersuche, welche der folgenden Matrizen hermitesch sind:

$$\begin{pmatrix} 1 & i \\ -i & 2 \end{pmatrix}, \quad \begin{pmatrix} 3 & 2-i & 4+i \\ 2-i & 6 & i \\ 4+i & i & 3 \end{pmatrix}, \quad \begin{pmatrix} 1 & -3 & 5 \\ -3 & 2 & 1 \\ 5 & 1 & -1 \end{pmatrix}$$

Die Matrix $\mathbf{A} = \begin{pmatrix} 1 & i \\ -i & 2 \end{pmatrix}$ ist hermitesch, denn es ist $\mathbf{A} = \overline{\mathbf{A}}^\top$.

Man beachte: Hermitesche Matrizen haben in der Hauptdiagonale nur reelle Koeffizienten, denn nach Definition ist $a_{kk} = \overline{a_{kk}}$ $(k = 1, \ldots, n)$.

Die zweite Matrix ist nicht hermitesch, sondern symmetrisch. Für komplexe Matrizen sind hermitesch und symmetrisch **unterschiedliche** Begriffe.

Die letzte Matrix ist hermitesch, da wiederum $\mathbf{A} = \overline{\mathbf{A}}^\top$ gilt. Für reelle Matrizen fällt also hermitesch mit symmetrisch zusammen.

5.3.4

Es sei $\mathbf{A} \in \mathcal{M}_{n\times n}(\mathbb{C})$ eine hermitesche Matrix und $\beta : \mathbb{C}^n \times \mathbb{C}^n \longrightarrow \mathbb{C}$ definiert durch $\beta(X,Y) := X^\top \mathbf{A}\overline{Y} = \sum a_{kl}x_k\overline{y_l}$.

Man zeige, daß β eine hermitesche Form ist.

Nach Aufgabe 2 genügt der Nachweis von (H1) und (H3).

Nachweis von (H1):

Für alle $X, Y, Z \in \mathbb{C}^n$ und $a, b \in \mathbb{C}$ gilt:

$$\beta(aX + bY, Z) \quad = \quad (aX + bY)^\top \mathbf{A}\overline{Z} = (aX^\top + bY^\top)\mathbf{A}\overline{Z} =$$

$$\begin{aligned} &= aX^\top \mathbf{A}\overline{Z} + bY^\top \mathbf{A}\overline{Z} \\ &= a\beta(X,Z) + b\beta(Y,Z)\,. \end{aligned}$$

Nachweis von (H3):

$$\begin{aligned} \overline{\beta(Y,X)} &= \overline{Y^\top \mathbf{A}\overline{X}} \overset{(1)}{=} \overline{(Y^\top \mathbf{A}\overline{X})^\top} = \overline{\overline{X}^\top \mathbf{A}^\top Y} \\ &\overset{(2)}{=} X^\top \overline{\mathbf{A}}^\top \overline{Y} \overset{(3)}{=} X^\top \mathbf{A}\overline{Y} \\ &= \beta(X,Y)\,. \end{aligned}$$

Dabei gilt (1), da $Y^\top \mathbf{A}\overline{X}$ eine komplexe Zahl und damit gleich ihrer Transponierten ist. (2) gilt wegen $\overline{XY} = \overline{X}\,\overline{Y}$, und (3) gilt, da $\mathbf{A}$ eine hermitesche Matrix ist.

Bemerkung: Für $\mathbf{A} = \mathbf{E}$ erhält man $\beta(X,Y) = \sum x_k \overline{y_k}$ und damit die kanonische hermitesche Form auf dem $\mathbb{C}^n$.

5.3.5

$\mathbf{A} \in \mathcal{M}_{n\times n}(\mathbb{C})$ *sei eine hermitesche Matrix. Man zeige:*

a) $\mathbf{A}^\top$ *und* $\overline{\mathbf{A}}$ *sind hermitesch.*

b) *Ist* $\mathbf{A}$ *invertierbar, so ist auch* $\mathbf{A}^{-1}$ *hermitesch.*

a) Zu zeigen ist $(\overline{\mathbf{A}^\top})^\top = \mathbf{A}^\top$ und $\overline{\overline{\mathbf{A}}}^\top = \overline{\mathbf{A}}$.
Man macht sich zunächst sofort klar, daß die Reihenfolge von Konjugieren und Transponieren beliebig ist, und schließt dann:

$$(\overline{\mathbf{A}^\top})^\top = \overline{\mathbf{A}^{\top\top}} = \overline{\mathbf{A}} = \mathbf{A}^\top,$$

da $\mathbf{A}$ hermitesch ist.

$$\begin{aligned} \overline{\overline{\mathbf{A}}}^\top &= \mathbf{A}^\top = (\overline{\mathbf{A}}^\top)^\top \qquad \text{da } \mathbf{A} \text{ hermitesch ist} \\ &= \overline{\mathbf{A}}\,. \end{aligned}$$

b) Aus $\mathbf{A}\cdot\mathbf{A}^{-1} = \mathbf{E}$ folgt $\overline{\mathbf{A}}\cdot\overline{\mathbf{A}^{-1}} = \overline{\mathbf{E}} = \mathbf{E}$.
Transponieren liefert $(\overline{\mathbf{A}^{-1}})^\top \cdot \overline{\mathbf{A}}^\top = \mathbf{E}$, und da $\mathbf{A}$ hermitesch ist, gilt

$$(\overline{\mathbf{A}^{-1}})^\top \cdot \mathbf{A} = \mathbf{E}.$$

Analog folgt

$$\mathbf{A}\cdot\overline{\mathbf{A}^{-1}}^\top = \mathbf{E}.$$

$(\overline{\mathbf{A}^{-1}})^\top$ ist damit invers zu $\mathbf{A}$, also gilt $(\overline{\mathbf{A}^{-1}})^\top = \mathbf{A}^{-1}$.

5.3.6
Ist $\mathbf{A}$ *eine komplexe (reelle)* $n \times n-$*Matrix, so ist die Matrix* $\mathbf{B} = \mathbf{A}\overline{\mathbf{A}}^\top$ *hermitesch (symmetrisch).*
Ist $\mathbf{A}$ *invertierbar, so ist* $\beta_\mathbf{B}$ *positiv definit.*

Man erhält direkt:

$$\overline{(\mathbf{A}\overline{\mathbf{A}}^\top)}^\top = (\overline{\mathbf{A}}\,\overline{\overline{\mathbf{A}}}^\top)^\top = (\overline{\mathbf{A}}\,\mathbf{A}^\top)^\top = \mathbf{A}^{\top\top}\overline{\mathbf{A}}^\top = \mathbf{A}\overline{\mathbf{A}}^\top .$$

Zum Beweis der positiven Definitheit von $\beta_\mathbf{B}$ für invertierbares $\mathbf{A}$:
Es ist

$$X^\top \mathbf{A}\overline{\mathbf{A}}^\top \overline{X} = (\mathbf{A}^\top X)^\top \overline{(\mathbf{A}^\top X)} = \sum_{k=1}^{n} z_k \overline{z_k} ,$$

falls $\mathbf{A}^\top X = (z_1, \ldots, z_n) =: Z$. Da $\mathbf{A}$ invertierbar ist, ist für $X \neq 0$ auch $Z \neq 0$. Die Behauptung folgt nun, da die kanonische hermitesche Form (das kanonische Skalarprodukt) positiv definit ist.

5.3.7
Man zeige:
a) *Jede hermitesche Matrix* $\mathbf{A} \in \mathcal{M}_{n\times n}(\mathbb{C})$ *ist zu einer Diagonalmatrix* $\mathbf{D}$ *hermitesch kongruent.*
b) *Ist* V *ein Vektorraum über* $\mathbb{C}$, $n = \dim V \in \mathbb{N}$ *und* β *eine hermitesche Form auf* V, *so besitzt* V *eine bzgl.* β *orthogonale Basis* B.

Wie bei reellen Skalarprodukten sind a) und b) äquivalent. Setzen wir nämlich a) voraus, und ist $C = (C_1, \ldots, C_n)$ eine Basis von V und $\mathbf{A} := \mathbf{B}_C(\beta)$, so gibt es eine invertierbare Matrix $\mathbf{P} = (p_{kl})$, so daß $\mathbf{D} = \mathbf{P}^\top \mathbf{A}\overline{\mathbf{P}}$ eine Diagonalmatrix ist. Setze $B_l = \sum_{k=1}^{n} p_{kl} C_l$. Dann ist $B = (B_1, \ldots, B_n)$ eine Basis von V, da die Koordinatenvektoren der B_l bzgl. C als Spalten von $\mathbf{P}$ linear unabhängig sind. Ferner gilt $\mathbf{P} = \mathbf{M}_C^B(id)$. Nach der Transformationsformel folgt:

$$\mathbf{D} = \mathbf{B}_B(\beta) = (\beta(B_k, B_l)) .$$

Somit ist B eine orthogonale Basis bzgl. β.
Umgekehrt folgt a) aus b), falls man in b) $V = \mathbb{C}^n$ und $\beta = \beta_\mathbf{A}$ wählt:
Schreibt man die Vektoren von B in die Spalten einer Matrix $\mathbf{P}$, so gilt nach der Transformationsformel $\mathbf{P}^\top \mathbf{A}\overline{\mathbf{P}} = \mathbf{B}_B(\beta_\mathbf{A})$, und $\mathbf{B}_B(\beta_\mathbf{A})$ ist eine Diagonalmatrix.

Wir zeigen nun a). Die wesentlichen Schritte zu diesem Beweis stehen schon in Aufgabe 5.1.8. Wegen $a_{lk} = \overline{a_{kl}}$ und wegen der hermiteschen Kongruenz (es soll $\mathbf{D} = \mathbf{P}^\top \mathbf{A}\overline{\mathbf{P}}$ gelten) ändert sich gegenüber Aufgabe 5.1.8 folgendes: Wenn wir von links mit einer Elementarmatrix $\mathbf{C}$ multiplizieren, also eine elementare Zeilenumformung durchführen, müssen wir von rechts stets mit $\overline{\mathbf{C}}^\top$ multiplizieren. $\overline{\mathbf{C}}^\top$ entspricht dann der zugehörigen "hermiteschen" Spaltenumformung:

> Entspricht $\mathbf{C}$ der Multiplikation von Zeile k mit $\alpha \in \mathbb{C}$, so entspricht $\overline{\mathbf{C}}^\top$ der Multiplikation von Spalte k mit $\overline{\alpha}$.
>
> Entspricht $\mathbf{C}$ der Addition des α–fachen von Zeile j zu Zeile k, so entspricht $\overline{\mathbf{C}}^\top$ der Addition des $\overline{\alpha}$–fachen von Spalte j zu Spalte k.

Fall 3 des Verfahrens aus 5.1.8 ($a_{kk} = 0$ für alle k) ist wie folgt zu ergänzen: Wähle $a_{kl} \neq 0$ $(l \neq k)$. Ist $\Re(a_{kl}) \neq 0$ (der Realteil von a_{kl}), so addiere die k–te Zeile zur l–ten Zeile und die k–te Spalte zur l–ten Spalte. Dann steht an der Stelle (l, l) die Zahl $a_{kl} + a_{lk} = a_{kl} + \overline{a_{kl}} = 2\Re(a_{kl}) \neq 0$, und man ist im Fall 2. Ist $\Re(a_{kl}) = 0$, so multipliziere die k–te Zeile mit i und die k–te Spalte mit $-i$ und verfahre dann wie bei $\Re(a_{kl}) \neq 0$.

Mit diesem Verfahren erhalten wir analog zu Aufgabe 5.1.8 die Diagonalmatrix

$$\mathbf{D} = \mathbf{C}_s \dots \mathbf{C}_1 \mathbf{A} \overline{\mathbf{C}_1}^\top \dots \overline{\mathbf{C}_s}^\top = \mathbf{P}^\top \mathbf{A} \overline{\mathbf{P}}$$

mit

$$\mathbf{P} = \mathbf{C}_1^\top \dots \mathbf{C}_s^\top = (\mathbf{C}_s \dots \mathbf{C}_1)^\top .$$

5.3.8

Zu den folgenden Matrizen bestimme man jeweils eine invertierbare Matrix $\mathbf{P}$, *so daß* $\mathbf{P}^\top \mathbf{A} \overline{\mathbf{P}}$ *eine Diagonalmatrix ist. Ferner bestimme man eine bzgl.* $\beta_\mathbf{A}$ *orthogonale Basis des* $\mathbb{C}^2$ *bzw.* $\mathbb{C}^3$.

a) $\mathbf{A} = \begin{pmatrix} 1 & i \\ -i & 2 \end{pmatrix}$, **b)** $\mathbf{A} = \begin{pmatrix} 1 & 1+i & 2i \\ 1-i & 4 & 2-3i \\ -2i & 2+3i & 7 \end{pmatrix}$,

c) $\mathbf{A} = \begin{pmatrix} 0 & 0 & -i \\ 0 & 0 & 0 \\ i & 0 & 0 \end{pmatrix}$.

a) Es wird die Methode aus der vorigen Aufgabe verwendet.

Schematische Rechnung bei der Matrix $\begin{pmatrix} 1 & i \\ -i & 2 \end{pmatrix}$:

1	i	1	0	i
$-i$	2	0	1	1
1	i	1	0	
0	1	i	1	

Die zugehörige hermitesche Spaltenumformung besteht nun darin, das $(-i)$−fache der ersten Spalte zur zweiten Spalte zu addieren. Das liefert die Endmatrix:

$$\left(\begin{array}{cc|cc} 1 & 0 & 1 & 0 \\ 0 & 1 & i & 1 \end{array}\right).$$

Die jetzt rechts stehende Matrix ist die Matrix $\mathbf{P}^\top$. $\mathbf{P} = \begin{pmatrix} 1 & i \\ 0 & 1 \end{pmatrix}$ ist also eine gesuchte Matrix.

Probe:

$$\begin{aligned} \mathbf{P}^\top \mathbf{A} \overline{\mathbf{P}} &= \begin{pmatrix} 1 & 0 \\ i & 1 \end{pmatrix} \begin{pmatrix} 1 & i \\ -i & 2 \end{pmatrix} \begin{pmatrix} 1 & -i \\ 0 & 1 \end{pmatrix} \\ &= \begin{pmatrix} 1 & i \\ 0 & 1 \end{pmatrix} \begin{pmatrix} 1 & -i \\ 0 & 1 \end{pmatrix} = \begin{pmatrix} 1 & 0 \\ 0 & 1 \end{pmatrix}. \end{aligned}$$

Die Spalten von **P** liefern eine bzgl. $\beta_\mathbf{A}$ orthogonale Basis.

b)

1	$1+i$	$2i$	1	0	0	$i-1$	$2i$
$1-i$	4	$2-3i$	0	1	0	1	
$-2i$	$2+3i$	7	0	0	1		1
1	$1+i$	$2i$	1	0	0		
0	2	$-5i$	$i-1$	1	0		
0	$5i$	3	$2i$	0	1		

Man beachte, daß die zugehörigen (hermiteschen) Spaltenumformungen im Prinzip nicht durchgerechnet werden müssen, da sich dadurch in der ersten Zeile lediglich zwei Nullen ergeben, aber sonst keine Änderungen eintreten. Ausnahmefall: Multiplikation der umgeformten Zeile mit $a \neq 0$.

1	0	0	1	0	0	
0	2	$-5i$	$i-1$	1	0	$-\frac{5}{2}i$
0	$5i$	3	$2i$	0	1	1
1	0	0	1	0	0	
0	2	0	$i-1$	1	0	
0	0	$-\frac{19}{2}$	$\frac{5}{2}+\frac{9}{2}i$	$-\frac{5}{2}i$	1	

Eine gesuchte Matrix **P** lautet also:

$$\mathbf{P} = \begin{pmatrix} 1 & i-1 & \frac{5}{2}+\frac{9}{2}i \\ 0 & 1 & -\frac{5}{2}i \\ 0 & 0 & 1 \end{pmatrix}.$$

Die Spalten von **P** liefern eine bzgl. $\beta_\mathbf{A}$ orthogonale Basis.

c)

0	0	$-i$	1	0	0	
0	0	0	0	1	0	
i	0	0	0	0	1	i
0	0	-1	1	0	0	1
0	0	0	0	1	0	
-1	0	0	0	0	i	1
-2	0	-1	1	0	i	$-\frac{1}{2}$
0	0	0	0	1	0	
-1	0	0	0	0	i	1
-2	0	0	1	0	i	
0	0	0	0	1	0	
0	0	$\frac{1}{2}$	$-\frac{1}{2}$	0	$\frac{1}{2}i$	

Eine gesuchte Matrix $\mathbf{P}$ lautet also:

$$\mathbf{P} = \begin{pmatrix} 1 & 0 & -\frac{1}{2} \\ 0 & 1 & 0 \\ i & 0 & \frac{1}{2}i \end{pmatrix} .$$

Die Spalten von $\mathbf{P}$ liefern eine bzgl. $\beta_{\mathbf{A}}$ orthogonale Basis.

5.3.9

Der Vektorraum $\mathbb{R}^4$ sei mit dem kanonischen Skalarprodukt versehen. Man bestimme eine Orthonormalbasis für den Untervektorraum

$$U := L((1,1,0,1),(1,-2,0,0),(1,0,-1,2)).$$

Es wird das SCHMIDTsche Orthogonalisierungsverfahren durchgeführt. Wir erhalten zunächst:

$$\begin{aligned} B_1 &= (1,1,0,1)\,; \\ B_2 &= (1,-2,0,0) - \frac{(1,-2,0,0)\cdot(1,1,0,1)}{(1,1,0,1)\cdot(1,1,0,1)}\,(1,1,0,1) \\ &= \frac{1}{3}\,(4,-5,0,1)\,; \\ B_3 &= (1,0,-1,2) - \frac{3}{3}\,(1,1,0,1) - \frac{2}{\frac{14}{3}}\cdot\frac{1}{3}\,(4,-5,0,1) \\ &= \frac{1}{7}\,(-4,-2,-7,6)\,. \end{aligned}$$

Durch Normieren der Vektoren ergibt sich die folgende Orthonormalbasis B von U:

$$B = \left(\frac{1}{\sqrt{3}}\,(1,1,0,1),\ \frac{1}{\sqrt{42}}\,(4,-5,0,1),\ \frac{1}{\sqrt{105}}\,(-4,-2,-7,6)\right).$$

5.3.10

Im $\mathbb{R}^5$ *mit dem kanonischen Skalarprodukt sei*

$$U := L((1,2,3,1,1),(1,3,2,1,2)).$$

Man bestimme Orthonormalbasen von U *und* $U^\perp$.

Das SCHMIDTsche Orthogonalisierungsverfahren liefert zunächst eine Orthogonalbasis von U.

$$\begin{aligned} B_1 &= (1,2,3,1,1)\,; \\ B_2 &= (1,3,2,1,2) - \frac{16}{16}(1,2,3,1,1) = (0,1,-1,0,1)\,. \end{aligned}$$

Die Basis (B_1, B_2) wird nun zu einer Basis des $\mathbb{R}^5$ ergänzt, z. B. durch $(1,0,0,-1,0), (0,1,0,0,0)$ und $(0,0,1,0,0)$. (Nachrechnen!)
Diese Basis wird nun wieder orthogonalisiert, wobei das Verfahren sofort mit B_4 fortgesetzt werden kann, denn $B_3 = (1,0,0,-1,0)$ ist schon so gewählt, daß $\langle B_1, B_3\rangle = \langle B_2, B_3\rangle = 0$ gilt.

$$\begin{aligned} B_4 &= (0,1,0,0,0) - \frac{2}{16}(1,2,3,1,1) - \frac{1}{3}(0,1,-1,0,1) - 0\cdot(1,0,0,-1,0) \\ &= (-\frac{1}{8}, \frac{5}{12}, -\frac{1}{24}, -\frac{1}{8}, -\frac{11}{24})\,; \\ B_5 &= (0,0,1,0,0) - \frac{3}{16}(1,2,3,1,1) + \frac{1}{3}(0,1,-1,0,1) + \\ &\quad + \frac{1}{10}(-\frac{1}{8}, \frac{5}{12}, -\frac{1}{24}, -\frac{1}{8}, -\frac{11}{24}) \\ &= (-\frac{1}{5}, 0, \frac{1}{10}, -\frac{1}{5}, \frac{1}{10})\,. \end{aligned}$$

Normieren liefert nun:
$(\frac{1}{4}(1,2,3,1,1)\,,\ \frac{1}{\sqrt{3}}(0,1,-1,0,1))$ ist eine Orthonormalbasis von U.
$(\frac{1}{\sqrt{2}}(1,0,0,-1,0)\,,\ \frac{1}{4\sqrt{15}}(-3,10,-1,-3,-11)\,,\ \frac{1}{\sqrt{10}}(-2,0,1,-2,1))$ ist eine Orthonormalbasis von $U^\perp$.
Da $\mathbb{R}^5 = U \oplus U^\perp$, haben wir auch eine Orthonormalbasis des $\mathbb{R}^5$ gefunden.

5.3.11

Der $\mathbb{C}^4$ *sei mit der üblichen hermiteschen Form* $\langle X, Y\rangle = \sum x_k \overline{y_k}$ *versehen.*
Man bestimme eine Orthonormalbasis von

$$U := L((1,0,i,-1),(0,2,1,-i),(i,-2,-2,0)).$$

Es wird wieder das SCHMIDTsche Orthogonalisierungsverfahren angewendet.

$$\begin{aligned}
B_1 &= (1,0,i,-1)\,; \\
\langle B_1,B_1\rangle &= \langle(1,0,i,-1),(1,0,i,-1)\rangle = 1+i\cdot\overbrace{(-i)}^{!}+1 = 3\,, \\
B_2 &= (0,2,1,-i)-\frac{1}{3}\langle(0,2,1,-i),(1,0,i,-1)\rangle\,(1,0,i,-1) \\
&= (0,2,1,-i)\,; \\
\langle B_2,B_2\rangle &= 4+1+(-i)\cdot i = 6\,, \\
B_3 &= (i,-2,-2,0)-\frac{1}{3}\langle(i,-2,-2,0),(1,0,i,-1)\rangle\,(1,0,i,-1) \\
&\quad -\frac{1}{6}\langle(i,-2,-2,0),(0,2,1,-i)\rangle\,(0,2,1,-i) \\
&= (i,-2,-2,0)-(i,0,-1,-i)+(0,2,1,-i) \\
&= (0,0,0,0)\,.
\end{aligned}$$

Da sich hier $B_3 = 0$ ergibt, folgt $B_3 \subset L((1,0,i,-1),(0,2,1,-i))$. Damit bilden B_1 und B_2 eine Orthogonalbasis von U. Normieren liefert hier die folgende Orthonormalbasis B von U:

$$B = \left(\frac{1}{\sqrt{3}}\,(1,0,i,-1),\frac{1}{\sqrt{6}}\,(0,2,1,-i)\right).$$

<u>Hinweis:</u> Die Lösung der Aufgabe zeigt, daß man bei der Anwendung des SCHMIDTschen Orthogonalisierungsverfahrens nicht unbedingt mit einer Basis von U beginnen muß. Bei der Durchführung des Verfahrens erkennt man, ob die gegebenen Vektoren linear unabhängig sind, und man läßt gegebenenfalls Vektoren B_k, die sich als Nullvektor ergeben, einfach fort.

5.3.12

Man zeige:
Ist V ein reeller (komplexer) Vektorraum mit abzählbarer Basis und ist $\langle\ ,\ \rangle$ ein positiv definites Skalarprodukt (eine positiv definite hermitesche Form) auf V, so besitzt V eine Orthonormalbasis bzgl. $\langle\ ,\ \rangle$.
Ferner gilt: Jedes endliche Orthonormalsystem S von V läßt sich zu einer Orthonormalbasis ergänzen.

Hat V endliche Dimension, so folgt die erste Behauptung aus Aufgabe 7.
Hat V unendliche Dimension, so liefert unsere Formulierung des SCHMIDTschen Orthogonalisierungsverfahrens, ausgehend von einer Basis $\{A_k \mid k \in \mathbb{N}\}$ von V, Vektoren B_m ($m \in \mathbb{N}$) der Länge 1, die paarweise orthogonal sind und für die

$$L(A_1,\ldots,A_m) = L(B_1,\ldots,B_m) \text{ für jedes } m \geq 1$$

gilt. Damit folgt sofort, daß $\{B_k \mid k \in \mathbb{N}\}$ eine Orthonormalbasis von V bzgl. $\langle\ ,\ \rangle$ ist.

Ist $S = \{A_1, \ldots, A_l\} \subseteq V$ ein Orthonormalsystem, also insbesondere linear unabhängig, so ergänze S durch $A_{l+1}, A_{l+2}, \ldots$ zu einer Basis von V und wende das SCHMIDTsche Orthogonalisierungsverfahren an. Nach Voraussetzung über S folgt: $B_1 = A_1, \ldots, B_l = A_l$. Damit ist $\{B_1, \ldots, B_n\}$ (im Falle $\dim V = n$) bzw. $\{B_k \mid k \in \mathbb{N}\}$ eine Orthonormalbasis von V, die S enthält.

5.3.13

a) *Man zeige:*
Im Vektorraum $V = C[-\pi, \pi]$ der auf dem Intervall $[-\pi, \pi]$ stetigen reellen Funktionen definiert

$$\langle g, h\rangle := \int_{-\pi}^{\pi} g(t)h(t)\,dt$$

ein positiv definites Skalarprodukt.

b) *Man betrachte den von den Funktionen c_k und s_k mit $c_k(t) = \cos kt$ und $s_k(t) = \sin kt$ $(k = 0, 1, 2, 3, \ldots)$ erzeugten Unterraum U von V. Für U gebe man eine Orthogonalbasis und eine Orthonormalbasis an.*

a) Seien $f, g, h \in V$.

1. Die **Symmetrie** $\langle g, h\rangle = \langle h, g\rangle$ folgt aus $g(t) \cdot h(t) = h(t) \cdot g(t)$ $(t \in \mathbb{R})$.

2. Die **Bilinearität** ergibt sich aus aus der Linearität des Integrals zusammen mit dem Distributivgesetz $(f + g)h = fh + gh$.

3. Die **positive Definitheit** folgt aus einem Satz der Analysis:

   Ist f stetig auf $[a, b]$ und $f(t) \neq 0$ für ein $t \in [a, b]$ (d. h. $f \neq 0$), so gilt $\int_a^b (f(t))^2\,dt > 0$.

b) Integrationskenntnisse aus der Analysis führen zu der *Behauptung*:
Die Funktionen 1, $\cos t$, $\sin t$, $\cos 2t$, $\sin 2t$, $\cos 3t$, $\sin 3t$, ... bilden eine Orthogonalbasis von U.
Zunächst gilt für $k \geq 1$:

$$\int_{-\pi}^{\pi} 1 \cdot \sin kt\,dt = \int_{-\pi}^{\pi} 1 \cdot \cos kt\,dt = 0\,.$$

Für $k_1 \neq k_2$ mit $k_1, k_2 \in \mathbb{N}$ gilt:

$$\int_{-\pi}^{\pi} \cos k_1 t \cdot \cos k_2 t \, dt = 0 \quad , \qquad \int_{-\pi}^{\pi} \cos k_1 t \cdot \sin k_2 t \, dt = 0 \, ,$$

$$\int_{-\pi}^{\pi} \sin k_1 t \cdot \sin k_2 t \, dt = 0 \quad , \qquad \int_{-\pi}^{\pi} \sin k_1 t \cdot \cos k_2 t \, dt = 0 \, .$$

Dies entnimmt man einer Formelsammlung oder leitet es durch partielle Integration selbst her.
Damit ist die angegebene Behauptung bewiesen.
Eine Orthonormalbasis erhält man dann durch Normieren. Dazu wird berechnet:

$$\int_{-\pi}^{\pi} 1 \, dt = 2\pi \, , \quad \int_{-\pi}^{\pi} \cos^2 kt \, dt = \pi \, , \quad \int_{-\pi}^{\pi} \sin^2 kt \, dt = \pi \, .$$

Die letzten beiden Gleichungen gelten für $k \geq 1$. Damit erhält man durch $e_0, e_1, e_2, e_3, e_4, \ldots$ mit

$$e_0(t) = \frac{1}{\sqrt{2\pi}} \, , \quad e_{2k-1}(t) = \frac{1}{\sqrt{\pi}} \cos kt \, , \quad e_{2k}(t) = \frac{1}{\sqrt{\pi}} \sin kt \qquad (k \in \mathbb{N})$$

eine Orthonormalbasis von U.

Bemerkung: Die angegebene Orthogonalbasis wird in der Analysis benutzt zur Approximation von periodischen Funktionen durch trigonometrische Funktionen. Dies führt zur Theorie der **Fourier–Reihen**.

5.3.14

Der Vektorraum der Polynome über $\mathbb{R}$ *sei mit dem Skalarprodukt*

$$\langle f, g \rangle := \int_{-1}^{1} f(t)(g(t) \, dt$$

versehen.

a) *Man bestimme eine Orthonormalbasis des Unterraumes* $L(1, x, x^2, x^3)$.

b) *Man berechne in diesem Vektorraum den Abstand von* $f = 1 + x$ *und* $g = x^2 - 1$.

a) Es wird das SCHMIDTsche Orthogonalisierungsverfahren angewendet und zunächst eine Orthogonalbasis bestimmt.
(Der aufmerksame Leser denkt an Aufgabe 5.1.7.)

$$\begin{aligned} B_0 &= 1 \, , \\ B_1 &= x - \frac{\langle x, 1 \rangle}{\langle 1, 1 \rangle} 1 = x \, , \end{aligned}$$

$$
\begin{aligned}
B_2 &= x^2 - \frac{\langle x^2, x\rangle}{\langle x, x\rangle} x - \frac{\langle x^2, 1\rangle}{\langle 1, 1\rangle} 1 = x^2 - \frac{1}{3}\,, \\
B_3 &= x^3 - \frac{\langle x^3, x^2 - \frac{1}{3}\rangle}{\langle B_2, B_2\rangle}(x^2 - \frac{1}{3}) - \frac{\langle x^3, x\rangle}{\langle x, x\rangle} x - \frac{\langle x^3, 1\rangle}{\langle 1, 1\rangle} 1 \\
&= x^3 - \frac{3}{5}\, x\,.
\end{aligned}
$$

Nun wird noch normiert. Dazu werden die folgenden Skalarprodukte berechnet, die teilweise bei der Berechnung der B_i schon benötigt wurden:

$$
\begin{aligned}
\langle B_0, B_0\rangle &= \langle 1, 1\rangle = \int_{-1}^{1} 1\, dx = 2 \\
\langle B_1, B_1\rangle &= \langle x, x\rangle = \int_{-1}^{1} x^2\, dx = \frac{2}{3} \\
\langle B_2, B_2\rangle &= \langle x^2 - \frac{1}{3}, x^2 - \frac{1}{3}\rangle = \int_{-1}^{1} (x^2 - \frac{1}{3})^2\, dx = \frac{8}{45} \\
\langle B_3, B_3\rangle &= \langle x^3 - \frac{3}{5}x, x^3 - \frac{3}{5}x\rangle = \frac{24}{7 \cdot 75} = \frac{8}{175}\,.
\end{aligned}
$$

Als Orthonormalbasis von $L(1, x, x^2, x^3)$ erhält man damit:

$$
E_0 = \sqrt{\frac{1}{2}}\, x^0\,; \quad E_1 = \sqrt{\frac{3}{2}}\, x^1\,; \quad E_2 = \frac{1}{2}\sqrt{\frac{5}{2}}\,(3x^2 - 1)\,; \quad E_3 = \frac{1}{2}\sqrt{\frac{7}{2}}\,(5x^3 - 3x)\,.
$$

Bemerkung: Teilt man E_n jeweils durch $\sqrt{\frac{2n+1}{2}}$, so erhält man die sog. LEGENDRE–Polynome

$$
q_n := \frac{1}{2^n \cdot n!} \cdot \frac{d^n}{dx^n}\,(x^2 - 1)^n \qquad (n = 0, 1, 2, \ldots).
$$

b) Für den Abstand $d(f, g)$ erhält man:

$$
\begin{aligned}
d(f, g) = \|f - g\| &= \sqrt{\langle f - g, f - g\rangle} = \left(\int_{-1}^{1} (x^2 - x - 2)^2\, dx\right)^{\frac{1}{2}} \\
&= \left(\int_{-1}^{1} (x^4 - 2x^3 - 3x^2 + 4x + 4)\, dx\right)^{\frac{1}{2}} = \sqrt{\frac{32}{5}}\,.
\end{aligned}
$$

5.3.15

a) *Der Vektorraum V über $\mathbb{C}$ (über $\mathbb{R}$) sei mit der positiv definiten hermiteschen Form (dem positiv definiten Skalarprodukt) $\langle\ ,\ \rangle$ versehen. Man beweise: Ist $(A_1, \ldots, A_n)$ eine Orthonormalbasis von V, so gilt für alle $X, Y \in V$:*

$$\langle X, Y\rangle = \sum_{k=1}^{n} \langle X, A_k\rangle\, \overline{\langle Y, A_k\rangle}$$

b) *Man bestimme die sich in a) ergebende Gleichung für den Fall, daß $\langle\ ,\ \rangle$ das kanonische Skalarprodukt im $\mathbb{R}^n$, $(A_1, \ldots, A_n) = E$ die kanonische Basis des $\mathbb{R}^n$, $X \in \mathbb{R}^n$ ein Einheitsvektor und $Y = X$ ist.*

c) *Es sei U der von den Funktionen c_k und s_k mit*

$$c_k(x) := \frac{1}{\sqrt{\pi}} \cos kx\ , \quad s_k(x) := \frac{1}{\sqrt{\pi}} \sin kx \quad (k = 1, 2, \ldots, n)$$

erzeugte Untervektorraum des Vektorraums $C[-\pi, \pi]$ der stetigen reellen Funktionen von $[-\pi, \pi]$ nach $\mathbb{R}$ mit dem Skalarprodukt aus Aufgabe 13. Wie lautet die Gleichung in a) in diesem Falle für $X = Y = f \in U$?

a) Sei $Y = \sum y_k A_k$. Es folgt:

$$\begin{aligned}\langle X, Y\rangle &= \langle X, \sum_{k=1}^{n} y_k A_k\rangle = \sum_{k=1}^{n} \langle X, y_k A_k\rangle \quad \text{nach Aufgabe 2 b)} \\ &= \sum_{k=1}^{n} \langle X, A_k\rangle \overline{y_k} \quad \text{nach Aufgabe 2 c)}\ .\end{aligned}$$

Ferner gilt:

$$\langle Y, A_j\rangle = \langle \sum_{k=1}^{n} y_k A_k, A_j\rangle = \sum_{k=1}^{n} y_k \underbrace{\langle A_k, A_j\rangle}_{=\delta_{kj}} = y_j\ .$$

Setzt man dies in die vorige Zeile ein, so folgt die zu beweisende Gleichung

$$\langle X, Y\rangle = \sum_{k=1}^{n} \langle X, A_k\rangle\, \overline{\langle Y, A_k\rangle}\ .$$

Bemerkung: Diese Gleichung heißt **PARSEVALsche Gleichung**.

b) Mit $X = Y$ folgt zunächst

$$\langle X, X\rangle = \sum_{k=1}^{n} \langle X, E_k\rangle\,\overline{\langle X, E_k\rangle} = \sum_{k=1}^{n} x_k \overline{x_k} \qquad \text{nach a)},$$

und wenn X nur reelle Komponenten hat, dann gilt $\langle X, X\rangle = \sum x_k^2$.

Bemerkung: $x_k = \langle X, E_k\rangle$ bedeutet unter der Voraussetzung, daß das übliche Skalarprodukt vorliegt:

$$x_k = |X| \cdot |E_k| \cdot \cos \sphericalangle(X, E_k).$$

Wegen $|E_k| = 1$ und $|X| = 1$ erkennt man $x_k = \cos \sphericalangle(X, E_k)$, und damit folgt insgesamt der (bekannte) Satz:
Für jeden reellen Vektor ist die Summe der Kosinusquadrate der Winkel mit den Achsen gleich 1.

c) In der angegebenen Aufgabe 13 wurde gezeigt, daß die Funktionen c_k und s_k mit

$$c_k(t) = \frac{1}{\sqrt{\pi}} \cos kt \; ; \qquad s_k(t) = \frac{1}{\sqrt{\pi}} \sin kt \quad (k = 1, 2, \ldots, n)$$

eine Orthonormalbasis eines Untervektorraumes U des Vektorraumes $C[-\pi, \pi]$ der reellen Funktionen von $[-\pi, \pi]$ nach $\mathbb{R}$ bilden. Also ist die Aufgabe sinnvoll gestellt, und man erhält hier die folgende PARSEVALsche Gleichung für den Spezialfall $X = Y = f \in U$:

$$\int_{-\pi}^{\pi} f^2(x)\,dx = \frac{1}{\pi} \sum_{k=1}^{n} \Big(\int_{-\pi}^{\pi} f(x) \cos kx\,dx \Big)^2 + \frac{1}{\pi} \sum_{k=1}^{n} \Big(\int_{-\pi}^{\pi} f(x) \sin kx\,dx \Big)^2 .$$

5.4 Der Satz von SYLVESTER

Der Trägheitssatz von SYLVESTER macht für den Fall $K = \mathbb{R}$ bzw. $K = \mathbb{C}$ genauere Aussagen über die einfachste Form einer Diagonalmatrix, durch die eine symmetrische Bilinearform (hermitesche Form) β dargestellt werden kann: Die Zahlen

$$|\{B_k \mid \beta(B_k, B_k) > 0\}|\ ,\ |\{B_k \mid \beta(B_k, B_k) < 0\}| \text{ und } |\{B_k \mid \beta(B_k, B_k) = 0\}|$$

sind Invarianten von β für bzgl. β orthogonale Basen $B = (B_1, \ldots, B_n)$.

Trägheitssatz von SYLVESTER

Es sei V ein endlich–dimensionaler Vektorraum über $K = \mathbb{R}$ oder über $K = \mathbb{C}$. $\beta : V \times V \longrightarrow K$ sei eine symmetrische Bilinearform bzw. eine hermitesche Form. Dann gilt:

a) Es existiert eine bzgl. β orthogonale Basis B von V mit

$$\mathbf{B}_B(\beta) = \begin{pmatrix} 1 & & & & & & & & \\ & \ddots & & & & & & & \\ & & 1 & & & & \mathbf{0} & & \\ & & & -1 & & & & & \\ & & & & \ddots & & & & \\ & & \mathbf{0} & & & -1 & & & \\ & & & & & & 0 & & \\ & & & & & & & \ddots & \\ & & & & & & & & 0 \end{pmatrix}$$

b) Bei jeder anderen Diagonalmatrix $\mathbf{B}_{B'}(\beta)$, d. h. für jede andere bzgl. β orthogonale Basis B', stimmen die Anzahl der positiven Eintragungen, die Anzahl der negativen Eintragungen und die Anzahl der Nullen auf der Hauptdiagonalen mit der Anzahl der 1en, der Anzahl der -1en und der Anzahl der Nullen in obiger Matrix überein.

Man definiert daher ($\mathbf{A} \in \mathcal{M}_{n\times n}(K)$ sei symmetrisch bzw. hermitesch):

$$\begin{aligned}
\operatorname{Pos}(\beta) &:= \text{Anzahl der 1en in der Hauptdiagonale in obiger Darstellung,}\\
\operatorname{Pos}(\mathbf{A}) &:= \operatorname{Pos}(\beta_{\mathbf{A}})\,.\\
N(\beta) &:= \text{Anzahl der } -1\text{en in der Hauptdiagonale in obiger Darstellung,}\\
N(\mathbf{A}) &:= N(\beta_{\mathbf{A}})\,.\\
\operatorname{Rang}\beta &:= \operatorname{Pos}(\beta) + N(\beta)\,.
\end{aligned}$$

$\operatorname{Pos}(\beta)$ heißt **Positivitätsindex** von β. $N(\beta)$ heißt **Signatur** von β.

Aus dem Spektralsatz (Abschnitt 4.6) folgt, daß $\operatorname{Pos}(\mathbf{A})$ gerade die Summe der Vielfachheiten der positiven Eigenwerte von $\mathbf{A}$ und $N(\mathbf{A})$ die Summe der Vielfachheiten der negativen Eigenwerte von $\mathbf{A}$ ist.

Es ergibt sich folgende Lösung des Kongruenzproblems für symmetrische (hermitesche) Matrizen:

> **A** und **C** seien symmetrische (hermitesche) Matrizen über $\mathbb{R}$ (über $\mathbb{C}$).
> Dann sind äquivalent:
> (i) **A** und **C** sind (hermitesch) kongruent.
> (ii) $\operatorname{Rang} \mathbf{A} = \operatorname{Rang} \mathbf{C}$ und $\operatorname{Pos} \mathbf{A} = \operatorname{Pos} \mathbf{C}$.

Mit Hilfe des Positivitätsindex läßt sich auch matrizentheoretisch die positive Definitheit von β feststellen (siehe Kalkül in den Aufgaben 5.1.8 und 5.3.7). Es gilt (siehe Aufgabe 5):

> **Kriterium für positive Definitheit**
> β positiv definit $\iff$ $\operatorname{Pos}(\beta) = \dim V$

5.4.1

Gegeben seien die Matrizen

$$\mathbf{A} = \begin{pmatrix} 1 & 2 & -3 \\ 2 & 5 & -4 \\ -3 & -4 & 8 \end{pmatrix} \quad \textit{und} \quad \mathbf{B} = \begin{pmatrix} 3 & -1 & -2 \\ -1 & 1 & -1 \\ -2 & -1 & 6 \end{pmatrix}.$$

a) *Für* **A** *und* **B** *bestimme man jeweils den Positivitätsindex und die Signatur.*

b) *Man untersuche, ob* **A** *und* **B** *kongruent sind.*

c) **A** *und* **B** *beschreiben Skalarprodukte im* $\mathbb{R}^3$. *Man untersuche jeweils, ob diese Skalarprodukte positiv definit sind.*

a) In Aufgabe 5.1.9 wurde gezeigt, daß **A** zur Diagonalmatrix $\begin{pmatrix} 1 & 0 & 0 \\ 0 & 1 & 0 \\ 0 & 0 & -5 \end{pmatrix}$ kongruent ist. Nun gilt über $\mathbb{R}$: Eine Diagonalmatrix

$$\mathbf{D} = \begin{pmatrix} a_1 & & & & & & & & \\ & \ddots & & & \mathbf{0} & & & & \\ & & a_l & & & & & & \\ & & & a_{l+1} & & & & & \\ & & & & \ddots & & & & \\ & & \mathbf{0} & & & a_{l+m} & & & \\ & & & & & & 0 & & \\ & & & & & & & \ddots & \\ & & & & & & & & 0 \end{pmatrix}$$

mit $a_k > 0$ für $k = 1, \dots, l$ und $a_k < 0$ für $k = l+1, \dots, l+m$ besitzt den Positivitätsindex l und die Signatur m. Die Diagonalmatrix $\mathbf{P} = (p_{kr})$ mit $p_{kk} = \frac{1}{\sqrt{a_k}}$ für $k = 1, \dots, l$, $p_{kk} = \frac{1}{\sqrt{-a_k}}$ für $k = l+1, \dots, l+m$ und $p_{kk} = 1$ sonst liefert nämlich

$$\mathbf{P}^\top \mathbf{D} \mathbf{P} = \begin{pmatrix} 1 & & & & & & & & \\ & \ddots & & & & & & & \\ & & 1 & & & \mathbf{0} & & & \\ & & & -1 & & & & & \\ & & & & \ddots & & & & \\ & & & & & -1 & & & \\ & & \mathbf{0} & & & & 0 & & \\ & & & & & & & \ddots & \\ & & & & & & & & 0 \end{pmatrix}$$

mit l 1en und m -1en.

Also ist die Matrix $\mathbf{A}$ kongruent zu $\begin{pmatrix} 1 & 0 & 0 \\ 0 & 1 & 0 \\ 0 & 0 & -1 \end{pmatrix}$. Daher gilt $\operatorname{Pos}(\mathbf{A}) = 2$ und $N(\mathbf{A}) = 1$.

B bringen wir mit dem Verfahren aus Aufgabe 5.1.8 ebenfalls auf Diagonalform.

3	−1	−2	1	0	0	1	2
−1	1	−1	0	1	0	3	
−2	−1	6	0	0	1		3
3	−1	−2	1	0	0		
0	2	−5	1	3	0		
0	−5	14	2	0	3		
3	0	0	1	0	0		
0	6	−15	1	3	0	5	
0	−15	42	2	0	3	2	
3	0	0	1	0	0		
0	6	−15	1	3	0		
0	0	9	9	15	6		
3	0	0					
0	6	0					
0	0	18					

B besitzt also den Positivitätsindex 3 und die Signatur 0.

b) **A** und **B** sind nicht kongruent, da bei reellen symmetrischen Matrizen nach dem Vorspann die Kongruenz äquivalent zur Übereinstimmung der Ränge und der Positivitätsindizes der Matrizen ist.

c) $\mathbf{A}$ beschreibt wegen $\operatorname{Pos}(\mathbf{A}) = 2 \neq 3 = \dim \mathbb{R}^3$ ein nicht positiv definites Skalarprodukt.
$\mathbf{B}$ beschreibt wegen $\operatorname{Pos}(\mathbf{B}) = 3 = \dim \mathbb{R}^3$ ein positiv definites Skalarprodukt.

5.4.2

Man bestimme $\operatorname{Pos}(\mathbf{C})$ *und gebe eine Matrix* $\mathbf{P}$ *an, so daß* $\mathbf{P}^\top \mathbf{C}\mathbf{P}$ *die im Trägheitssatzes von* SYLVESTER *gegebene Gestalt hat.*

$$\mathbf{C} = \begin{pmatrix} 1 & 1 & -2 & -3 \\ 1 & 2 & -5 & -1 \\ -2 & -5 & 6 & 9 \\ -3 & -1 & 9 & 11 \end{pmatrix} \in \mathcal{M}_{4\times 4}(\mathbb{R})$$

Wir rechnen wie in Aufgabe 1 und berücksichtigen bei jedem Übergang auch sofort die zugehörigen Spaltenumformungen.

1	1	−2	−3	1	0	0	0	−1	2	3
1	2	−5	−1	0	1	0	0	1		
−2	−5	6	9	0	0	1	0		1	
−3	−1	9	11	0	0	0	1			1
1	0	0	0	1	0	0	0			
0	1	−3	2	−1	1	0	0	3	−2	
0	−3	2	3	2	0	1	0	1		
0	2	3	2	3	0	0	1		1	
1	0	0	0	1	0	0	0			
0	1	0	0	−1	1	0	0			
0	0	−7	9	−1	3	1	0	9		
0	0	9	−2	5	−2	0	1	7		
1	0	0	0	1	0	0	0			
0	1	0	0	−1	1	0	0			
0	0	−7	0	−1	3	1	0			
0	0	0	469	26	13	9	7			
1	0	0	0	1	0	0	0			
0	1	0	0	−1	1	0	0			
0	0	1	0	$\frac{26}{\sqrt{469}}$	$\frac{13}{\sqrt{469}}$	$\frac{9}{\sqrt{469}}$	$\frac{7}{\sqrt{469}}$			
0	0	0	−1	$-\frac{1}{\sqrt{7}}$	$\frac{3}{\sqrt{7}}$	$\frac{1}{\sqrt{7}}$	0			

Beim letzten Übergang wurden zunächst die 3. und 4. Zeile vertauscht (dann natürlich auch links die 3. und 4. Spalte), anschließend wurde die 3. Zeile (und auch links die 3. Spalte) mit $\frac{1}{\sqrt{469}}$ und schließlich die 4. Zeile (und die 4. Spalte) mit $\frac{1}{\sqrt{7}}$ multipliziert.
Es gilt also $\operatorname{Pos}(\mathbf{C}) = 3$.

Ferner ergibt sich die gesuchte Matrix $\mathbf{P}$ nach Aufgabe 5.1.8 zu

$$\mathbf{P} = \begin{pmatrix} 1 & -1 & \frac{26}{\sqrt{469}} & -\frac{1}{\sqrt{7}} \\ 0 & 1 & \frac{13}{\sqrt{469}} & \frac{3}{\sqrt{7}} \\ 0 & 0 & \frac{9}{\sqrt{469}} & \frac{1}{\sqrt{7}} \\ 0 & 0 & \frac{7}{\sqrt{469}} & 0 \end{pmatrix}.$$

5.4.3

Man zeige, daß die Matrizen

$$\mathbf{M} = \begin{pmatrix} 1 & 2 & -3 \\ 2 & 5 & -4 \\ -3 & -4 & 8 \end{pmatrix} \quad \textit{und} \quad \mathbf{N} = \begin{pmatrix} 1 & -1 & 1 \\ -1 & 2 & 3 \\ 1 & 3 & 13 \end{pmatrix}$$

kongruent sind und bestimme eine Matrix $\mathbf{P}$ *mit* $\mathbf{M} = \mathbf{P}^\top \mathbf{N} \mathbf{P}$.

Wir überführen $\mathbf{M}$ und $\mathbf{N}$ wie in den vorigen Aufgaben auf Diagonalgestalt. Das liefert:

$$(\mathbf{M}|\mathbf{E}) \quad \longrightarrow \quad \left(\begin{array}{ccc|ccc} 1 & 0 & 0 & 1 & 0 & 0 \\ 0 & 1 & 0 & -2 & 1 & 0 \\ 0 & 0 & -5 & 7 & -2 & 1 \end{array}\right),$$

$$(\mathbf{N}|\mathbf{E}) \quad \longrightarrow \quad \left(\begin{array}{ccc|ccc} 1 & 0 & 0 & 1 & 0 & 0 \\ 0 & 1 & 0 & 1 & 1 & 0 \\ 0 & 0 & -4 & -5 & -4 & 1 \end{array}\right).$$

Wegen $\operatorname{rg}\mathbf{M} = \operatorname{rg}\mathbf{N}$ und $\operatorname{Pos}(\mathbf{M}) = \operatorname{Pos}(\mathbf{N})$ sind $\mathbf{M}$ und $\mathbf{N}$ über $\mathbb{R}$ kongruent, und beide Matrizen sind kongruent zur Matrix

$$\begin{pmatrix} 1 & 0 & 0 \\ 0 & 1 & 0 \\ 0 & 0 & -1 \end{pmatrix} =: \mathbf{D}.$$

Ferner liest man aus den obigen Matrizen ab:
Mit $B = ((1,0,0), (-2,1,0), \frac{1}{\sqrt{5}}(7,-2,1))$ ist $\mathbf{B}_B(\beta_\mathbf{M}) = \mathbf{D}$.
Mit $B' = ((1,0,0), (1,1,0), \frac{1}{2}(-5,-4,1))$ ist $\mathbf{B}_{B'}(\beta_\mathbf{N}) = \mathbf{D}$. Also gilt:

$$\mathbf{D} = \underbrace{\begin{pmatrix} 1 & 0 & 0 \\ -2 & 1 & 0 \\ \frac{7}{\sqrt{5}} & -\frac{2}{\sqrt{5}} & \frac{1}{\sqrt{5}} \end{pmatrix}}_{=:\mathbf{Q}^\top} \cdot \underbrace{\begin{pmatrix} 1 & 2 & -3 \\ 2 & 5 & -4 \\ -3 & -4 & 8 \end{pmatrix}}_{=\mathbf{M}} \cdot \underbrace{\begin{pmatrix} 1 & -2 & \frac{7}{\sqrt{5}} \\ 0 & 1 & -\frac{2}{\sqrt{5}} \\ 0 & 0 & \frac{1}{\sqrt{5}} \end{pmatrix}}_{=\mathbf{Q}}$$

$$= \underbrace{\begin{pmatrix} 1 & 0 & 0 \\ 1 & 1 & 0 \\ -\frac{5}{2} & -2 & \frac{1}{2} \end{pmatrix}}_{=:\mathbf{R}^\top} \cdot \underbrace{\begin{pmatrix} 1 & -1 & 1 \\ -1 & 2 & 3 \\ 1 & 3 & 13 \end{pmatrix}}_{=\mathbf{N}} \cdot \underbrace{\begin{pmatrix} 1 & 1 & -\frac{5}{2} \\ 1 & 1 & -2 \\ 0 & 0 & \frac{1}{2} \end{pmatrix}}_{=\mathbf{R}}.$$

Es folgt:

$$\mathbf{M} = (\mathbf{Q}^\top)^{-1} \cdot \mathbf{R}^\top \cdot \mathbf{N} \cdot \mathbf{R} \cdot \mathbf{Q}^{-1} = \underbrace{(\mathbf{R} \cdot \mathbf{Q}^{-1})^\top}_{=:\mathbf{P}^\top} \cdot \mathbf{N} \cdot \underbrace{(\mathbf{R} \cdot \mathbf{Q}^{-1})}_{=\mathbf{P}}.$$

Mit

$$\mathbf{Q}^{-1} = \sqrt{5} \begin{pmatrix} \frac{1}{\sqrt{5}} & \frac{2}{\sqrt{5}} & -\frac{3}{\sqrt{5}} \\ 0 & \frac{1}{\sqrt{5}} & \frac{2}{\sqrt{5}} \\ 0 & 0 & 1 \end{pmatrix}$$

folgt dann

$$\begin{aligned} \mathbf{R} \cdot \mathbf{Q}^{-1} &= \begin{pmatrix} 1 & 1 & -\frac{5}{2} \\ 0 & 1 & -2 \\ 0 & 0 & \frac{1}{2} \end{pmatrix} \sqrt{5} \begin{pmatrix} \frac{1}{\sqrt{5}} & \frac{2}{\sqrt{5}} & -\frac{3}{\sqrt{5}} \\ 0 & \frac{1}{\sqrt{5}} & \frac{2}{\sqrt{5}} \\ 0 & 0 & 1 \end{pmatrix} \\ &= \sqrt{5} \begin{pmatrix} \frac{1}{\sqrt{5}} & \frac{3}{\sqrt{5}} & -\frac{1}{\sqrt{5}} - \frac{5}{2} \\ 0 & \frac{1}{\sqrt{5}} & \frac{2}{\sqrt{5}} - 2 \\ 0 & 0 & \frac{1}{2} \end{pmatrix} = \mathbf{P}. \end{aligned}$$

5.4.4

Durch die folgenden Matrizen ist jeweils eine hermitesche Form β gegeben.

a) $\mathbf{A} = \begin{pmatrix} 1 & 1+i \\ 1-i & -1 \end{pmatrix}$, **b)** $\mathbf{A} = \begin{pmatrix} 0 & 0 & i \\ 0 & 0 & 0 \\ -i & 0 & 0 \end{pmatrix}$,

c) $\mathbf{A} = \begin{pmatrix} 2 & 3+3i & 4-5i \\ 3-3i & 5 & 6+2i \\ 4+5i & 6-2i & -7 \end{pmatrix}$.

Man bestimme den Positivitätsindex von β und eine Basis des $\mathbb{C}^2$ bzw. $\mathbb{C}^3$, die bezüglich β orthogonal ist.

a) Wie in Aufgabe 5.3.7 führen wir Zeilenumformungen und anschließend die entsprechenden hermiteschen Spaltenumformungen durch.

1	$1+i$	1	0	$-1+i$
$1-i$	-1	0	1	1
1	0	1	0	
0	-3	$-1+i$	1	

Diesem Endschema entnimmt man Pos $(\mathbf{A}) = 1$. Ferner gilt nach Aufgabe 5.3.7

$$\begin{pmatrix} 1 & 0 \\ -1+i & 1 \end{pmatrix} \begin{pmatrix} 1 & 1+i \\ 1-i & -1 \end{pmatrix} \begin{pmatrix} 1 & -1-i \\ 0 & 1 \end{pmatrix} = \begin{pmatrix} 1 & 0 \\ 0 & -3 \end{pmatrix}.$$

Also bilden die Vektoren $X = (1,0)$ und $Y = (-1+i,1)$ eine Basis des $\mathbb{C}^2$, die bezüglich β orthogonal ist.

b) Siehe Aufgabe 5.3.8: Pos $(\beta) = 1$.

c)

2	$3+3i$	$4-5i$	1	0	0	$3-3i$	$4+5i$
$3-3i$	5	$6+2i$	0	1	0	-2	
$4+5i$	$6-2i$	-7	0	0	1		-2
2	0	0	1	0	0		
0	-16	$30+62i$	$3-3i$	-2	0	$30-62i$	
0	$30-62i$	-110	$4+5i$	0	-2	16	
2	0	0	1	0	0		
0	-16	0	$3-3i$	-2	0		
0	0	47744	$-32-196i$	$-60+124i$	-32		

C besitzt also den Positivitätsindex 2.
Die Zeilen der rechts unten stehenden Matrix bilden eine Basis des $\mathbb{C}^3$, die bezüglich β orthogonal ist.

5.4.5

Für eine $n \times n$–Matrix $\mathbf{A} = (a_{kl})$ seien $\mathbf{A}_\nu = (a_{kl})_{k,l=1,\ldots,\nu}$ die sog. **Hauptuntermatrizen** *und $|\mathbf{A}_\nu|$ die sog.* **Hauptunterdeterminanten** *von* $\mathbf{A}$ *$(\nu = 1,\ldots,n)$.*

Es sei V ein Vektorraum über $K = \mathbb{R}$ bzw. $K = \mathbb{C}$ mit $\dim V = n \in \mathbb{N}$. $\beta : V \times V \longrightarrow K$ sei eine symmetrische Bilinearform (hermitesche Form). Dann sind äquivalent:

1. *β ist positiv definit.*
2. Pos $(\beta) = n$
3. *Ist $\mathbf{A} = \mathbf{B}_B(\beta)$ für eine Basis B von V, so ist $|\mathbf{A}_\nu| > 0$ für $\nu = 1,\ldots,n$.*

Die Äquivalenz (3) $\Longleftrightarrow$ (1) wird als HURWITZ*sches Definitheitskriterium bezeichnet.*

Wir beschränken uns im Beweis auf den Fall, daß β eine symmetrische Bilinearform ist. Der Beweis für hermitesche Formen verläuft völlig analog.

(1) $\Longrightarrow$ (2):
Es sei $B = (B_1, \ldots, B_n)$ eine Basis von V, so daß $\mathbf{B}_B(\beta) =: \mathbf{A} = (a_{kl})$ die Gestalt aus dem Trägheitssatz von SYLVESTER hat. Dann gilt $\beta(B_k, B_k) = a_{kk}$, und da β als positiv definit vorausgesetzt wird, folgt $a_{kk} = 1$ für $k = 1, \ldots, n$, d. h. $\operatorname{Pos}(\beta) = n$.

(2) $\Longrightarrow$ (1):
Nach Voraussetzung gibt es eine Basis B mit

$$\mathbf{B}_B(\beta) = \begin{pmatrix} a_1 & & \mathbf{0} \\ & \ddots & \\ \mathbf{0} & & a_n \end{pmatrix}$$

und $a_k > 0$ für $k = 1, \ldots, n$. Sei $X \in V$ beliebig und $k_B(X) = (x_1, \ldots, x_n)$. Dann gilt:

$$\beta(X, X) = (k_B(X))^\top \mathbf{B}_B(\beta)\, k_B(X) = a_1 x_1^2 + \ldots + a_n x_n^2 \ ,$$

also $\beta(X, X) \geq 0$ und $(\beta(X, X) = 0 \iff X = 0)$.

(1) $\Longrightarrow$ (3):
Zunächst zeigen wir: Ist γ positiv definit und $\mathbf{C} = \mathbf{B}_C(\gamma)$ für eine Basis C, so gilt $\det \mathbf{C} > 0$.
Da γ positiv definit ist, also $\operatorname{Pos}(\gamma) = n$ gilt, ist $\mathbf{C}$ kongruent zu $\mathbf{E}$, d. h. es gibt eine invertierbare Matrix $\mathbf{P}$ mit $\mathbf{P}^\top \mathbf{P} = \mathbf{C}$. Somit ist

$$\det \mathbf{C} = \det \mathbf{P}^\top \cdot \det \mathbf{P} = (\det \mathbf{P})^2 > 0 \ .$$

Sei nun $B = (B_1, \ldots, B_n)$ eine Basis von V. Für $\nu = 1, \ldots, n$ beschreibt jede Hauptuntermatrix $\mathbf{A}_\nu$ ebenfalls eine positiv definite symmetrische Bilinearform β_ν auf $L(B_1, \ldots, B_\nu)$, denn es gilt für $Y \in L(B_1, \ldots, B_\nu)$ mit Koordinatenvektor $(x_1, \ldots, x_\nu)$ bzgl. $(B_1, \ldots, B_\nu)$:

$$\beta_\nu(Y, Y) = (x_1, \ldots, x_\nu)\mathbf{A}_\nu \begin{pmatrix} x_1 \\ \vdots \\ x_\nu \end{pmatrix} = (x_1, \ldots, x_\nu, 0, \ldots, 0)\, \mathbf{A} \begin{pmatrix} x_1 \\ \vdots \\ x_\nu \\ 0 \\ \vdots \\ 0 \end{pmatrix} = \beta(Y, Y) \ ,$$

da $k_B(Y) = (x_1, \ldots, x_\nu, 0, \ldots, 0)$.
Nach dem vorher Bewiesenen ist daher $\det \mathbf{A}_\nu > 0$.

(3) $\Longrightarrow$ (1):
Beweis durch *vollständige Induktion* nach n.
$n = 1$: Gilt $|\mathbf{A}| > 0$ für $\mathbf{A} = (a_1)$, so ist $a_1 > 0$ und β ist positiv definit.
Es sei nun $B = (B_1, \ldots, B_n)$, ferner $\mathbf{A} = \mathbf{B}_B(\beta) \in \mathcal{M}_{n\times n}(\mathbb{R})$ und $|\mathbf{A}_\nu| > 0$ für $\nu = 1, \ldots, n$. Streiche aus $\mathbf{A}$ die letzte Zeile und die letzte Spalte. Für die entstehende Matrix $\mathbf{A}^* \in \mathcal{M}_{(n-1)\times(n-1)}(\mathbb{R})$ gilt dann auch $|\mathbf{A}^*_\nu| > 0$ für alle $\nu = 1, \ldots, n-1$. $\mathbf{A}^*$ erfüllt also Eigenschaft (3) mit $W := L(B_1, \ldots, B_{n-1})$ statt V, $(B_1, \ldots, B_{n-1})$ statt B und $\gamma := \beta \restriction W \times W$ statt β. Nach Induktionsvoraussetzung ist das auf W gegebene Skalarprodukt γ positiv definit. W besitzt eine bezüglich γ orthogonale Basis $(A_1', \ldots, A_{n-1}')$, und mit $A_k = \dfrac{1}{\gamma(A_k', A_k')} A_k'$ erhalten wir (mit der positiven Definitheit von γ) eine bzgl. γ orthonormale Basis $A = (A_1, \ldots, A_{n-1})$ von W. Definiere A_n durch

$$A_n = B_n - \sum_{k=1}^{n-1} \frac{\beta(B_n, A_k)}{\beta(A_k, A_k)} A_k \, .$$

Dann ist $\beta(A_n, A_k) = 0$ für $k = 1, \ldots, n-1$. $B^* = (A_1, \ldots, A_{n-1}, A_n)$ ist eine bzgl. β orthogonale Basis von V. Ferner gilt mit $a = \beta(A_n, A_n)$:

$$\mathbf{B}_{B^*}(\beta) = \begin{pmatrix} 1 & & & \mathbf{0} \\ & \ddots & & \\ & & 1 & \\ \mathbf{0} & & & a \end{pmatrix} =: \mathbf{C} \, .$$

Nach dem Vorspann ist $\mathbf{C}$ kongruent zu $\mathbf{A}$, d. h. es gibt eine Matrix $\mathbf{P}$ mit $\mathbf{C} = \mathbf{P}^\top \mathbf{A} \mathbf{P}$. Daraus folgt

$$a = \det \mathbf{C} = (\det \mathbf{P})^2 \cdot \det \mathbf{A} \, .$$

Nach Voraussetzung ist $\det \mathbf{A} > 0$, also auch $a > 0$. Damit gilt $\operatorname{Pos}(\beta) = n$, und β ist wegen (1) $\Longleftrightarrow$ (2) positiv definit.

5.5 Euklidische und unitäre Vektorräume

In diesem Abschnitt werden Vektorräume mit positiv definitem reellem Skalarprodukt bzw. mit positiv definiter hermitescher Form betrachtet. Um nicht immer zwischen $\mathbb{R}$ und $\mathbb{C}$ unterscheiden zu müssen, stehe $\mathbb{K}$ in diesem Abschnitt für $\mathbb{R}$ oder $\mathbb{C}$.

Euklidischer Vektorraum	:	Vektorraum mit positiv definitem reellem Skalarprodukt
Unitärer Vektorraum	:	Vektorraum mit positiv definiter hermitescher Form

V sei im folgenden stets ein euklidischer oder ein unitärer Vektorraum.

Es gilt:
Jeder euklidische Vektorraum oder unitäre Vektorraum V abzählbarer Dimension besitzt eine Orthonormalbasis.

Wichtigste Formel in solchen Vektorräumen ist die

CAUCHY–SCHWARZ'sche Ungleichung
Für alle Vektoren $X, Y \in V$ gilt: $|\langle X, Y\rangle| \leq \|X\|\,\|Y\|$.
Das Gleichheitszeichen gilt genau dann, wenn X, Y linear abhängig sind.

Endomorphismen in euklidischen (unitären) Vektorräumen

Solche Endomorphismen nennt man auch **Operatoren**.
Sei $(V, \langle\ ,\ \rangle)$ ein euklidischer (unitärer) Vektorraum über $\mathbb{K}$ und sei $\varphi \in \operatorname{End}(V)$. $\varphi^* \in \operatorname{End}(V)$ heißt **adjungierter Operator** zu φ (bzgl. $\langle\ ,\ \rangle$), falls

$$\langle \varphi(X), Y\rangle = \langle X, \varphi^*(Y)\rangle$$

für alle $X, Y \in V$ gilt.
Ist $\dim V = n \in \mathbb{N}$, so gibt es zu $\varphi \in \operatorname{End}(V)$ genau ein $\varphi^* \in \operatorname{End}(V)$, so daß φ^* adjungierter Operator zu φ ist.
φ heißt **selbstadjungiert** (für $\mathbb{K} = \mathbb{R}$ auch oft symmetrisch), falls $\varphi^* = \varphi$ gilt.
φ heißt **orthogonal** (bzw. **unitär** für $\mathbb{K} = \mathbb{C}$), falls $\varphi \circ \varphi^* = \varphi^* \circ \varphi = id$.
φ heißt **normal**, falls $\varphi \circ \varphi^* = \varphi^* \circ \varphi$ gilt.

Entsprechend (siehe folgende Sätze) heißt $\mathbf{A} \in \mathcal{M}_{n\times n}(\mathbb{K})$
orthogonal (für $\mathbb{K} = \mathbb{R}$), falls $\mathbf{A}^\top \mathbf{A} = \mathbf{E}$ (also falls $\mathbf{A}^{-1} = \mathbf{A}^\top$);
unitär (für $\mathbb{K} = \mathbb{C}$), falls $\overline{\mathbf{A}}^\top \mathbf{A} = \mathbf{E}$ (also falls $\mathbf{A}^{-1} = \overline{\mathbf{A}}^\top$).
Ist $\mathbf{A}$ orthogonal und $\det \mathbf{A} = 1$, so heißt $\mathbf{A}$ eine **Drehmatrix**.

Es folgen wichtige Sätze über Endomorphismen in euklidischen (unitären) Vektorräumen.

Wichtige Sätze

Sei V ein euklidischer (unitärer) Vektorraum endlicher Dimension über $\mathbb{K}$, sei $B = (B_1, \ldots, B_n)$ eine Orthonormalbasis von V. Dann gilt für $\varphi \in \operatorname{End}(V)$:

1. $\mathbf{M}_B^B(\varphi^*) = \overline{\mathbf{M}_B^B(\varphi)}^\top$; insbesondere ist $\mathbf{M}(\varphi^*) = \overline{\mathbf{M}(\varphi)}^\top$ (für $V = \mathbb{K}^n$ und das kanonische Skalarprodukt bzw. die kanonische hermitesche Form).

2. $\varphi^*(X) = \sum_{k=1}^{n} \langle X, \varphi(B_k) \rangle B_k \qquad (X \in V).$

3. Für $\mathbb{K} = \mathbb{C}$:

   φ selbstadjungiert $\iff$ $\mathbf{M}_B^B(\varphi)$ ist hermitesch.

   Für $\mathbb{K} = \mathbb{R}$:

   φ selbstadjungiert $\iff$ $\mathbf{M}_B^B(\varphi)$ ist symmetrisch.

4. Für $\mathbb{K} = \mathbb{C}$:

   φ unitär $\iff$ $\mathbf{M}_B^B(\varphi)$ ist unitär.

   Für $\mathbb{K} = \mathbb{R}$:

   φ orthogonal $\iff$ $\mathbf{M}_B^B(\varphi)$ ist orthogonal.

5. Folgende Aussagen sind äquivalent:
   - (i) φ ist unitär (orthogonal).
   - (ii) $\langle \varphi(X), \varphi(Y) \rangle = \langle X, Y \rangle$ für alle $X, Y \in V$.
   - (iii) φ ist längentreu, d. h. $\|\varphi(X)\| = \|X\|$ für alle $X \in V$.
   - (iv) $\forall X \in V \ (\|X\| = 1 \implies \|\varphi(X)\| = 1)$.
   - (v) φ bildet beliebige Orthonormalsysteme auf Orthonormalsysteme ab.

6. Ist φ selbstadjungiert, so sind alle Eigenwerte von φ reell, p_φ zerfällt in reelle Linearfaktoren.

   Insbesondere (wähle $\varphi = \varphi_{\mathbf{A}}$) **sind also alle Eigenwerte einer symmetrischen (hermiteschen) Matrix reell.**

5.5.1

Im $\mathbb{R}^2$ *betrachte man die Bilinearform*

$$\beta(X,Y) := x_1y_1 - x_1y_2 - x_2y_1 + 3x_2y_2 .$$

a) *Man zeige, daß* $(\mathbb{R}^2, \beta)$ *ein euklidischer Vektorraum* V *ist.*

b) *Man berechne* $\|(4,-2)\|$ *in* V.

a) Die Bilinearität und die Symmetrie rechnet man entweder direkt nach, oder man schreibt

$$\beta(X,Y) = X^\top \begin{pmatrix} 1 & -1 \\ -1 & 3 \end{pmatrix} Y$$

und sieht, daß die β darstellende Matrix symmetrisch ist.
Es bleibt die positive Definitheit zu zeigen. Diese ergibt sich natürlich mit den Methoden aus Abschnitt 5.4. Im $\mathbb{R}^2$ ist der folgende Weg einfacher:

$$\begin{aligned} \beta(X,X) &= x_1^2 - x_1x_2 - x_2x_1 + 3x_2^2 \\ &= x_1^2 - 2x_1x_2 + x_2^2 + 2x_2^2 = (x_1 - x_2)^2 + 2x_2^2 \\ &\geq 0 \qquad \text{als Quadratsumme} . \end{aligned}$$

Ferner gilt $\beta(X,X) = 0$ genau dann, wenn $x_2 = 0$ und $x_1 = x_2$, also nur für $X = 0$.

b)

$$\begin{aligned} \beta((4,-2),(4,-2)) &= (4 \ \ -2) \begin{pmatrix} 1 & -1 \\ -1 & 3 \end{pmatrix} \begin{pmatrix} 4 \\ -2 \end{pmatrix} = (6 \ \ -10) \begin{pmatrix} 4 \\ -2 \end{pmatrix} \\ &= 44 ; \\ \|(4,-2)\| &= \sqrt{44} . \end{aligned}$$

5.5.2

V sei ein endlich–dimensionaler euklidischer (unitärer) Vektorraum. Man zeige:
Ist U ein Untervektorraum von V, so gilt $U \oplus U^\perp = V$.

Es sei $(A_1, \ldots, A_r)$ eine Orthonormalbasis von U. Diese läßt sich zu einer Orthonormalbasis $B = (A_1, \ldots, A_n)$ von V ergänzen. Da die Vektoren in B paarweise orthogonal sind, gilt $A_{r+1}, \ldots, A_n \in U^\perp$. Für jedes $X \in V$ existiert also eine Darstellung

$$X = \underbrace{(\alpha_1 A_1 + \ldots + \alpha_r A_r)}_{\in U} + \underbrace{(\alpha_{r+1} A_{r+1} + \ldots + \alpha_n A_n)}_{\in U^\perp},$$

d. h. $V = U + U^\perp$.
Gilt aber $X \in U \cap U^\perp$, so ist $\langle X, X\rangle = 0$ nach Definition von $U^\perp$, also $X = 0$.
Insgesamt folgt $V = U \oplus U^\perp$.

Bemerkung: $U \oplus U^\perp = V$ gilt bereits, falls auf V ein nicht degeneriertes Skalarprodukt gegeben ist. Der Beweis dieser allgemeineren Aussage ist aber schwieriger.

5.5.3
V sei ein euklidischer Vektorraum. Man zeige:
a) $\|X\| = \|Y\| \iff \langle X+Y, X-Y\rangle = 0$.
b) $\|X+Y\|^2 = \|X\|^2 + \|Y\|^2 \iff \langle X, Y\rangle = 0$.
Gelten diese Äquivalenzen auch für unitäre Vektorräume?

a)

$$\begin{aligned}\langle X+Y, X-Y\rangle = 0 &\iff \langle X,X\rangle + \langle Y,X\rangle - \langle X,Y\rangle - \langle Y,Y\rangle = 0\\ &\iff \langle X,X\rangle - \langle Y,Y\rangle = 0 \text{ (da } \langle\ ,\ \rangle \text{ symmetrisch)}\\ &\iff \|X\|^2 = \|Y\|^2\\ &\iff \|X\| = \|Y\|\,.\end{aligned}$$

b)

$$\begin{aligned}\|X+Y\|^2 &= \langle X+Y, X+Y\rangle\\ &= \langle X,X\rangle + 2\langle X,Y\rangle + \langle Y,Y\rangle \quad \text{(da } \langle\ ,\ \rangle \text{ symmetrisch)}\\ &= \|X\|^2 + \|Y\|^2 + 2\langle X,Y\rangle\,.\end{aligned}$$

Es folgt: $\|X+Y\|^2 = \|X\|^2 + \|Y\|^2 \iff \langle X,Y\rangle = 0$.

Die Äquivalenzen gelten nicht für unitäre Vektorräume.
Gegenbeispiel zu a): Wähle $V := \mathbb{C}$ und $X := i\ ,\ Y := 1$.
Es folgt $\|X\| = \|Y\| = 1$, aber

$$\langle X+Y, X-Y\rangle = \langle 1+i, i-1\rangle = (1+i)\cdot(-1-i) = -2i \neq 0.$$

Gegenbeispiel zu b): Wähle $V := \mathbb{C}^2$ und $X := (i,i)\ ,\ Y := (1,1)$.
Es folgt $\|X\|^2 = \|Y\|^2 = 2$ und

$$\begin{aligned}\|X+Y\|^2 &= \langle(1+i, 1+i), (1+i, 1+i)\rangle = (1+i)(1-i) + (1+i)(1-i)\\ &= 2+2 = 4\,.\end{aligned}$$

Also gilt $\|X+Y\|^2 = \|X\|^2 + \|Y\|^2$, und es ist $\langle X,Y\rangle = i + i = 2i \neq 0$.

5.5.4
Sei $(V, \langle\ ,\ \rangle)$ ein euklidischer (unitärer) Vektorraum. Man zeige, daß für alle $X, Y, Z \in V$; $\lambda \in \mathbb{K}$ gilt:[9]
(1) $\|X\| \geq 0\,, \quad \|X\| = 0 \iff X = 0.$
(2) $\|\lambda X\| = |\lambda|\ \|X\|.$
(3) $\|X + Y\| \leq \|X\| + \|Y\|.$

(1) folgt sofort aus der positiven Definitheit von $\langle\ ,\ \rangle$.
Zu (2): Es ist

$$\|\lambda X\|^2 = \langle \lambda X, \lambda X\rangle = \lambda\overline{\lambda}\langle X, X\rangle = |\lambda|^2\, \|X\|^2$$

nach (H1) und (H2) im Vorspann zu 5.3.
Zu (3):

$$\begin{aligned}\|X+Y\|^2 &= \langle X+Y, X+Y\rangle = \langle X, X\rangle + 2\underbrace{\Re(\langle X, Y\rangle)}_{\leq|\langle X,Y\rangle|} + \langle Y, Y\rangle \\ &\overset{(*)}{\leq} \|X\|^2 + 2\|X\|\ \|Y\| + \|Y\|^2 \\ &= (\|X\| + \|Y\|)^2\,.\end{aligned}$$

Dabei gilt $(*)$ nach der CAUCHY – SCHWARZschen Ungleichung.

5.5.5
Man zeige: Jeder unitäre (euklidische) Vektorraum $(V, \langle\ ,\ \rangle)$ der Dimension n ist isometrisch isomorph zum $\mathbb{K}^n$ mit der kanonischen hermiteschen Form (dem kanonischen Skalarprodukt).
Dies heißt: Es gibt einen Isomorphismus $\varphi : V \longrightarrow \mathbb{K}^n$, der eine **Isometrie** *ist, für den also gilt: $\|X - Y\| = \|\varphi(X) - \varphi(Y)\|$ für alle $X, Y \in V$.*

$\langle\ ,\ \rangle$ bezeichne auch die kanonische hermitesche Form, C sei eine Orthonormalbasis von V. Bekanntlich ist $k_C : V \longrightarrow \mathbb{K}^n$ ein Isomorphismus. Ferner ist $\mathbf{B}_C(\langle\ ,\ \rangle) = \mathbf{E}$, da C eine Orthonormalbasis ist, also gilt:

$$\langle X, Y\rangle = k_C(X)^\top \mathbf{B}_C(\langle\ ,\ \rangle)\overline{k_C(Y)} = k_C(X)^\top\, \overline{k_C(Y)} = \langle k_C(X), k_C(Y)\rangle$$

für alle $X, Y \in V$. Somit ist mit $\varphi := k_C$:

$$\begin{aligned}\|X-Y\|^2 &= \langle X-Y, X-Y\rangle = \langle\varphi(X-Y), \varphi(X-Y)\rangle \\ &= \langle\varphi(X) - \varphi(Y), \varphi(X) - \varphi(Y)\rangle = \|\varphi(X) - \varphi(Y)\|^2\,.\end{aligned}$$

[9]siehe Bemerkung 2 auf Seite 256.
Die Ungleichung (3) heißt auch **Dreiecksungleichung**.

5.5.6
Man zeige für $a_1, \ldots, a_n, b_1, \ldots, b_n \in \mathbb{C}$:

$$(a_1\overline{b_1} + \ldots + a_n\overline{b_n})^2 \le (|a_1|^2 + \ldots + |a_n|^2)\,(|b_1|^2 + \ldots + |b_n|^2)$$

Betrachtet man im $\mathbb{C}^n$ die übliche hermitesche Form $\langle\ ,\ \rangle$, so lautet die zu beweisende Gleichung (wenn man $X = (a_1, \ldots, a_n)$ und $Y = (b_1, \ldots, b_n)$ setzt):

$$\langle X, Y\rangle^2 \le \|X\|^2 \cdot \|Y\|^2,$$

und diese Gleichung folgt direkt aus der CAUCHY–SCHWARZschen Ungleichung. Die bewiesene Ungleichung wird auch oft in der Form

$$\left|\sum_{k=1}^{n} a_k\overline{b_k}\right| \le \sqrt{\sum_{k=1}^{n} |a_k|^2}\ \sqrt{\sum_{k=1}^{n} |b_k|^2}$$

formuliert.

5.5.7
Es seien V ein unitärer (euklidischer) Vektorraum, $A_1, \ldots, A_l \in V$ Einheitsvektoren, die paarweise orthogonal sind und $X \in V$. Man zeige:

a) $$\sum_{k=1}^{l} |\langle X, A_k\rangle|^2 \le \|X\|^2.$$

Diese Ungleichung heißt **BESSELsche Ungleichung**.

b) *Für alle $a_1, \ldots, a_l \in \mathbb{K}$ ist* $\|X - \sum_{k=1}^{l}\langle X, A_k\rangle A_k\| \le \|X - \sum_{k=1}^{l} a_k A_K\|$.

a) Es gilt:

$$\begin{aligned}
0 &\le \|X - \sum_{k=1}^{l}\langle X, A_k\rangle\, A_k\|^2 \\
&= \langle X - \sum_{k=1}^{l}\langle X, A_k\rangle\, A_k, X - \sum_{k=1}^{l}\langle X, A_k\rangle\, A_k\rangle \\
&= \langle X, X\rangle - \sum_{k=1}^{l}\langle X, A_k\rangle\, \langle A_k, X\rangle + \langle X, -\sum_{k=1}^{l}\langle X, A_k\rangle\, A_k\rangle + \\
&\quad + \langle -\sum_{k=1}^{l}\langle X, A_k\rangle\, A_k, -\sum_{k=1}^{l}\langle X, A_k\rangle\, A_k\rangle \\
&= \langle X, X\rangle - \sum_{k=1}^{l}\langle X, A_k\rangle \cdot \overline{\langle X, A_k\rangle} - \sum_{k=1}^{l}\overline{\langle X, A_k\rangle} \cdot \langle X, A_k\rangle +
\end{aligned}$$

$$+\sum_{k=1}^{l}\langle X, A_k\rangle \cdot \overline{\langle X, A_k\rangle} \qquad (\text{da } \langle A_k, A_j\rangle = \delta_{kj})$$

$$= \langle X, X\rangle - \sum_{k=1}^{l} \overline{\langle X, A_k\rangle} \cdot \langle X, A_k\rangle$$

$$= \|X\|^2 - \sum_{k=1}^{l} |\langle X, A_k\rangle|^2 , \qquad \text{da } \overline{z}\, z = |z|^2 \text{ für } z \in \mathbb{C} .$$

b) Nach a) ist

$$\|X - \sum_{k=1}^{l}\langle X, A_k\rangle\, A_k\|^2 = \|X\|^2 - \sum_{k=1}^{l} |\langle X, A_k\rangle|^2 .$$

Völlig analog kommt man zu:

$$\|X - \sum_{k=1}^{l} a_k A_k\|^2 = \|X\|^2 - \sum_{k=1}^{l} \overline{a_k}\, \langle X, A_k\rangle - \sum_{k=1}^{l} a_k \langle A_k, X\rangle + \sum_{k=1}^{l} |a_k|^2 .$$

Die Behauptung ist somit äquivalent zu

$$\sum_{k=1}^{l} \left(|a_k|^2 - \overline{a_k}\, \langle X, A_k\rangle - a_k\langle A_k, X\rangle + |\langle X, A_k|^2 \right) \geq 0 .$$

Wir zeigen daher: Für alle $z, w \in \mathbb{C}$ ist $u := |z|^2 - \overline{z}w - z\overline{w} + |w|^2 \geq 0$.
Da $\overline{z}w + z\overline{w} = \overline{z\overline{w}} + z\overline{w} = 2\Re(z\overline{w})$, gilt für $z = a + bi$ und $w = c + di$:

$$2\Re(z\overline{w}) = 2ac + 2bd .$$

Damit ist

$$u = a^2 + b^2 - 2ac - 2bd + c^2 + d^2 = (a-c)^2 + (b-d)^2 \geq 0 .$$

Bemerkung: $X \in V$ hat somit von allen Vektoren aus $U := L(A_1, \ldots, A_l)$ zu $Y_X = \sum\langle X, A_k\rangle A_k$ den kleinsten Abstand, wird also in diesem Sinne durch Y_X in U am besten approximiert.

5.5.8

Es sei V der Vektorraum der $n \times n-$Matrizen über $\mathbb{R}$.

a) *Man zeige, daß V mit $\langle \mathbf{A}, \mathbf{B}\rangle :=$ Spur $(\mathbf{B}^\top \mathbf{A})$ ein euklidischer Vektorraum ist.*

b) *Für $n = 2$ bestimme man eine Orthonormalbasis von V.*

c) *Für $n = 2$ bestimme man das orthogonale Komplement $U^\perp$ zum Untervektorraum U der symmetrischen Matrizen, sowie eine Orthonormalbasis von $U^\perp$.*

Es sei $\mathbf{A} = (a_{kl})$.

a) Die Bilinearität von $\langle \mathbf{A}, \mathbf{B} \rangle := \mathrm{Spur}\,(\mathbf{B}^\top \mathbf{A})$ folgt aus Aufgabe 4.1.6 REP1. Es ist $(\mathbf{A}^\top \mathbf{B})^\top = \mathbf{B}^\top \mathbf{A}^{\top\,\top} = \mathbf{B}^\top \mathbf{A}$. Da eine quadratische Matrix stets dieselbe Spur hat wie ihre Transponierte, gilt daher $\mathrm{Spur}\,\mathbf{B}^\top \mathbf{A} = \mathrm{Spur}\ \mathbf{A}^\top \mathbf{B}$, also ist $\langle \mathbf{A}, \mathbf{B} \rangle = \langle \mathbf{B}, \mathbf{A} \rangle$ für alle $\mathbf{A}, \mathbf{B} \in \mathcal{M}_{n\times n}(\mathbb{R})$.

Beweis der positiven Definitheit:

Es gilt $\langle \mathbf{A}, \mathbf{A} \rangle = \mathrm{Spur}\,\mathbf{A}^\top \mathbf{A} = \sum\limits_{k=1}^{n}\Big(\sum\limits_{l=1}^{n}(a_{lk})^2\Big) \geq 0$. Das Gleichheitszeichen gilt nur für die Nullmatrix.

b) Für $n = 2$ ist die kanonische Basis von V gegeben durch die 4 Matrizen

$$\begin{pmatrix} 1 & 0 \\ 0 & 0 \end{pmatrix}, \begin{pmatrix} 0 & 1 \\ 0 & 0 \end{pmatrix}, \begin{pmatrix} 0 & 0 \\ 1 & 0 \end{pmatrix}, \begin{pmatrix} 0 & 0 \\ 0 & 1 \end{pmatrix},$$

die eine Orthonormalbasis bezüglich $\langle\ ,\ \rangle$ bilden (nachrechnen).

c) Für den Untervektorraum U der symmetrischen Matrizen ist eine Basis gegeben durch

$$\begin{pmatrix} 1 & 0 \\ 0 & 0 \end{pmatrix}, \begin{pmatrix} 0 & 0 \\ 0 & 1 \end{pmatrix}, \begin{pmatrix} 0 & 1 \\ 1 & 0 \end{pmatrix}.$$

Folglich gilt $\dim U^\perp = 1$. Für die Matrix $\begin{pmatrix} 0 & 1 \\ -1 & 0 \end{pmatrix}$ rechnet man nach:

$$\begin{aligned} \left\langle \begin{pmatrix} 0 & 1 \\ -1 & 0 \end{pmatrix}, \begin{pmatrix} 1 & 0 \\ 0 & 0 \end{pmatrix} \right\rangle &= \mathrm{Spur}\left(\begin{pmatrix} 1 & 0 \\ 0 & 0 \end{pmatrix}\begin{pmatrix} 0 & 1 \\ -1 & 0 \end{pmatrix}\right) \\ &= \mathrm{Spur}\begin{pmatrix} 0 & 1 \\ 0 & 0 \end{pmatrix} = 0\,. \end{aligned}$$

Entsprechend erhält man:

$$\left\langle \begin{pmatrix} 0 & 1 \\ -1 & 0 \end{pmatrix}, \begin{pmatrix} 0 & 0 \\ 0 & 1 \end{pmatrix} \right\rangle = \left\langle \begin{pmatrix} 0 & 1 \\ -1 & 0 \end{pmatrix}, \begin{pmatrix} 0 & 1 \\ 1 & 0 \end{pmatrix} \right\rangle = 0\,.$$

Also gilt $\begin{pmatrix} 0 & 1 \\ -1 & 0 \end{pmatrix} \in U^\perp$; diese Matrix liefert damit eine Basis von $U^\perp$.

$U^\perp$ besteht gerade aus den schiefsymmetrischen Matrizen.

Ferner gilt

$$\left\langle \begin{pmatrix} 0 & 1 \\ -1 & 0 \end{pmatrix}, \begin{pmatrix} 0 & 1 \\ -1 & 0 \end{pmatrix} \right\rangle = \mathrm{Spur}\begin{pmatrix} 1 & 0 \\ 0 & 1 \end{pmatrix} = 2\,.$$

$\left\{\frac{1}{\sqrt{2}}\begin{pmatrix} 0 & 1 \\ -1 & 0 \end{pmatrix}\right\}$ ist damit eine Orthonormalbasis von $U^\perp$.

5.5.9

In Aufgabe 1.3.1 haben wir den Unterraum $\ell^{(2)}$ des Vektorraumes $\mathbb{R}^{\mathbb{N}}$ der reellen Zahlenfolgen eingeführt.

$$\ell^{(2)} = \{X \in \mathbb{R}^{\mathbb{N}} \mid X = (x_k)_{k\in\mathbb{N}} \textit{ und } \sum_{k=0}^{\infty} x_k^2 \textit{ konvergiert}\}$$

Für $X = (x_k)$, $Y = (y_k)$; $X, Y \in \ell^{(2)}$ sei $\langle X, Y\rangle := \sum_{k=0}^{\infty} x_k y_k$.

Man zeige, daß $\langle\ ,\ \rangle$ ein positiv definites Skalarprodukt auf $\ell^{(2)}$ ist.

In Aufgabe 1.3.1 haben wir nachgewiesen, daß die Reihe $\sum_{k=0}^{\infty} x_k y_k$ absolut konvergiert und damit konvergiert. $\langle\ ,\ \rangle$ ist also eine Abbildung von $\ell^{(2)} \times \ell^{(2)}$ nach $\mathbb{R}$, für die man mit

$$(x_k) + (y_k) = (x_k + y_k) \quad \text{und} \quad a\,(x_k) = (ax_k)$$

sofort nachrechnet, daß sie bilinear und symmetrisch ist (vergleiche mit dem kanonischen Skalarprodukt im $\mathbb{R}^n$!).

Ferner ist $\langle X, X\rangle = \sum_{k=0}^{\infty} x_k^2 \geq 0$ und $\langle X, X\rangle = 0$ genau dann, wenn $x_k = 0$ für alle $k \in \mathbb{N}$ gilt, wenn also X der Nullvektor des $\mathbb{R}^{\mathbb{N}}$ ist.

Bemerkung 1:
Analog definieren wir den Unterraum

$$\{X \in \mathbb{C}^{\mathbb{N}} \mid X = (x_k)_{k\in\mathbb{N}} \text{ und } \sum_{k=0}^{\infty} |x_k|^2 \text{ konvergiert}\}$$

von $\mathbb{C}^{\mathbb{N}}$ mit der positiv definiten hermiteschen Form $\langle X, Y\rangle = \sum_{k=0}^{\infty} x_k \overline{y_k}$.

Bemerkung 2:
Definieren wir für $X \in \ell^{(2)}$ wie üblich $\|X\| = \langle X, X\rangle^{\frac{1}{2}}$, so gilt für die Funktion $\|\ \| : \ell^{(2)} \longrightarrow \mathbb{R}_{\geq 0}$:

(N1) $\|X\| \geq 0\,;\quad \|X\| = 0 \iff X = 0$

(N2) $\|\alpha X\| = |\alpha\, \|X\|$

(N3) $\|X + Y\| \leq \|X\| + \|Y\|$.

Ein Vektorraum V über $\mathbb{R}$ zusammen mit einer Abbildung $\| \ \| : V \longrightarrow \mathbb{R}$, die die Eigenschaften (N1) – (N3) hat, heißt **normierter Raum**.
Wir definieren wie üblich den Begriff der CAUCHY–Folge in V und die Konvergenz von Folgen in V:

Eine Folge (X_k) in V heißt CAUCHY–Folge, wenn gilt:
$\forall \epsilon > 0 \, \exists N(\epsilon) \, \forall n, m \geq N(\epsilon) \ \ \|X_n - X_m\| < \epsilon.$
(X_k) heißt konvergent in V, falls ein ein $X \in V$ gibt mit:
$\forall \epsilon > 0 \, \exists N(\epsilon) \, \forall n \geq N(\epsilon) \ \ \|X_n - X\| < \epsilon.$

Ein normierter Raum $(V, \| \ \|)$ heißt **BANACH–Raum**, wenn jede CAUCHY–Folge in V konvergiert.
Ein BANACH–Raum heißt **HILBERT–Raum**, wenn seine Norm durch $\|X\| = \langle X, X \rangle^{\frac{1}{2}}$ gegeben ist, wobei $\langle \ , \ \rangle$ ein positiv definites Skalarprodukt auf V ist.
Es gilt: $(\ell^{(2)}, \| \ \|)$ ist ein HILBERT–Raum.

5.5.10

Man widerlege im HILBERT–Raum aus Aufgabe 9 die Aussage:
Ist U ein Untervektorraum von V, so ist $U = U^{\perp\perp}$.

Setze $U := L(\{E_k \mid k \in \mathbb{N}\})$ mit $E_k = (\delta_{kl})_{l \in \mathbb{N}}$.
Ist $X = (x_k) \in U^{\perp}$, so gilt insbesondere $\langle X, E_k \rangle = 0$ für alle $k \in \mathbb{N}$, also $x_k \cdot 1 = x_k = 0$ für alle $k \in \mathbb{N}$. Damit ist $U^{\perp} = \{0\}$ und $U^{\perp\perp} = \ell^{(2)}$. Aber nach Aufgabe 1.3.1 ist $U \neq \ell^{(2)}$.

5.5.11

Sei $\mathbf{A} \in \mathcal{M}_{n\times n}(\mathbb{C})$ und $\langle \ , \ \rangle$ die kanonische hermitesche Form. Man zeige:

a) $\langle \mathbf{A}X, Y \rangle = \langle X, \overline{\mathbf{A}}^{\top} Y \rangle$ *für alle $X, Y \in \mathbb{C}^n$.*
Für hermitesche (symmetrische) Matrizen gilt also
$\langle \mathbf{A}X, Y \rangle = \langle X, \mathbf{A}Y \rangle$.

b) *Sei $\mathbf{A}$ zusätzlich hermitesch.*
Man zeige, daß alle Eigenwerte von $\mathbf{A}$ reell sind und daß $p_{\mathbf{A}}$ lauter reelle Koeffizienten hat.
Insbesondere sind also die Eigenwerte einer reellen symmetrischen Matrix reell.

a)
$$\begin{aligned} \langle \mathbf{A}X, Y \rangle &= (\mathbf{A}X)^{\top}\overline{Y} = X^{\top}\mathbf{A}^{\top}\overline{Y} = X^{\top}\overline{\overline{\mathbf{A}}^{\top} Y} \\ &= \langle X, \overline{\mathbf{A}}^{\top} Y \rangle . \end{aligned}$$

b) Zunächst zerfällt $p_{\mathbf{A}}$ über $\mathbb{C}$ in Linearfaktoren, d. h.

$$p_{\mathbf{A}} = \prod_{k=1}^{n} (\lambda_k - x) \, ,$$

wobei $\lambda_1, \ldots, \lambda_n$ die (nicht notwendig verschiedenen) Eigenwerte von $\mathbf{A}$ sind. Falls alle Eigenwerte von $\mathbf{A}$ reell sind, hat $p_{\mathbf{A}}$ nur reelle Koeffizienten. Sei $\lambda \in \mathbb{C}$ Eigenwert von $\mathbf{A}$ mit dem Eigenvektor $X \neq 0$. Nach Teil a) gilt:

$$\begin{aligned} \lambda\langle X, X\rangle &= \langle \lambda X, X\rangle = \langle \mathbf{A}X, X\rangle = \langle X, \overline{\mathbf{A}}^{\top} X\rangle = \langle X, \mathbf{A}X\rangle = \langle X, \lambda X\rangle \\ &= \overline{\lambda}\langle X, X\rangle\,. \end{aligned}$$

Da $\langle X, X\rangle \neq 0$, ist $\lambda = \overline{\lambda}$, also $\lambda \in \mathbb{R}$.

5.5.12

Ist $\mathbf{A} \in \mathcal{M}_{n\times n}(\mathbb{C})$ hermitesch, so sind Eigenvektoren zu verschiedenen Eigenwerten von $\mathbf{A}$ zueinander orthogonal (bzgl. der kanonischen hermiteschen Form auf dem $\mathbb{C}^n$).
Insbesondere gilt für symmetrische Matrizen: Eigenvektoren zu verschiedenen Eigenwerten sind orthogonal (bzgl. des kanonischen Skalarprodukts auf dem $\mathbb{R}^n$).

Nach Aufgabe 11 ist $\langle \mathbf{A}X, Y\rangle = \langle X, \mathbf{A}Y\rangle$ für beliebige $X, Y \in \mathbb{C}^n$. Sei nun X Eigenvektor von $\mathbf{A}$ zum Eigenwert λ und sei Y Eigenvektor von $\mathbf{A}$ zum Eigenwert $\mu \neq \lambda$. Dann gilt:

$$\begin{aligned} \lambda\langle X, Y\rangle &= \langle \lambda X, Y\rangle = \langle \mathbf{A}X, Y\rangle = \langle X, \mathbf{A}Y\rangle \\ &= \langle X, \mu Y\rangle = \overline{\mu}\,\langle X, Y\rangle \\ &= \mu\,\langle X, Y\rangle\,, \end{aligned}$$

da μ reell ist nach Aufgabe 11. Da $\lambda \neq \mu$ und $(\lambda - \mu)\langle X, Y\rangle = 0$, ist $\langle X, Y\rangle = 0$, also X orthogonal zu Y.
Falls $\mathbf{A}$ eine reelle symmetrische Matrix ist, erfolgt der Beweis unter Benutzung von $\langle \mathbf{A}X, Y\rangle = \langle X, \mathbf{A}^{\top}Y\rangle$ völlig analog für das kanonische Skalarprodukt auf dem $\mathbb{R}^n$.

5.5.13

Man bestimme eine unitäre Matrix, deren erster Zeilenvektor der Vektor $\frac{1}{\sqrt{7}}\,(1, 2i, 1-i)$ ist.

Für eine gesuchte unitäre Matrix

$$\mathbf{P} = \begin{pmatrix} \frac{1}{\sqrt{7}} & \frac{2}{\sqrt{7}}\,i & \frac{1}{\sqrt{7}}\,(1-i) \\ & * & * \\ & * & * \end{pmatrix}$$

muß gelten: $\quad \mathbf{P}\overline{\mathbf{P}}^{\top} = \mathbf{E}$.

Da für den gegebenen Vektor $\frac{1}{\sqrt{7}}\frac{1}{\sqrt{7}}(1+2i(-2i)+(1-i)(1+i)) = 1$ gilt, er folglich ein Einheitsvektor ist, kann solch eine Matrix mit der angegebenen ersten Zeile existieren.
Wir suchen nun zunächst als 2. Zeile einen Einheitsvektor, der zum angegebenen Vektor orthogonal ist. Das leistet z. B. der Vektor $\frac{1}{\sqrt{5}}(2i,1,0)$. Zu diesem Vektor ist wiederum jeder Vektor $(1,2i,c)$ mit $c \in \mathbb{C}$ orthogonal. Wir bestimmen nun c so, daß der sich ergebende Vektor auch orthogonal zum ersten Vektor ist und normieren anschließend.

$$\langle(1,2i,c),(1,2i,1-i)\rangle = 1+4+c(1+i) = 5+c(1+i)\,.$$

$$5+c(1+i)=0 \quad\Longrightarrow\quad c=\frac{-5}{1+i} = -\frac{5}{2}(1-i)\,.$$

Also ist $(1,2i,-\frac{5}{2}(1-i))$ orthogonal zu $\frac{1}{\sqrt{7}}(1,2i,1-i)$ und zu $\frac{1}{\sqrt{5}}(2i,1,0))$.

Normieren liefert den Vektor $\sqrt{\frac{2}{35}}\,(1,2i,-\frac{5}{2}(1-i))$.
Eine gesuchte unitäre Matrix lautet also:

$$\begin{pmatrix} \frac{1}{\sqrt{7}} & \frac{2}{\sqrt{7}}i & \frac{1}{\sqrt{7}}(1-i) \\ \frac{2}{\sqrt{5}}i & \frac{1}{\sqrt{5}} & 0 \\ \sqrt{\frac{2}{35}} & \sqrt{\frac{8}{35}}i & \sqrt{\frac{5}{14}}(-1+i) \end{pmatrix}.$$

5.5.14

Man zeige:

a) *Ist* $\mathbf{A} \in \mathcal{M}_{n\times n}(\mathbb{R})$ *orthogonal, so gilt* $\det \mathbf{A} \in \{1,-1\}$.

b) *Ist* $\mathbf{A} \in \mathcal{M}_{n\times n}(\mathbb{C})$ *unitär, so gilt* $|\det \mathbf{A}| = 1$.

c) $\mathbf{A}$ *ist genau dann orthogonal (unitär), wenn die Zeilen von* $\mathbf{A}$ *eine Orthonormalbasis des* $\mathbb{R}^n$ *(*$\mathbb{C}^n$*) bezüglich des kanonischen Skalarprodukts (der kanonischen hermiteschen Form) bilden.*
Die Aussage gilt auch, wenn man "Zeilen" durch "Spalten" ersetzt.

d) $\mathbf{P}$ *orthogonal (unitär)* $\Longleftrightarrow$
es gibt Orthonormalbasen A, B *des* $\mathbb{K}^n$ *mit* $\mathbf{P} = \mathbf{M}_B^A(id)$.

a) $\mathbf{A}$ orthogonal

$$\begin{aligned} &\Longleftrightarrow \quad \mathbf{A}\mathbf{A}^\top = \mathbf{E} \\ &\Longrightarrow \quad \det(\mathbf{A}\mathbf{A}^\top) = 1 \\ &\Longrightarrow \quad \det \mathbf{A}\cdot\det \mathbf{A}^\top = 1 \\ &\Longrightarrow \quad (\det \mathbf{A})^2 = 1\,, \qquad \text{da } \det \mathbf{A} = \det \mathbf{A}^\top \\ &\Longrightarrow \quad \det \mathbf{A} \in \{1,-1\}\,, \qquad \text{da } \det \mathbf{A} \in \mathbb{R}\,. \end{aligned}$$

b) $\mathbf{A}$ unitär $\iff \mathbf{A}\overline{\mathbf{A}}^\top = \mathbf{E}$
$\implies \det \mathbf{A} \cdot \det \overline{\mathbf{A}}^\top = 1$
$\implies \det \mathbf{A} \cdot \det \overline{\mathbf{A}} = 1.$

Unter Benutzung der Formel

$$\det \mathbf{A} = \sum_{\sigma \in \gamma_n} \operatorname{sgn} \sigma \cdot a_{1\sigma(1)} \cdot a_{2\sigma(2)} \cdot \ldots \cdot a_{n\sigma(n)}$$

folgt sofort $\det \overline{\mathbf{A}} = \overline{\det \mathbf{A}}$.
Also gilt $\det \mathbf{A} \cdot \overline{\det \mathbf{A}} = 1$, d. h. $|\det \mathbf{A}|^2 = 1$, also $|\det \mathbf{A}| = 1$.

c) $\mathbf{A}\mathbf{A}^\top = \mathbf{E}$. bedeutet nach Definition des Matrizenprodukts gerade, daß die Zeilen von $\mathbf{A}$ eine Orthonormalbasis bilden. Mit Aufgabe 1.4.2 folgt nun leicht die Behauptung.

d) "$\Longrightarrow$"
Nach Teil c) bilden die Spalten von $\mathbf{P}$ eine Orthonormalbasis B des $\mathbb{K}^n$. Damit ist $\mathbf{P} = \mathbf{M}_E^B(id)$.
"$\Longleftarrow$"
Sei $\mathbf{P} = \mathbf{M}_C^B(id)$ für Orthonormalbasen B und C. Seien $P_1, \ldots, P_n$ die Spalten von $\mathbf{P}$ und sei β_E die kanonische hermitesche Form (das kanonische Skalarprodukt). Für $X, Y \in \mathbb{K}^n$ ist

$$\langle X, Y \rangle = k_C(X)^\top \mathbf{B}_C(\beta_E)\, \overline{k_C(Y)} = k_C(X)^\top\, \overline{k_C(Y)}\,,$$

denn für jede Orthonormalbasis $C = (C_1, \ldots, C_n)$ ist

$$\mathbf{B}_C(\beta_E) = (\beta_E(C_k, C_l)) = \mathbf{E}\,.$$

Sei $B = (B_1, \ldots, B_n)$. Da

$$\delta_{kl} = \langle B_k, B_l \rangle = k_C(B_k)^\top\, \overline{k_C(B_l)} = P_k^\top \overline{P_l}\,,$$

bilden die Spalten von $\mathbf{P}$ eine Orthonormalbasis bzgl. β_E. Nach c) ist $\mathbf{P}$ unitär.

5.5.15

Man zeige, daß die unitären (orthogonalen) $n \times n$–Matrizen bzgl. der Matrizenmultiplikation eine Gruppe G bilden – die unitäre (orthogonale) Gruppe des Grades n.
Ferner zeige man: $U = \{\mathbf{A} \in G \mid \det \mathbf{A} = 1\}$ ist eine Untergruppe von G (im orthogonalen Fall ist U die Gruppe der Drehmatrizen).

Seien $\mathbf{A}, \mathbf{C} \in G$. Dann ist $\overline{\mathbf{C}}^\top = \mathbf{C}^{-1}$, also

$$(\mathbf{C}^{-1})^{-1} = (\overline{\mathbf{C}}^\top)^{-1} = (\overline{\mathbf{C}^{-1}})^\top$$

nach den Rechenregeln zum Konjugieren und Transponieren von Matrizen. Es folgt $\mathbf{C}^{-1} \in G$.
Ferner ist

$$\overline{\mathbf{AC}}^\top = \overline{\mathbf{C}}^\top \overline{\mathbf{A}}^\top = \mathbf{C}^{-1}\mathbf{A}^{-1} = (\mathbf{AC})^{-1} ,$$

also ist $\mathbf{AC} \in G$.
Da $\mathbf{E} \in G$, ist G als Untergruppe der invertierbaren $n \times n-$Matrizen nachgewiesen. (Jede Matrix aus G ist invertierbar nach Definition einer unitären (orthogonalen) Matrix.)
Da $\det(\mathbf{A}^{-1}) = (\det(\mathbf{A}))^{-1}$, $\det(\mathbf{AC}) = \det \mathbf{A} \cdot \det(\mathbf{C})$ und $\det(\mathbf{E}) = 1$ gilt, ist U eine Untergruppe von G.

5.5.16

a) *Sei* $\varphi \in \operatorname{End}(\mathbb{C}^2)$ *gegeben durch*

$$\varphi(x, y) = (ix + (1-i)y, (1-i)x + iy) .$$

Man gebe φ^* *in dieser Form an . Ist* φ *selbstadjungiert?*

b) *Gibt es einen unitären Endomorphismus* $\psi \in \operatorname{End}(\mathbb{C}^2)$ *mit*

$$\psi(\frac{1}{\sqrt{2}}(1, i)) = \frac{1}{\sqrt{2}}(1+i, 0) \quad \textit{und} \quad \psi(\frac{1}{\sqrt{2}}(i, 1)) = \frac{1}{\sqrt{2}}(0, 1-i)\ ?$$

a) Zunächst ist $\mathbf{M}(\varphi) = \begin{pmatrix} i & 1-i \\ 1-i & i \end{pmatrix}$. Diese Matrix ist nicht hermitesch, also ist φ nicht selbstadjungiert. Ferner ist

$$\mathbf{M}(\varphi^*) = \overline{\mathbf{M}(\varphi)}^\top = \begin{pmatrix} -i & 1+i \\ 1+i & -i \end{pmatrix} ,$$

also gilt

$$\varphi^*(x, y) = (-ix + (1+i)y, (1+i)x - iy) .$$

b) Zunächst sind

$$B = (\frac{1}{\sqrt{2}}(1, i), \frac{1}{\sqrt{2}}(i, 1)) \quad \text{und} \quad C = (\frac{1}{\sqrt{2}}(1+i, 0), \frac{1}{\sqrt{2}}(0, 1-i))$$

Orthonormalbasen des $\mathbb{C}^2$, wie man leicht nachrechnet. Es gibt somit nach Aufgabe 1.4.5 genau eine lineare Abbildung ψ dieser Art, und ψ ist ein Automorphismus, da ψ eine Basis auf eine Basis abbildet. Da $\mathbf{M}_C^B(\psi) = \mathbf{E}$, folgt

$$\mathbf{M}_B^B(\psi) = \mathbf{M}_B^C(id)\mathbf{M}_C^B(\psi) = \mathbf{M}_B^C(id) .$$

Nach Aufgabe 14 d) ist $\mathbf{M}_B^C(id)$ unitär, und daher gibt es einen unitären Endomorphismus der gesuchten Art.

5.5.17
Sei $(V, \langle\ ,\ \rangle)$ ein euklidischer (unitärer) Vektorraum endlicher Dimension und sei $\varphi \in \operatorname{End}(V)$ normal. Man zeige:

a) *Für alle $X, Y \in V$ gilt: $\langle \varphi(X), \varphi(Y) \rangle = \langle \varphi^*(X), \varphi^*(Y) \rangle$*

b) *X ist Eigenvektor von φ zum Eigenwert λ genau dann, wenn X Eigenvektor von φ^* zum Eigenwert $\overline{\lambda}$ ist.*
Hinweis: Berechne $\langle \varphi(X) - \lambda X, \varphi(X) - \lambda X \rangle$.

c) *Ist der Untervektorraum U von V φ–invariant, so ist $U^\perp$ φ^*–invariant.*

a) Nach Definition von φ^* gilt:

$$\begin{aligned} \langle \varphi(X), \varphi(Y) \rangle &= \langle X, \varphi^*(\varphi(Y)) \rangle \overset{(*)}{=} \langle X, \varphi(\varphi^*(Y)) \rangle \\ &= \langle \varphi^*(X), \varphi^*(Y) \rangle \,. \end{aligned}$$

Dabei gilt $(*)$, da φ nach Voraussetzung normal ist.

b) Für Eigenvektoren X von φ zum Eigenwert λ gilt $\varphi(X) - \lambda X = 0$, und unter Benutzung des Hinweises folgt:

$$\begin{aligned} 0 &= \langle \varphi(X) - \lambda X, \varphi(X) - \lambda X \rangle \\ &= \langle \varphi(X), \varphi(X) \rangle - \overline{\lambda} \langle \varphi(X), X \rangle - \lambda \langle X, \varphi(X) \rangle + \lambda\overline{\lambda} \langle X, X \rangle \\ &\overset{(*)}{=} \langle \varphi^*(X), \varphi^*(X) \rangle - \overline{\lambda} \langle X, \varphi^*(X) \rangle - \lambda \langle \varphi^*(X), X \rangle + \lambda\overline{\lambda} \langle X, X \rangle \\ &= \langle \varphi^*(X) - \overline{\lambda} X, \varphi^*(X) - \overline{\lambda} X \rangle \,. \end{aligned}$$

Dabei gilt $(*)$ nach a). Es folgt direkt $\varphi^*(X) = \overline{\lambda} X$.

c) Sei $\varphi(U) \subseteq U$ und $X \in U^\perp$, d. h. $\langle X, Y \rangle = 0$ für alle $Y \in U$. Dann gilt für alle $Y \in U$:

$$\langle \varphi^*(X), Y \rangle = \langle X, \varphi(Y) \rangle = 0 \,,$$

da $\varphi(Y) \in U$. Also ist $\varphi^*(X) \in U^\perp$.

5.5.18
Sei $V = L(1, x, x^2)$ mit dem positiv definiten Skalarprodukt

$$\langle f, g \rangle = \int_{-1}^{1} f(t) g(t) \, dt$$

versehen. Sei $\varphi(f) = f'$ (die Ableitung von f).
Man berechne für den zu φ adjungierten Operator φ^* das Polynom

$$\varphi^*(a_0 + a_1 x + a_2 x^2) \,.$$

Wir wählen die Orthonormalbasis

$$B = \left(\frac{1}{\sqrt{2}}, \sqrt{\frac{3}{2}}\, x, \sqrt{\frac{45}{8}}\,(x^2 - \frac{1}{3}) \right) =: (B_1, B_2, B_3)$$

von V (siehe Aufgabe 5.3.14). Kennen wir $\mathbf{A} = \mathbf{M}_B^B(\varphi)$, so ist $\mathbf{A}^\top = \mathbf{M}_B^B(\varphi^*)$. Es ist $\varphi(B_1) = 0$, $\varphi(B_2) = \sqrt{\frac{3}{2}}$ und $\varphi(B_3) = 2\sqrt{\frac{45}{8}}\, x$. Es folgt wegen $\sqrt{\frac{3}{2}} = \sqrt{3}\, B_1$ und $2\sqrt{\frac{45}{8}}\, x = \sqrt{15}\, B_2$:

$$\left(\mathbf{M}_B^B(\varphi)\right)^\top = \begin{pmatrix} 0 & 0 & 0 \\ \sqrt{3} & 0 & 0 \\ 0 & \sqrt{15} & 0 \end{pmatrix} = \mathbf{M}_B^B(\varphi^*)\,.$$

Man rechnet leicht nach:

$$\begin{aligned} k_B(\varphi^*(a_0 + a_1 x + a_2 x^2)) &= \mathbf{M}_B^B(\varphi^*) k_B(a_0 + a_1 x + a_2 x^2) \\ &= \begin{pmatrix} 0 & 0 & 0 \\ \sqrt{3} & 0 & 0 \\ 0 & \sqrt{15} & 0 \end{pmatrix} \begin{pmatrix} \sqrt{2} a_0 + \frac{\sqrt{2}}{3} a_2 \\ \sqrt{\frac{2}{3}} a_1 \\ \sqrt{\frac{8}{45}} a_2 \end{pmatrix} \\ &= (0, \sqrt{6}\, a_0 + \sqrt{\frac{2}{3}}\, a_2, \sqrt{10}\, a_1)\,. \end{aligned}$$

Somit ist

$$\varphi^*(a_0 + a_1 x + a_2 x^2) = -\frac{5}{2}\, a_1 + (3a_0 + a_2)x + \frac{15}{2}\, a_2 x^2\,.$$

5.5.19

Sei V ein unitärer (euklidischer) Vektorraum der endlichen Dimension n über $\mathbb{K}$.
Ist $X \in V$, so ist durch $\varphi_X(Y) = \langle Y, X \rangle$ ein Element $\varphi_X \in V^*$ definiert.
Man zeige:

a) *Ist $B = (B_1, \ldots, B_n)$ eine Basis von V, so ist $C = (\varphi_{B_1}, \ldots, \varphi_{B_n})$ eine Basis von V^*.*

b) **Einfache Form des Satzes von RIESZ***:*
Ist $\varphi \in V^*$, so gibt es ein $X_0 \in V$ mit $\varphi = \varphi_{X_0}$, nämlich $X_0 = \sum_{k=1}^{n} \overline{a_k} B_k$, wobei die a_k definiert sind durch $\varphi = \sum_{k=1}^{n} a_k \varphi_{B_k}$.
Ist insbesondere B eine Orthonormalbasis, so gilt $X_0 = \sum_{k=1}^{n} \overline{\varphi(B_k)} B_k$.

a) Da $\dim V^* = n$, genügt es zu zeigen, daß C linear unabhängig ist.
Sei $a_1\varphi_{B_1} + \ldots + a_n\varphi_{B_n} = 0$. Dann gilt für alle $Y \in V$:

$$\begin{aligned} 0 &= (a_1\varphi_{B_1} + \ldots + a_n\varphi_{B_n})(Y) = \sum_{k=1}^{n} a_k\varphi_{B_k}(Y) \\ &= \sum_{k=1}^{n} \varphi_{B_k}(a_kY) = \sum_{k=1}^{n}\langle a_kY, B_k\rangle = \sum_{k=1}^{n}\langle Y, \overline{a_k}B_k\rangle \\ &= \langle Y, \sum_{k=1}^{n}\overline{a_k}B_k\rangle \,. \end{aligned}$$

Der Vektor $\sum_{k=1}^{n}\overline{a_k}B_k$ steht also auf allen $Y \in V$ senkrecht und muß somit der Nullvektor sein. Da B eine Basis ist, ist $\overline{a_1} = \ldots = \overline{a_n} = 0$, also auch $a_1 = \ldots = a_n = 0$.

b) Nach Teil a) ist $\varphi = \sum_{k=1}^{n} a_k\varphi_{B_k}$ für gewisse $a_1, \ldots, a_n \in \mathbb{K}$. Die Rechnung in a) zeigt:

$$\left(\sum_{k=1}^{n} a_k\varphi_{B_k}\right)(Y) = \langle Y, \sum_{k=1}^{n}\overline{a_k}B_k\rangle \,.$$

Somit erfüllt $X_0 = \sum_{k=1}^{n}\overline{a_k}B_k$ unsere Forderung.
Sei nun B eine Orthonormalbasis. Dann gilt:

$$\varphi(B_j) = \langle B_j, X_0\rangle = \langle B_j, \sum_{k=1}^{n}\overline{a_k}B_k\rangle = a_j \,.$$

5.5.20

Sei $V = L(1, x, x^2)$ mit dem positiv definiten Skalarprodukt

$$\langle f, g\rangle = \int_{-1}^{1} f(t)g(t)\,dt$$

versehen. Man zeige, daß durch $\varphi(f) = f(1)$ ein Element $\varphi \in V^*$ definiert ist, und berechne ein $g \in V$ mit $\varphi(f) = \langle f, g\rangle$ für alle $f \in V$.

Es ist $\varphi(\alpha f_1 + \beta f_2) = (\alpha f_1 + \beta f_2)(1) = \alpha\, f_1(1) + \beta\, f_2(1) = \alpha\,\varphi(f_1) + \beta\,\varphi(f_2)$, also ist φ eine Linearform auf V, d.h. $\varphi \in V^*$.

Mit der Orthonormalbasis $B = (\frac{1}{\sqrt{2}}, \sqrt{\frac{3}{2}}\, x\,, \sqrt{\frac{45}{8}}\,(x^2 - \frac{1}{3})) =: (B_1, B_2, B_3)$ (siehe Aufgabe 5.3.14.) ist g nach Aufgabe 19 gegeben durch

$$\begin{aligned} g &= \varphi(B_1)\, B_1 + \varphi(B_2)\, B_2 + \varphi(B_3)\, B_3 \\ &= \frac{1}{\sqrt{2}} \cdot \frac{1}{\sqrt{2}} + \sqrt{\frac{3}{2}} \cdot \sqrt{\frac{3}{2}}\, x + \frac{2}{3}\sqrt{\frac{45}{8}} \cdot \sqrt{\frac{45}{8}}\,(x^2 - \frac{1}{3}) \\ &= -\frac{3}{4} + \frac{3}{2}x + \frac{15}{4}x^2\,. \end{aligned}$$

5.5.21

Sei V der euklidische Vektorraum $\mathbb{R}[x]$ mit dem Skalarprodukt

$$\langle f, g\rangle = \int_{-1}^{1} f(t)g(t)\, dt\,.$$

Man zeige, daß es zu $\varphi \in \mathrm{End}\,(V)$, $\varphi(f) = f'$ (die Ableitung von f) kein $\psi \in \mathrm{End}\,(V)$ mit $\langle \varphi(f), g\rangle = \langle f, \psi(g)\rangle$ für alle $f, g \in V$ gibt (φ besitzt keinen adjungierten Endomorphismus).

Hinweis: Man führe den Beweis indirekt und betrachte $g = 1$.

Annahme: Es gibt ein ψ mit $\langle \varphi(f), g\rangle = \langle f, \psi(g)\rangle$ für alle $f, g \in V$. Für $g = 1$ bedeutet dies

$$f(1) - f(-1) = \int_{-1}^{1} f'(t)\, dt = \int_{-1}^{1} f(t)h(t)\, dt\,,$$

wobei $h = \psi(1)$. Wähle speziell $f \in \{x^{2n+1} \mid n \in \mathbb{N}\}$. Sei $h = \sum_{k=0}^{m} a_k x^k$. Es folgt für alle n:

$$\begin{aligned} 2 &= \int_{-1}^{1} \sum_{k=0}^{m} a_k t^{k+2n+1}\, dt = \sum_{k=0}^{m} \int_{-1}^{1} a_k t^{k+2n+1}\, dt \\ &= \sum_{k=0}^{m} b_k^{(n)} \end{aligned}$$

mit $b_k^{(n)} = 0$, falls k gerade, $b_k^{(n)} = \dfrac{2}{k + 2n + 2}\, a_k$, falls k ungerade.

Also folgt $2 = \lim_{n\to\infty} \sum_{k=0}^{m} b_k^{(n)} = 0$, ein Widerspruch.

5.6 Der Spektralsatz

Spektralsatz

1. Form Ist $(V, \langle\ ,\ \rangle)$ ein euklidischer (unitärer) Vektorraum endlicher Dimension über $\mathbb{K}$ und ist $\varphi \in \operatorname{End}(V)$ selbstadjungiert, so besitzt V eine bzgl. $\langle\ ,\ \rangle$ orthonormale Basis aus Eigenvektoren von φ.[10]
Insbesondere gilt dies für $\varphi = \varphi_{\mathbf{A}}$, wobei $\mathbf{A}$ symmetrisch (hermitesch) ist.

2. Form (Hauptachsentransformation hermitescher Matrizen)
Ist $\mathbf{A} \in \mathcal{M}_{n\times n}(\mathbb{C})$ hermitesch, so gibt es eine unitäre Matrix $\mathbf{P}$, so daß $\mathbf{D} = \mathbf{P}^{-1}\mathbf{A}\mathbf{P} = \overline{\mathbf{P}}^{\top}\mathbf{A}\mathbf{P}$ eine Diagonalmatrix ist, in deren Hauptdiagonale die Eigenwerte von $\mathbf{A}$ stehen. $\mathbf{A}$ ist also hermitesch kongruent und ähnlich zu einer Diagonalmatrix. Die Spalten von $\overline{\mathbf{P}}$ bilden eine Orthonormalbasis aus Eigenvektoren von $\overline{\mathbf{A}}$ bzgl. der kanonischen hermiteschen Form und eine Orthogonalbasis bzgl. der durch $\mathbf{A}$ definierten hermiteschen Form $\beta_{\mathbf{A}}$.

Falls $\mathbf{A} \in \mathcal{M}_{n\times n}(\mathbb{R})$ **symmetrisch** ist, wird $\mathbf{A}$ simultan bzgl. der Ähnlichkeit und bzgl. der Kongruenz durch eine Drehmatrix $\mathbf{P}$ diagonalisiert, deren Spalten eine Orthonormalbasis aus Eigenvektoren bzgl. des kanonischen Skalarprodukts und eine orthogonale Basis bzgl. des durch $\mathbf{A}$ definierten Skalarprodukts bilden.

3. Form (Hauptachsentransformationen für hermitesche Formen bzw. für quadratische Formen)
Ist $(V, \langle\ ,\ \rangle)$ ein unitärer (euklidischer) Vektorraum endlicher Dimension über $\mathbb{K}$ und β eine hermitesche Form (ein Skalarprodukt) auf V, so existiert eine bzgl. $\langle\ ,\ \rangle$ orthonormale Basis B, die orthogonal bzgl. β ist.
Genauer: B erhält man durch eine Orthonormalbasis aus Eigenvektoren desjenigen selbstadjungierten Operators φ mit $\beta(X,Y) = \langle\varphi(X), Y\rangle$ für alle $X, Y \in V$.

[10] Dieser Satz gilt auch für normale Operatoren φ über $\mathbb{C}$ (siehe Aufgabe 4).

5.6.1
Sei $\mathbf{A} \in \mathcal{M}_{n\times n}(\mathbb{K})$ hermitesch (symmetrisch), und sei $B = (B_1, \ldots, B_n)$ eine Orthogonalbasis aus Eigenvektoren von $\overline{\mathbf{A}}$ (von $\mathbf{A}$) bzgl. der kanonischen hermiteschen Form (des kanonischen Skalarprodukts). Man zeige, daß B eine Orthogonalbasis bzgl. $\beta_{\mathbf{A}}$ ist.

Zu zeigen ist: Für alle $k, l \in \{1, \ldots, n\}$ mit $k \neq l$ ist $\beta_{\mathbf{A}}(B_k, B_l) = B_k^\top \mathbf{A}\overline{B_l} = 0$. Sei $\overline{\mathbf{A}}B_l = \lambda_l B_l$. Dann ist

$$\begin{aligned}\beta_{\mathbf{A}}(B_k, B_l) &= B_k^\top \mathbf{A}\overline{B_l} = B_k^\top \overline{\overline{\mathbf{A}}B_l} = B_k^\top \overline{\lambda_l B_l} = \overline{\lambda_l} B_k^\top \overline{B_l} \\ &= \overline{\lambda_l}\delta_{kl}\end{aligned}$$

Wegen $\delta_{kl} = 0$ für $k \neq l$ folgt die Behauptung.

5.6.2
Man gebe eine Orthonormalbasis des $\mathbb{K}^3$ an, die orthogonal bzgl. der durch $\mathbf{A}$ gegebenen hermiteschen Form (des durch $\mathbf{A}$ gegebenen Skalarprodukts) ist. Durch welche Matrix wird $\mathbf{A}$ bzgl. der Ähnlichkeit, durch welche bzgl. der Kongruenz diagonalisiert?

a) $\mathbb{K} = \mathbb{C}$, $\quad \mathbf{A} = \begin{pmatrix} 2 & i & 0 \\ -i & 2 & 0 \\ 0 & 0 & 2 \end{pmatrix}$.

b) $\mathbb{K} = \mathbb{R}$, $\quad \mathbf{A} = \begin{pmatrix} 2 & 1 & 1 \\ 1 & 2 & 1 \\ 1 & 1 & 2 \end{pmatrix}$.

a) Die Matrix $\mathbf{A}$ ist hermitesch. Damit liefert die 2. Form des Spektralsatzes alle nötigen Informationen. Wir berechnen wie üblich eine Basis aus Eigenvektoren von $\mathbf{A}$. Es ist

$$p_{\mathbf{A}} = (2-x)(x^2 - 4x + 3) = (2-x)(1-x)(3-x)\,.$$

Lösen der drei Gleichungssysteme $(\mathbf{A} - \lambda\mathbf{E})X = 0$, $\lambda \in \{1, 2, 3\}$, ergibt:

$$V_1(\mathbf{A}) = L(1, i, 0)\,, \quad V_2(\mathbf{A}) = L(0, 0, 1)\,, \quad V_3(\mathbf{A}) = L(1, -i, 0)\,.$$

Setze

$$B = \left((0,0,1), \frac{1}{\sqrt{2}}(1, i, 0), \frac{1}{\sqrt{2}}(1, -i, 0)\right) =: (B_1, B_2, B_3)\,.$$

B ist eine Orthonormalbasis aus Eigenvektoren von $\mathbf{A}$, da Eigenvektoren zu verschiedenen Eigenwerten orthogonal sind. Ist $\mathbf{P}$ die Matrix mit B_1, B_2, B_3 als Spalten, also $\mathbf{P} = \mathbf{M}_E^B(id)$, so ist nach Kapitel 2 $\mathbf{D} = \mathbf{P}^{-1}\mathbf{A}\mathbf{P}$ eine Diagonalmatrix, und zwar

$$\mathbf{D} = \begin{pmatrix} 2 & 0 & 0 \\ 0 & 1 & 0 \\ 0 & 0 & 3 \end{pmatrix}.$$

Da $\mathbf{P}$ unitär ist als Matrix, deren Spalten eine Orthonormalbasis des $\mathbb{C}^3$ bilden, ist $\mathbf{P}^{-1} = \overline{\mathbf{P}}^\top$. Somit ist

$$\mathbf{D} = \overline{\mathbf{P}}^\top \mathbf{A}\mathbf{P} = \overline{\mathbf{P}}^\top \mathbf{A}\overline{\overline{\mathbf{P}}} ,$$

$\overline{\mathbf{P}}$ diagonalisiert $\mathbf{A}$ bzgl. der Kongruenz.
Die Basis $\overline{B} := (\overline{B_1}, \overline{B_2}, \overline{B_3})$ des $\mathbb{C}^3$ ist orthonormal bzgl. der kanonischen hermiteschen Form und orthogonal bzgl. $\beta_{\mathbf{A}}$.

b) Da $\mathbf{A}$ symmetrisch ist, wird $\mathbf{A}$ simultan bzgl. der Ähnlichkeit und der Kongruenz diagonalisiert durch jede Matrix $\mathbf{P}$, deren Spalten eine Orthonormalbasis B aus Eigenvektoren von $\mathbf{A}$ bilden. B ist dann auch orthogonal bzgl. $\beta_{\mathbf{A}}$. Man berechnet:

$$p_{\mathbf{A}} = (4-x)(1-x)^2 , \; V_1(\mathbf{A}) = L((-1,1,0),(-1,0,1)) , \; V_4(\mathbf{A}) = L(1,1,1) .$$

Da Eigenvektoren zu verschiedenen Eigenwerten von $\mathbf{A}$ orthogonal sind (siehe Aufgabe 5.5.12), müssen wir nur noch eine Orthonormalbasis von $V_1(\mathbf{A})$ berechnen. Mit dem SCHMIDTschen Orthogonalisierungsverfahren erhalten wir zunächst

$$\begin{aligned} B_1' &= (-1,1,0) , \\ B_2' &= (-1,0,1) - \frac{1}{2}(-1,1,0) = (-\frac{1}{2}, -\frac{1}{2}, 1) . \end{aligned}$$

Normieren liefert

$$B = (\frac{1}{\sqrt{2}}(-1,1,0), \frac{\sqrt{2}}{\sqrt{3}}(-\frac{1}{2}, -\frac{1}{2}, 1), \frac{1}{\sqrt{3}}(1,1,1)) .$$

Bemerkung: Weitere Aufgaben zur Hauptachsentransformation symmetrischer Matrizen findet man in 6.4.

5.6.3

Sei $\mathbf{A} \in \mathcal{M}_{n\times n}(\mathbb{K})$ *hermitesch (symmetrisch). Man zeige:*

a) *Folgende Aussagen sind äquivalent:*
  (i) $\beta_{\mathbf{A}}$ *ist positiv definit.*
  (ii) *Alle Eigenwerte von* $\mathbf{A}$ *sind positiv.*

b) *Ist* $\beta_{\mathbf{A}}$ *positiv definit, so gibt es eine Matrix* $\mathbf{M}$ *mit* $\mathbf{A} = \mathbf{M}^2$.

a) $\mathbf{A}$ ist nach dem Spektralsatz hermitesch kongruent zu einer Diagonalmatrix $\mathbf{D}$, in deren Hauptdiagonalen die Eigenwerte von $\mathbf{A}$ stehen.
Da $\operatorname{Pos}(\mathbf{A}) = \operatorname{Pos}(\mathbf{D})$ nach dem Trägheitssatz von SYLVESTER gilt, folgt sofort die Behauptung.

b) Nach dem Spektralsatz gibt es eine Matrix $\mathbf{P}$, so daß $\mathbf{P}^{-1}\mathbf{AP}$ eine Diagonalmatrix $\mathbf{D} =: (d_{kl})$ ist. Da $\beta_{\mathbf{A}}$ positiv definit ist, gilt nach a) $d_{kk} > 0$ für alle $k = 1, \ldots, n$. Setze $\tilde{\mathbf{D}} = (\tilde{d_{kl}})$ mit $\tilde{d_{kl}} := \sqrt{d_{kl}}$. Dann gilt $\tilde{\mathbf{D}}^2 = \mathbf{D}$ und damit folgt

$$(\mathbf{P}\tilde{\mathbf{D}}\mathbf{P}^{-1})^2 = \mathbf{P}\tilde{\mathbf{D}}\mathbf{P}^{-1}\mathbf{P}\tilde{\mathbf{D}}\mathbf{P}^{-1} = \mathbf{P}\tilde{\mathbf{D}}^2\mathbf{P}^{-1} = \mathbf{PDP}^{-1} = \mathbf{A},$$

d. h. $\mathbf{A}$ ist ein Quadrat in $\mathcal{M}_{n\times n}(\mathbb{K})$.

5.6.4

Sei $(V, \langle\ ,\ \rangle)$ ein unitärer Vektorraum endlicher Dimension $n \in \mathbb{N}$ und sei $\varphi \in \operatorname{End}(V)$ ein normaler Operator. Man zeige, daß V eine Orthonormalbasis aus Eigenvektoren von φ besitzt.

Wir beweisen die Behauptung durch *vollständige Induktion* nach $n = \dim V$, $n \geq 1$.

Zunächst hat φ einen Eigenwert λ, da $\mathbb{C}$ algebraisch abgeschlossen ist und da $\operatorname{Grad} p_\varphi \geq 1$. Sei B_1 ein Eigenvektor der Länge 1 zum Eigenwert λ.

Für $n = 1$ sind wir damit fertig.

Die Behauptung gelte für $n-1$. Sei $W = L(B_1)^\perp$. Nach Aufgabe 5.5.17 ist B_1 Eigenvektor von φ^*, also ist $L(B_1)$ φ^*–invariant. Wegen $\varphi^{**} = \varphi$ ist mit φ auch φ^* normal, und wieder nach Aufgabe 5.5.17 ist W φ^{**}–invariant, also φ–invariant. Somit ist $\varphi \restriction W \in \operatorname{End}(W)$, und $\varphi \restriction W$ ist normal. Nach Induktionsvoraussetzung besitzt W eine Orthonormalbasis $(B_2, \ldots, B_n)$ aus Eigenvektoren von φ, und $B = (B_1, \ldots, B_n)$ ist eine gesuchte Orthonormalbasis von V.

Bemerkung: Die Aussage gilt offensichtlich auch für euklidische Vektorräume, falls φ lauter reelle Eigenwerte besitzt.

5.6.5

Der reelle Vektorraum $V = L(1, x, x^2)$ sei mit dem positiv definiten Skalarprodukt

$$\langle f, g\rangle = \int_{-1}^{1} f(t)g(t)\,dt$$

versehen. Sei $\beta(a_0 + a_1x + a_2x^2, b_0 + b_1x + b_2x^2) = a_2b_1 + a_1b_2$. Man berechne eine Basis von V, die sowohl orthogonal bzgl. $\langle\ ,\ \rangle$ als auch orthogonal bzgl. β ist.

Man rechnet schnell nach: Ist

$$\mathbf{A} = \begin{pmatrix} 0 & 0 & 0 \\ 0 & 0 & 1 \\ 0 & 1 & 0 \end{pmatrix} \quad \text{und} \quad C = (1, x, x^2),$$

so ist $\beta(f,g) = k_C(f)^\top \mathbf{A}\, k_C(g)$. Somit ist β eine symmetrische Bilinearform mit $\mathbf{B}_C(\beta) = \mathbf{A}$.
Wir benötigen nun $\varphi \in \operatorname{End}(V)$ mit $\beta(X,Y) = \langle X, \varphi(Y)\rangle$ für alle $X, Y \in V$. Dann ergibt sich die gesuchte Basis als Orthogonalbasis aus Eigenvektoren von φ. Die Berechnung von φ erlaubt Aufgabe 5.5.19.

$$B = (\frac{1}{\sqrt{2}}, \sqrt{\frac{3}{2}}\,x, \sqrt{\frac{45}{8}}\,(x^2 - \frac{1}{3})) =: (f_1, f_2, f_3)$$

ist eine Orthonormalbasis von V.
Zunächst ist $\beta(f,1) = \langle f, \varphi(1)\rangle$ für alle $f \in V$.
Da $\psi : V \longrightarrow K$ mit $\psi(f) = \beta(f,1)$ ein lineares Funktional ist, gibt es nach Aufgabe 4.5.19 genau einen Vektor $\varphi(1)$ mit $\psi(f) = \beta(f,1) = \langle f, \varphi(1)\rangle$. Da B eine Orthonormalbasis ist, ist $\varphi(1)$ nach 5.5.19 gegeben durch

$$\varphi(1) = \beta(f_1,1)f_1 + \beta(f_2,1)f_2 + \beta(f_3,1)f_3 \,.$$

Man rechnet nach: $\varphi(1) = 0$. Analog folgt:

$$\begin{aligned}
\varphi(x) &= \beta(f_1,x)f_1 + \beta(f_2,x)f_2 + \beta(f_3,x)f_3 \\
&= 0\cdot f_1 + 0\cdot f_2 + \sqrt{\frac{45}{8}}\,f_3 = \frac{45}{8}\,(x^2 - \frac{1}{3})\,, \\
\varphi(x^2) &= \beta(f_1,x^2)f_1 + \beta(f_2,x^2)f_2 + \beta(f_3,x^2)f_3 \\
&= 0\cdot f_1 + \sqrt{\frac{3}{2}}\,f_2 + 0\cdot f_3 = \frac{3}{2}\,x\,.
\end{aligned}$$

Durch die Bilder der Basis C ist φ eindeutig bestimmt. Ferner ist

$$\mathbf{C} = \mathbf{M}_C^C(\varphi) = \begin{pmatrix} 0 & -\frac{15}{8} & 0 \\ 0 & 0 & \frac{3}{2} \\ 0 & \frac{45}{8} & 0 \end{pmatrix} \quad , \quad p_{\mathbf{C}} = -x\,(x^2 - \frac{135}{16})\,.$$

Sei $a = \dfrac{\sqrt{135}}{4}$; φ hat die Eigenwerte $0, a, -a$. Es ist

$$\begin{aligned}
V_0(\varphi) &= L(1)\,, \\
V_a(\varphi) &= L(-\frac{45}{16} + \frac{3}{2}ax + a^2x^2) =: L(g_2) \qquad \text{und} \\
V_{-a}(\varphi) &= L(\frac{45}{16} - \frac{3}{2}ax + a^2x^2) =: L(g_3)\,.
\end{aligned}$$

$B := (1, g_2, g_3)$ ist die gesuchte Basis.
Probe: Jedes konstante Polynom ist bzgl. β zu allen $f \in V$ orthogonal. $\beta(g_2, g_3) = \frac{3}{2}a^3 - \frac{3}{2}a^3 = 0$. $(1, g_2, g_3)$ muß eine Orthogonalbasis bzgl. $\langle\ ,\ \rangle$ sein,

da Eigenvektoren zu verschiedenen Eigenwerte orthogonal sind. Dies ist auch der Fall:

$$\begin{aligned}
\int_{-1}^{1} 1 \cdot g_2(t)\,dt &= \int_{-1}^{1} 1 \cdot g_3(t)\,dt = 0\,, \\
\int_{-1}^{1} g_2(t)g_3(t)\,dt &= \int_{-1}^{1} (-(\frac{45}{16})^2 - \frac{9}{4}a^2x^2 + a^4x^4)\,dt \\
&= -2\,(\frac{45}{16})^2 - \frac{3}{2}a^2 + \frac{2}{5}a^4 \\
&= (1280)^{-1}\,(-20250 - 16200 + 36450) = 0\,.
\end{aligned}$$

5.6.6
Sei $\mathbf{A} = (a_{kl}) \in \mathcal{M}_{3\times 3}(\mathbb{R})$ *eine symmetrische Matrix. Man zeige:*

a) $\mathbf{A}$ *ist positiv definit* $\Longleftrightarrow$
$a_{33} > 0$ *und* $\begin{vmatrix} a_{22} & a_{23} \\ a_{32} & a_{33} \end{vmatrix} > 0$ *und* $\det \mathbf{A} > 0$.

b) $\mathbf{A}$ *hat drei Eigenwerte* $\neq 0$ *mit demselben Vorzeichen* $\Longleftrightarrow$
$\det \mathbf{A} \cdot a_{33} > 0$ *und* $\begin{vmatrix} a_{22} & a_{23} \\ a_{32} & a_{33} \end{vmatrix} > 0$.

a) Finden wir eine invertierbare Matrix $\mathbf{P}$ mit

$$\mathbf{P}^\top \mathbf{A}\mathbf{P} = \begin{pmatrix} a_{33} & a_{32} & a_{31} \\ a_{23} & a_{22} & a_{21} \\ a_{13} & a_{12} & a_{11} \end{pmatrix} =: \mathbf{C}\,,$$

so folgt die Aussage sofort aus Aufgabe 5.4.5: Die in a) genannten Determinanten sind die Hauptunterdeterminanten von $\mathbf{C}$, und $\mathbf{C}$ ist genau dann positiv definit, wenn $\mathbf{A}$ positiv definit ist, da $\mathbf{A}$ kongruent zu $\mathbf{C}$ ist. Da $\mathbf{P}$ stets die Form $\mathbf{M}_E^B(id)$ für eine geeignete Basis B hat und $\mathbf{A} = \mathbf{B}_E(\beta_\mathbf{A}) = (\beta_\mathbf{A}(E_k, E_l))$ gilt, ist $\mathbf{C} = \mathbf{B}_B(\beta_\mathbf{A}) = (\beta_\mathbf{A}(B_k, B_l))$ nach der Transformationsformel. Nun sollte man motiviert sein,

$$B = (E_3, E_2, E_1) \quad \text{bzw.} \quad \mathbf{P} = \begin{pmatrix} 0 & 0 & 1 \\ 0 & 1 & 0 \\ 1 & 0 & 0 \end{pmatrix}$$

zu wählen.
Bemerkung: Der Beweis läßt sich sofort für symmetrisches $\mathbf{A} \in \mathcal{M}_{n\times n}(\mathbb{R})$ verallgemeinern.

b) Nach dem Spektralsatz ist $\mathbf{A}$ kongruent und ähnlich zu der Matrix

$$\mathbf{D} = \begin{pmatrix} \lambda_1 & 0 & 0 \\ 0 & \lambda_2 & 0 \\ 0 & 0 & \lambda_3 \end{pmatrix},$$

wobei $\lambda_1, \lambda_2, \lambda_3$ die Eigenwerte von $\mathbf{A}$ sind.
Ferner gilt: $\mathbf{A}$ ist negativ definit, d. h. für alle $X \neq 0$ ist $X^\top \mathbf{A} X < 0$, genau dann wenn $-\mathbf{A}$ positiv definit ist.

Nach Teil a) ist die letzte Aussage äquivalent zu $a_{33} < 0$, $\alpha := \begin{vmatrix} a_{22} & a_{23} \\ a_{32} & a_{33} \end{vmatrix} > 0$ und $\det(-\mathbf{A}) = (-1)^3 \det \mathbf{A} < 0$.
Hat nun $\mathbf{A}$ drei Eigenwerte $\neq 0$ mit demselben Vorzeichen, so ist $\mathbf{D}$ und damit, da $\mathbf{A}$ kongruent zu $\mathbf{D}$ ist, auch $\mathbf{A}$ entweder positiv definit oder negativ definit. In beiden Fällen ist $a_{33} \cdot \det \mathbf{A} > 0$ und $\alpha > 0$.
Gilt $\alpha > 0$ und $a_{33} \cdot \det \mathbf{A} > 0$, so ist entweder $a_{33} > 0$ und $\det \mathbf{A} > 0$, also ist $\mathbf{A}$ positiv definit nach a), oder es ist $a_{33} < 0$ und $\det \mathbf{A} < 0$, also ist $-\mathbf{A}$ positiv definit nach a), $\mathbf{A}$ ist negativ definit. Folglich ist $\mathbf{D}$ positiv definit oder negativ definit, und $\lambda_k = E_k^\top \mathbf{D} E_k$ $(k = 1, 2, 3)$ ergibt, daß $\lambda_1, \lambda_2, \lambda_3$ dasselbe Vorzeichen haben müssen.

Kapitel 6

Affine Räume, Quadriken im $\mathbb{R}^n$

Bei der Charakterisierung der Lösungsmenge eines linearen Gleichungssystems $\mathbf{A}X = F$ ($\mathbf{A} \in \mathcal{M}_{m \times n}(K)$, $F \in K^n$) sind wir mit dem Begriff des Untervektorraums des K^n allein nicht ausgekommen – die Lösungsmenge hat stets die Form $X_0 + U := \{X_0 + Y \mid Y \in U\}$, wobei U ein Untervektorraum des K^n ist. Eine solche Teilmenge $X_0 + U$ heißt **affiner Unterraum** des K^n. Ebenso fallen so wichtige Abbildungen wie Parallelprojektionen oder Translationen des K^n nicht unter den Begriff der linearen Abbildung, lassen sich aber in der Form $g(X) = X_0 + \varphi(X)$ beschreiben, wobei φ eine lineare Abbildung ist. Solche Abbildungen heißen **affine Abbildungen** des K^n.

Ferner gibt es in den Räumen der Geometer keinen Ursprung und keine Koordinatenachsen, die von Anfang an ausgezeichnet sind. Ursprung und Achsen werden den geometrischen Problemen angepaßt.

Die Theorie der **affinen Räume** wird den angesprochenen Problemen gerecht. Wir wollen hier nur einige grundlegende Aufgabentypen behandeln. Ein wichtiges Ziel ist die Bestimmung der euklidischen Normalform reeller Quadriken in Abschnitt 6.3.

6.1 Affine Unterräume und affine Basen

Affiner Raum

Ein **affiner Raum** über einem Körper K ist ein Tripel (A, V_A, v), wobei A eine Menge ist, deren Elemente **Punkte** genannt werden, V_A ein Vektorraum über K und v eine Abbildung von $A \times A$ nach V_A ist, so daß die folgenden Axiome (A1) und (A2) gelten.
Statt $v(P, Q)$ schreiben wir auch $\overrightarrow{PQ}$ und bezeichnen diesen Vektor als **Verbindungsvektor** von P und Q.

(A1) Zu jedem $P \in A$ und jedem $X \in V_A$ gibt es genau ein $Q \in A$ mit $X = \overrightarrow{PQ}$ (wir schreiben auch $Q = P + X$).

(A2) Für alle $P, Q, R \in A$ gilt: $\overrightarrow{PQ} + \overrightarrow{QR} = \overrightarrow{PR}$.

Statt (A, V_A, v) schreiben wir auch A, wenn der Zusammenhang es erlaubt.
Ist V_A ein Vektorraum über $\mathbb{R}$ (über $\mathbb{C}$) mit einem positiv definiten Skalarprodukt (einer positiv definiten hermiteschen Form) $\langle\, ,\, \rangle$, so heißt $(A, V_A, v, \langle\, ,\, \rangle)$ ein euklidischer (unitärer) affiner Raum.

Affiner Unterraum

$U \subseteq A$ heißt (affiner) Unterraum von A, falls

$$U = \{Q \in A \mid \overrightarrow{PQ} \in W\} = \{P + X \mid X \in W\} = P + W$$

gilt für einen Untervektorraum W von V_A und ein $P \in A$.

W ist für jeden Unterraum U eindeutig bestimmt (siehe Aufgabe 2).
Wir schreiben $W = V_U$. Es gilt: $U = Q + V_U$ für alle $Q \in U$.
Jeder Vektorraum V über K ist als Tripel (V, V, v) mit $v(X, Y) = Y - X$ ein affiner Raum. Seine affinen Unterräume sind genau die Mengen $U = X_0 + W$, wobei W ein Untervektorraum von V und $X_0 \in V$ ist und die Mengen $X_0 + W$ definiert sind als $\{X_0 + X \mid X \in W\}$. Mit dieser speziellen Klasse affiner Räume werden wir uns überwiegend befassen.

Dimension in affinen Räumen

Die (affine) Dimension eines Raumes U ist definiert als Dimension des Vektorraums V_U.
$\emptyset$ wird als affiner Raum der Dimension -1 betrachtet.

A sei affiner Raum der Dimension n.
Affine Unterräume der Dimension 0 heißen **Punkte** von A oder in A.
Affine Unterräume der Dimension 1 heißen **Geraden** in A.
Affine Unterräume der Dimension 2 heißen **Ebenen** in A.
Affine Unterräume der Dimension $n - 1$ heißen **Hyperebenen** in A.

Weitere Bezeichnungen in affinen Räumen

1. Zwei affine Unterräume U, U' von A heißen **parallel**, wenn gilt:

   $V_U \subseteq V_{U'}$ oder $V_{U'} \subseteq V_U$.

2. Ist A ein affiner Raum und $M \subseteq A$, so sei $\langle M \rangle$ der Durchschnitt aller Unterräume von A, die M enthalten.

   $\langle M \rangle$ ist ein Unterraum von A und heißt der **von M erzeugte Unterraum** von A.

3. Ist $\mathcal{U}$ eine Menge von Unterräumen von A, so heißt der von

   $\bigcup\{U \mid U \in \mathcal{U}\}$ erzeugte Unterraum der **Verbindungsraum** der Unterräume U, $U \in \mathcal{U}$.

   Ist $\mathcal{U} = \{U_1, \ldots, U_n\}$, so schreiben wir ihn als $U_1 \vee \ldots \vee U_n$.

   Statt $\{P\} \vee \{Q\}$ schreiben wir auch $P \vee Q$.

Affine Basis

Sind $P_0, \ldots, P_n \in A$ Punkte des affinen Raumes A, so heißt $B_a = (P_0, \ldots, P_n)$ **linear unabhängig** (eine **affine Basis** von A), falls $B = (\overrightarrow{P_0P_1}, \ldots, \overrightarrow{P_0P_n})$ linear unabhängig in V_A (eine Basis von V_A) ist.[1]
Eine affine Basis heißt auch **affines Koordinatensystem**.

Ist $B_a = (P_0, \ldots, P_n)$ eine affine Basis, so gibt es zu jedem $Q \in A$ genau ein $n-$Tupel $(c_1, \ldots, c_n) \in K^n$ mit $\overrightarrow{P_0Q} = \sum_{i=1}^{n} c_i \overrightarrow{P_0P_i}$.

$(c_1, \ldots, c_n)$ heißt **Koordinatenvektor** von Q bzgl. B_a, in Zeichen: $k_{B_a}(Q)$.
Seien B_a und $B_a' = (P_0', \ldots, P_n')$ affine Basen mit den zugehörigen Vektorraumbasen B, B'. Ist $\overrightarrow{P_0P_0'} = \sum_{i=1}^{n} b_i \overrightarrow{P_0P_i}$, so gilt für jedes $Q \in A$:

$$k_{B_a}(Q) = \begin{pmatrix} b_1 \\ \vdots \\ b_n \end{pmatrix} + \mathbf{M}_B^{B'}(id)\, k_{B_a'}(Q)$$

(dies ist genau die affine Version von $k_B(X) = \mathbf{M}_B^{B'}(id)\, k_{B'}(X)$).

[1] Die Verallgemeinerung dieser Definition auf affine Räume beliebiger Dimension ist klar.

6.1.1

Man zeige mit Hilfe der Axiome für einen affinen Raum (A, V_A, v), daß für alle $P, Q, R, S \in A$ gilt:

a) $\overrightarrow{PP} = 0$ *und* $(\overrightarrow{PQ} = 0 \iff Q = P)$.

b) $\overrightarrow{PQ} = -\overrightarrow{QP}$.

c) $\overrightarrow{PQ} = \overrightarrow{RS} \implies \overrightarrow{PR} = \overrightarrow{QS}$ *(Parallelogrammregel).*

d) $P + \overrightarrow{QR} = S \iff \overrightarrow{QR} = \overrightarrow{PS}$.

a) Nach (A2) ist $\overrightarrow{PP} + \overrightarrow{PP} = \overrightarrow{PP}$. Somit ist $\overrightarrow{PP} = 0$.
Ist $\overrightarrow{PQ} = 0$, so folgt aus $\overrightarrow{PP} = 0$ und (A1): $P = Q$.

b) Wieder nach (A2) ist $\overrightarrow{PQ} + \overrightarrow{QP} = \overrightarrow{PP} = 0$. Also ist $\overrightarrow{PQ} = -\overrightarrow{QP}$.

c) Es ist

$$\overrightarrow{PR} = \overrightarrow{PQ} + \overrightarrow{QR} \overset{(*)}{=} \overrightarrow{RS} + \overrightarrow{QR} = \overrightarrow{QR} + \overrightarrow{RS} = \overrightarrow{QS} .$$

$(*)$ gilt dabei nach Voraussetzung.

d) "$\Longrightarrow$" gilt nach Definition von $P + X, X \in V_A$.
"$\Longleftarrow$" Es ist $P + \overrightarrow{QR} = P + \overrightarrow{PS}$ nach Voraussetzung, und $P + \overrightarrow{PS} = S$ nach Definition von $P + \overrightarrow{PS}$.

6.1.2

Sei U ein Unterraum des affinen Raumes A und sei $P \in U$. Seien W, W' Untervektorräume von V_A. Man zeige:

a) $P + W \subseteq P + W' \implies W \subseteq W'$.

b) *Sind $P, R \in U$, so ist $W_1 := \{\overrightarrow{PQ} \mid Q \in U\}$ ein Untervektorraum von V_A und es gilt*

$$W_1 = \{\overrightarrow{RQ} \mid Q \in U\} \quad (= V_U).$$

a) Sei $X \in W$, also $P + X \in P + W$. Nach Voraussetzung ist $P + X = P + Z$ für ein $Z \in W'$. Wähle R, S mit $X = \overrightarrow{PR}$ und $Z = \overrightarrow{PS}$ nach (A1). Nach Aufgabe 1 ist $P + X = R = P + Z = S$. Somit ist $X \in W'$.

b) Sei $U = S + W_2$ für einen Untervektorraum W_2 von V_A und ein $S \in A$. Wir zeigen $W_2 = W_1$, und damit folgen beide Teile der Behauptung.
Ist $Q \in U$, so ist $\overrightarrow{SQ} \in W_2$ nach Definition von U. Ebenso ist $\overrightarrow{SP} \in W_2$, da $P \in U$. Somit ist

$$\overrightarrow{PQ} = \overrightarrow{PS} + \overrightarrow{SQ} = -\overrightarrow{SP} + \overrightarrow{SQ} \in W_2 ,$$

da W_2 ein Untervektorraum ist. Es gilt also $W_1 \subseteq W_2$.

Ist $X \in W_2$, so ist $S + X =: T \in U$. Ferner gilt (man mache sich eine Skizze):

$$R := P + \overrightarrow{ST} = S + \overrightarrow{SP} + \overrightarrow{ST} = S + (-\overrightarrow{PS} + \overrightarrow{ST}) = S + Y$$

mit $Y \in W_2$, denn $X = \overrightarrow{ST} \in W_2$ und $\overrightarrow{PS} \in W_2$, da $P \in U$. Damit ist $R \in U$ und $\overrightarrow{PR} = \overrightarrow{ST} = X \in W_1$, was zu zeigen war.

6.1.3

Gegeben sei der affine Raum $\mathbb{R}^3$ *(genauer:* $(\mathbb{R}^3, \mathbb{R}^3, v)$ *mit* $v(P,Q) = Q - P$*).*

a) *Für die Menge* $U := \{(x_1, x_2, x_3) \in \mathbb{R}^3 \mid x_2 - 2x_3 = 1\}$ *bestimme man ein* $P \in U$ *und einem Untervektorraum* V_U *des* $\mathbb{R}^3$ *mit* $U = P + V_U$.

b) *Sei* $U_1 := (1,1,0) + L((0,0,1),(1,-1,0))$ *und*
$U_2 := (0,1,1) + L((1,1,0),(1,-1,1))$.
Man bestimme P *und* V_U *mit* $U := U_1 \cap U_2 = P + V_U$.

c) *Man bestimme jeweils den Verbindungsraum der affinen Unterräume* U_1, U_2 *und dessen Dimension*

c1) *für* U_1 *und* U_2 *aus b);*
c2) *für* $U_1 := (1,1,0) + L(1,1,1)$ *und*
$U_2 := (0,0,1) + L(1,-1,1)$;
c3) *für* $U_1 := (1,1,0) + L(1,1,1)$ *und*
$U_2 := (0,0,1) + L(-2,-2,-2)$.

a) U ist die Lösungsmenge eines linearen Gleichungssystems und damit nach REP1 und Definition eines affinen Unterraums ein affiner Unterraum des $\mathbb{R}^3$. Frei wählbar sind die Variablen x_1 und x_3. Setzt man $x_1 = s$ und $x_3 = t$, so ist $x_2 = 1 + 2x_3 = 1 + 2t$, also

$$(x_1, x_2, x_3) = (s, 1 + 2t, t) = (1,0,0) + s(1,0,0) + t(0,2,1) \quad (s, t \in \mathbb{R}) .$$

Diese Gleichung ist eine Parameterdarstellung der Ebene

$$(1,0,0) + L((1,0,0),(0,2,1)) .$$

b) 1. Möglichkeit: U_1 und U_2 sind Ebenen mit den Gleichungen $x + y = 2$ und $x - y - 2z = -3$. U ergibt sich daher als Lösungsraum eines linearen Gleichungssystems. Wir bringen die Matrix des Systems auf Zeilenstufenform:

$$\left(\begin{array}{ccc|c} 1 & 1 & 0 & 2 \\ 1 & -1 & -2 & -3 \end{array}\right) \rightsquigarrow \left(\begin{array}{ccc|c} 1 & 1 & 0 & 2 \\ 0 & -2 & -2 & -5 \end{array}\right) .$$

Setze $x_3 = t$. Es folgt: $x_2 = \frac{5}{2} - t$, $x_1 = 2 - x_2 = -\frac{1}{2} + t$. Somit ist

$$(x_1, x_2, x_3) = (-\frac{1}{2} + t, \frac{5}{2} - t, t) = (-\frac{1}{2}, \frac{5}{2}, 0) + t\,(1, -1, 1) , \quad (t \in \mathbb{R}) ,$$

eine Parameterdarstellung von U.
$P = (-\frac{1}{2}, \frac{5}{2}, 0)$ und $V_U = L((1,-1,1))$ erfüllen die Forderungen.

2. Möglichkeit: Es ist $Q \in U$ genau dann, wenn es λ, μ, s, t gibt mit

$$Q = (1,1,0) + \lambda\,(0,0,1) + \mu\,(1,-1,0) = (0,1,1) + s\,(1,1,0) + t\,(1,-1,1)\,.$$

Dies führt wieder zu einem (komplizierteren) Gleichungssystem, und damit erhält man P und V_U.

c) Sei U jeweils der Verbindungsraum von U_1 und U_2. Man überlegt sich schnell: $V_{U_1} \subseteq V_U$, $V_{U_2} \subseteq V_U$ (ist $P \in U_1$, so ist $U = P + V_U \supseteq P + V_{U_1}$).

c1) Da $V_{U_1} \subseteq V_U$, $V_{U_2} \subseteq V_U$, ist $V_U = \mathbb{R}^3$. Somit ist $U = \mathbb{R}^3$, da $P + \mathbb{R}^3 = \mathbb{R}^3$ für alle $P \in \mathbb{R}^3$.

c2) U_1 und U_2 sind Geraden. Intuitive Vorüberlegung: Wenn die Geraden sich schneiden oder parallel sind, ist U eine Ebene, sonst der $\mathbb{R}^3$ (siehe Aufgabe 4). Ist $X \in U_1 \cap U_2$, so ist

$$X = (1,1,0) + t\,(1,1,1) = (0,0,1) + s\,(1,-1,1)$$

für gewisse $s, t \in \mathbb{R}$. Es folgt $1 + t = s = -s$, $t = 1 + s$, also $s = 0$, $t = 1$ und $t = -1$ – die Geraden schneiden sich nicht.
Es ist $(1,1,1), (1,-1,1) \in V_U$. Ferner ist $(1,1,0), (0,0,1) \in U$, also

$$(1,1,-1) = \overrightarrow{(0,0,1)\,(1,1,0)} \in V_U\,.$$

$(1,1,1), (1,-1,1), (1,1,-1)$ sind linear unabhängig; somit ist $V_U = U = \mathbb{R}^3$.

c3) Die Geraden sind offensichtlich parallel. U enthält $(1,1,0)$ und $(0,0,1)$, also ist $(1,1,-1) \in V_U$. Sei die Ebene $\mathcal{E}$ gegeben durch

$$\mathcal{E} = (1,1,0) + L((1,1,1), (1,1,-1))\,.$$

Dann ist $U_1 \subseteq \mathcal{E}$ und $U_2 \subseteq \mathcal{E}$, da $(0,0,1) = (1,1,0) - (1,1,-1) \in \mathcal{E}$. Ist U' ein beliebiger Unterraum mit $U_1 \cup U_2 \subseteq U'$. so ist wieder $(1,1,-1) \in V_{U'}$; ferner ist $(1,1,1) \in V_{U'}$ und $(1,1,0) \in U'$; also $\mathcal{E} \subseteq U'$. Somit ist $\mathcal{E}$ der Durchschnitt aller Unterräume, die $U_1 \cup U_2$ enthalten, d. h. $U = \mathcal{E}$.

6.1.4
Die Geraden $U_1 = P + L(X)$ und $U_2 = Q + L(Y)$ im affinen Raum $\mathbb{R}^3$ seien **windschief** *(d. h. sie sind weder parallel noch schneiden sie sich).*
Man zeige: $U_1 \vee U_2 = \mathbb{R}^3$.

Sei $Z := \overrightarrow{PQ} = Q - P$ und $\mathcal{E} := P + L(X, Z)$.
Für $\mathcal{E}$ gilt:

1. $U_1 \subseteq \mathcal{E}$ und $\mathcal{E} \neq U_1$ $(Q = P + (Q - P) \in E \setminus U_1)$.

2. $\dim \mathcal{E} = 2$, ($\mathcal{E}$ ist also eine Ebene).

   Wären X, Z linear abhängig, so wäre $Q - P = \lambda X$ für ein $\lambda \in K$, also $Q \in U_1$.

3. $\mathcal{E} \subsetneqq U_1 \vee U_2$.

   $R := Q + Y$ ist nämlich ein Punkt aus U_2, aber $R \notin \mathcal{E}$. Wäre nämlich $R \in \mathcal{E}$, so wäre $\overrightarrow{QR} = Y \in V_{\mathcal{E}}$, also $U_2 = Q + L(Y) \subseteq Q + V_{\mathcal{E}} = \mathcal{E}$. Also wären U_1 und U_2 zwei Geraden in der affinen Ebene $\mathcal{E}$ und daher entweder parallel oder sie würden sich schneiden, im Widerspruch zur Voraussetzung.

Der einzige affine Unterraum des $\mathbb{R}^3$, der eine echte Obermenge von $\mathcal{E}$ ist, ist jedoch der $\mathbb{R}^3$. (Wie im Falle der Vektorräume überlegt man sich leicht: Sind U_1, U_2 affine Unterräume des affinen Raumes A und gilt $\dim U_1 = \dim U_2 \in \mathbb{N}$ und $U_1 \subseteq U_2$, so ist $U_1 = U_2$ – siehe Aufgabe 8 b).) Daher ist $U_1 \vee U_2 = \mathbb{R}^3$.

6.1.5
Gegeben seien der affine Raum $\mathbb{R}^3$,
$B_a := ((-2, 3, -3), (-1, 4, -2), (-1, 3, -4), (-2, 3, -2))$ *und*
$C_a := ((-1, -1, 2), (-1, 0, 4), (-1, 1, 3), (0, -1, 2))$.

a) *Man zeige, daß B_a und C_a affine Basen des $\mathbb{R}^3$ sind, und bestimme den Koordinatenvektor von $(1, 0, 0)$ bzgl. B_a.*

b) *Man berechne eine 3×3–Matrix $\mathbf{A}$ und $Q \in \mathbb{R}^3$, so daß für jedes $P \in \mathbb{R}^3$ gilt: Sind x_1, x_2, x_3 die Koordinaten von P bzgl. B_a und x_1^*, x_2^*, x_3^* die Koordinaten von P bzgl. C_a, so ist*
$$(x_1^*\ x_2^*\ x_3^*)^\top = Q + \mathbf{A}\,(x_1\ x_2\ x_3)^\top.$$

a) Sei $B_a =: (P_0, P_1, P_2, P_3)$; zu zeigen ist, daß

$$B = (\overrightarrow{P_0P_1}, \overrightarrow{P_0P_2}, \overrightarrow{P_0P_3}) = ((1, 1, 1), (1, 0, -1), (0, 0, 1))$$

eine Basis des Vektorraums $\mathbb{R}^3$ ist. Man rechnet leicht nach, daß B linear unabhängig und damit eine Basis ist.

Um den Koordinatenvektor von $(1,0,0)$ bzgl. B_a zu bestimmen, müssen wir $\overrightarrow{P_0\,(1,0,0)} = (3,-3,3)$ durch B darstellen. Es ist

$$(3,-3,3) = -3\,(1,1,1) + 6\,(1,0,-1) + 12\,(0,0,1)\,,$$

also ist $(-3,6,12)$ der gesuchte Koordinatenvektor.
Mit C_a verfährt man analog:

$$C = ((0,1,2),(0,2,1),(1,0,0))$$

ist eine Vektorraumbasis des $\mathbb{R}^3$.

b) Man orientiere sich am Vorspann:

Ist $X = \begin{pmatrix} x_1 \\ x_2 \\ x_3 \end{pmatrix}$ und $X^* = \begin{pmatrix} x_1^* \\ x_2^* \\ x_3^* \end{pmatrix}$, so ist $X = R + \mathbf{M}_B^C(id)\,X^*$, wobei

$$R = k_B(\overrightarrow{(-2,3,-3)(-1,-1,2)}) = k_B(1,-4,5)\,.$$

Daher ist

$$X^* = \underbrace{\mathbf{M}_C^B(id)}_{\mathbf{A}}\,X\ \underbrace{-\mathbf{M}_C^B(id)\,R}_{Q}\,.$$

Da $(1,-4,5) = -4\,(1,1,1) + 5\,(1,0,-1) + 14\,(0,0,1)$, ist $R = (-4,5,14)$. Nun gilt:

$$\begin{aligned}
(1,1,1) &= \frac{1}{3}\,(0,1,2) + \frac{1}{3}\,(0,2,1) + (1,0,0) \\
(1,0,-1) &= -\frac{2}{3}\,(0,1,2) + \frac{1}{3}\,(0,2,1) + (1,0,0) \\
(0,0,1) &= \frac{2}{3}\,(0,1,2) - \frac{1}{3}\,(0,2,1)\,.
\end{aligned}$$

(Man löse simultan die entsprechenden Gleichungssysteme.)
Daher ist

$$\mathbf{A} = \mathbf{M}_C^B(id) = \frac{1}{3}\begin{pmatrix} 1 & -2 & 2 \\ 1 & 1 & -1 \\ 3 & 3 & 0 \end{pmatrix}.$$

Schließlich ergibt sich Q zu

$$Q = -\mathbf{A}R = -\frac{1}{3}\begin{pmatrix} 1 & -2 & 2 \\ 1 & 1 & -1 \\ 3 & 3 & 0 \end{pmatrix}\begin{pmatrix} -4 \\ 5 \\ 14 \end{pmatrix} = \begin{pmatrix} -\frac{14}{3} \\ \frac{13}{3} \\ -1 \end{pmatrix}.$$

6.1.6

Gegeben seien $P, Y_1, \ldots, Y_4 \in \mathbb{R}^4$ als $P = (1,0,0,0) = Y_1$, $Y_2 = (1,1,1,1)$, $Y_3 = (1,2,0,0)$ und $Y_4 = (0,0,1,1)$. Man zeige, daß die beiden Ebenen $U_1 = P + L(Y_1, Y_2)$ und $U_2 = P + L(Y_3, Y_4)$ als Durchschnitt eine Gerade durch P und als Verbindungsraum eine Hyperebene H durch den Nullpunkt besitzen, und gebe dafür jeweils eine Parameterdarstellung an. Wie lautet eine Gleichung für H?

Ist $Q \in U_1 \cap U_2$, so ist $Q = P + \lambda Y_1 + \mu Y_2 = P + \sigma Y_3 + \gamma Y_4$ für gewisse $\lambda, \mu, \sigma, \gamma \in \mathbb{R}$. Es folgt:

$$\lambda + \mu = \sigma \,, \quad \mu = 2\sigma \,, \quad \mu = \gamma \,.$$

Wählt man μ als freie Variable, so folgt: $\sigma = \frac{\mu}{2}$, $\gamma = \mu$, $\lambda = \sigma - \mu = -\frac{\mu}{2}$ und damit

$$\mu(-\frac{1}{2}Y_1 + Y_2) = \mu(\frac{1}{2}Y_3 + Y_4) \,.$$

Q hat damit die Gestalt $Q = P + \mu\,(\frac{1}{2}Y_3 + Y_4) = P + \mu\,(\frac{1}{2}, 1, 1, 1)$, und es folgt:

$$U_1 \cap U_2 = P + L((1,2,2,2))$$

Nach Aufgabe 10 ist

$$U_1 \vee U_2 = P + V_{U_1} + V_{U_2} = P + L(Y_1, Y_2, Y_3) \,,$$

denn Y_1, Y_2, Y_3 sind linear unabhängig und $Y_4 = -\frac{1}{2}Y_1 + Y_2 - \frac{1}{2}Y_3$.
$X = P + \lambda Y_1 + \mu Y_2 + \gamma Y_3$ ($\lambda, \mu, \gamma \in \mathbb{R}$) ist eine Parameterdarstellung von H (oder auch $H = P + L(Y_1, Y_2, Y_3)$). Man erhält eine Gleichung für H, indem man beide Seiten der obigen Gleichung mit einem Vektor skalar multipliziert, der auf Y_1, Y_2, Y_3 senkrecht steht (einem Normalenvektor von H). Dieser läßt sich hier leicht zu $(0,0,1,-1) =: N$ erraten (sonst löse man das Gleichungssystem $Y_i \cdot X = 0$ ($i = 1,2,3$)).
Also ist $X \cdot N = P \cdot N$, d. h. $x_3 - x_4 = 0$, eine Gleichung von H.

6.1.7

Sei A ein dreidimensionaler affiner Raum über $\mathbb{Z}_2$. Man bestimme

a) *die Anzahl der Punkte, Geraden und Ebenen, die A enthält.*

b) *die Anzahl der Punkte, die eine Gerade enthält.*

c) *die Anzahl der Punkte und Geraden, die eine Ebene enthält.*

d) *die Anzahl der zu einer Geraden parallelen Geraden.*

a) Es ist V_A als Vektorraum der Dimension 3 isomorph zu $\mathbb{Z}_2^3$. Ferner gilt $A = P + V_A$ (für jedes $P \in A$) und $V_A = \{\overrightarrow{PQ} \mid Q \in A\}$.
Somit ist $|A| = |V_A| = 8$.

Da je zwei Punkte genau eine Gerade bestimmen, gibt es höchstens $\binom{8}{2} = 28$ Geraden. Nun ist für $P \neq Q$

$$P \vee Q = \{P + \lambda\overrightarrow{PQ} \mid \lambda \in \mathbb{Z}_2\} = \{P, Q\}\,.$$

Daher gibt es genau 28 Geraden (und wir haben Teil b) beantwortet).
Da drei verschiedene Punkte nicht auf einer Geraden liegen, gibt es höchsten $\binom{8}{3} = 56$ Ebenen. Jede Ebene $\mathcal{E}$ hat die Form

$$\mathcal{E} = P + \lambda\overrightarrow{PQ} + \mu\overrightarrow{PR}\,, \quad (\lambda, \mu \in \mathbb{Z}_2)$$

mit paarweise verschiedenen Punkten P, Q, R. Sie enthält genau die Punkte P, Q, R und $Q + \overrightarrow{PR}$. Es ist $Q + \overrightarrow{PR} \neq Q$, da sonst $\overrightarrow{PR} = 0$, also $P = R$ wäre. Entsprechend folgt $Q + \overrightarrow{PR} \neq P$ und $Q + \overrightarrow{PR} \neq R$.
Somit enthält jede Ebene genau 4 Punkte (oder: $V_{\mathcal{E}}$ enthält genau vier Vektoren). Von den 56 möglichen Ebenen fallen daher je vier zusammen, da je drei der vier Punkte der Ebene $\mathcal{E}$ die Ebene schon eindeutig festlegen. A enthält daher 14 Ebenen.

b) siehe a).

c) Nach a) enthält jede Ebene $\mathcal{E}$ genau 4 Punkte und damit $\binom{4}{2} = 6$ Geraden.

d) Ist $g = \{P, Q\}$ eine Gerade, so ist $g \parallel g$. Ferner ist eine weitere Gerade g_1 genau dann parallel zu g, wenn $V_{g_1} = V_g$ ist. Also ist $g_1 = R + \lambda\overrightarrow{PQ}$, wobei $R \notin \{P, Q\}$ ist. Für R gibt es 6 Möglichkeiten (beachte $|A| = 8$) wovon jeweils zwei dieselbe Gerade liefern. Insgesamt gibt es damit genau 4 zu g parallele Geraden.

6.1.8

Sei A ein affiner Raum über K und seien $U_1, \ldots, U_m$ affine Unterräume von A. Man zeige:

a) *Ist $P \in \bigcap_{i=1}^{m} U_i$, so ist $\bigcap_{i=1}^{m} U_i = P + \bigcap_{i=1}^{m} V_{U_i}$.*

b) *Ist $U_1 \subseteq U_2$ und $\dim U_1 = \dim U_2 \in \mathbb{N}$, so ist $U_1 = U_2$.*

a) Zunächst ist $U_i = P + V_{U_i}$ nach Aufgabe 2.
Damit folgt leicht die Inklusion "$\supseteq$".
Sei $Q \in \bigcap_{i=1}^{m} U_i$. Dann gibt es Vektoren $X_i \in V_{U_i}$ mit $Q = P + X_i$ $(i = 1, \ldots, m)$.
Da $\overrightarrow{PQ} = X_i$, ist $X_1 = \ldots = X_m \in \bigcap_{i=1}^{m} V_{U_i}$.

b) Sei $P \in U_1$, also $U_1 = P + V_{U_1}$, $U_2 = P + V_{U_2}$. Nach Aufgabe 2 a) ist $V_{U_1} \subseteq V_{U_2}$. Da nach Definition

$$\dim U_1 = \dim V_{U_1} = \dim U_2 = \dim V_{U_2} \in \mathbb{N}$$

gilt, folgt $V_{U_1} = V_{U_2}$ und damit $U_1 = U_2$.

6.1.9
Sei A ein affiner Raum, sei $U \subseteq A$ und seien $P, Q \in A$. Man zeige:
a) $P \vee Q = \{P + \lambda\overrightarrow{PQ} \mid \lambda \in K\}$
(d. h. $P \vee Q$ ist die "Verbindungsgerade von P und Q").
b) *Ist K ein Körper mit $1 + 1 \neq 0$, so ist U genau dann ein affiner Unterraum von A, wenn für alle $R, S \in U$ gilt: $R \vee S \subseteq U$.*

a) Sei U_0 die Menge $\{P+\lambda\overrightarrow{PQ} \mid \lambda \in K\}$. Da $U_0 = P + L(\overrightarrow{PQ})$, ist U ein affiner Unterraum von A. Wegen $P = P + 0 \cdot \overrightarrow{PQ}$ und $Q = P + \overrightarrow{PQ}$ gilt $P, Q \in U_0$. Sei U' ein beliebiger affiner Unterraum von A mit $P, Q \in U'$.
Zu zeigen ist: $U_0 \subseteq U'$.
Sei $\lambda \in K$. Da $P, Q \in U'$, ist $\overrightarrow{PQ} \in V_{U'}$ und damit $\lambda\overrightarrow{PQ} \in V_{U'}$. Somit ist $P + \lambda\overrightarrow{PQ} \in U'$.

b) "$\Longrightarrow$" Dies wurde gerade in a) gezeigt.
"$\Longleftarrow$" Ist $U = \emptyset$, so ist nach Definition U ein affiner Unterraum von A.
Sei $P \in U$ und $W = \{\overrightarrow{PQ} \mid Q \in U\}$. Wir zeigen daß W ein Untervektorraum ist (dann ist $U = P + W$ ein affiner Unterraum). Ist $\overrightarrow{PQ} \in W$ und $\lambda \in K$, so ist nach Voraussetzung

$$R = P + \lambda\overrightarrow{PQ} \in P \vee Q \subseteq U ,$$

also $\lambda\overrightarrow{PQ} = \overrightarrow{PR} \in W$. Ferner ist $\overrightarrow{PP} = 0 \in W$.

Seien nun $\overrightarrow{PQ}, \overrightarrow{PS} \in W$ (also $Q, S \in U$). Zu zeigen ist: $\overrightarrow{PQ} + \overrightarrow{PS} \in W$.
Nach Voraussetzung sind $T = Q + \frac{1}{2}\overrightarrow{QS}$ und $T' = P + 2\overrightarrow{PT}$ Elemente von U.
Dann ist $\overrightarrow{PT'} = 2\overrightarrow{PT}$ und

$$\begin{aligned}\overrightarrow{QT} + \overrightarrow{ST} &= \frac{1}{2}\overrightarrow{QS} + \overrightarrow{ST} = \frac{1}{2}\overrightarrow{QS} + \overrightarrow{SQ} + \overrightarrow{QT} \\ &= \frac{1}{2}\overrightarrow{QS} + \overrightarrow{SQ} + \frac{1}{2}\overrightarrow{QS} = \overrightarrow{QS} + \overrightarrow{SQ} = 0\,.\end{aligned}$$

Also ist

$$\overrightarrow{PT'} = 2\overrightarrow{PT} = \overrightarrow{PT} + \overrightarrow{PT} = \overrightarrow{PQ} + \overrightarrow{QT} + \overrightarrow{PS} + \overrightarrow{ST} = \overrightarrow{PQ} + \overrightarrow{PS}\,.$$

Da $\overrightarrow{PT'} \in W$, sind wir fertig.

6.1.10
Sei A ein affiner Raum sei $M \subseteq A$, und seien U_1 und U_2 nichtleere affine Unterräume von A. Man zeige:

a) *Für jedes $P_0 \in M$ ist $\langle M\rangle = P_0 + L(\{\overrightarrow{P_0Q} \mid Q \in M\})$.*

b) *Ist $U_1 \cap U_2 \neq \emptyset$, so ist $V_{U_1 \vee U_2} = V_{U_1} + V_{U_2}$.*

c) *Ist $U_1 \cap U_2 = \emptyset$, so ist $V_{U_1 \vee U_2} = (V_{U_1} + V_{U_2}) \oplus L(\overrightarrow{PQ})$, wobei $P \in U_1$ und $Q \in U_2$ beliebig gewählt sind.*

a) Sei $P_0 \in M$. $U := P_0 + L(\{\overrightarrow{P_0Q} \mid Q \in M\})$ ist ein affiner Unterraum von A mit $M \subseteq U$, da $P_0 + \overrightarrow{P_0Q} = Q \in U$ für jedes $Q \in M$. Sei U' ein beliebiger affiner Unterraum von A mit $M \subseteq U'$. Dann ist $P_0 \in U'$, also $U' = P_0 + V_{U'}$ nach Aufgabe 2. Ist $Q \in M$, so ist $Q \in U'$, also $\overrightarrow{PQ} \in V_{U'}$. Somit ist $L(\{\overrightarrow{PQ} \mid Q \in M\}) \subseteq V_{U'}$, da $V_{U'}$ ein Untervektorraum von V_A ist, und daher ist $U \subseteq P_0 + V_{U'} = U'$. U ist also der bzgl. "$\subseteq$" kleinste Unterraum, der M enthält. Nach Definition ist $U = \langle M\rangle$.

b) Wähle $R \in U_1 \cap U_2$. Dann ist nach Aufgabe 2

$$V_{U_1} = \{\overrightarrow{RQ} \mid Q \in U_1\}\,, \qquad V_{U_2} = \{\overrightarrow{RQ} \mid Q \in U_2\}\,.$$

Ist $X \in V_{U_1} + V_{U_2}$, so hat X folglich die Darstellung $X = \overrightarrow{RS} + \overrightarrow{RT}$ mit $S \in U_1$ und $T \in U_2$. Da $R, S, T \in U_1 \vee U_2$, ist $\overrightarrow{RS}, \overrightarrow{RT} \in V_{U_1 \vee U_2}$, also

$$X = \overrightarrow{RS} + \overrightarrow{RT} \in V_{U_1 \vee U_2}\,.$$

Damit ist die Inklusion $V_{U_1 \vee U_2} \supseteq V_{U_1} + V_{U_2}$ bewiesen.
Zur Inklusion "$\subseteq$":
Nach Teil a) ist

$$V_{U_1 \vee U_2} = L(\{\overrightarrow{RQ} \mid Q \in U_1 \cup U_2\})\,.$$

Nun ist für jedes $Q \in U_1 \cup U_2$ stets $\overrightarrow{RQ} \in V_{U_1}$ oder $\overrightarrow{RQ} \in V_{U_2}$, also gilt $\overrightarrow{RQ} \in V_{U_1} + V_{U_2}$. Da aber $V_{U_1} + V_{U_2}$ ein Vektorraum ist, folgt

$$L(\{\overrightarrow{RQ} \mid Q \in U_1 \cup U_2\}) \subseteq V_{U_1} + V_{U_2} ,$$

und die Inklusion "$\subseteq$" ist bewiesen.

c) Da $P \vee Q \subseteq U_1 \vee U_2$, ist $U_1 \vee U_2 = U_1 \vee U_2 \vee (P \vee Q)$, also nach b)

$$V_{U_1 \vee U_2} = (V_{U_1} + V_{U_2}) + L(\overrightarrow{PQ}) ,$$

denn $L(\overrightarrow{PQ}) = V_{P \vee Q}$. Wir müssen zeigen, daß die Summe direkt ist. Dazu genügt offensichtlich: $\overrightarrow{PQ} \notin V_{U_1} + V_{U_2}$.
Annahme, dies ist doch der Fall, also $\overrightarrow{PQ} = X + Y$ mit $X \in V_{U_1}$ und $Y \in V_{U_2}$. Da $P \in U_1$, ist $X = \overrightarrow{PS}$ für ein $S \in U_1$, und da $Q \in U_2$, ist $-Y = \overrightarrow{QT}$ für ein $T \in U_2$, also $Y = \overrightarrow{TQ}$. Aber

$$\overrightarrow{ST} = \overrightarrow{SP} + \overrightarrow{PQ} + \overrightarrow{QT} = \overrightarrow{SP} + X + Y + \overrightarrow{QT} = \overrightarrow{SP} + \overrightarrow{PS} + \overrightarrow{TQ} + \overrightarrow{QT} = 0 ,$$

also $S = T$ im Widerspruch zu $U_1 \cap U_2 = \emptyset$.

6.2 Affine Abbildungen

Affine Abbildung

Seien (A, V_A, v_A) und (D, V_D, v_D) affine Räume.
Eine Abbildung $f : A \longrightarrow D$ heißt **affine Abbildung**, falls es eine lineare Abbildung $\hat{f} : V_A \longrightarrow V_D$ gibt mit $\hat{f}(v_A(P, Q)) = v_D(f(P), f(Q))$ für alle $P, Q \in A$ (kürzer: $\hat{f}(\overrightarrow{PQ}) = \overrightarrow{f_P f_Q}$[2]).

Ist speziell $A = K^n$ und $D = K^m$ und ist $f : A \longrightarrow D$ eine affine Abbildung mit $f(0) = 0$, so ist f linear und es ist $\hat{f} = f$.

Spezielle Abbildungen affiner Räume

Affinität	bijektive affine Abbildung
Parallelprojektion	Ist $U \neq \emptyset$ affiner Unterraum des affinen Raumes A endlicher Dimension und ist $V_A = W \oplus V_U$, so heißt die Abbildung $\pi_W : A \longrightarrow U$, definiert durch $\pi_W(P) = (P + W) \cap U$, Parallelprojektion längs W auf U. π_W ist eine affine Abbildung.
Translation	Jede affine Abbildung $f : A \longrightarrow A$ der Form $f_P = P + X_0$, wobei $X_0 \in V_A$.

Ist A zusätzlich ein euklidischer (unitärer) affiner Raum mit Skalarprodukt $\langle\ ,\ \rangle$, so heißt eine Abbildung $f : A \longrightarrow A$

Isometrie, (**Kongruenz**)	falls $\|\|\overrightarrow{f_P f_Q}\|\| = \|\|\overrightarrow{PQ}\|\|$ für alle $P, Q \in A$;
Ähnlichkeit,	falls es ein $c > 0$ gibt mit $\|\|\overrightarrow{f_P f_Q}\|\| = c\,\|\|\overrightarrow{PQ}\|\|$;
Kollineation,	falls f injektiv ist und kollineare Punkte (das sind Punkte, die auf einer gemeinsamen Geraden liegen) wieder auf kollineare Punkte abbildet.

Zwischen diesen Abbildungen bestehen folgende Zusammenhänge:

1. Jede Translation ist eine Isometrie.
2. Jede Isometrie ist eine Ähnlichkeit.
3. Jede Ähnlichkeit ist eine Kollineation.
4. Jede Ähnlichkeit ist eine Affinität (für endlich–dimensionales A).
5. $f : A \longrightarrow A$ ist genau dann eine Ähnlichkeit mit dem Ähnlichkeitsfaktor c, wenn f affin ist und die f zugeordnete lineare Abbildung die Form $\hat{f} = c\hat{g}$ hat, wobei $c > 0$ und $\hat{g}$ eine orthogonale (unitäre) Abbildung ist. Insbesondere ist jede Isometrie f eine Affinität, für die $\hat{f}$ orthogonal ist.

[2]Statt $f(P)$ schreiben wir auch f_P.

Eigenschaften von affinen Abbildungen

Sei $f : A \longrightarrow D$ eine affine Abbildung und $\hat{f}$ die zugeordnete lineare Abbildung. Dann gilt:

1. f ist surjektiv (injektiv) $\Longleftrightarrow$ $\hat{f}$ ist surjektiv (injektiv).
2. Ist U affiner Unterraum von A, so ist $f(U)$ ein Unterraum von D mit $\hat{f}(V_U)$ als zugehörigem Vektorraum.
3. Ist W ein affiner Unterraum von D, so ist $f^{-1}(W) = \{P \mid f(P) \in W\}$ ein Unterraum von A mit $f^{-1}(V_W)$ als zugehörigem Vektorraum.
4. Ist $g : D \longrightarrow G$ affin, so ist auch $g \circ f$ affin mit zugeordneter linearer Abbildung $\hat{g} \circ \hat{f}$.
5. Ist f injektiv, so ist auch f^{-1} eine affine Abbildung von $f(A)$ auf A.
6. f erhält Parallelität, Teilverhältnis und Kollinearität, d. h. :
   a) Sind U_1, U_2 parallele Unterräume von A, so sind $f(U_1), f(U_2)$ parallele Unterräume von D.
   b) Sind U_1', U_2' parallele Unterräume von D, so sind $f^{-1}(U_1'), f^{-1}(U_2')$ parallele Unterräume von A.
   c) Sind P, Q, R kollinear, so auch f_P, f_Q, f_R.
   d) Sind P, Q, R kollineare Punkte und ist $P \neq Q$, so gibt es ein $c \in K$ mit $\overrightarrow{PR} = c\,\overrightarrow{PQ}$.
   c heißt **Teilverhältnis** von P, Q, R: $\quad c = TV(P, Q, R)$.
   Ist $f_P \neq f_Q$, so gilt: $TV(P, Q, R) = TV(f_P, f_Q, f_R)$.
7. Sind $B_a = (P_0, \ldots, P_r)$ und $C_a = (Q_0, \ldots, Q_n)$ affine Basen von A bzw. von D, so gibt es genau eine Matrix $\mathbf{M}_{C_a}^{B_a}(f)$ und ein $S_0 \in K^n$ mit
   $$k_{C_a}(f_P) = S_0 + \mathbf{M}_{C_a}^{B_a}(f)\, k_{B_a}(P) \quad (P \in A),$$
   und zwar ist $S_0 = k_{C_a}(f_{P_0})$ und $\mathbf{M}_{C_a}^{B_a}(f) = \mathbf{M}_C^B(\hat{f})$, wenn B und C die zu B_a und C_a gehörigen Vektorraumbasen sind.
8. Jede affine Abbildung $f : K^n \longrightarrow K^m$ läßt sich darstellen als
   $f(P) = P_0 + \mathbf{A}P$ für ein $P_0 \in K^m$ und ein $\mathbf{A} \in \mathcal{M}_{m \times n}(K)$.

6.2.1
Seien A, D nichtleere affine Räume, sei $P_0 \in A$, $Q_0 \in D$ und $\varphi : V_A \longrightarrow V_D$ eine lineare Abbildung.
Man zeige, daß es genau eine affine Abbildung $f : A \longrightarrow D$ gibt, für die $f(P_0) = Q_0$ und $\hat{f} = \varphi$ gilt.

Setze $f(P) := Q_0 + \varphi(\overrightarrow{P_0P})$. Zunächst ist f eine Abbildung nach D, denn zu Q_0 und $\varphi(\overrightarrow{P_0P}) \in V_D$ gibt es nach Axiom 1 genau einen Punkt $f(P)$ mit $\overrightarrow{Q_0\, f(P)} = \varphi(\overrightarrow{P_0P})$, also mit $f(P) = Q_0 + \varphi(\overrightarrow{P_0P})$. Ferner ist

$$\begin{aligned}\overrightarrow{f_P f_Q} &= \overrightarrow{f_P Q_0} + \overrightarrow{Q_0 f_Q} = -\overrightarrow{Q_0 f_P} + \overrightarrow{Q_0 f_Q}\\ &= -\varphi(\overrightarrow{P_0P}) + \varphi(\overrightarrow{P_0Q}) = \varphi(-\overrightarrow{P_0P} + \overrightarrow{P_0Q})\\ &= \varphi(\overrightarrow{PP_0} + \overrightarrow{P_0Q}) = \varphi(\overrightarrow{PQ})\ .\end{aligned}$$

Also ist f affin, denn es gibt eine lineare Abbildung, nämlich φ, die die Forderung aus der Definition erfüllt (setze $\hat{f} = \varphi$).
Ist g eine weitere affine Abbildung mit $g(P_0) = Q_0$ und $\hat{g} = \varphi$, so rechnet man leicht nach:

$$\begin{aligned}\overrightarrow{f_{P_0} f_Q} &= \hat{f}(\overrightarrow{P_0Q}) = \varphi(\overrightarrow{P_0Q}) = \hat{g}(\overrightarrow{P_0Q}) = \overrightarrow{g_{P_0} g_Q}\\ &= \overrightarrow{f_{P_0} g_Q}\end{aligned}$$

für jedes $Q \in A$. Also gilt $f(Q) = g(Q)$ für jedes $Q \in A$.

6.2.2
Sei U ein affiner Teilraum des affinen Raumes A endlicher Dimension und sei $V_A = W \oplus V_U$. Man zeige:

a) *Für jedes $P \in A$ enthält die Menge $(P+W) \cap U$ genau einen Punkt.*

b) *Durch $\pi_W(P) = (P+W) \cap U$ ist eine affine Abbildung von A nach U definiert mit $\pi_W \restriction U = id_U$, Kern $\hat{\pi}_W = W$ und $\hat{\pi}_W(V_A) = V_U$.*

a) Zunächst ist $U' := (P+W) \cap U \neq \emptyset$.
Andernfalls würde mit Aufgabe 6.1.10 für den Verbindungsraum D von $P+W$ und U ($Q \in U$ beliebig) folgen:

$$V_D = (V_{P+W} + V_U) + L(\overrightarrow{PQ}) = (W + V_U) \oplus L(\overrightarrow{PQ}) = V_A \oplus L(\overrightarrow{PQ})$$

nach Voraussetzung, ein Widerspruch zu $\overrightarrow{PQ} \in V_A$.
Da nun $V_{U'} = V_U \cap V_{P+W} = V_U \cap W$ gilt (siehe Aufgabe 5.1.8), ist $V_{U'} = \{0\}$ nach Voraussetzung. Daher ist $U' = \{Q\}$ für ein $Q \in A$.

b) Jeder Vektor $X \in V_A$ läßt sich nach Voraussetzung eindeutig darstellen als $X = X_1 + X_2$ mit $X_1 \in W$ und $X_2 \in V_U$. Sei $\tilde{\pi} : V_A \longrightarrow V_U$ die Projektion auf

V_U, d. h. $\tilde{\pi}(X) = X_2$. Wir zeigen: $\tilde{\pi}$ ist die zu π_W gehörige lineare Abbildung $\hat{\pi}_W$.
$\tilde{\pi}$ ist linear. Für $Q, R \in A$ gilt:

$$\overrightarrow{QR} = \overrightarrow{Q\,\pi_W(Q)} + \overrightarrow{\pi_W(R)\,R} + \overrightarrow{\pi_W(Q)\pi_W(R)} \ .$$

Nun ist nach Definition von π_W

$$\overrightarrow{\pi_W(Q)\pi_W(R)} \in V_U \quad , \quad \pi_W(Q) \in Q + W \ ,$$

also $\overrightarrow{Q\,\pi_W(Q)} \in W$, und analog $\overrightarrow{\pi_W(R)\,R} = -\overrightarrow{R\,\pi_W(R)} \in W$. Nach Definition von $\tilde{\pi}$ ist daher $\tilde{\pi}(\overrightarrow{QR}) = \overrightarrow{\pi_W(Q)\pi_W(R)}$, d. h. $\tilde{\pi}$ ist die zu π_W gehörige lineare Abbildung $\hat{\pi}_W$.
Sei $R \in U$ beliebig. Es ist $R \in (R + W) \cap U$, also $\pi_W(R) = R$. Somit ist $\pi_W \restriction U = id_U$. Da $\hat{\pi}_W = \tilde{\pi}$, ist $\operatorname{Kern} \hat{\pi}_W = W$ und $\hat{\pi}_W(V_A) = V_U$.

6.2.3
Im affinen Raum $\mathbb{R}^3$ *sei* π *die Parallelprojektion längs* $W = L((1,1,1),(1,0,-1))$ *auf* $U = (1,2,1) + L((0,1,1))$.

a) *Man berechne* $\pi(0,0,0)$, $\pi(2,1,1)$ *und* $\pi(1,-3,-4)$.

b) *Gibt es Geraden (Ebenen), deren Bild unter* π *die Dimension* 1 *bzw.* 0 *(*2 *bzw.* 1 *bzw.* 0*) hat? Wenn ja, so charakterisiere man diese.*

c) f *sei die Parallelprojektion längs* $L(0,1,1)$ *auf* $(2,1,1) + W$. *Man löse a) und b) für* f.

a) Zunächst ist $W \oplus V_U = \mathbb{R}^3$, also ist $\pi(0,0,0)$ das einzige Element von $W \cap U$. W wird charakterisiert durch die Gleichung $x - 2y + z = 0$, da $(1,-2,1)$ ein Normalenvektor von W ist. Ist $P \in U$, so ist $P = (1,2,1) + \lambda(0,1,1)$. Einsetzen der Komponenten von P in die Gleichung für W ergibt

$$1 - 2\,(2 + \lambda) + 1 + \lambda = 0 \quad , \qquad \text{also } \lambda = -2 \ .$$

Es folgt

$$\pi(0,0,0) = (1,0,-1) \ .$$

Analog wird $(2,1,1) + W$ durch die Gleichung $x - 2y + z = 1$ beschrieben. Setzt man die Komponenten von $(1,2,1) + \lambda(0,1,1)$ ein, so ergibt sich $-\lambda - 2 = 1$; also $\lambda = -3$. Es folgt

$$\pi(2,1,1) = (1,-1,-2) \ .$$

Es ist $(1,-3,-4) = (1,2,1) - 5\,(0,1,1)$, also ist $(1,-3,-4) \in U$ und damit

$$\pi(1,-3,-4) = (1,-3,-4) \ .$$

b) Da $\dim U = 1$, hat jedes Bild von affinen Unterräumen höchstens die Dimension 1.

α) Bilder von Geraden:
Sei g eine Gerade. Es ist $\pi(g) \neq \emptyset$, also ist $\dim \pi(g) \geq 0$. Ist $\dim \pi(g) = 0$, so ist $(P + W) \cap U = \{P_0\}$ für jedes $P \in g$. Damit ist $P \in P_0 + W$ für jedes $P \in g$, g ist Teilmenge einer Ebene parallel zu W. Ist umgekehrt $g \subseteq P_0 + W$, so ist $P + W = P_0 + W$ für jedes $P \in g$, also besteht $\pi(g)$ nur aus einem Punkt. Die Bilder genau derjenigen Geraden, die in einer zu W parallelen Ebene liegen, haben also die Dimension 0. Die Bilder aller anderen Geraden haben die Dimension 1.

β) Bilder von Ebenen:
Sei $\mathcal{E}$ eine Ebene. Ist $\pi(\mathcal{E}) = \{P_0\}$, so ist $\mathcal{E} \subseteq P_0 + W$ wie oben, also $\mathcal{E} = P_0 + W$, $\mathcal{E}$ ist eine Ebene parallel zu W. Umgekehrt ist wieder $\pi(P_0 + W)$ einpunktig. Die Bilder genau derjenigen Ebenen, die parallel zu W sind, haben folglich die Dimension 0. Die Bilder aller anderen Ebenen haben die Dimension 1.

c) Wir setzen $S := L(0,1,1)$ und $\mathcal{E} := (2,1,1) + W$.
Lösung zu a):

Eine Gleichung von $\mathcal{E}$ ist $x - 2y + z = 1$. Wie in a) berechnet man:

$$\begin{aligned}
\pi(0,0,0) &= (0,-1,-1)\,; \\
\pi(2,1,1) &= (2,1,1)\,, \qquad \text{da } (2,1,1) \in \mathcal{E}\,; \\
\pi(1,-3,-4) &= (1,-1,-2)\,.
\end{aligned}$$

Lösung zu b):

α) Bilder von Geraden:
Sei g eine Gerade. Ist $\pi(g) = \{P_0\}$, so zeigt man analog zu oben: $g = P_0 + S$. Umgekehrt ist jede Menge $g(Q + S)$ einpunktig.
Geraden parallel zu der durch S gegebenen Geraden werden also auf Punkte abgebildet, alle anderen Geraden auf Geraden.

β) Bilder von Ebenen:
Sei $\mathcal{E}'$ eine Ebene. <u>1. Fall:</u> $\pi(\mathcal{E}') = \{P_0\}$
Dann ist $P_0 \in (P + S) \cap \mathcal{E}$ für alle $P \in \mathcal{E}'$, also $P \in P_0 + S$ für alle $P \in \mathcal{E}'$, $\mathcal{E}' \subseteq P_0 + S$, ein Widerspruch.
Das Bild einer Ebene kann also nicht einpunktig sein.
<u>2. Fall:</u> $\pi(\mathcal{E}')$ ist eine Gerade. Wir zeigen: $S \parallel \mathcal{E}'$.
Annahme: S ist nicht parallel zu $\mathcal{E}'$. Dann schneidet S die Ebene $\mathcal{E}'$ in Q. Es ist $\mathcal{E}' = Q + L(Z_1, Z_2)$ mit $(0,1,1) \notin L(Z_1, Z_2)$. Wir zeigen, daß $f \restriction \mathcal{E}'$ injektiv ist (dann ist $f(\mathcal{E}')$ eine Ebene, ein Widerspruch). Dazu reicht es nach dem Vorspann, wenn wir die Injektivität von $\hat{f}$ zeigen.
Seien $Y_1, Y_2 \in V_{\mathcal{E}'}$ und $\hat{f}(Y_1) = \hat{f}(Y_2)$. Dann ist $Y_1 - Y_2 \in \operatorname{Kern} \hat{f} = S$. Andererseits ist $Y_1 - Y_2 \in V_{\mathcal{E}'}$. Wegen $S = L(0,1,1)$, $V_{\mathcal{E}'} = L(Z_1, Z_2)$ und $(0,1,1) \notin V_{\mathcal{E}'}$,

folgt $S \cap V_{\mathcal{E}'} = \{0\}$. Also gilt $Y_1 - Y_2 = 0$, d. h. $Y_1 = Y_2$. Damit ist die Injektivität von $\hat{f}$ bewiesen.

Ist umgekehrt $\mathcal{E}'$ eine Ebene parallel zu S, so hat $\mathcal{E}'$ die Darstellung

$$\mathcal{E}' = P + L(X, (0,1,1))$$

mit $P \in \mathcal{E}'$. Jeder Punkt $Q \in \mathcal{E}'$ hat also eine Darstellung $Q = P + \lambda X + \mu(0,1,1)$, und es folgt:

$$\pi(Q) - \pi(P) = \hat{\pi}(Q - P) = \lambda\hat{\pi}(X) ,$$

also

$$\pi(Q) \in \pi(P) + L(\hat{\pi}(X)) = \pi(P + L(X)) .$$

Also ist $\pi(\mathcal{E}')$ eine Gerade, da $X \notin S$ und daher $\hat{\pi}(X) \neq 0$ gilt.
Damit ergibt sich für den verbleibenden 3. Fall:
3. Fall: $\pi(\mathcal{E}')$ ist stets eine Ebene, falls $\mathcal{E}'$ nicht parallel zu S ist.

6.2.4
Man zeige, daß es eine affine Abbildung $f : \mathbb{R}^3 \longrightarrow \mathbb{R}^3$ *gibt mit* $f(0,0,0) = (-1,1,2)$, $f(1,2,-1) = (-2,4,-1)$, $f(3,2,0) = (6,16,-3)$ *und* $f(1,1,1) = (3,3,0)$.
Ist f *hierdurch eindeutig bestimmt?*
Man gebe eine $3 \times 3-$*Matrix* $\mathbf{A}$ *und ein* $S \in \mathbb{R}^3$ *an mit* $f(P) = S + \mathbf{A}P$ *für alle* $P \in \mathbb{R}^3$.

Zur Existenz von f:
$((0,0,0),(1,2,-1),(3,2,0),(1,1,1))$ ist eine affine Basis des $\mathbb{R}^3$ mit der zugehörigen Vektorraumbasis

$$B := ((1,2,-1),(3,2,0),(1,1,1)) .$$

Falls f existiert, so muß für $\hat{f}$ gelten:

$$\hat{f}(\overrightarrow{PQ}) = \hat{f}(Q - P) = \overrightarrow{f_P f_Q} = f_Q - f_P .$$

Dies motiviert die Definition der linearen Abbildung φ durch:

$$\varphi(1,2,-1) = \varphi((1,2,-1) - (0,0,0)) = (-2,4,1) - (-1,1,2) = (-1,3,-3) ,$$

und analog

$$\varphi(3,2,0) = (7,15,-5) \quad \text{und} \quad \varphi(1,1,1) = (4,2,-2) .$$

Nun sagt Aufgabe 1, daß es genau eine affine Abbildung f gibt mit $\hat{f} = \varphi$ und $f(0,0,0) = (-1,1,2)$. f bildet die gegebenen Punkte wie oben gefordert ab.

Ist $\mathbf{A} = \mathbf{M}(\hat{f})$, so gilt nach dem Vorspann, 7): $f_P = S + \mathbf{A}P$, falls $S = f(0)$ ist (wähle dort als B_a und C_a die kanonische affine Basis $(0, E_1, E_2, E_3)$). Gesucht ist also $\mathbf{M}(\hat{f})$ oder $\hat{f}(E_i)$ für $i = 1, 2, 3$. Wir kennen

$$\mathbf{M}_E^B(\hat{f}) = \begin{pmatrix} -1 & 7 & 4 \\ 3 & 15 & 2 \\ -3 & -5 & -2 \end{pmatrix}.$$

Nun können wir die Transformationsformel für lineare Abbildungen verwenden oder die E_i durch die Vektoren in B linear kombinieren. Beides läuft auf das Lösen eines Gleichungssystems hinaus. Man erhält:

$$\begin{aligned} \mathbf{M}(\hat{f}) &= \mathbf{M}_E^B(\hat{f}) \cdot \mathbf{M}_B^E(id) \\ &= \begin{pmatrix} -1 & 7 & 4 \\ 3 & 15 & 2 \\ -3 & -5 & -2 \end{pmatrix} \frac{1}{5} \begin{pmatrix} -2 & 3 & -1 \\ 3 & -2 & -1 \\ -2 & 3 & 4 \end{pmatrix} \\ &= \frac{1}{5} \begin{pmatrix} 15 & -5 & 10 \\ 35 & -15 & -10 \\ -5 & -5 & 0 \end{pmatrix} = \begin{pmatrix} 3 & -1 & 2 \\ 7 & -3 & -2 \\ -1 & -1 & 0 \end{pmatrix}. \end{aligned}$$

(Man mache eine Probe!)

6.2.5

$U_1 = (1, 0, 0) + L((1, 1, 1), (1, 0, -1))$ und $U_2 = (0, 1, 0) + L((1, 1, 0), (0, 0, 1))$ sind affine Teilräume des $\mathbb{R}^3$. Man gebe eine Affinität $f : \mathbb{R}^3 \longrightarrow \mathbb{R}^3$ an, die U_1 in die Ebene $y_1 + y_2 = 2$ und U_2 in die Ebene $y_2 = 1$ abbildet. Ist f eindeutig bestimmt?
Kann man f so bestimmen, daß zusätzlich $f(1, 1, 1) = (1, 2, 3)$ gilt?
Ist f dann eindeutig bestimmt?

U_1 hat eine Gleichung $x_1 - 2x_2 + x_3 = 1$, U_2 eine Gleichung $x_1 - x_2 = -1$. Sei (y_1, y_2, y_3) das Bild von (x_1, x_2, x_3) unter f. f hat die Form $f(X) = P_0 + \mathbf{A}X$ ($P_0 \in \mathbb{R}^3$, $\mathbf{A} \in \mathcal{M}_{3\times 3}(\mathbb{R})$). Gilt

$$y_1 + y_2 - 2 = x_1 - 2x_2 + x_3 - 1 \quad \text{und} \quad y_2 - 1 = x_1 - x_2 + 1\,,$$

so werden U_1 und U_2 wie gewünscht abgebildet. Lösen wir die Gleichungen nach y_1 und y_2 auf, so folgt:

$$y_2 = x_1 - x_2 + 2\,, \quad y_1 = -x_2 + x_3 - 1\,, \quad \text{also:}$$

$$f(x_1, x_2, x_3) = (-1, 2, b_3) + \begin{pmatrix} 0 & -1 & 1 \\ 1 & -1 & 0 \\ a & b & c \end{pmatrix} X\,.$$

Ist b_3 beliebig und $(a,b,c) \notin L((0,-1,1),(1,-1,0))$, so ist f eine Affinität, da $\mathbf{A}$ invertierbar ist. f ist offensichtlich nicht eindeutig bestimmt.

Fordern wir $f(1,1,1) = (1,2,3)$, so modifizieren wir unseren Ansatz:
Gilt $y_1 + y_2 - 2 = \alpha\,(x_1 - 2x_2 + x_3 - 1)$ und $y_2 - 1 = \beta\,(x_1 - x_2 + 1)$, so werden U_1, U_2 wieder wie gewünscht abgebildet. $f(1,1,1) = (1,2,3)$ liefert durch entsprechendes Einsetzen für x_i und y_i die Gleichungen

$$\begin{aligned} 1+2-2 &= \alpha\,(1-2+1-1) \\ 2-1 &= \beta\,(1-1+1)\,, \end{aligned}$$

also $\beta = 1$, $\alpha = -1$ und damit die Auflösung:

$$y_1 = -2x_1 + 3x_2 - x_3 + 1\,,\;\; y_2 = x_1 - x_2 + 2\,.$$

Man erhält:

$$f(x_1,x_2,x_3) = (1,2,b_3) + \begin{pmatrix} -2 & 3 & -1 \\ 1 & -1 & 0 \\ a & b & c \end{pmatrix} X\,.$$

Es muß gelten:

$$(1,2,3) = (1,2,b_3) + \begin{pmatrix} -2 & 3 & -1 \\ 1 & -1 & 0 \\ a & b & c \end{pmatrix} \begin{pmatrix} 1 \\ 1 \\ 1 \end{pmatrix},$$

also $b_3 = 3 - (a+b+c)$. Wählt man $(a,b,c) \notin L((-2,3,1),(1,-1,0))$ und b_3 entsprechend, so erfüllt f die Forderungen – immer noch gibt es unendlich viele Affinitäten, die dies tun.

6.2.6
Sei A ein $n-$dimensionaler affiner Raum über $\mathbb{Z}_2$. Man bestimme die Anzahl der Kollineationen und die Anzahl der Affinitäten von A nach A.

Zur Anzahl der Kollineationen:
Jede Gerade in A enthält genau zwei Punkte, da

$$L(\overrightarrow{PQ}) = \{\lambda\,\overrightarrow{PQ} \mid \lambda \in \mathbb{Z}_2\} = \{0, \overrightarrow{PQ}\}\,.$$

Es folgt, daß die Kollineationen von A genau die injektiven Abbildungen sind. Da A endlich ist, ist eine Abbildung $f : A \longrightarrow A$ genau dann injektiv, wenn sie bijektiv ist. Da $|A| = 2^n$ ist (siehe Aufgabe 6.1.7), gibt es $(2^n)!$ Permutationen von A, also bijektive Abbildungen von A auf A.

Zur Anzahl der Affinitäten:
Es ist A isomorph zum affinen Raum $\mathbb{Z}_2^n$, für den wir die Überlegungen durchführen.
Jede Affinität von $\mathbb{Z}_2^n$ hat die Form $f(X) = P + \mathbf{A}X$, wobei $\mathbf{A}$ invertierbar ist und $P \in \mathbb{Z}_2^n$. Ist k die Anzahl der invertierbaren Matrizen über $\mathbb{Z}_2$, so gibt es genau $2^n \cdot k$ Affinitäten (ist $P + \mathbf{A}X = Q + \mathbf{D}X$ für alle X, so ist $P = Q$ (wähle $X = 0$) und damit $\mathbf{A} = \mathbf{D}$ (wähle $X = E_1, \dots, X = E_n$)). Es bleibt die Bestimmung von k.
$\mathbb{Z}_2^n$ hat 2^n Vektoren. Für die erste Zeile von $\mathbf{A}$ gibt es $2^n - 1$ Möglichkeiten. Sind die Zeilen $A_1, \dots, A_r$ schon gewählt, so hat $L(A_1, \dots, A_r)$ 2^r Elemente, und daher gibt es für die $(r+1)-$te Zeile von $\mathbf{A}$ noch $2^n - 2^r$ Möglichkeiten. Somit ist $k = (2^n - 2^0)(2^n - 2^1) \dots (2^n - 2^{n-1})$, und

$$k \cdot 2^n = 2^n \cdot \prod_{i=0}^{n-1} (2^n - 2^i)$$

ist die gesuchte Anzahl.

6.2.7

Sind die Punkte $P_0 = (-1,0,3), P_1 = (5,3,-3), P_2 = (3,2,-1)$ im $\mathbb{R}^3$ kollinear? Wenn ja, bestimme man $TV(P_0, P_1, P_2)$.

Ist $\overrightarrow{P_0P_2} = \lambda \overrightarrow{P_0P_1}$, so ist nach Definition $\lambda = TV(P_0, P_1, P_2)$. Zunächst ist

$$\begin{aligned} \overrightarrow{P_0P_1} &= (6,3,-6) = 3(2,1,-2) \\ \overrightarrow{P_0P_2} &= (4,2,-4) = 2(2,1,-2) \end{aligned}$$

Damit sind die gegebenen Punkte kollinear (sie liegen auf der Geraden g mit $g = (-1,0,3) + L(2,1,-2)$). Ferner liest man ab: $\lambda = \frac{2}{3}$.

6.2.8

Man zeige, daß affine Abbildungen Parallelität und Teilverhältnis erhalten.

Sei $f : A \longrightarrow D$ eine affine Abbildung und seien U_1, U_2 parallele Unterräume von A. O. B. d. A. sei $V_{U_1} \subseteq V_{U_2}$. Da $\hat{f}(V_{U_1})$ der zu $f(U_1)$ gehörige Unterraum ist und $\hat{f}(V_{U_1}) \subseteq \hat{f}(V_{U_2})$ gilt, sind $f(U_1)$ und $f(U_2)$ parallel.
Seien nun P, Q, R kollinear, $P \neq Q$ und $f(P) \neq f(Q)$. Es ist $R = P + \lambda\overrightarrow{PQ}$ für ein $\lambda \in K$. Es folgt $\hat{f}(\overrightarrow{PR}) = \lambda \hat{f}(\overrightarrow{PQ})$, also $\overrightarrow{f_P f_R} = \lambda \overrightarrow{f_P f_Q}$. Damit ist $f_R = f_P + \lambda \overrightarrow{f_P f_Q}$, d. h. f_P, f_Q, f_R sind kollinear, und für das Teilverhältnis gilt $TV(f_P, f_Q, f_R) = TV(P, Q, R)$.

6.2.9
Sei A ein affiner Raum der Dimension 2, seien g, g' parallele Geraden mit $g \neq g'$. P, Q, R seien verschiedene Punkte aus g, P', Q', R' seien verschiedene Punkte aus g'. Man zeige:
Gilt $TV(P,Q,R) = TV(P',Q',R')$, so sind die drei Geraden $g_1 = P \vee P'$, $g_2 = Q \vee Q'$ und $g_3 = R \vee R'$ alle parallel oder sie schneiden sich in einem Punkt.

Sei $\lambda = TV(P,Q,R) = TV(P',Q',R')$, also $\overrightarrow{PR} = \lambda \overrightarrow{PQ}$ und $\overrightarrow{P'R'} = \lambda \overrightarrow{P'Q'}$. Wir setzen voraus, daß nicht alle Geraden parallel sind (o. B. d. A. seien g_1 und g_2 nicht parallel) und zeigen, daß sich die drei Geraden in einem Punkt schneiden.
Da V_{g_1} und V_{g_2} unvergleichbar bzgl. $\subseteq$ sind, ist

$$V_{g_1} \cap V_{g_2} = V_{g_1 \cap g_2} = \{0\}\,.$$

Sei S der Schnittpunkt von g_1 und g_2, der wegen der Voraussetzung $\dim A = 2$ existiert.
Wir wollen zeigen, daß R, R' und S kollinear sind, d. h. wir suchen ein $\mu \in K$ mit $\overrightarrow{SR'} = \mu \overrightarrow{SR}$.
Da $g \parallel g'$, ist $\overrightarrow{P'Q'} = \alpha \overrightarrow{PQ}$, ferner ist $\overrightarrow{SP'} = \beta \overrightarrow{SP}$, da $S \in P \vee P'$. Es folgt:

$$\begin{aligned} \overrightarrow{SR'} &= \overrightarrow{SP'} + \overrightarrow{P'R'} = \beta \overrightarrow{SP} + \lambda \overrightarrow{P'Q'} = \beta \overrightarrow{SP} + \alpha\lambda \overrightarrow{PQ} \\ &= \beta \overrightarrow{SP} + \alpha \overrightarrow{PR}\,. \end{aligned}$$

Ist $\beta = \alpha$, so sind wir fertig (der Leser hat hoffentlich eine Skizze gemacht und festgestellt, daß $\beta = \alpha$ elementargeometrisch aus dem Strahlensatz folgt). Es bleibt also zu zeigen: $\beta = \alpha$.
Es ist

$$\begin{aligned} \overrightarrow{SQ'} &= \overrightarrow{SP'} + \overrightarrow{P'Q'} = \beta \overrightarrow{SP} + \alpha \overrightarrow{PQ} \\ &= \beta (\overrightarrow{SQ} - \overrightarrow{PQ}) + \alpha \overrightarrow{PQ} \\ &= \beta \overrightarrow{SQ} + (\alpha - \beta) \overrightarrow{PQ}\,. \end{aligned}$$

Ferner ist $\overrightarrow{SQ'} = \gamma \overrightarrow{SQ}$, da die Punkte S, Q, Q' kollinear sind. Setzt man dies ein und weiß man, daß $\overrightarrow{SQ}, \overrightarrow{PQ}$ linear unabhängig sind, so ist $\alpha = \beta$ und $\gamma = \beta$. Wären diese Vektoren jedoch linear abhängig, so wären S, P, Q kollinear, also $S \in g$, und man erhielte $S \vee Q = S \vee P = g$, und andererseits $S \vee Q' = S \vee Q$, $S \vee P' = S \vee P$, also $P', Q' \in g$, $g = g'$, ein Widerspruch.

6.2.10
Ist $\mathbf{A} \in \mathcal{M}_{3\times 3}(\mathbb{R})$ eine Drehmatrix und $S \in \mathbb{R}^3$, so heißt jede affine Abbildung der Form $f(X) = S + \mathbf{A}X$ eine **Schraubung**. *Der sog. Schraubungswinkel ist durch die Drehung gegeben, die Schraubstrecke ist die Länge der Projektion von S auf die Drehachse (um die auch geschraubt wird).*

a) *Sei $f : \mathbb{R}^3 \longrightarrow \mathbb{R}^3$ gegeben durch $f(X) = S + \mathbf{A}X$ mit*

$$S = (3,1,1) \quad \text{und} \quad \mathbf{A} = \frac{1}{3}\begin{pmatrix} 2 & -2 & 1 \\ 1 & 2 & 2 \\ -2 & -1 & 2 \end{pmatrix}.$$

Man bestimme den Schraubungswinkel und die Schraubstrecke.

b) *Sei $g : \mathbb{R}^3 \longrightarrow \mathbb{R}^3$ eine Schraubung um $X_0 = \frac{1}{\sqrt{3}}(1,1,1)$ mit Schraubungswinkel π und Schraubstrecke $\sqrt{3}$. Man gebe $\mathbf{A}$ und S an mit $f(X) = S + \mathbf{A}X$.*

a) Man sieht schnell: $\mathbf{A}\mathbf{A}^\top = \mathbf{E} = \mathbf{A}^\top\mathbf{A}$.
Somit ist $\mathbf{A}$ eine Drehmatrix, da $\det \mathbf{A} = 1$. Da $\operatorname{Spur} \mathbf{A} = 2 = 2\cos\theta + 1$, ist $\cos\theta = \frac{1}{2}$, also $\theta = \frac{\pi}{3}$ oder $\theta = -\frac{\pi}{3}$, je nach Orientierung der Drehachse.
Jede Matrix einer Drehung im $\mathbb{R}^3$ hat den Eigenwert 1, und die Drehachse erhält man durch Berechnung der zugehörigen Eigenvektoren.

$$\mathbf{A} - \mathbf{E} = \frac{1}{3}\begin{pmatrix} -1 & -2 & 1 \\ 1 & -1 & 2 \\ -2 & -1 & -1 \end{pmatrix} \rightsquigarrow \begin{pmatrix} -1 & -2 & 1 \\ 0 & -3 & 3 \\ 0 & 0 & 0 \end{pmatrix},$$

$X = (-1,1,1)$ ist Eigenvektor von $\mathbf{A}$ zum Eigenwert 1, und dieser Vektor bestimmt die Schraubungsachse.
Die Länge der Projektion von $S = (3,1,1)$ auf $X = (-1,1,1)$ ist

$$\left|\frac{X \cdot S}{\sqrt{X \cdot X}}\right| = \left|\frac{-1}{\sqrt{3}}\right| = \frac{1}{3}\sqrt{3},$$

und dies ist die Schraubstrecke.

b) Bezüglich der Basis $B = (B_1, B_2, B_3)$ mit

$$B_1 = \frac{1}{\sqrt{3}}(1,1,1), \quad B_2 = \frac{1}{\sqrt{2}}(0,1,-1), \quad B_3 = \frac{1}{\sqrt{6}}(-2,1,1)$$

(beachte: B ist eine positiv orientierte Orthonormalbasis) wird die Drehung um π mit der orientierten Achse $\frac{1}{\sqrt{3}}(1,1,1)$ beschrieben durch

$$\mathbf{M}_B^B(\hat{f}) = \begin{pmatrix} 1 & 0 & 0 \\ 0 & \cos\pi & -\sin\pi \\ 0 & \sin\pi & \cos\pi \end{pmatrix} = \begin{pmatrix} 1 & 0 & 0 \\ 0 & -1 & 0 \\ 0 & 0 & -1 \end{pmatrix}.$$

Also ist $\mathbf{A} = \mathbf{M}_E^B(id)\,\mathbf{M}_B^B(\hat{f})\,\mathbf{M}_B^E(id)$. Mit

$$\mathbf{M}_B^E(id) = (\mathbf{M}_E^B(id))^{-1} = (\mathbf{M}_E^B(id))^\top$$

folgt durch Ausmultiplizieren:

$$\mathbf{A} = \frac{1}{3}\begin{pmatrix} -1 & 2 & 2 \\ 2 & -1 & 2 \\ 2 & 2 & -1 \end{pmatrix}.$$

S muß nun nur noch die Eigenschaft haben, daß $|\dfrac{X_0 \cdot S}{X_0 \cdot X_0}| = \sqrt{3}$ gilt, also

$$|X_0 \cdot S| = |\frac{1}{\sqrt{3}}(s_1 + s_2 + s_3)| = \sqrt{3}$$

bzw. $s_1 + s_2 + s_3 \in \{3, -3\}$ gilt. Dies erfüllt z. B. $S = (1,1,1)$.

6.2.11
Man zeige: Ist $\sigma : \mathbb{R}^n \longrightarrow \mathbb{R}^n$ eine Isometrie mit $\sigma(0) = 0$, so ist σ linear. Jede Isometrie ist also eine affine Abbildung.
Hinweis: Man zeige zunächst $\langle \sigma(X), \sigma(Y) \rangle = \langle X, Y \rangle$ für alle $X, Y \in \mathbb{R}^n$.

Zunächst gilt, da σ eine Isometrie ist:

$$||\overrightarrow{\sigma_P \sigma_Q}||^2 = \langle \sigma(Q) - \sigma(P), \sigma(Q) - \sigma(P) \rangle = \langle Q - P, Q - P \rangle = ||\overrightarrow{PQ}||^2$$

für alle $P, Q \in \mathbb{R}^n$. Es ist also

$$\langle \sigma(X), \sigma(X) \rangle = \langle \sigma(X) - \sigma(0), \sigma(X) - \sigma(0) \rangle = \langle X, X \rangle$$

für alle $X \in \mathbb{R}^n$. Ferner gilt für alle $X, Y \in \mathbb{R}^n$:

$$(*) \qquad \langle X, Y \rangle = \frac{1}{4}\left(\langle X + Y, X + Y \rangle - \langle X - Y, X - Y \rangle\right).$$

Mit $(*)$ erhält man:

$$\begin{aligned} \langle \sigma(X), \sigma(Y) \rangle &= \frac{1}{4}\left(\langle \sigma(X) + \sigma(Y), \sigma(X) + \sigma(Y) \rangle \right. \\ &\quad \left. - \langle \sigma(X) - \sigma(Y), \sigma(X) - \sigma(Y) \rangle\right) \\ &= \frac{1}{4}\left(\langle \sigma(X) + \sigma(Y), \sigma(X) + \sigma(Y) \rangle - \langle X - Y, X - Y \rangle\right) \\ &= \frac{1}{4}\left(2\langle \sigma(X), \sigma(Y) \rangle + 2\langle X, Y \rangle\right), \end{aligned}$$

da $\langle \sigma(X), \sigma(X) \rangle - \langle X, X \rangle = 0$ und $\langle \sigma(Y), \sigma(Y) \rangle - \langle Y, Y \rangle = 0$.

Es folgt $\langle\sigma(X),\sigma(Y)\rangle = \langle X,Y\rangle$ für alle $X, Y \in \mathbb{R}^n$.
Nun läßt sich leicht die Linearität von σ beweisen. Man rechnet mit dem soeben Gezeigten aus:

$$\langle\sigma(X+Y)-\sigma(X)-\sigma(Y),\sigma(X+Y)-\sigma(X)-\sigma(Y)\rangle = 0\;;$$

somit gilt $\sigma(X+Y) = \sigma(X)+\sigma(Y)$, da $\langle\ ,\ \rangle$ positiv definit ist.
Analog gilt für $\lambda \in K$:

$$\langle\sigma(\lambda X)-\lambda\,\sigma(X),\sigma(\lambda X)-\lambda\,\sigma(X)\rangle = \langle\lambda X,\lambda X\rangle - 2\lambda\langle\lambda X, X\rangle + \lambda^2\langle X,X\rangle = 0\,,$$

also $\sigma(\lambda X) = \lambda\,\sigma(X)$.

6.2.12
Sei A ein n–dimensionaler affiner Raum ($n \geq 2$), und $f : A \longrightarrow A$ eine **perspektive Affinität** *(d. h. eine Affinität, die genau die Punkte einer Hyperebene als Fixpunkte hat). Man zeige:*

a) *Für alle $P \in A$ mit $f(P) \neq P$ haben die Verbindungsgeraden $P \vee f(P)$ gleiche feste Richtung $X_0 \neq 0$.*

b) *Ist g eine Translation um den Vektor Y_0, so ist $h := g \circ f$ genau für $Y_0 \in L(X_0)$ wieder eine perspektive Affinität.*
Für $Y_0 \notin L(X_0)$ besitzt f keinen Fixpunkt.

c) *Sei speziell $A = \mathbb{R}^3$ und*

$$f(X) = \mathbf{A}X \qquad \textit{mit} \qquad \mathbf{A} = \begin{pmatrix} -7 & -4 & -8 \\ 4 & 3 & 4 \\ 4 & 2 & 5 \end{pmatrix}.$$

Man berechne X_0 aus Teil a). Wie darf man Y_0 wählen, damit $h(X) = f(X) + Y_0$ mindestens einen Fixpunkt besitzt? Welche Fixpunkte besitzt h dann insgesamt?

a) Sei H die Hyperebene von A, die die Menge der Fixpunkte von f bildet. Wähle eine affine Basis $C_a = (P_0, \ldots, P_{n-1})$ von H und ergänze sie durch P_n zu einer Basis B_a von A. Ist $X = (x_1, \ldots, x_n)$ der Koordinatenvektor von $P \in A$ bzgl. B_a, so gilt:

$$H = \{P \in A \mid x_n = 0\}\,.$$

Ist ferner $Y = (y_1, \ldots, y_n)$ der Koordinatenvektor von $f(P)$ bzgl. B_a, so lassen sich für die zu f gehörige Koordinatenabbildung $Y = \mathbf{A}X + S$ (siehe Vorspann, Satz 7 für $B_a = C_a$) $\mathbf{A}$ und S wie folgt berechnen:
Für $x_n = 0$ ist $Y = X$, da H die Menge der Fixpunkte von f ist. Wählt man $P = P_0$, so ist $X = Y = 0$. Folglich ist $S = 0$. Ferner liegen die Punkte

$P_1, \ldots, P_{n-1}$ in H, sind also Fixpunkte von f. Somit gilt für ihre Koordinatenvektoren $E_1, \ldots, E_{n-1}$: $E_i = \mathbf{A}E_i$ für $i = 1, \ldots, n-1$. Daher ist

$$\begin{aligned} y_1 &= x_1 + a_{1n}x_n , \\ y_2 &= x_2 + a_{2n}x_n , \\ &\vdots \\ y_{n-1} &= x_{n-1} + a_{n-1,n}x_n , \\ y_n &= a_{nn}x_n , \end{aligned}$$

falls $\mathbf{A} = (a_{ij})$. Setze $X_0^{'} = (a_{1n}, \ldots, a_{n-1,n}, a_{nn} - 1)$. Da $f \neq id$, ist $X_0^{'} \neq 0$; ferner ist $Y = X + x_n X_0^{'}$.
Falls nun $P \neq f_P$ gilt, also $P \notin H$, hat $\overrightarrow{Pf_P}$, als Richtungsvektor der Verbindungsgeraden $P \vee f(P)$, bzgl. der entsprechenden Vektorraumbasis B den Koordinatenvektor $x_n X_0^{'}$. Dies sieht man wie folgt ein:
Ist $\overrightarrow{P_0P} = \sum x_i \overrightarrow{P_0P_i}$, $\overrightarrow{P_0\, f_P} = \sum y_i \overrightarrow{P_0P_i}$, so gilt

$$\overrightarrow{P_0\, f_P} - \overrightarrow{P_0P} = \overrightarrow{P\, f_P} = \sum (y_i - x_i)\overrightarrow{P_0P_i} ,$$

d. h. $Y - X$ ist der gesuchte Koordinatenvektor.
Die Richtung von $Y - X = x_n X_0'$ ist aber unabhängig von P. Wählt man X_0 als Vektor mit dem Koordinatenvektor $X_0^{'}$ bzgl. B, so erfüllt X_0 die Forderung und a) ist bewiesen. Ferner folgt aus $Y = X + x_n X_0'$: $f_P = P + x_n X_0$.

b) Sei $g(P) = P + Y_0$ die Translation um den Vektor Y_0 und sei $(x_1, \ldots, x_n)$ wieder der Koordinatenvektor von P bzgl. der affinen Basis B_a aus a).
Für $h = g \circ f$ gilt

$$h(P) = g(f(P)) = g(P + x_n X_0) = P + x_n X_0 + Y_0 .$$

Ist $Y_0 \in L(X_0)$, also $Y_0 = \lambda X_0$, so ist

$$h(P) = P + x_n X_0 + \lambda X_0 = P + (x_n + \lambda) X_0 ,$$

und genau die Punkte der Hyperebene $x_n + \lambda = 0$ bleiben fest.
Ist umgekehrt h eine perspektive Affinität, so hat h einen Fixpunkt P, und es ist $Y = -x_n X_0 \in L(X_0)$.

c)

$$\mathbf{A}-\mathbf{E} = \begin{pmatrix} -8 & -4 & -8 \\ 4 & 2 & 4 \\ 4 & 2 & 4 \end{pmatrix} \rightsquigarrow \begin{pmatrix} 4 & 2 & 4 \\ 0 & 0 & 0 \\ 0 & 0 & 0 \end{pmatrix} .$$

Aus dieser Zeilenstufenform ergibt sich $\mathcal{E} = L\big((-1,0,1),(-1,2,0)\big)$ als Menge der Fixpunkte von f. Als affine Basis (siehe a)) wählen wir

$$((0,0,0),(-1,0,1),(-1,2,0),(0,0,1)) .$$

Dann ist die zu f gehörige Koordinatenabbildung

$$Y = \begin{pmatrix} 1 & 0 & 6 \\ 0 & 1 & 2 \\ 0 & 0 & -1 \end{pmatrix} X ,$$

denn

$$(-8,4,5) = f(0,0,1) = 6\,(-1,0,1) + 2\,(-1,2,0) + (-1)\,(0,0,1) .$$

Ferner ist

$$X_0' = (6,2,-2) \quad , \quad X_0 = (-8,4,4) .$$

Nach Teil b) kann man $Y_0 = \mu\,(-2,1,1)$ wählen, damit $h(X) = f(X) + Y_0$ wieder eine perspektive Affinität ist.
Man erhält aus $(\mathbf{A}-\mathbf{E})X + Y_0 = 0$ eine Gleichung der Fixpunktebene, nämlich

$$4x_1 + 2x_2 + 4x_3 + \mu = 0 .$$

6.3 Normalformen von Quadriken

Quadriken im $\mathbb{R}^n$

Ist $\mathbf{A}$ eine symmetrische reelle $n \times n$–Matrix, $A \in \mathbb{R}^n$ und $a \in \mathbb{R}$, so heißt die Menge

$$\mathcal{Q} := \{X \in \mathbb{R}^n \mid X^\top \mathbf{A} X + A^\top X + a = 0\}$$

eine **Quadrik** im $\mathbb{R}^n$.

Gleichung der Quadrik $\mathcal{Q}$:

(1)
$$\underbrace{X^\top \mathbf{A} X}_{\text{quadrat. Form}} + \underbrace{A^\top X}_{\text{Linear–form}} + \underbrace{a}_{\text{Konstante}} = 0$$

Ist $\mathbf{A} = (a_{ij})$, $A = (a_1, \ldots, a_n)$ und $X = (x_1, \ldots, x_n)$, so lautet die Gleichung (1) nach Ausmultiplizieren:

$$\sum_{i=1}^{n} a_{ii} x_i^2 + \sum_{i \neq j} 2a_{ij} x_i x_j + \sum_{i=1}^{n} a_i x_i + a = 0.$$

Man kann zeigen (siehe dazu die Aufgaben dieses Abschnitts[3]):

Es gibt eine affine Koordinatentransformation $X = \mathbf{T}U + F$, wobei $\mathbf{T}$ eine orthogonale Matrix und $F \in \mathbb{R}^n$ ist, so daß (1) eine der drei folgenden Formen hat, die auch **Normalform** der Quadrik genannt wird:

(a) $$\frac{u_1^2}{\alpha_1^2} + \ldots + \frac{u_k^2}{\alpha_k^2} - \frac{u_{k+1}^2}{\alpha_{k+1}^2} - \ldots - \frac{u_m^2}{\alpha_m^2} = 0$$

(b) $$\frac{u_1^2}{\alpha_1^2} + \ldots + \frac{u_k^2}{\alpha_k^2} - \frac{u_{k+1}^2}{\alpha_{k+1}^2} - \ldots - \frac{u_m^2}{\alpha_m^2} - 1 = 0$$

(c) $$\frac{u_1^2}{\alpha_1^2} + \ldots + \frac{u_k^2}{\alpha_k^2} - \frac{u_{k+1}^2}{\alpha_{k+1}^2} - \ldots - \frac{u_m^2}{\alpha_m^2} + 2u_{m+1} = 0\,.$$

Durch Einführung der sog. **erweiterten Matrix**, die definiert ist durch

$$\mathbf{A}^* = \begin{pmatrix} a & \frac{a_1}{2} & \cdots & \frac{a_n}{2} \\ \frac{a_1}{2} & & & \\ \vdots & & \mathbf{A} & \\ \frac{a_n}{2} & & & \end{pmatrix},$$

[3] Um gewisse Rechenschritte nicht ständig wiederholen zu müssen, haben wir sie in diesen Aufgaben allgemein formuliert. Konkrete Zahlenbeispiele findet man in Abschnitt 6.4.

läßt sich die Gleichung der Quadrik noch kompakter schreiben. Setzt man nämlich $X^* = (1, x_1, \ldots, x_n)$, so lautet (1):

$$(1^*) \qquad (X^*)^\top \mathbf{A}^* X^* = 0\,.$$

6.3.1

a) *Durch die Koordinatentransformation* $X = \mathbf{T}Y + F$ *(*$\mathbf{T} \in \mathcal{M}_{n\times n}(\mathbb{R})$ *invertierbar,* $F \in \mathbb{R}^n$ *) geht die Quadrikengleichung* (1) *über in eine äquivalente Quadrikengleichung*

$$(*) \qquad Y^\top \mathbf{C} Y + C^\top Y + c = 0\,.$$

Man berechne $\mathbf{C}, C$ *und* c.

b) *Man zeige: Ist* $f : \mathbb{R}^n \longrightarrow \mathbb{R}^n$ *eine Affinität und* $\mathcal{Q}$ *eine Quadrik, so ist* $f(Q)$ *eine Quadrik.*

a) Sei $X = \mathbf{T}Y + F$. Wir setzen $\mathbf{T}Y + F$ in Gleichung (1) ein und erhalten:

$$\begin{aligned} & (\mathbf{T}Y+F)^\top \mathbf{A}(\mathbf{T}Y+F) + A^\top(\mathbf{T}Y+F) + a = 0 \\ \Longleftrightarrow\ & (Y^\top \mathbf{T}^\top + F^\top)\mathbf{A}(\mathbf{T}Y+F) + A^\top(\mathbf{T}Y+F) + a = 0 \\ \Longleftrightarrow\ & Y^\top \mathbf{T}^\top \mathbf{A}\mathbf{T}Y + F^\top \mathbf{A}F + Y^\top \mathbf{T}^\top \mathbf{A}F + F^\top \mathbf{A}\mathbf{T}Y + A^\top \mathbf{T}Y + A^\top F + a = 0. \end{aligned}$$

Nun ist $Y^\top(\mathbf{T}^\top \mathbf{A}F) = (\mathbf{T}^\top \mathbf{A}F)^\top Y = (F^\top \mathbf{A}\mathbf{T})Y$, da $\mathbf{A} = \mathbf{A}^\top$. Ferner ist $(\mathbf{T}^\top \mathbf{A}\mathbf{T})^\top = \mathbf{T}^\top \mathbf{A}^\top (\mathbf{T}^\top)^\top = \mathbf{T}^\top \mathbf{A}\mathbf{T}$, also ist diese Matrix symmetrisch. Wir erhalten somit die Gleichung (*):
$Y^\top \mathbf{C}Y + C^\top Y + c = 0$ mit $\mathbf{C} = \mathbf{T}^\top \mathbf{A}\mathbf{T}$, $C = 2\mathbf{T}^\top \mathbf{A}F + \mathbf{T}^\top A$ und $c = F^\top \mathbf{A}F + A^\top F + a$.

b) Da $f : \mathbb{R}^n \longrightarrow \mathbb{R}^n$ eine affine Abbildung ist, gibt es eine $n \times n$–Matrix $\mathbf{S}$ und einen Punkt $G \in \mathbb{R}^n$ mit $f(X) = \mathbf{S}X + G$ für alle $X \in \mathbb{R}^n$. $\mathbf{S}$ ist invertierbar, da f bijektiv ist. Setze $Y = f(X)$. Dann ist $X = \mathbf{S}^{-1}Y - \mathbf{S}^{-1}G$, und es gilt:

$$\begin{aligned} Y = f(X) \in f(\mathcal{Q}) &\Longleftrightarrow X \in \mathcal{Q} \\ &\Longleftrightarrow X \text{ erfüllt (1)} \\ &\Longleftrightarrow Y \text{ erfüllt (*)} \quad (\text{nach a) mit } \mathbf{T} = \mathbf{S}^{-1},\ F = -\mathbf{S}^{-1}G). \end{aligned}$$

$f(\mathcal{Q})$ ist somit die Quadrik

$$\{Y \in \mathbb{R}^n \mid Y \text{ erfüllt die Gleichung (*)}\}.$$

6.3.2

(Hauptachsentransformation *von* **A)**[4]

Man zeige: Es gibt eine Drehmatrix **S**, *so daß* (1) *durch die Koordinatentransformation* $X = \mathbf{S}Y$ *übergeht in*

$$(2) \qquad \sum_{i=1}^{m} \lambda_i y_i^2 + \sum_{i=1}^{n} b_i y_i + a = 0.$$

Dabei sind $\lambda_1, \ldots, \lambda_m$ *die nicht verschwindenden Eigenwerte von* **A**.

Da **A** symmetrisch ist, gibt es eine Orthonormalbasis $B = (B_1, \ldots, B_n)$ des $\mathbb{R}^n$ aus Eigenvektoren von **A** mit $\det(B_1, \ldots, B_n) > 0$, und ferner gilt, wenn man als Drehmatrix **S** die Matrix mit den Spalten $B_1, \ldots, B_n$ wählt:
$\mathbf{S}^{-1}\mathbf{AS}$ ist eine Diagonalmatrix, deren Koeffizienten $\lambda_1, \ldots, \lambda_n$ in der Hauptdiagonalen gerade die (reellen) Eigenwerte von **A** sind (siehe 4.6).
Seien $\lambda_1, \ldots, \lambda_k$ die positiven und $\lambda_{k+1}, \ldots, \lambda_m$ die negativen Eigenwerte von **A** (die nicht notwendig verschieden sind), und sei $\lambda_{m+1} = \ldots = \lambda_n = 0$. Durch $X = \mathbf{S}Y$ geht (1) über in

$$(\mathbf{S}Y)^\top \mathbf{A}(\mathbf{S}Y) + A^\top(\mathbf{S}Y) + a = 0.$$

Nach den Rechenregeln zum Transponieren von Matrizen ist dies die Gleichung

$$Y^\top \mathbf{S}^\top \mathbf{AS}Y + (\mathbf{S}^\top A)^\top Y + a = 0.$$

Setzt man $(b_1 \ \ldots \ b_n)^\top = \mathbf{S}^\top A$, so ist dies wegen

$$\mathbf{S}^\top = \mathbf{S}^{-1} \quad \text{und} \quad \mathbf{S}^{-1}\mathbf{AS} = \begin{pmatrix} \lambda_1 & & \\ & \ddots & \\ & & \lambda_n \end{pmatrix}$$

äquivalent zu (2).

6.3.3

Man zeige: Es gibt einen Vektor $A_0 \in \mathbb{R}^n$, *so daß* (2) *durch die Koordinatentransformation* $Y = Z + A_0$ *übergeht in*

$$(3) \qquad \sum_{i=1}^{m} \lambda_i z_i^2 + \sum_{i=m+1}^{n} b_i z_i + b = 0.$$

[4] Geometrische Interpretation: Das cartesische Koordinatensystem wird so gedreht, daß die Richtungen der Vektoren der Orthonormalbasis aus Eigenvektoren von **A** mit den geometrischen "Hauptachsen" der Quadrik zusammenfallen.

Die Aufgabe läßt sich, naiv gesprochen, durch Bilden der quadratischen Ergänzung lösen. Ist $\lambda_i \neq 0$, so schreiben wir $\lambda_i y_i^2 + b_i y_i$ als

$$\lambda_i \, (y_i + \frac{b_i}{2\lambda_i})^2 - \frac{b_i^2}{4\lambda_i}.$$

Dies führt auf $z_i = y_i + \dfrac{b_i}{2\lambda_i}$, also zu

$$A_0 = (-\frac{b_1}{2\lambda_1}, \ldots, -\frac{b_m}{2\lambda_m}, 0, \ldots, 0),$$

und Einsetzen von $Y = Z + A_0$ in (2) liefert

$$\sum_{i=1}^{m} \lambda_i z_i^2 + \sum_{i=m+1}^{n} b_i z_i + b = 0 \quad \text{mit} \quad b = a - \sum_{i=1}^{m} \frac{b_i^2}{4\lambda_i}.$$

6.3.4

Man zeige, daß man Gleichung (3) *für den Fall* $P = (b_{m+1} \; \ldots \; b_n)^\top \neq 0$ *durch eine geeignete Koordinatentransformation* $Z = \mathbf{T}U + A_1$, *wobei* $\mathbf{T}$ *eine orthogonale Matrix und* $A_1 \in \mathbb{R}^n$ *ist, auf folgende Form bringen kann:*

$$(4) \qquad \sum_{i=1}^{k} \lambda_i u_i^2 + \|P\| u_{m+1} = 0$$

Hinweis: Ergänze $P_1 = \frac{1}{\|P\|} P$ *zu einer Orthonormalbasis* $(P_1, \ldots, P_{n-m})$ *des* $\mathbb{R}^{n-m}$ *und wähle* $\mathbf{T} = \begin{pmatrix} \mathbf{E} & \mathbf{0} \\ \mathbf{0} & \mathbf{P} \end{pmatrix}$, *wobei die Spalten von* $\mathbf{P}$ *die Vektoren* $P_1, \ldots, P_{n-m}$ *sind.*

Wenn wir $\mathbf{T}$ gemäß dem Hinweis wählen ($P_1, \ldots, P_{n-m}$ erhält man mit dem SCHMIDTschen Orthogonalisierungsverfahren) und $Z = \mathbf{T}U + A_1$ in (3) einsetzen, so erhalten wir mit $Q_1^\top = (0, \ldots, 0, b_{m+1}, \ldots, b_n)$:

$$\sum_{i=1}^{m} \lambda_i u_i^2 + (\lambda_1, \ldots, \lambda_m, 0, \ldots, 0) A_1 + Q_1^\top (\mathbf{T}U + A_1) + b = 0$$

Nun ist $Q_1^\top \mathbf{T} = \|P\| \cdot E_{m+1}$ nach Wahl von $\mathbf{P}$, wobei E_{m+1} der $m+1$–te Einheitsvektor des $\mathbb{R}^n$ ist. Daher ist

$$Q_1^\top (\mathbf{T}U + A_1) = (Q_1^\top \mathbf{T}) U + Q_1^\top A_1 = \|P\| u_{m+1} + Q_1^\top A_1.$$

Wählt man $A_1 = -\frac{b}{\|P\|^2} Q_1$, so ist $(\lambda_1, \ldots, \lambda_m, 0, \ldots, 0)A_1 = 0$ und $Q_1^\top A_1 = -b$ – es ergibt sich die gewünschte Form.

6.3.5
(1) *gehe durch die Koordinatentransformation* $X = \mathbf{T}Y + F$ *über in eine Gleichung*

$$(*) \qquad Y^\top \mathbf{C} Y + C^\top Y + c = 0\,.$$

Man zeige:

a) *Ist* $\mathbf{C}^*$ *die erweiterte Matrix von (*), und ist* $\mathbf{T}^* = \begin{pmatrix} 1 & \mathbf{0} \\ F & \mathbf{T} \end{pmatrix}$, *so gilt für die erweiterten Matrizen* $\mathbf{A}^*$ *und* $\mathbf{C}^*$*:*

$$\mathbf{C}^* = (\mathbf{T}^*)^\top \mathbf{A}^* \mathbf{T}^*.$$

(D. h. die erweiterten Matrizen transformiert man analog zu den jeweiligen Matrizen der quadratischen Formen.)
Insbesondere ist $\det(\mathbf{A}^*) = \det(\mathbf{C}^*)$ *und* $\operatorname{Rang}(\mathbf{A}^*) = \operatorname{Rang}(\mathbf{C}^*)$.

b) *Ist* $\mathbf{B}^*$ *die erweiterte Matrix der Gleichung* (2) *aus* 6.3.2, *so ist* $\mathbf{B}^*$ *ähnlich zu* $\mathbf{A}^*$.

c) *Sei* Y *der Koordinatenvektor des Punktes* $X \in \mathbb{R}^n$ *bzgl. der affinen Basis* $B_a = (Q_0, Q_1, \ldots, Q_n)$. *Aus der Koordinatentransformation* $X = \mathbf{T}Y + F$ *(bzw. aus* $\mathbf{T}^*$ *wie in a)) ergibt sich* B_a *wie folgt:*
$Q_0 = F$; $\overrightarrow{Q_0 Q_i}$ *ist die* i*–te Spalte der Matrix* $\mathbf{T}$; $Q_i = Q_0 + \overrightarrow{Q_0 Q_i}$.

d) *Ist* $\mathbf{T}$ *orthogonal, so ist durch* $f(X) = \mathbf{T}^{-1}X - \mathbf{T}^{-1}F$ *eine Isometrie definiert. Das Bild*

$$f(\mathcal{Q}) = \{Y \in \mathbb{R}^n \mid Y = f(X) \text{ für ein } X \in \mathcal{Q}\}$$

der durch (1) *gegebenen Quadrik* $\mathcal{Q}$ *wird bzgl. der kanonischen affinen Basis* $(0, E_1, \ldots, E_n)$ *durch* $(*)$ *beschrieben.*

a) Die letzte Aussage ist eine einfache Folgerung:
Da $\det \mathbf{T} = 1$ ist, folgt $\det(\mathbf{T}^*) = 1$ (siehe REP1 Aufgabe 2.6.5). Damit folgt $\det(\mathbf{C}^*) = \det(\mathbf{A}^*)$ aus dem Multiplikationssatz für Determinanten. Ferner ist $\mathbf{T}^*$ invertierbar, und Multiplikation mit invertierbaren Matrizen ändert den Rang von Matrizen nicht.
In Aufgabe 5.3.1 haben wir $\mathbf{C}$, C und c berechnet. Es ist

$$\mathbf{C} = \mathbf{T}^\top \mathbf{A} \mathbf{T}, \quad C = 2\mathbf{T}^\top \mathbf{A} F + \mathbf{T}^\top A \text{ und } c = F^\top \mathbf{A} F + A^\top F + a.$$

Wir berechnen das Produkt $(\mathbf{T}^*)^\top \mathbf{A}^* \mathbf{T}$ (dabei bezeichnet die Matrix $\mathbf{T}_i$ $(\mathbf{T}^i)$

die i–te Zeile (Spalte) der Matrix $\mathbf{T}$; entsprechendes gilt für andere Matrizen).

$$(\mathbf{T}^*)^\top \mathbf{A}^* \mathbf{T}^* = \begin{pmatrix} 1 & f_1 \; \dots \; f_n \\ 0 & \\ \vdots & \mathbf{T}^\top \\ 0 & \end{pmatrix} \begin{pmatrix} a + \frac{1}{2}A^\top F & \frac{1}{2}A^\top \mathbf{T}^1 \; \dots \; \frac{1}{2}A^\top \mathbf{T}^n \\ \frac{a_1}{2} + \mathbf{A}_1 F & \\ \vdots & \mathbf{AT} \\ \frac{a_n}{2} + \mathbf{A}_n F & \end{pmatrix}$$

$$= \begin{pmatrix} c & \frac{1}{2}A^\top \mathbf{T}^1 + F^\top (\mathbf{AT})^1 \; \dots \; \frac{1}{2}A^\top \mathbf{T}^n + F^\top (\mathbf{AT})^n \\ \frac{1}{2}(\mathbf{T}^1)^\top A + (\mathbf{T}^1)^\top (\mathbf{A}F) & \\ \vdots & \mathbf{T}^\top \mathbf{AT} \\ \frac{1}{2}(\mathbf{T}^n)^\top A + (\mathbf{T}^n)^\top (\mathbf{A}F) & \end{pmatrix}$$

Diese Matrix ist symmetrisch, da $\mathbf{A}^*$ symmetrisch ist, denn

$$((\mathbf{T}^*)^\top \mathbf{A}^* \mathbf{T}^*)^\top = (\mathbf{T}^*)^\top \mathbf{A}^\top (\mathbf{T}^*)^{\top\top} = (\mathbf{T}^*)^\top \mathbf{A}^* \mathbf{T}^* .$$

Ferner hat der Vektor $C = 2\mathbf{T}^\top \mathbf{A}F + \mathbf{T}^\top A$ als i–te Komponente

$$c_i = 2(\mathbf{T}^i)^\top (\mathbf{A}F) + (\mathbf{T}^i)^\top A ,$$

da $(\mathbf{T}^i)^\top A \in \mathbb{R}$. Somit hat unsere Produktmatrix die verlangte Form

$$\begin{pmatrix} c & \frac{1}{2}c_1 \; \dots \; \frac{1}{2}c_n \\ \frac{1}{2}c_1 & \\ \vdots & \mathbf{C} \\ \frac{1}{2}c_n & \end{pmatrix} .$$

b) Gleichung (2) ist durch $X = \mathbf{S}Y$ gegeben, wobei $\mathbf{S}$ eine Drehmatrix ist. Somit ist $\mathbf{T}^* = \begin{pmatrix} 1 & \mathbf{0} \\ \mathbf{0} & \mathbf{S} \end{pmatrix}$ ebenfalls eine Drehmatrix, also $(\mathbf{T}^*)^\top = (\mathbf{T}^*)^{-1}$, und die Behauptung folgt aus a).

c) Q_0 hat bzgl. B_a den Koordinatenvektor 0, also ist

$$Q_0 = \mathbf{T}0 + F = F .$$

Q_i hat bzgl. B_a den Koordinatenvektor E_i, also ist

$$Q_i = \mathbf{T}E_i + F = \mathbf{T}E_i + Q_0 .$$

Somit ist

$$\overrightarrow{Q_0 Q_i} = Q_i - Q_0 = \mathbf{T}E_i .$$

$\mathbf{T}E_i$ ist jedoch die i–te Spalte von $\mathbf{T}$.

d) $f(\mathcal{Q})$ wird nach Aufgabe 1 b) durch (*) beschrieben. f ist nach Abschnitt 6.2 eine Isometrie, da $\mathbf{T}$ und damit auch $\mathbf{T}^{-1}$ orthogonal ist.

6.3.6

Man beweise, daß sich die Gleichung (1) *durch eine Koordinatentransformation* $X = \mathbf{T}U + F$, *wobei* $\mathbf{T}$ *eine orthogonale Matrix und* $F \in \mathbb{R}^n$ *ist, auf eine der Normalformen (a), (b) oder (c) bringen läßt.*

Seien wieder $\lambda_1, \ldots, \lambda_k$ die positiven und $\lambda_{k+1}, \ldots, \lambda_m$ die negativen Eigenwerte von $\mathbf{A}$. Falls in (3) $(b_{m+1}, \ldots, b_n) = 0$ gilt, so unterscheiden wir zwei Fälle:
Ist $b = 0$, so setzen wir $\alpha_i := \sqrt{|\lambda_i^{-1}|}$ für $i = 1, \ldots, m$, und wir erhalten die Normalform (a).
Falls $b \neq 0$, so sei o. B. d. A. $b < 0$ (sonst multipliziere (3) mit -1).
Mit $\alpha_i := \sqrt{|b\lambda_i^{-1}|}$ für $i = 1, \ldots, n$ erhalten wir (b).
Für den Fall $(b_{m+1}, \ldots, b_n) \neq 0$ müssen wir die in Aufgabe 2.1.4 beschriebene Umformung zu (4) vornehmen. Division durch $\frac{\|P\|}{2}$ liefert mit $\alpha_i := \sqrt{\frac{\|P\|}{2|\lambda_i|}}$ die gewünschte Normalform (c).
Für (a) und (b) lauten die zugehörigen Koordinatentransformationen

$$X = \mathbf{S}Y \quad \text{und} \quad Y = Z + A_0, \quad \text{also} \quad X = \mathbf{S}Z + \mathbf{S}A_0,$$

wobei $\mathbf{S}$ eine orthogonale Matrix ist.
Im Falle (c) kommt noch $Z = \mathbf{T}U + A_1$ hinzu, also

$$X = \mathbf{ST}U + \mathbf{S}(A_1 + A_0).$$

Dabei ist $\mathbf{ST}$ eine orthogonale Matrix, da $\mathbf{T}$ orthogonal ist und das Produkt von orthogonalen Matrizen wieder eine orthogonale Matrix ist.

6.4 Kegelschnitte und Flächen 2. Ordnung

Wir wollen im folgenden für Quadriken im $\mathbb{R}^2$ (auch **Kegelschnitte** genannt) und Quadriken im $\mathbb{R}^3$ (auch **Flächen 2. Ordnung** genannt) ihren Typ bestimmen, ohne die Normalform zu kennen. Dazu benötigen wir zunächst die Tatsache, daß die Koeffizienten des charakteristischen Polynoms einer Matrix $\mathbf{A} \in \mathcal{M}_{n\times n}(K)$ gegeben sind durch die Summen gewisser Unterdeterminanten von $\mathbf{A}$.

$\sigma_i(\mathbf{A})$ sei die Summe all derjenigen Unterdeterminanten von $\mathbf{A}$, die durch Streichung von $n-i$ Zeilen und $n-i$ Spalten mit derselben Nummer wie die Zeilen entstehen; $\sigma_0(\mathbf{A}) := 1$. Es gilt allgemein (siehe auch Aufgabe 1):

$$p_{\mathbf{A}} = \sum_{i=0}^{n} (-1)^i \sigma_{n-i}(\mathbf{A})\, x^i \,.$$

Speziell für $n = 3$ ist

$$\begin{aligned}
\sigma_1(\mathbf{A}) &= a_{11} + a_{22} + a_{33} = \operatorname{Spur} \mathbf{A} \\
\sigma_2(\mathbf{A}) &= \begin{vmatrix} a_{11} & a_{12} \\ a_{21} & a_{22} \end{vmatrix} + \begin{vmatrix} a_{11} & a_{13} \\ a_{31} & a_{33} \end{vmatrix} + \begin{vmatrix} a_{22} & a_{23} \\ a_{32} & a_{33} \end{vmatrix} \\
\sigma_3(\mathbf{A}) &= \det \mathbf{A} \,.
\end{aligned}$$

Wir werden ab Seite 310 die Kegelschnitte und ab Seite 315 die Flächen 2. Ordnung jeweils mit Hilfe der erweiterten Matrix ihrer Gleichung (siehe Abschnitt 6.3) klassifizieren.

6.4.1

Man zeige für eine $3 \times 3-$*Matrix* $\mathbf{A}$ *über* K*:*

$$p_{\mathbf{A}} = \sum_{i=0}^{3} (-1)^i \sigma_{3-i}(\mathbf{A})\, x^i \,.$$

Streicht man keine Zeile und keine Spalte von $\mathbf{A}$, so ergibt sich genau eine Unterdeterminante von $\mathbf{A}$, nämlich $\det \mathbf{A}$. Also ist $\sigma_3(\mathbf{A}) = \det \mathbf{A}$.

Streicht man eine Zeile und eine Spalte mit derselben Nummer, so ergeben sich drei Unterdeterminanten von $\mathbf{A}$, nämlich

$$\begin{vmatrix} a_{11} & a_{12} \\ a_{21} & a_{22} \end{vmatrix} \,,\quad \begin{vmatrix} a_{11} & a_{13} \\ a_{31} & a_{33} \end{vmatrix} \,,\quad \begin{vmatrix} a_{22} & a_{23} \\ a_{32} & a_{33} \end{vmatrix} \,.$$

$\sigma_2(\mathbf{A})$ ist die Summe dieser drei Terme.

Streicht man zwei Zeilen und zwei Spalten mit denselben Nummern, so ergeben sich wieder drei Unterdeterminanten, nämlich a_{11}, a_{22}, a_{33}.

Berechnet man $|\mathbf{A} - x\mathbf{E}|$ nach dem Entwicklungssatz (Entwicklung z. B. nach der ersten Zeile), so ergibt sich:

$$\begin{aligned}
\begin{vmatrix} a_{11}-x & a_{12} & a_{13} \\ a_{21} & a_{22}-x & a_{23} \\ a_{31} & a_{32} & a_{33}-x \end{vmatrix} &= (a_{11}-x)\begin{vmatrix} a_{22}-x & a_{23} \\ a_{32} & a_{33}-x \end{vmatrix} \\
&\quad -a_{12}\begin{vmatrix} a_{21} & a_{23} \\ a_{31} & a_{33}-x \end{vmatrix} \\
&\quad +a_{13}\begin{vmatrix} a_{21} & a_{22}-x \\ a_{31} & a_{32} \end{vmatrix} \\
&= (a_{11}-x)\big((a_{22}-x)(a_{33}-x) - a_{32}a_{23}\big) \\
&\quad -a_{12}\big(a_{21}(a_{33}-x) - a_{31}a_{23}\big) \\
&\quad +a_{13}\big(a_{21}a_{32} - a_{31}(a_{22}-x)\big) .
\end{aligned}$$

Sortiert man jetzt nach Potenzen von x, so erkennt man die Gültigkeit der angegebenen Formel.

6.4.2

Sei $\mathbf{A} \in \mathcal{M}_{n\times n}(K)$ eine symmetrische Matrix mit den Eigenwerten $\lambda_1, \ldots, \lambda_n$ (nicht notwendig verschieden!). Man stelle die $\sigma_i(\mathbf{A})$ in Abhängigkeit von $\lambda_1, \ldots, \lambda_n$ dar.
Für $n = 3$ schreibe man sie explizit auf.

Da $\mathbf{A}$ symmetrisch ist, ist $\mathbf{A}$ nach dem Spektralsatz ähnlich zu einer Diagonalmatrix $\mathbf{D}$ mit den Diagonalelementen $\lambda_1, \ldots, \lambda_n$. Es gilt $p_\mathbf{A} = p_\mathbf{D}$, also ist $\sigma_i(\mathbf{A}) = \sigma_i(\mathbf{D})$ für $i = 0, 1, \ldots, n$ nach den Vorbemerkungen. $\sigma_i(\mathbf{D})$ läßt sich aber leicht berechnen, da alle Unterdeterminanten von $\mathbf{D}$, die durch Streichen von Zeilen und Spalten mit denselben Nummern entstehen, Determinanten von Diagonalmatrizen sind. Es ergibt sich:

$$\sigma_i(\mathbf{A}) = \sum_{\substack{S\subseteq\{1,\ldots,n\} \\ |S|=i}} \prod_{j\in S} \lambda_j .$$

Für $n = 3$ erhält man:

$$\begin{aligned}
\sigma_1(\mathbf{A}) &= \lambda_1 + \lambda_2 + \lambda_3 = \operatorname{Spur} \mathbf{A} \\
\sigma_2(\mathbf{A}) &= \lambda_1\lambda_2 + \lambda_1\lambda_3 + \lambda_2\lambda_3 \\
\sigma_3(\mathbf{A}) &= \lambda_1\lambda_2\lambda_3 = \det \mathbf{A} .
\end{aligned}$$

6.4.3
Man zeige: Hat die symmetrische Matrix $\mathbf{A} \in \mathcal{M}_{n\times n}(\mathbb{R})$ *genau zwei nichtverschwindende Eigenwerte, so gilt:*
λ_1, λ_2 *haben dasselbe Vorzeichen* $\iff \sigma_2(\mathbf{A}) > 0$.

Aus Aufgabe 2 folgt sofort $\sigma_2(\mathbf{A}) = \lambda_1\lambda_2$, da (o. B. d. A.) alle anderen Eigenwerte 0 sind. Nun folgt leicht die Behauptung.

Kegelschnitte

Die Gleichung (1) aus Abschnitt 6.3 lautet für $n = 2$:

(1) $$a_{11}x_1^2 + 2a_{12}x_1x_2 + a_{22}x_2^2 + a_1x_1 + a_2x_2 + a = 0.$$

In diesem Falle nennt man eine Quadrik auch Kegelschnitt.
Falls

$$\begin{pmatrix} a_{11} & a_{12} \\ a_{12} & a_{22} \end{pmatrix} \neq \mathbf{0},$$

ergeben sich folgende Normalformen (von der Form (a), (b) oder (c) – siehe Abschnitt 6.3).
Wir schreiben hierbei (x, y) statt (u_1, u_2).

Form	Gleichung	Typ
(a)	$\frac{x^2}{\alpha^2} + \frac{y^2}{\beta^2} = 0$	Punkt
	$\frac{x^2}{\alpha^2} - \frac{y^2}{\beta^2} = 0$	zwei sich schneidende Geraden
	$x^2 = 0$	Gerade
(b)	$\frac{x^2}{\alpha^2} + \frac{y^2}{\beta^2} = 1$	Ellipse
	$-\frac{x^2}{\alpha^2} - \frac{y^2}{\beta^2} = 1$	leere Menge
	$\frac{x^2}{\alpha^2} - \frac{y^2}{\beta^2} = 1$	Hyperbel
	$\frac{x^2}{\alpha^2} = 1$	zwei parallele Geraden
(c)	$-\frac{x^2}{\alpha^2} = 1$	leere Menge
	$\frac{x^2}{\alpha^2} + 2y = 0$	Parabel

Das im vorigen Abschnitt angegebene Verfahren zur Überführung der Gleichung (1) in die Normalform ist in REP1 Abschnitt 2.9 über Hauptachsentransformation schon ausführlich behandelt worden. Wir beginnen daher hier mit theoretischen Aufgaben und rechnen anschließend noch einmal einige Beispiele durch.

6.4.4

Sei

$$\mathbf{A}^* = \begin{pmatrix} a & \frac{a_1}{2} & \frac{a_2}{2} \\ \frac{a_1}{2} & a_{11} & a_{12} \\ \frac{a_2}{2} & a_{12} & a_{22} \end{pmatrix}$$

die erweiterte Matrix der Kegelschnittgleichung (1) *und sei* s *das Signum von* $\det \mathbf{A}$.
Man zeige, daß der Typ des Kegelschnitts durch den Rang von $\mathbf{A}^*$ *und durch* s *gemäß der folgenden Tabelle festgelegt ist:*

s	*Typ für Rang* $\mathbf{A}^* = 3$	*Typ für Rang* $\mathbf{A}^* = 2$	*Typ für Rang* $\mathbf{A}^* = 1$
1	$\emptyset$, *falls* $a_{22} \cdot \det \mathbf{A}^* > 0$ *Ellipse sonst*	*Punkt*	–
−1	*Hyperbel*	*zwei sich schneidende Geraden*	–
0	*Parabel*	$\emptyset$, *falls* $4a(a_{11} + a_{22}) > a_1^2 + a_2^2$ *2 parallele Geraden sonst*	*Gerade*

Wir wissen, daß $\mathbf{A}$ als symmetrische Matrix zwei reelle Eigenwerte λ_1 und λ_2 hat und ähnlich ist zur Matrix $\begin{pmatrix} \lambda_1 & 0 \\ 0 & \lambda_2 \end{pmatrix}$. Es ist $\det \mathbf{A} = \lambda_1 \lambda_2$. Ferner wissen wir laut Aufgabe 6.3.5, daß der Rang und die Determinante der erweiterten Matrix sich bei Transformation von (1) auf Normalform nicht ändern.

Fall 1: $s = 1$

Dann ist $\lambda_1 \lambda_2 \neq 0$ und die Eigenwerte haben dasselbe Vorzeichen. Wir bezeichnen mit $\mathbf{B}^*$ stets die erweiterte Matrix von Gleichung (2) aus 6.3.2, die ähnlich zu $\mathbf{A}^*$ ist nach 6.3.5, und mit $\mathbf{C}^*$ die erweiterte Matrix von Gleichung (3) aus 6.3.3, die denselben Rang und dieselbe Determinante wie $\mathbf{A}^*$ hat.
(3) hat die Form $\lambda_1 z_1^2 + \lambda_2 z_2^2 + b = 0$. Nun gilt mit $\det \mathbf{C}^* = \lambda_1 \lambda_2 b$:

$$\begin{aligned}(1) \text{ beschreibt } \emptyset \quad &\iff \quad \operatorname{sign}(b) = \operatorname{sign}(\lambda_i) \iff \lambda_2 \cdot \det \mathbf{C}^* > 0 \\ &\iff \quad \lambda_2 \cdot \det \mathbf{B}^* > 0 \,.\end{aligned}$$

Es ist

$$\mathbf{B}^* = \begin{pmatrix} a & \frac{b_1}{2} & \frac{b_2}{2} \\ \frac{b_1}{2} & \lambda_1 & 0 \\ \frac{b_2}{2} & 0 & \lambda_2 \end{pmatrix}.$$

Also gilt nach Aufgabe 5.6.6, da $\det \mathbf{A} = \lambda_1\lambda_2 > 0$:

$$\begin{aligned} \lambda_2 \cdot \det \mathbf{B}^* > 0 \quad &\Longleftrightarrow \quad \mathbf{B}^* \text{ hat drei Eigenwerte} \neq 0 \text{ mit gleichem Vorzeichen} \\ &\Longleftrightarrow \quad \mathbf{A}^* \text{ hat drei Eigenwerte} \neq 0 \text{ mit gleichem Vorzeichen} \\ &\Longleftrightarrow \quad a_{22} \cdot \det \mathbf{A}^* > 0\,. \end{aligned}$$

Falls $\operatorname{sign}(b) \neq \operatorname{sign}(\lambda_i)$, beschreibt (3) und damit (1) eine Ellipse!

Fall 2: $s = -1$

Dann ist $\lambda_1\lambda_2 \neq 0$ und die Eigenwerte haben verschiedenes Vorzeichen. Es ist

$$\mathbf{C}^* = \begin{pmatrix} b & 0 & 0 \\ 0 & \lambda_1 & 0 \\ 0 & 0 & \lambda_2 \end{pmatrix}.$$

Ist $\operatorname{rg}(\mathbf{A}^*) = 3$, also $b \neq 0$, so beschreibt (3) und damit (1) eine Hyperbel; ist $\operatorname{rg}(\mathbf{A}^*) = 2$, also $b = 0$, so beschreibt (3) und damit (1) ein Paar sich schneidender Geraden.

Fall 3: $s = 0$

Es sei $\lambda_1 \neq 0, \lambda_2 = 0$. $\mathbf{C}^*$ hat die Form

$$\begin{pmatrix} b & 0 & \frac{b_2}{2} \\ 0 & \lambda_1 & 0 \\ \frac{b_2}{2} & 0 & 0 \end{pmatrix}.$$

Gleichung (3) lautet $\lambda_1 z_1^2 + b_2 z_2 + b = 0$.

Ist $\operatorname{rg}(\mathbf{A}^*) = 3$, also $b_2 \neq 0$, so ist $b = 0$, und (1) beschreibt eine Parabel. Ist $\operatorname{rg}(\mathbf{A}^*) = 1$, also $b = b_2 = 0$, so beschreibt $\lambda_1 z_1^2 = 0$ die z_2-Achse des neuen Koordinatensystems.

Sei nun $\operatorname{rg}(\mathbf{A}^*) = 2$, also $b_2 = 0$. Dann ist

$$\mathbf{C}^* = \begin{pmatrix} b & 0 & 0 \\ 0 & \lambda_1 & 0 \\ 0 & 0 & 0 \end{pmatrix} \quad \text{und} \quad \mathbf{B}^* = \begin{pmatrix} a & \frac{b_1}{2} & 0 \\ \frac{b_1}{2} & \lambda_1 & 0 \\ 0 & 0 & 0 \end{pmatrix}.$$

Ferner ist $b = a - \dfrac{b_1^2}{4\lambda_1}$ nach 6.3.3, und $\sigma_2(\mathbf{A}^*)$ berechnet man zu

$$\begin{vmatrix} a & \frac{a_1}{2} \\ \frac{a_1}{2} & a_{11} \end{vmatrix} + \begin{vmatrix} a & \frac{a_2}{2} \\ \frac{a_2}{2} & a_{22} \end{vmatrix} = a\,(a_{11} + a_{22}) - \frac{1}{4}\,(a_1^2 + a_2^2)\,,$$

da $\det \mathbf{A} = 0$. Nun gilt mit Aufgabe 3:

$$
\begin{aligned}
\text{(1) beschreibt } \emptyset \quad &\iff \quad b\lambda_1 > 0 \iff (a - \frac{b_1^2}{4\lambda_1}) \cdot \lambda_1 > 0 \iff \sigma_2(\mathbf{B}^*) > 0 \\
&\iff \quad \mathbf{B}^* \text{ hat zwei Eigenwerte} \neq 0 \text{ mit demselben Vorzeichen} \\
&\iff \quad \mathbf{A}^* \text{ hat zwei Eigenwerte} \neq 0 \text{ mit demselben Vorzeichen} \\
&\iff \quad \sigma_2(\mathbf{A}^*) > 0 \iff 4a\,(a_{11} + a_{22}) > a_1^2 + a_2^2 \,.
\end{aligned}
$$

Falls $\operatorname{sign}(b) \neq \operatorname{sign}(\lambda_1)$, beschreibt (3) und damit (1) ein Paar paralleler Geraden.

6.4.5

Im $\mathbb{R}^2$ sei (bzgl. der kanonischen affinen Basis $(0, E_1, E_2, E_3)$) der Kegelschnitt $\mathcal{Q}$ durch die untenstehende Gleichung gegeben. Man gebe den Typ von $\mathcal{Q}$ an, berechne die Normalform von $\mathcal{Q}$ und gebe die affine Basis an, bzgl. welcher $\mathcal{Q}$ diese Normalform hat.

a) $2x_1^2 + 3x_1x_2 - 2x_2^2 - 4x_1 - 3x_2 - 23 = 0$

b) $13x_1^2 + 7x_2^2 + 6\sqrt{3}x_1x_2 + (52 - 6\sqrt{3})x_1 + (-14 + 12\sqrt{3})x_2 = 12\sqrt{3} - 43$

c) $x_1^2 + x_2^2 - 2x_1x_2 + \sqrt{2}x_1 - \sqrt{2}x_2 = 0$

a) Die erweiterte Matrix der Gleichung ist

$$
\mathbf{A}^* = \begin{pmatrix} -23 & \frac{1}{2}A^\top \\ \frac{1}{2}A & \mathbf{A} \end{pmatrix} = \begin{pmatrix} -23 & -2 & -\frac{3}{2} \\ -2 & 2 & \frac{3}{2} \\ -\frac{3}{2} & \frac{3}{2} & -2 \end{pmatrix} .
$$

Es ist $\operatorname{rg}(\mathbf{A}^*) = 3$ und $\det \mathbf{A} < 0$. Somit ist nach unserer Tabelle $\mathcal{Q}$ eine Hyperbel.

Die Rechnung zu dieser Aufgabe findet man auch in REP1, Aufgabe 2.9.3; aus diesem Grund wird hier auf weitere Bearbeitung verzichtet. Bezüglich der neuen affinen Terminologie kann man sich an den Aufgabenteilen b) und c) orientieren.

b) Es ist

$$
\mathbf{A}^* = \begin{pmatrix} 43 - 12\sqrt{3} & \frac{1}{2}A^\top \\ \frac{1}{2}A & \mathbf{A} \end{pmatrix} = \begin{pmatrix} 43 - 12\sqrt{3} & 26 - 3\sqrt{3} & -7 + 6\sqrt{3} \\ 26 - 3\sqrt{3} & 13 & 3\sqrt{3} \\ -7 + 6\sqrt{3} & 3\sqrt{3} & 7 \end{pmatrix} .
$$

Da $\operatorname{rg}(\mathbf{A}^*) = 3$ und $\det \mathbf{A} = 64 > 0$, ist $\mathcal{Q}$ eine Ellipse oder leer. Wegen $7 \cdot \det \mathbf{A}^* = 7 \cdot (-1024) < 0$, ist $\mathcal{Q}$ nach Aufgabe 4 eine Ellipse. $\mathbf{A}$ hat 16 und 4 als Eigenwerte mit zugehörigen Eigenvektoren $\frac{1}{2}(\sqrt{3}, 1)$, $\frac{1}{2}(-1, \sqrt{3})$.

$\mathbf{S} = \frac{1}{2}\begin{pmatrix} \sqrt{3} & -1 \\ 1 & \sqrt{3} \end{pmatrix}$ ist eine Drehmatrix. Einsetzen von $X = \mathbf{S}Y$ in die Quadrikengleichung (1) ergibt nach 6.3.2

$$(2) \qquad 16y_1^2 + 4y_2^2 + (32\sqrt{3} - 16)y_1 + (-8 - 4\sqrt{3})y_2 + 43 - 12\sqrt{3} = 0\,,$$

da

$$\mathbf{S}^\top \begin{pmatrix} 52 - 6\sqrt{3} \\ -14 + 12\sqrt{3} \end{pmatrix} = \begin{pmatrix} 32\sqrt{3} - 16 \\ -8 - 4\sqrt{3} \end{pmatrix}.$$

Setzt man gemäß 5.3.3

$$Y = Z + A_0 = Z + (-\sqrt{3} + \frac{1}{2}, 1 + \frac{1}{2}\sqrt{3})\,,$$

so ergibt sich

$$(3) \qquad 16z_1^2 + 4z_2^2 - 16 = 0\,.$$

Die gesuchte Normalform ist

$$z_1^2 + \frac{z_2^2}{4} = 1\,.$$

$X = \mathbf{S}Z + \mathbf{S}A_0$ liefert die affine Basis $B = (Q_0, Q_1, Q_2)$, wobei nach 5.3.5 $\overrightarrow{Q_0Q_i} = Q_i - Q_0$ die Spalten von $\mathbf{S}$ sind und $Q_0 = \mathbf{S}A_0 = (-2, 1)$ ist.

c) Es ist

$$\mathbf{A}^* = \begin{pmatrix} 0 & \frac{1}{2}A^\top \\ \frac{1}{2}A & \mathbf{A} \end{pmatrix} = \begin{pmatrix} 0 & \frac{1}{2}\sqrt{2} & -\frac{1}{2}\sqrt{2} \\ \frac{1}{2}\sqrt{2} & 1 & -1 \\ -\frac{1}{2}\sqrt{2} & -1 & 1 \end{pmatrix}.$$

Ferner ist $\operatorname{rg}(\mathbf{A}^*) = 2$ und $\det \mathbf{A} = 0$, also ist $\mathcal{Q}$ leer oder der Graph von zwei parallelen Geraden.
Da $4(a_{11} + a_{22}) \cdot a = 0$, also nicht $4(a_{11} + a_{22})a > a_1^2 + a_2^2$ gilt, ist $\mathcal{Q}$ nicht leer.
$\mathbf{A}$ hat 2 und 0 als Eigenwerte mit zugehörigen Eigenvektoren $\frac{1}{\sqrt{2}}(1, -1)$ und $\frac{1}{\sqrt{2}}(1, 1)$. $\mathbf{S} = \frac{1}{\sqrt{2}}\begin{pmatrix} 1 & 1 \\ -1 & 1 \end{pmatrix}$ ist eine Drehmatrix, Einsetzen von $X = \mathbf{S}Y$ ergibt

$$(2) \qquad 2y_1^2 + 2y_1 = 0$$

denn $\mathbf{S}^\top \begin{pmatrix} \sqrt{2} \\ -\sqrt{2} \end{pmatrix} = \begin{pmatrix} 2 \\ 0 \end{pmatrix}$. $Y = Z + A_0 = Z + (-\frac{1}{2}, 0)$, eingesetzt in (2) liefert

$$(3) \qquad 2z_1^2 - \frac{1}{2} = 0\,.$$

Also ist $4z_1^2 = 1$ die Normalform von $\mathcal{Q}$.
Die affine Basis $B = (Q_0, Q_1, Q_2)$ berechnet man wie üblich aus $X = \mathbf{S}Z + \mathbf{S}A_0$.
Somit ist

$$Q_0 = \mathbf{S}A_0 = (-\frac{1}{2\sqrt{2}}, \frac{1}{2\sqrt{2}}) \text{ und } \overrightarrow{Q_0Q_1} = \frac{1}{\sqrt{2}}(1,-1)\,,\ \overrightarrow{Q_0Q_2} = \frac{1}{\sqrt{2}}(1,1)\,.$$

Flächen zweiter Ordnung

Eine Quadrik im $\mathbb{R}^3$, also eine Fläche 2. Ordnung, hat eine Gleichung der Form

$$X^\top \mathbf{A} X + 2AX + a = 0 \tag{1}$$

mit symmetrischer Matrix $\mathbf{A} \in \mathcal{M}_{3\times3}(\mathbb{R})$, $A \in \mathbb{R}^3$, $a \in \mathbb{R}$. Ihre erweiterte Matrix ist

$$\mathbf{A}^* = \begin{pmatrix} a & \frac{a_1}{2} & \frac{a_2}{2} & \frac{a_3}{2} \\ \frac{a_1}{2} & & & \\ \frac{a_2}{2} & & \mathbf{A} & \\ \frac{a_3}{2} & & & \end{pmatrix}.$$

Die folgende Tabelle erlaubt eine Bestimmung des Typs der durch (1) beschriebenen Fläche. Dabei liefert Spalte 2 eine vollständige Fallunterscheidung für die Vorzeichen der Eigenwerte $\lambda_1, \lambda_2, \lambda_3$ von $\mathbf{A}$. Diese werden jedoch nur für die Beweise benötigt, und die Eintragungen in Spalte 2 sind jeweils äquivalent zu den Eintragungen in Spalte 1, die in derselben Zeile stehen (siehe Aufgabe 6) und die man direkt aus $\mathbf{A}^*$ berechnen kann.
Skizzen der Flächen 2. Ordnung findet man ab Seite 325.
Dort wird auch jede Fläche 2. Ordnung anhand ihrer Normalform mit einem Namen versehen.

Signum von $\sigma_1(\mathbf{A}), \sigma_2(\mathbf{A}), \sigma_3(\mathbf{A})$	Signum von $\lambda_1, \lambda_2, \lambda_3$	Typ für Rang $(\mathbf{A}^*) = 4$
$\sigma_3 \neq 0$ $\sigma_2 > 0$ und $\operatorname{sign}(\sigma_1) = \operatorname{sign}(\sigma_3)$	alle haben dasselbe und sind $\neq 0$	$\emptyset$, falls $\det \mathbf{A}^* > 0$ **Ellipsoid** sonst
$\sigma_3 \neq 0$ $\sigma_2 < 0$ oder $\operatorname{sign}(\sigma_1) = -\operatorname{sign}(\sigma_3)$	nicht alle haben dasselbe, alle sind $\neq 0$	**Hyperboloid einschalig** gdw. $\det \mathbf{A}^* > 0$
$\sigma_3 = 0$ $\sigma_2 > 0$	$0 \neq \operatorname{sign}(\lambda_1) = \operatorname{sign}(\lambda_2)$ $\lambda_3 = 0$	**elliptisches Paraboloid**
$\sigma_3 = 0$ $\sigma_2 < 0$	$0 \neq \operatorname{sign}(\lambda_1) = -\operatorname{sign}(\lambda_2)$ $\lambda_3 = 0$	**hyperbolisches Paraboloid**
$\sigma_2 = \sigma_3 = 0$ $\sigma_1 \neq 0$	$\lambda_1 \neq 0$ $\lambda_2 = \lambda_3 = 0$	–

6.4.6

Sei p_{ij} die Eintragung in Zeile i und Spalte j der obigen Tabelle. Man zeige: Für alle i gilt $p_{i1} \iff p_{i2}$.

$p_{11} \implies p_{12}$: Sei $\sigma_2 > 0, \sigma_3 \neq 0$, $\operatorname{sign}(\sigma_1) = \operatorname{sign}(\sigma_3)$. Wir verwenden die Darstellung der σ_i aus Aufgabe 2. Da $\sigma_3 = \lambda_1\lambda_2\lambda_2$, sind alle Eigenwerte $\neq 0$.
Annahme: $\lambda_1 < 0$; $\lambda_2, \lambda_3 > 0$.
Dann ist $\sigma_3 < 0$, also $\sigma_1 = \lambda_1 + \lambda_2 + \lambda_3 < 0$ und damit $\lambda_1 < -(\lambda_2 + \lambda_3)$. Nun ist

$$\sigma_2 = \lambda_1 (\lambda_2 + \lambda_3) + \lambda_2\lambda_3 < -(\lambda_2 + \lambda_3)^2 + 2\lambda_2\lambda_3 = -\lambda_2^2 - \lambda_3^2 < 0,$$

ein Widerspruch.

Typ für Rang $(\mathbf{A}^*) = 3$	Typ für Rang $(\mathbf{A}^*) = 2$	Tpy für Rang $(\mathbf{A}^*) = 1$
Punkt	–	–
elliptischer Kegel	–	–
$\emptyset$, falls $\sigma_2(\mathbf{A}^*) > 0$ und $\sigma_1(\mathbf{A}^*)\sigma_3(\mathbf{A}^*) > 0$ **elliptischer Zylinder** sonst	**Gerade**	–
hyperbolischer Zylinder	zwei sich **schneidende Ebenen**	–
parabolischer Zylinder	$\emptyset$, falls $4\sigma_1 a > \|\|A\|\|^2$ **zwei parallele Ebenen** sonst	**Ebene**

Annahme: $\lambda_1 > 0\,;\ \lambda_2, \lambda_3 < 0$.
Dann ist $\sigma_3 > 0$,also $\sigma_1 > 0$ und $\lambda_1 + \lambda_2 > 0$. Es folgt:

$$\sigma_2 = \lambda_1 (\lambda_2 + \lambda_3) + \lambda_2\lambda_3 < \lambda_1 (\lambda_2 + \lambda_3) + \lambda_2\lambda_3 + \lambda_2^2 = (\lambda_1 + \lambda_2)(\lambda_2 + \lambda_3) < 0\,,$$

ein Widerspruch.

$p_{12} \implies p_{11}$: Dies ist klar mit Aufgabe 2.

$p_{21} \implies p_{22}$: Dies folgt leicht aus $p_{12} \iff p_{11}$.

Die restlichen Äquivalenzen sind leicht einzusehen.
Natürlich ist z. B. $p_{31} \implies p_{32}$ zu lesen als: Ist $\sigma_2 > 0$, $\sigma_3 = 0$, so sind zwei Eigenwerte von $\mathbf{A}$ nicht Null und haben gleiches Vorzeichen, ein Eigenwert ist 0.

6.4.7

Man beweise diejenigen Eintragungen obiger Tabelle, bei denen zwei Fälle auftreten.

Sei p_{ij} wieder die Aussage in Zeile i und Spalte j der Tabelle. Gleichung (1), die unsere Quadrik beschreibt, ist nach 6.3.2 äquivalent zu einer Gleichung der Form (2) mit erweiterter Matrix $\mathbf{B}^*$ und nach 6.3.3 äquivalent zu einer

Gleichung der Form (3) mit erweiterter Matrix $\mathbf{C}^*$ (bzgl. geeigneter affiner Basen). Nach 6.3.5 ist $\mathbf{B}^*$ ähnlich zu $\mathbf{A}^*$, und $\mathbf{C}^*$ hat denselben Rang und dieselbe Determinante wie $\mathbf{A}^*$.
Nun sind die Aussagen p_{13}, p_{23}, p_{34} und p_{55} zu beweisen.

Zu p_{13}: Gleichung (3) hat die Form $\sum_{i=1}^{3} \lambda_i z_i^2 + b = 0$. Man sieht:
Ist $\operatorname{sign}(b) = \operatorname{sign}(\lambda_i)$, also $\det \mathbf{C}^* = b\lambda_1\lambda_2\lambda_3 > 0$, so ist die Lösungsmenge leer, sonst ein Ellipsoid.

Zu p_{23}: (3) hat dieselbe Form wie bei p_{13}. O. B. d. A. mögen λ_1, λ_2 das gleiche Vorzeichen haben. Dann ist das Hyperboloid genau dann einschalig, wenn $\operatorname{sign}(\lambda_3) = \operatorname{sign}(b)$ gilt, und dies ist äquivalent zu

$$\det \mathbf{C}^* = b\lambda_1\lambda_2\lambda_3 = \det \mathbf{A}^* > 0\,.$$

Zu p_{34}: Da $\operatorname{rg}(\mathbf{A}^*) = 3$, muß Gleichung (3) die Form $\lambda_1 z_1^2 + \lambda_2 z_2^2 + b = 0$ mit $b \neq 0$ haben (das Auftreten von $b_3 z_3$ mit $b_3 \neq 0$ ergäbe als Matrix $\mathbf{C}^*$ die Matrix

$$\begin{pmatrix} b & 0 & 0 & \frac{b_3}{2} \\ 0 & \lambda_1 & 0 & 0 \\ 0 & 0 & \lambda_2 & 0 \\ \frac{b_3}{2} & 0 & 0 & 0 \end{pmatrix},$$

die den Rang 4 hat). Gleichung (2) hat wegen $b_3 = 0$ die Form

$$\lambda_1 y_1^2 + \lambda_2 y_2^2 + b_1 y_1 + b_2 y_2 + a = 0$$

mit der erweiterten Matrix

$$\mathbf{B}^* = \begin{pmatrix} a & \frac{b_1}{2} & \frac{b_2}{2} & 0 \\ \frac{b_1}{2} & \lambda_1 & 0 & 0 \\ \frac{b_2}{2} & 0 & \lambda_2 & 0 \\ 0 & 0 & 0 & 0 \end{pmatrix}.$$

Es gelten nun folgende Äquivalenzen:

$$\begin{aligned}
\text{(1) beschreibt } \emptyset \quad &\Longleftrightarrow \quad \operatorname{sign}(b) = \operatorname{sign}(\lambda_i) \qquad (i = 1, 2) \\
&\overset{(1)}{\Longleftrightarrow} \quad \lambda_2 \sigma_3(\mathbf{B}^*) > 0 \\
&\overset{(2)}{\Longleftrightarrow} \quad \mathbf{B}^* \text{ hat drei Eigenwerte } \neq 0 \text{ mit demselben Vorzeichen} \\
&\overset{(3)}{\Longleftrightarrow} \quad \mathbf{A}^* \text{ hat drei Eigenwerte } \neq 0 \text{ mit demselben Vorzeichen} \\
&\overset{(4)}{\Longleftrightarrow} \quad \operatorname{sign}(\sigma_1(\mathbf{A}^*)) = \operatorname{sign}(\sigma_3(\mathbf{A}^*)) \neq 0 \text{ und } \sigma_2(\mathbf{A}^*) > 0 \\
&\Longleftrightarrow \quad \sigma_1(\mathbf{A}^*) \cdot \sigma_3(\mathbf{A}^*) > 0 \text{ und } \sigma_2(\mathbf{A}^*) > 0\,.
\end{aligned}$$

Die Äquivalenzen (1) – (4) müssen noch bewiesen werden.

Zu (1): Es ist $\sigma_3(\mathbf{C}^*) = \lambda_1\lambda_2 b$. Nach 3.1.3 ist $b = a - \frac{1}{4}(\frac{b_1^2}{\lambda_1} + \frac{b_2^2}{\lambda_2})$. Somit ist

$$\begin{aligned}\sigma_3(\mathbf{B}^*) &= \begin{vmatrix} a & \frac{b_1}{2} & \frac{b_2}{2} \\ \frac{b_1}{2} & \lambda_1 & 0 \\ \frac{b_2}{2} & 0 & \lambda_2 \end{vmatrix} \\ &= a\lambda_1\lambda_2 - \frac{b_2^2}{4}\lambda_1 - \lambda_2\frac{b_1^2}{4} = b\lambda_1\lambda_2 = \sigma_3(\mathbf{C}^*)\,.\end{aligned}$$

Zu (2): Da $\mathbf{B}^*$ die Form $\begin{pmatrix} \mathbf{B} & 0 \\ 0 & 0 \end{pmatrix}$ hat, müssen wir uns um die Eigenwerte der Matrix $\mathbf{B}$ kümmern, denn $p_{\mathbf{B}^*} = p_{\mathbf{B}} \cdot (-x)$. Es ist $\sigma_3(\mathbf{B}^*) = \det \mathbf{B}$. Nach Aufgabe 5.6.6 gilt wegen $\lambda_1\lambda_2 > 0$:
$\lambda_2 \cdot \det \mathbf{B} > 0$ genau dann, wenn $\mathbf{B}$ drei Eigenwerte $\neq 0$ mit demselben Vorzeichen hat.
Nun folgt (2).

Zu (3): $\mathbf{A}^*$ und $\mathbf{B}^*$ sind ähnlich und haben damit dieselben Eigenwerte.

Zu (4): $\mu_1, \mu_2, \mu_3, 0$ seien die Eigenwerte von $\mathbf{A}^*$ (ein Eigenwert von $\mathbf{A}^*$ ist 0 wegen $\operatorname{rg}(\mathbf{A}^*) = 3$). Nach Aufgabe 2 gilt:

$$\begin{aligned}\sigma_1(\mathbf{A}^*) &= \mu_1 + \mu_2 + \mu_3\,,\\ \sigma_2(\mathbf{A}^*) &= \mu_1\mu_2 + \mu_1\mu_3 + \mu_2\mu_3\,,\\ \sigma_3(\mathbf{A}^*) &= \mu_1\mu_2\mu_3\,,\end{aligned}$$

Nun folgt (4) wie ($p_{11} \iff p_{12}$) in Aufgabe 6.

Zu p_{55}: Gleichung (3) hat die Form $\lambda_1 z_1^2 + b = 0$, da $\operatorname{rg}(\mathbf{A}^*) = \operatorname{rg}(\mathbf{C}^*) = 2$. Die Matrix $\mathbf{B}^*$ muß die Form

$$\begin{pmatrix} a & \frac{b_1}{2} & 0 & 0 \\ \frac{b_1}{2} & \lambda_1 & 0 & 0 \\ 0 & 0 & 0 & 0 \\ 0 & 0 & 0 & 0 \end{pmatrix}$$

haben mit zugehöriger Gleichung (2) $\lambda_1 y_1^2 + b_1 y_1 + a = 0$. Es ergeben sich folgende Äquivalenzen:

$$\begin{aligned}\text{(1) beschreibt } \emptyset &\iff b\lambda_1 > 0 \\ &\overset{(1)}{\iff} \sigma_2(\mathbf{B}^*) > 0 \\ &\overset{(2)}{\iff} \mathbf{B}^* \text{ hat zwei Eigenwerte} \neq 0 \text{ mit demselben Vorzeichen}\end{aligned}$$

$$\begin{aligned} &\iff \mathbf{A}^* \text{ hat zwei Eigenwerte } \neq 0 \text{ mit demselben Vorzeichen} \\ &\overset{(3)}{\iff} \sigma_2(\mathbf{A}^*) > 0 \overset{(4)}{\iff} 4\sigma_1(\mathbf{A}) \cdot a > ||A||^2 . \end{aligned}$$

Dabei gelten (2) und (3) nach Aufgabe 3. (1) gilt, da $b = a - \frac{b_1^2}{4\lambda_1}$, also

$$b\lambda_1 = (a - \frac{b_1^2}{4\lambda_1}) \cdot \lambda_1 = a\lambda_1 - \frac{b_1^2}{4} = \sigma_2(\mathbf{B}^*) .$$

Schließlich gilt (4), da

$$\begin{aligned} \sigma_2(\mathbf{A}^*) &= \begin{vmatrix} a & \frac{a_1}{2} \\ \frac{a_1}{2} & a_{11} \end{vmatrix} + \begin{vmatrix} a & \frac{a_2}{2} \\ \frac{a_2}{2} & a_{22} \end{vmatrix} + \begin{vmatrix} a & \frac{a_3}{2} \\ \frac{a_3}{2} & a_{33} \end{vmatrix} \\ &= a\sigma_1(\mathbf{A}) - \frac{1}{4}(a_1^2 + a_2^2 + a_3^2) , \end{aligned}$$

denn alle 2×2–Unterdeterminanten von $\mathbf{A}$ sind 0 nach Aufgabe 1.5.4, da $\mathbf{A}$ den Rang 1 hat (dies sieht man leicht ein, wenn man alle Zeilenvektoren in $\mathbf{A}$ als Linearkombinationen eines Vektors schreibt).

6.4.8

Die Fläche $\mathcal{F}$ zweiter Ordnung im $\mathbb{R}^3$ sei (bzgl. der kanonischen affinen Basis $(0, E_1, E_2, E_3)$) durch die Gleichung

(1) $$9x_1^2 + 24x_1x_2 + 16x_2^2 + 10x_1 - 20x_2 + 20x_3 + 21 = 0$$

gegeben. Man bestimme den Typ und die Normalform von (1). *Ferner gebe man eine affine Basis an, bzgl. der* (1) *Normalform hat.*

(1) $\iff X^\top \mathbf{A} X + A^\top X + a = 0$, wobei
$\mathbf{A} = \begin{pmatrix} 9 & 12 & 0 \\ 12 & 16 & 0 \\ 0 & 0 & 0 \end{pmatrix}$, $A = (10, -20, 20)$, $a = 21$. Somit ist

$$\mathbf{A}^* = \begin{pmatrix} 21 & 5 & -10 & 10 \\ 5 & 9 & 12 & 0 \\ -10 & 12 & 16 & 0 \\ 10 & 0 & 0 & 0 \end{pmatrix}$$

die erweiterte Matrix von (1). $\mathbf{A}^*$ hat den Rang 3. Mit unserer Tabelle auf Seite 316/317 erhalten wir wegen

$$\sigma_3(\mathbf{A}) = 0 , \quad \sigma_2(\mathbf{A}) = 9 \cdot 16 - 12 \cdot 12 = 0 :$$

$\mathcal{F}$ ist ein parabolischer Zylinder.
Wie üblich berechnet man $p_{\mathbf{A}} = -x^2(x-25)$ und $V_0(\mathbf{A}) = L((4,-3,0),(0,0,1))$, $V_{25}(\mathbf{A}) = L((3,4,0))$. Es ist

$$B = (\frac{1}{5}(3,4,0), \frac{1}{5}(4,-3,0), (0,0,-1))$$

eine Orthonormalbasis des $\mathbb{R}^3$; wir haben $(0,0,-1)$ gewählt, damit die Matrix

$$\mathbf{S} = \frac{1}{5}\begin{pmatrix} 3 & 4 & 0 \\ 4 & -3 & 0 \\ 0 & 0 & -5 \end{pmatrix}$$

eine Drehmatrix ist. Gemäß 6.3.2 (Einsetzen von $X = \mathbf{S}Y$) ergibt sich als Gleichung (2), die die Fläche bzgl. der affinen Basis $B_a = (0; B)$ beschreibt:

(2) $$25y_1^2 - 10y_1 + 20y_2 - 20y_3 + 21 = 0\ ,$$

denn

$$(b_1, b_2, b_3) = \mathbf{S}^\top \begin{pmatrix} 10 \\ -20 \\ 20 \end{pmatrix} = (-10, 20, -20)\ .$$

Wir reduzieren nun die linearen Terme gemäß 6.3.3.
Es ist $25y_1^2 - 10y_1 = 25\,(y_1 - \frac{1}{5})^2 - 1$. Damit ist $Y = Z + (\frac{1}{5}, 0, 0) =: Z + A_0$ die Koordinatentransformation, die Gleichung (2) überführt in

(3) $$25z_1^2 + 20z_2 - 20z_3 + 20 = 0\ .$$

Es bleibt die Umformung gemäß 6.3.4.
Es ist $(b_2, b_3) = (20, -20) \neq 0$. $P_1 = \dfrac{1}{\sqrt{2}}(1,-1)$ muß zu einer Orthonormalbasis des $\mathbb{R}^2$ ergänzt werden. Dies geschieht durch $\dfrac{1}{\sqrt{2}}(1,1)$. Nun ist $Z = \mathbf{T}U + A_1$ die gesuchte Koordinatentransformation, wobei

$$\mathbf{T} = \frac{1}{\sqrt{2}}\begin{pmatrix} \sqrt{2} & 0 & 0 \\ 0 & 1 & 1 \\ 0 & -1 & 1 \end{pmatrix} \quad \text{und } A_1 = -\frac{20}{800}(0, 20, -20) = (0, -\frac{1}{2}, \frac{1}{2})\ .$$

Wir erhalten Gleichung

(4) $$25u_1^2 + 20\sqrt{2}u_2 = 0\ .$$

Die Normalform $\dfrac{u_1^2}{\alpha_1^2} + 2u_2$ ergibt sich bei Division durch $\dfrac{20\sqrt{2}}{2}$ zu

$$\frac{u_1^2}{\alpha_1^2} + 2u_2 = 0 \quad \text{mit } \alpha_1^2 = \frac{2}{5}\sqrt{2}\ .$$

(u_1, u_2, u_3) ist der Koordinatenvektor von $(x_1, x_2, x_3) \in \mathbb{R}^3$ bzgl. der affinen Basis $B_a = (Q_0, Q_1, Q_2, Q_3)$, die durch $X = \mathbf{ST}U + \mathbf{S}(A_0 + A_1)$ gegeben ist. Dabei ist $Q_0 = \mathbf{S}(A_0 + A_1)$ $(U = 0)$, und $\overrightarrow{Q_0Q_i}$ sind die Spalten der Matrix $\mathbf{ST}$, da für $U = E_i$ sich $Q_i = (\mathbf{ST})^i + Q_0$, also $Q_i - Q_0 = (\mathbf{ST})^i = i-$te Spalte von $\mathbf{ST}$ ergibt $(i = 1, 2, 3)$. Mit $Q_0 = (-\frac{7}{25}, \frac{23}{50}, -\frac{1}{2})$ und

$$\mathbf{ST} = \begin{pmatrix} \frac{3}{5} & \frac{2}{5}\sqrt{2} & \frac{2}{5}\sqrt{2} \\ \frac{4}{5} & -\frac{3}{10}\sqrt{2} & -\frac{3}{10}\sqrt{2} \\ 0 & \frac{1}{2}\sqrt{2} & -\frac{1}{2}\sqrt{2} \end{pmatrix}$$

ist B_a festgelegt.

6.4.9

Man löse Aufgabe 8 für

(1) $$5x_1^2 + 5x_2^2 + 8x_3^2 - 8x_1x_2 + 4x_1x_3 + 4x_2x_3 - 36 = 0\ .$$

Es ist

$$\mathbf{A}^* = \begin{pmatrix} -36 & \frac{1}{2}A^\top \\ \frac{1}{2}A & \mathbf{A} \end{pmatrix} = \begin{pmatrix} -36 & 0 & 0 & 0 \\ 0 & 5 & -4 & 2 \\ 0 & -4 & 5 & 2 \\ 0 & 2 & 2 & 8 \end{pmatrix}.$$

$\mathbf{A}$ hat die Eigenwerte 9 (zweifach) und 0. Es ist

$$V_9(\mathbf{A}) = L((-1, 1, 0), (1, 1, 4))\ , \quad V_0(\mathbf{A}) = L((2, 2, -1))\ .$$

Normieren und Nachprüfen von $\det \mathbf{S} > 0$ ergibt die Drehmatrix

$$\mathbf{S} = \begin{pmatrix} -\frac{1}{\sqrt{2}} & \frac{1}{6\sqrt{2}} & \frac{2}{3} \\ \frac{1}{\sqrt{2}} & \frac{1}{6\sqrt{2}} & \frac{2}{3} \\ 0 & \frac{2}{3\sqrt{2}} & -\frac{1}{3} \end{pmatrix}.$$

Einsetzen von $X = \mathbf{S}Y$ in (1) ergibt die Gleichung

(2) $$9y_1^2 + 9y_2^2 = 36\ ,$$

also ist $\frac{y_1^2}{4} + \frac{y_2^2}{4} = 1$ die gesuchte Normalform. (y_1, y_2, y_3) ist der Koordinatenvektor von (x_1, x_2, x_3) bzgl. der affinen Basis $B_a = (0, S^1, S^2, S^3)$, wobei S^i die $i-$te Spalte von $\mathbf{S}$ ist. Die Symmetrieachse dieses durch (2) beschriebenen Kreiszylinders ist $\frac{1}{3}(2, 2, -1) = S^3$.

Natürlich ergibt sich der Typ auch aus unserer Tabelle:

$$\mathrm{rg}\,(\mathbf{A}^*) = 3\,,\ \sigma_3(\mathbf{A}) = 0\,,\ \sigma_2(\mathbf{A}) = 81 > 0\,,\ \sigma_2(\mathbf{A}^*) = \sigma_2(\mathbf{B}^*) = -567 < 0\,;$$

somit beschreibt (1) nach der Tabelle einen elliptischen Zylinder.

6.4.10

Man löse Aufgabe 8 für

(1) $$-3x_1^2 + 4x_2^2 - 3x_3^2 - 10x_1x_3 - 6\sqrt{2}\,x_1 - 10\sqrt{2}\,x_3 - 14 = 0\,.$$

Es ist

$$\mathbf{A}^* = \begin{pmatrix} -14 & \frac{1}{2}A^\top \\ \frac{1}{2}A & \mathbf{A} \end{pmatrix} = \begin{pmatrix} -14 & -3\sqrt{2} & 0 & -5\sqrt{2} \\ -3\sqrt{2} & -3 & 0 & -5 \\ 0 & 0 & 4 & 0 \\ -5\sqrt{2} & -5 & 0 & -3 \end{pmatrix}.$$

$\mathbf{A}$ hat die Eigenwerte $2, 4, -8$ mit den zugehörigen Eigenvektoren

$$\frac{1}{\sqrt{2}}(1,0,-1)\,,\quad (0,1,0)\,,\quad \frac{1}{\sqrt{2}}(1,0,1)\,.$$

Die Drehmatrix

$$\mathbf{S} = \frac{1}{\sqrt{2}}\begin{pmatrix} 1 & 0 & 1 \\ 0 & \sqrt{2} & 0 \\ -1 & 0 & 1 \end{pmatrix}$$

liefert mit $X = \mathbf{S}Y$

(2) $$2y_1^2 + 4y_2^2 - 8y_3^2 + 4y_1 - 16y_3 - 14 = 0\,.$$

Dabei ist wieder $(4\ \ 0\ \ -16)^\top = \mathbf{S}^\top(-6\sqrt{2}\ \ 0\ \ -10\sqrt{2})^\top$.
Einsetzen von $Y = Z + A_0 = Z + (-1, 0, -1)$ ergibt:

(3) $$2z_1^2 + 4z_2^2 - 8z_3^2 - 8 = 0\,.$$

Somit beschreibt Gleichung (1) ein einschaliges Hyperboloid. Die Normalform ist

$$\frac{z_1^2}{4} + \frac{z_2^2}{2} - z_3^2 = 1\,.$$

Dabei ist (z_1, z_2, z_3) der Koordinatenvektor von (x_1, x_2, x_3) bzgl. der affinen Basis $B_a = (Q_0, Q_1, Q_2, Q_3)$, wobei

$$\begin{aligned} Q_0 &= \mathbf{S}A_0 &&= (-\sqrt{2}, 0, 0), \\ Q_1 &= \mathbf{S}A_0 + S^1 &&= (\tfrac{1}{\sqrt{2}} - \sqrt{2}, 0, -\tfrac{1}{\sqrt{2}}), \\ Q_2 &= \mathbf{S}A_0 + S^2 &&= (-\sqrt{2}, 1, 0) \quad \text{und} \\ Q_3 &= \mathbf{S}A_0 + S^3 &&= (\tfrac{1}{\sqrt{2}} - \sqrt{2}, 0, \tfrac{1}{\sqrt{2}}). \end{aligned}$$

Zur Typbestimmung mittels Tabelle:
Unsere Tabelle ergibt mit

$$\operatorname{rg}(\mathbf{A}^*) = 4\,,\quad \sigma_3(\mathbf{A}) = \det\mathbf{A} = -64 \neq 0\,,\quad \sigma_2(\mathbf{A}) = -40 < 0$$

zunächst als Typ ein Hyperboloid. Wegen $\det\mathbf{A}^* = 512 > 0$ ist es einschalig.

Wir listen in einer Tabelle die Normalformen der nicht-leeren Quadriken auf und skizzieren anschließend die nicht-trivialen Fälle hiervon.

Nr.	Normalform	geometrische Beschreibung
1	$0 = 0$	der ganze $\mathbb{R}^3$
2	$x_1^2 = 0$	Ebene
3	$\frac{x_1^2}{a^2} = 1$	2 parallele Ebenen
4	$x_1 = 0$	Ebene
5	$\frac{x_1^2}{a^2} + \frac{x_2^2}{b^2} = 0$	Gerade
6	$\frac{x_1^2}{a^2} - \frac{x_2^2}{b^2} = 0$	zwei sich schneidende Ebenen
7	$\frac{x_1^2}{a^2} + \frac{x_2^2}{b^2} = 1$	elliptischer Zylinder
8	$\frac{x_1^2}{a^2} - \frac{x_2^2}{b^2} = 1$	hyperbolischer Zylinder
9	$\frac{x_1^2}{a^2} + 2x_2 = 0$	parabolischer Zylinder
10	$\frac{x_1^2}{a^2} + \frac{x_2^2}{b^2} + \frac{x_3^2}{c^2} = 0$	Punkt
11	$\frac{x_1^2}{a^2} + \frac{x_2^2}{b^2} - \frac{x_3^2}{c^2} = 0$	Kegel
12	$\frac{x_1^2}{a^2} + \frac{x_2^2}{b^2} + 2x_3 = 0$	elliptisches Paraboloid
13	$\frac{x_1^2}{a^2} - \frac{x_2^2}{b^2} + 2x_3 = 0$	hyperbolisches Paraboloid
14	$\frac{x_1^2}{a^2} + \frac{x_2^2}{b^2} + \frac{x_3^2}{c^2} = 1$	Ellipsoid
15	$\frac{x_1^2}{a^2} + \frac{x_2^2}{b^2} - \frac{x_3^2}{c^2} = 1$	einschaliges Hyperboloid
16	$\frac{x_1^2}{a^2} - \frac{x_2^2}{b^2} - \frac{x_3^2}{c^2} = 1$	zweischaliges Hyperboloid

Skizzen der Quadriken für n = 3

(Doppel-)Ebene

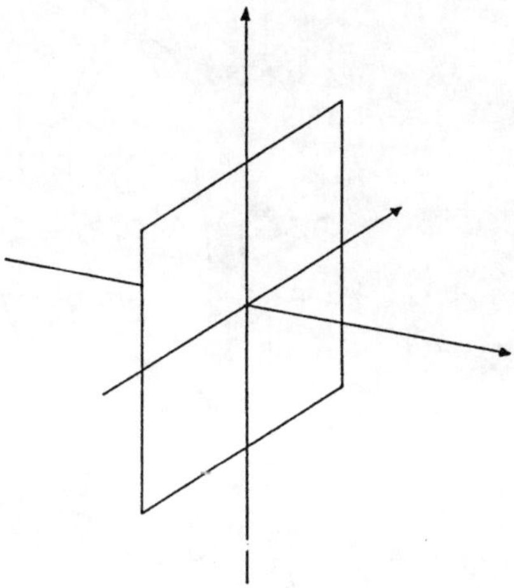

$x_1^2 = 0$

2 sich schneidende Ebenen

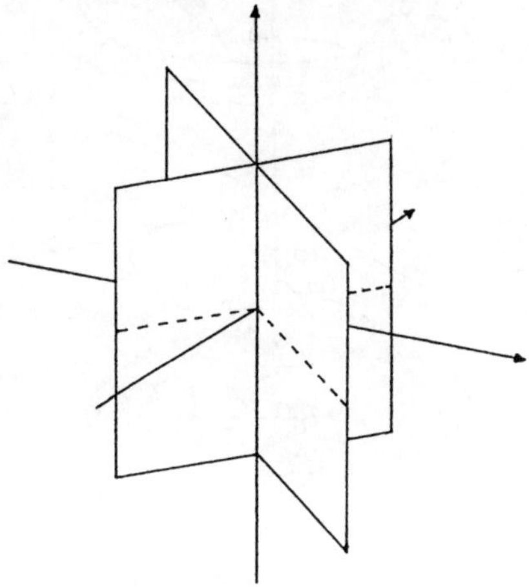

$$\frac{x_1^2}{a^2} - \frac{x_2^2}{b^2} = 0$$

Kegel

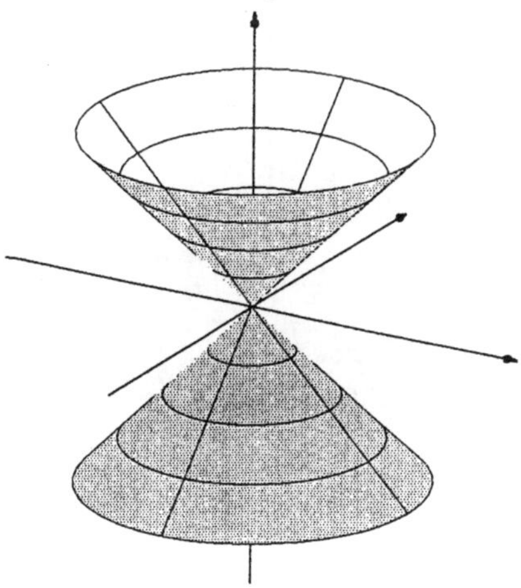

$$\frac{x_1^2}{a^2} + \frac{x_2^2}{b^2} - \frac{x_3^2}{c^2} = 0$$

2 parallele Ebenen

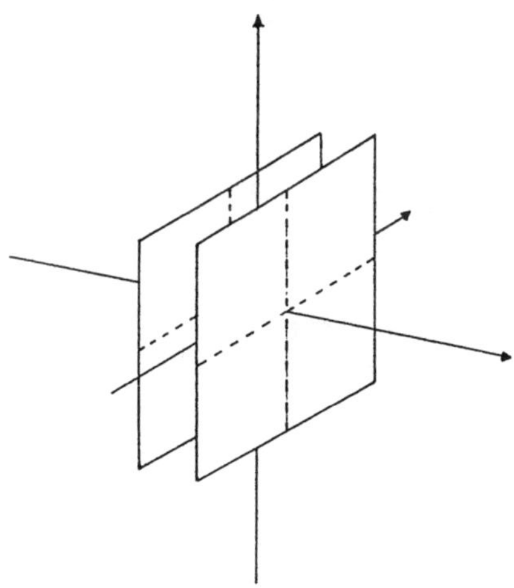

$x_1^2 = a^2$

Zweischaliges Hyperboloid

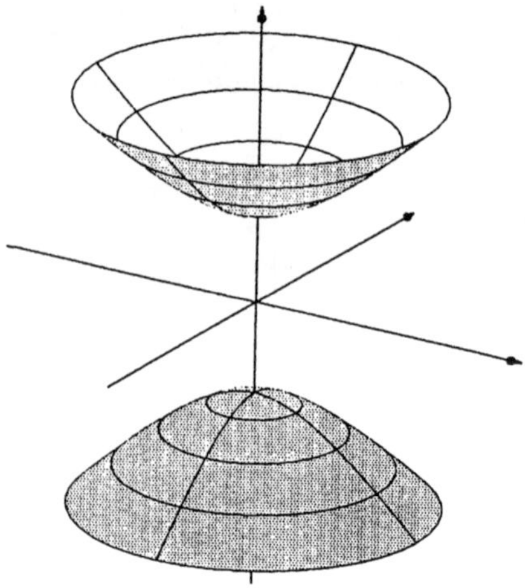

$$-\frac{x_1^2}{a^2} - \frac{x_2^2}{b^2} + \frac{x_3^2}{c^2} = 1$$

Einschaliges Hyperboloid

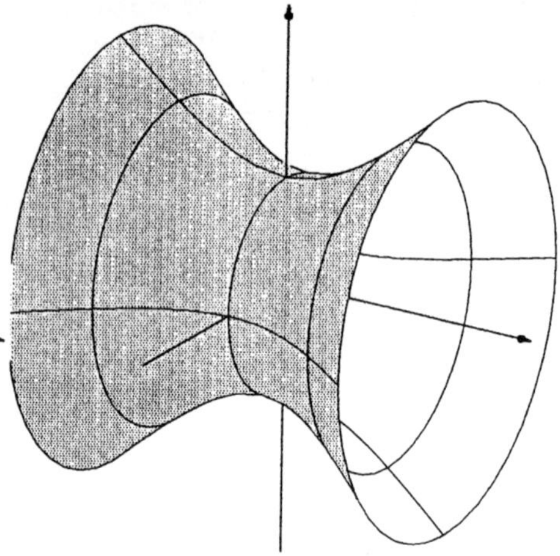

$$-\frac{x_1^2}{a^2} + \frac{x_2^2}{b^2} + \frac{x_3^2}{c^2} = 1$$

Ellipsoid

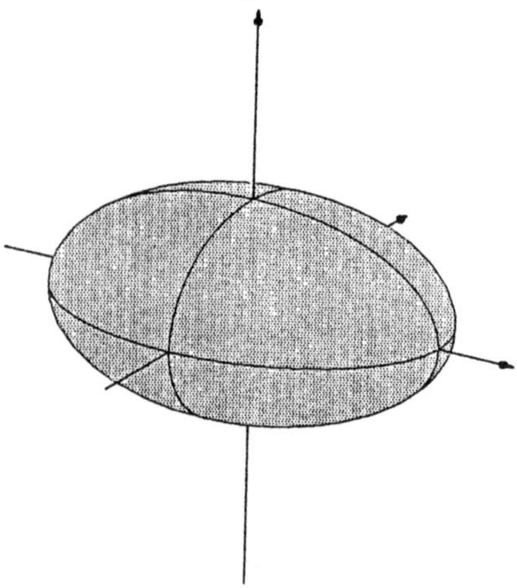

$$\frac{x_1^2}{a^2} + \frac{x_2^2}{b^2} + \frac{x_3^2}{c^2} = 1$$

Elliptischer Zylinder

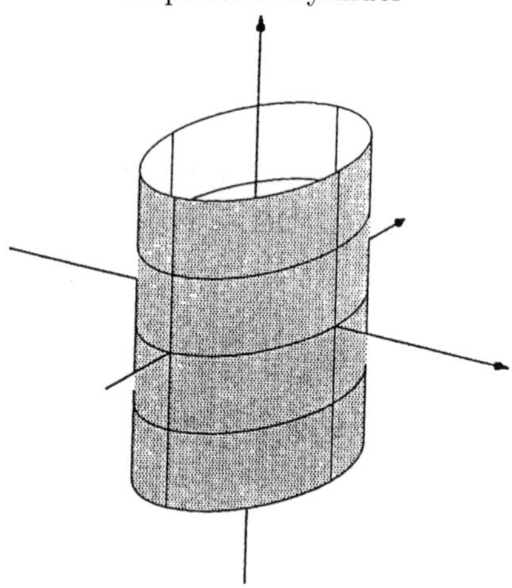

$$\frac{x_1^2}{a^2} + \frac{x_2^2}{b^2} = 1$$

Hyperbolischer Zylinder

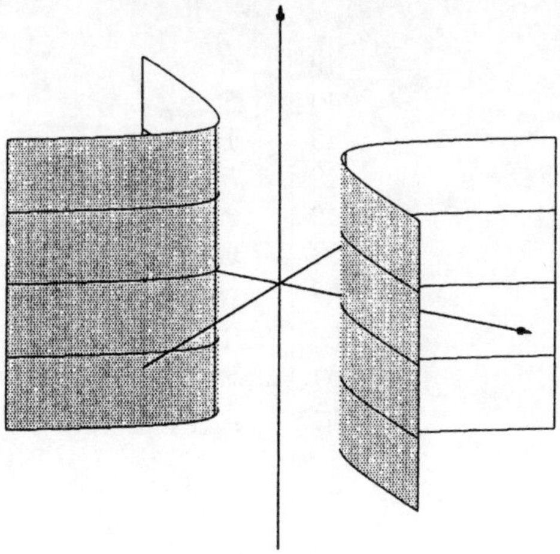

$$-\frac{x_1^2}{a^2} + \frac{x_2^2}{b^2} = 1$$

Elliptisches Paraboloid

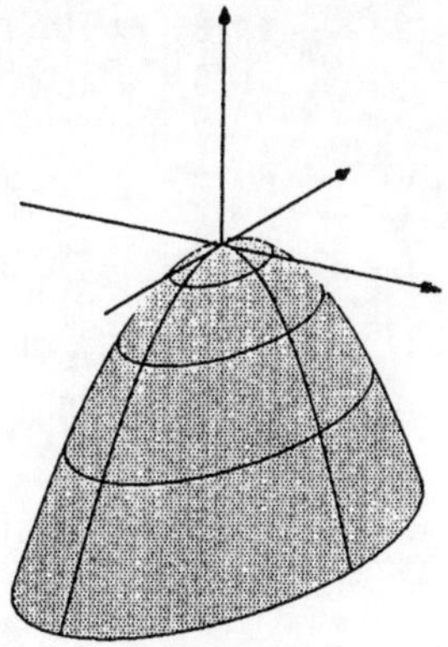

$$\frac{x_1^2}{a^2} + \frac{x_2^2}{b^2} + 2x_3 = 0$$

Hyperbolisches Paraboloid

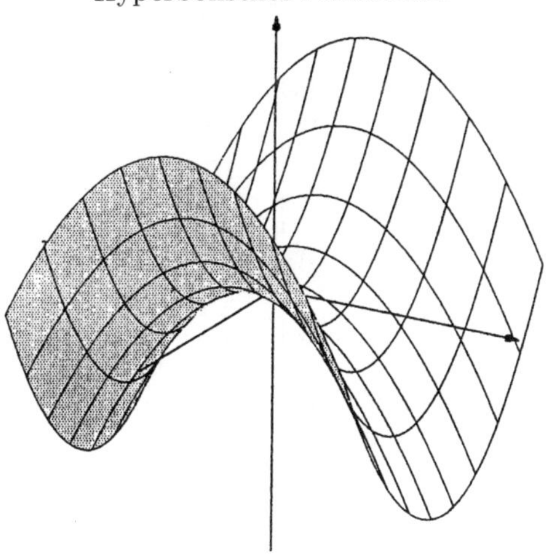

$$\frac{x_1^2}{a^2} - \frac{x_2^2}{b^2} + 2x_3 = 0$$

Parabolischer Zylinder

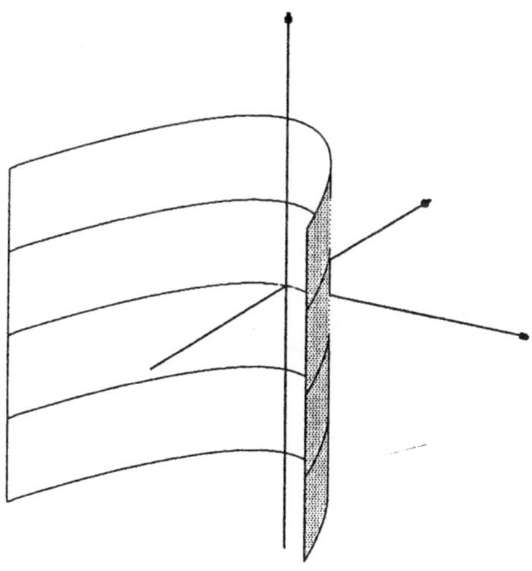

$$\frac{x_1^2}{a^2} + 2x_2 = 0$$

Liste der Symbole

Index